환경&에너지 기술의 미래 ——————

미세먼지 저감과 미래 에너지시스템

신정수 저

🐦 일진사

머리말

오늘날 우리는 산업의 급속한 발전에 따른 엄청난 미세먼지의 역습을 받고 있습니다. 황사, 미세먼지, 초미세먼지 등 바야흐로 다양한 크기와 성분의 미세먼지와의 전쟁을 벌이고 있는 것입니다. 또한, 우리가 접하고 있는 기술 환경은 제4차 산업혁명의 시대로 접어들고 있으며 그 엄청난 잠재력과 파괴력에 두려움을 느낄 정도입니다.

제4차 산업혁명 기술의 발전과 더불어 미세먼지 저감에 어느 정도 힌트를 얻어 나갈 수도 있습니다. 제4차 산업혁명 자체가 소프트 기술과 친환경 및 저공해 기술을 기반으로 하기 때문에 다양한 제4차 산업혁명 기술을 이용하여 미세먼지 저감에 기여하고, 역설적으로 미세먼지 저감 자체를 상업화 및 산업화하는 방법으로 발전시킬 수도 있을 것으로 보입니다.

제4차 산업혁명은 워낙 빠르고, 충격적이고, 급격하게 다가오고 있기 때문에, 대부분의 사람들이 이를 두려워하기도 하고 불안해 하기도 하지만, 역으로 제4차 산업혁명의 엄청난 잠재력 때문에 많은 기대감을 가지고 있는 사람들도 많습니다. 어쨌든 제4차 산업혁명의 물결은 우리가 거부할 수 있는 것도 아니고, 막을 수 있는 것은 더욱 아니기 때문에, 오히려 보다 능동적이고, 선제적으로 대응해 나가야 함이 절실합니다.

국가이든, 기업이든, 개인이든 앞으로 이러한 제4차 산업혁명의 흐름에 뒤처진다면, 가까운 미래 시대에 바로 낙오자가 되고 말 것입니다. 그러나 조직적이고 적극적으로 대응을 잘해 나간다면 미래 세계를 주도할 수 있는 선제권을 잡을 수도 있는 것입니다. 따라서, 지금부터는 우리나라를 구성하고 있는 크고 작은 각 조직들이 보다 체계적인 기술 대응의 로드맵을 세우고 선제적으로 기술 개발을 해 나가면서 미래 사회의 주도자가 되어야 할 것입니다.

에너지의 개발·이용 측면에서, 앞으로 신재생에너지, 자연에너지, 온도차에너지, 저공해 에너지, 미세먼지 저감 산업 등 아주 다양한 친환경 에너지 분야들이 직접적으로 연계되거나 융합될 것이기 때문에, 건물이나 산업체의 에너지 분야를 담당하거나 연구하시는 분들은 이러한 친환경 에너지를 체계적으로 개발 및 이용·기획해 나가는 노력이 필요하며, 결국 에너지 문제는 다가올 모든 기술 발전의 선결 조건이라는 것을 항상 명심해야 할 것입니다. 당면한 친환경 에너지 분야의 선결문제들이 잘 해결되고 개척된다면 이것은 국가적 에너지혁명의 효율적 전개에 큰 디딤돌이자 원동력이 될 수 있을 것입니다.

이 책은 건축물, 산업체, 연구·교육기관 등에서 에너지 분야를 담당하시는 분들 혹은 에너지 관련 국가 자격시험을 준비하시는 분들을 위하여 현재의 에너지 수준과 미래 에너지 산업의 향방에 관한 다양한 견해와 기술들을 소개한 책이며, 많은 최신 논문과 현장 사례와 실증을 중심으로 엮었기 때문에 현업에서 많은 도움과 응용이 될 수 있을 것입니다.

또한, 이 책이 독자들께 미세먼지를 포함한 미래 에너지의 문제점과 전망에 대해 많은 이해와 도움이 되기를 기대하며, 앞으로 보다 좋은 책을 위한 개선이나 증보에 노력할 것을 약속드립니다.

끝으로 이 책의 완성을 위해 많은 지도와 도움을 아끼지 않으신 서울과학기술대학교 김선혜 교수님, 전주비전대학교 한우용 교수님과 김지홍 교수님, 용인송담대학교 서병택 교수님, 주식회사 제이앤지 박종우 대표님, 에너지닥터 박기수 대표님, 한테크 김복한 기술사님, 도서출판 **일진사** 임직원 여러분께 깊은 감사를 드립니다. 그리고 원고가 끝날 때까지 항상 옆에서 많은 도움을 준 아내 서현, 딸 이나 그리고 아들 주홍에게도 다시 한 번 진심으로 고마움을 전합니다.

저자 신정수

이 책의 특징

"미래 에너지와 저미세먼지 기술을 개발하고 제4차 산업혁명의 물결에 능동적이고 선제적으로 대응하여 미래 사회의 주도자가 되어야 하겠습니다......!"

1 미세먼지와 에너지 관련 지식의 총망라

'미세먼지와 에너지' 분야는 기계적 열에너지 분야, 전기 분야, 조명 분야, 넓게는 자연에너지 분야, 건축물에너지 분야, 산업공정 분야 등 보충해야 할 분야가 매우 넓습니다. 따라서 관련 학계, 산업계, 기술 연구개발 분야 등에서 현재 일반적으로 다루어지는 보편적이면서 중요한 기술적 기본 내용으로부터 미래 제4차 산업혁명의 에너지 기술 분야의 내용까지 광범위하게 다루었으며, 중요한 핵심적 내용 위주로 발췌하여 다루었습니다.

2 논리적이고 체계적인 용어 해설

일반적으로 깊이가 있는 전문 기술 내용들은 논리적이고 체계적인 서술이 아니라면, 독자께서 내용을 이해하는 데 상당히 혼란이 가중될 수 있으므로, 논리적이고 체계적이면서도 상세한 구성이 될 수 있게 최선을 다하였습니다.

3 이해력 증진

관련 유사 기술 용어들은 가능한 함께 묶어 서로 연관 지어 이해할 수 있도록 하였고, 많은 그림, 그래프, 수식 등을 들어 가며 해설을 하였으며, 가장 이해가 쉬운 기술 참고서가 될 수 있도록 노력하였습니다.

4 '칼럼 🔍'으로 자세한 설명

추가적으로 부연설명이 필요한 항목에 대해서는 '칼럼'을 덧붙여 충분한 설명이 될 수 있도록 하였습니다. 특히 필요한 부분에 대해서는 적용사례 등을 같이 덧붙여 설명하였습니다.

5 방대한 자료와 깊이 있는 내용

관련 모든 기술 내용 및 용어들이 이 한 권의 책 안에 집대성되어 녹아 있게 하기 위해 최근 10년 이상의 관계 협회지 및 학회지, 논문, 관련 서적 등을 참조하였으며, 이론적 깊이를 아주 중요시하여 각 용어별 핵심적 기술 원리를 가능한 덧붙여 설명하였습니다.

6 계통도, 그림, 그래프, 수식 등 다수 추가

각 주제의 이해를 돕기 위해 계통도, 그림, 그래프, 수식, 표, 흐름도 등을 많이 추가하였습니다. 현업에서 혹은 각종 수험 시에 계통도, 그림, 그래프, 수식 등의 시각적 표현 방법을 잘 응용하여 논술한다면 더욱더 효과적으로 평가자에게 의사 전달이 가능할 수 있다는 것을 꼭 명심해야 합니다.

7 오류수정 관련

오타와 오기를 줄이기 위해 무척 많은 노력을 기울였으나, 방대한 내용 탓에 잘못된 부분이 있을 수 있습니다. 독자 분들께서도 오류 발견 시 아래의 제 블로그에 올려주시면 검토/수정 후 결과를 알려 드리겠습니다. 또 이 책에 대한 의견이나 평가가 있으시면 당연히 겸허하게 수용하도록 하겠습니다.

8 찾아보기의 활용

책의 후미에 국문 및 영어로 된 '찾아보기'를 별도로 덧붙였으므로 이를 기준으로, 모르는 용어는 바로바로 접근이 용이하도록 꾸몄습니다.

9 유용한 자료 제공

아래 주소를 통하여 여러분들의 어떠한 질문도 받을 수 있도록 하고 있습니다. 꼭 책의 내용이 아니더라도 현장 경험상 혹은 실무에서 부딪히는 문제들을 자유롭게 올려 주시면 잘 검토하여 답변을 빠르게 올려 드리도록 노력하겠습니다.

http://blog.naver.com/syn2989

01
PART

미세먼지 저감과 에너지 기술의 혁명

미래 청정에너지 기술

제6장 냉·난방 에너지시스템 기술

제7장 건축설비와 수요관리

PART 01

미세먼지 저감과
미래 에너지시스템

미세먼지 저감과
에너지 기술의
혁명

Chapter

1

지구온난화와 공기의 질

1-1 기후변화 위기의 극복 과제

(1) 2015년 11월 프랑스 파리에서 열린 제21차 기후변화 당사국 총회(COP21 ; the Paris Agreement, 파리협정) 이래 지구의 온난화에 대한 논의와 우려는 한층 증가하였으며, 최근 모로코의 COP22와 독일의 COP23에서는 '트럼프 쇼크' 등의 악재에도 불구하고 협정의 지속적인 이행과 가속화를 천명하였다.

(2) 2017년 6월 1일 미국 트럼프 대통령은 파리기후협약 탈퇴를 전면 선언하여, 지구온난화 협약(UNFCCC)은 뿌리부터 흔들릴 위기에 처한 바 있다. 그러나 전 세계가 약속했듯이, 앞으로 선진국뿐만 아니라, 개도국을 포함한 전체 국가(195개국)가 모두 온실가스 감축 의무에 동참하여야 하고, 2018년부터 5년마다 탄소 감축 약속을 잘 지키는지 검토를 받아야 한다. 그 첫 검토는 2023년도에 이뤄진다.

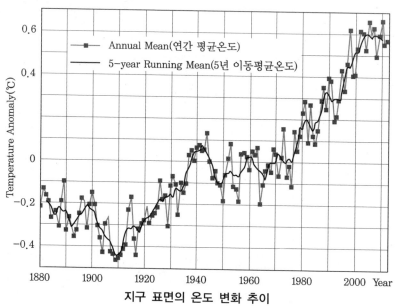

지구 표면의 온도 변화 추이

(ko.wikipedia.org, 1951년부터 1980년까지의 기온 평균과 비교하여 1880년부터 2011년까지의 육지-해양의 온도 변화 그래프)

(3) 에너지 문제를 위해서뿐만이 아니라, 온실가스 문제를 위해서라도 에너지를 아껴 쓰고 절약하며 자칫 버려지는 에너지를 재활용하는 방법을 적극 활용하는 정책이 무엇보다 중요하다.

(4) 우리나라는 다른 선진국들과 달리 전체 에너지 사용량 중에 건축물에서의 사용량이 약 25% 수준으로 다소 낮은 편이다. 나머지 75%는 산업 부문과 수송 부문이 차지한다. 그러나 이 비율 자체는 그렇게 중요한 문제가 아니다. 각국의 산업 부문 간 형편과 균형이 다르기 때문이다. 중요한 문제는 산업 분야와 수송 분야는 의도적으로 현재보다 에너지 사용량을 더 줄여 나가기가 매우 어려울 만큼 한계에 다다랐다는 것이다. 어차피 우리는 산업 분야의 생산 단가를 낮추기 위해 최고 효율의 기계로 생산을 하고 있으며, 최고 좋은 연비의 자동차를 생산, 운행하려고 많은 노력을 하고 있는 것이다. 즉 산업 분야와 수송 분야는 자의든 타의든, 이미 힘 닿는 데까지 에너지 절약을 위해 노력하고 있다고 할 수 있다. 단지, 그 에너지 절약의 수준과 기술력은 더 높여 나가야 하겠다.

(5) 결국 우리의 노력이 가장 필요한 곳은 건축물의 에너지 사용량 절감, 생활상의 에너지 절약 등의 부분이다. 건물의 냉방, 난방, 급탕 등은 우리의 절감 노력에 따라, 약간은 생활하는 데 불편할 수는 있겠지만, 잠재적인 절감 가능성이 큰 것 또한 사실이다. 그래서 정부는 최근에, 특히 2014년 이후부터는 건축물의 에너지를 절감하기 위해 「저탄소 녹생성장 기본법」, 「녹색건축물 조성 지원법」 등 많은 관련 법의 재정비를 하였으며, 에너지 절약 정책을 적극적으로 펼치고 있다.

(6) 에너지 패러다임의 변화 필요

① 최근 온실가스 감축에 대한 촉구와 압박은 한층 강화되어가고 있다. 최근 화석연료 가격이 크게 하락 및 다시 반등되어 가는 등 예측이 매우 어려운 국면이라 온실가스 감축에 대한 노력이 다소 지연 및 혼선을 초래하고 있지만, 이럴 때가 오히려 기회라고 생각하여야 한다.

② 이러한 온실가스 감축의 가장 중심에는 신재생에너지의 보급 및 확산 과제가 있다.

③ 제2차 국가에너지기본계획(2014. 1. 14. ~)에 따르면, 2035년까지 신재생에너지의 보급률을 1차에너지 사용량의 11%까지 높여야 하는 국가적인 과제가 있다고 하겠다.

④ 현재 신재생에너지는 전 세계적인 에너지 문제 및 온실가스 문제를 동시에 해결해 줄 수 있는 가장 중요한 솔루션으로 평가되고 있다.

⑤ 최근 지구온난화로 인한 때 이른 더위로 슈퍼엘니뇨 현상 및 초대형 우박(5 ~ 10cm) 이 내리는 현상 등이 잦아지고 있으며, 더 큰 문제는 이러한 기상이변으로 인한 다양한 현상들이 앞으로 더욱 심해질 것으로 예상된다는 데에 있다.

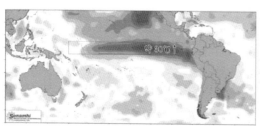

슈퍼엘니뇨 현상(2015년 말~2016년 초)   초대형 우박(2017년 5월)

1-2 대기의 질(質) 문제

(1) 개요

① 산업혁명 이후 산업 환경상 지속적인 오염물질 배출, 지구온난화 및 사막화로 인한 미세먼지의 증가 등으로 대기오염은 점점 심해지고 있으며, 이는 인간의 생존을 위협할 정도로 그 위험성이 커지고 있는 추세이다.

② 국가는 「대기환경보전법」 등을 통해 국민건강이나 환경에 관한 위해(危害)를 예방하고 대기 환경을 적정하고 지속 가능하게 관리·보전하여 모든 국민이 건강하고 쾌적한 환경에서 생활할 수 있게 하는 노력을 지속적으로 하고 있다.

(2) 대기오염물질, 유해성대기감시물질과 특정대기유해물질

① 대기오염물질이란 대기 중에 존재하는 물질 중 국가 대기질통합관리센터(국공립연구기관 등)의 심사·평가 결과 대기오염의 원인으로 인정된 가스·입자상 물질로서 환경부령으로 정하는 것을 말한다.

② 유해성대기감시물질이란 대기오염물질 중 국가 대기질통합관리센터(국공립연구기관 등)의 심사·평가 결과 사람의 건강이나 동식물의 생육(生育)에 위해를 끼칠 수 있어 지속적인 측정이나 감시·관찰 등이 필요하다고 인정된 물질로서 환경부령으로 정하는 것을 말한다.

③ 특정대기유해물질이란 유해성대기감시물질 중 국가 대기질통합관리센터(국공립연구기관 등)의 심사·평가 결과 저농도에서도 장기적인 섭취나 노출에 의하여 사람의 건강이나 동식물의 생육에 직접 또는 간접으로 위해를 끼칠 수 있어 대기 배출에 대한 관리가 필요하다고 인정된 물질로서 환경부령으로 정하는 것을 말한다.

(3) 주요 법적 기준

① 환경부장관은 전국적인 대기오염 및 기후·생태계 변화유발물질의 실태를 파악하기 위하여 환경부령으로 정하는 바에 따라 측정망을 설치하고 대기오염도 등을 상시 측정하여야 한다.

② 환경부장관은 대기오염도에 관한 정보에 국민이 쉽게 접근할 수 있도록 대기 측정 결과를 전산 처리할 수 있는 전산망을 구축·운영할 수 있다.

③ 환경부장관은 대기 환경 및 기후·생태계 변화유발물질의 감시와 기후변화에 따른 환경 영향을 파악하기 위하여 환경 위성 관측망을 구축·운영하고, 관측된 정보를 수집·활용할 수 있다.

④ 환경부장관 또는 시·도지사는 측정망 설치 계획에 따라 측정망 설치에 필요한 토지·건축물 또는 그 토지에 정착된 물건을 수용하거나 사용할 수 있다.

⑤ 대기오염경보의 대상 오염물질은 다음 각호의 오염물질로 한다.

　(가) 미세먼지(PM-10)

　(나) 미세먼지(PM-2.5)

　(다) 오존(O_3)

⑥ 대기오염경보 단계는 대기오염경보 대상 오염물질의 농도에 따라 다음 각호와 같이 구분하되, 대기오염경보 단계별 오염물질의 농도 기준은 환경부령으로 정한다.

　(가) 미세먼지(PM-10) : 주의보, 경보

　(나) 미세먼지(PM-2.5) : 주의보, 경보

　(다) 오존(O_3) : 주의보, 경보, 중대경보

⑦ 경보 단계별 조치에는 다음 각호의 구분에 따른 사항이 포함되도록 하여야 한다(다만, 지역의 대기오염 발생 특성 등을 고려하여 특별시·광역시·특별자치시·도·특별자치도의 조례로 경보 단계별 조치 사항을 일부 조정할 수 있다).

　(가) 주의보 발령 : 주민의 실외 활동 및 자동차 사용의 자제 요청 등

　(나) 경보 발령 : 주민의 실외 활동 제한 요청, 자동차 사용의 제한 및 사업장의 연료 사용량 감축 권고 등

　(다) 중대경보 발령 : 주민의 실외 활동 금지 요청, 자동차의 통행금지 및 사업장의 조업 시간 단축명령 등

서울의 미세먼지 등으로 인한 스모그현상

사진 출처 : http://imnews.imbc.com

대기오염경보 단계별 대기오염물질의 농도기준(「대기환경보전법」 시행규칙 별표7)

대상 물질	경보 단계	발령기준	해제기준
미세먼지 (PM-10)	주의보	기상 조건 등을 고려하여 해당 지역의 대기자동측정소 PM-10 시간당 평균 농도가 $150\mu g/m^3$ 이상 2시간 이상 지속인 때	주의보가 발령된 지역의 기상 조건 등을 검토하여 대기자동측정소의 PM-10 시간당 평균 농도가 $100\mu g/m^3$ 미만인 때
	경보	기상 조건 등을 고려하여 해당 지역의 대기자동측정소 PM-10 시간당 평균 농도가 $300\mu g/m^3$ 이상 2시간 이상 지속인 때	경보가 발령된 지역의 기상 조건 등을 검토하여 대기자동측정소의 PM-10 시간당 평균 농도가 $150\mu g/m^3$ 미만인 때는 주의보로 전환
미세먼지 (PM-2.5)	주의보	기상 조건 등을 고려하여 해당 지역의 대기자동측정소 PM-2.5 시간당 평균 농도가 $90\mu g/m^3$ 이상 2시간 이상 지속인 때	주의보가 발령된 지역의 기상 조건 등을 검토하여 대기자동측정소의 PM-2.5 시간당 평균 농도가 $50\mu g/m^3$ 미만인 때
	경보	기상 조건 등을 고려하여 해당 지역의 대기자동측정소 PM-2.5 시간당 평균 농도가 $180\mu g/m^3$ 이상 2시간 이상 지속인 때	경보가 발령된 지역의 기상 조건 등을 검토하여 대기자동측정소의 PM-2.5 시간당 평균 농도가 $90\mu g/m^3$ 미만인 때는 주의보로 전환
오존	주의보	기상 조건 등을 고려하여 해당 지역의 대기자동측정소 오존 농도가 0.12ppm 이상인 때	주의보가 발령된 지역의 기상 조건 등을 검토하여 대기자동측정소의 오존 농도가 0.12ppm 미만인 때
	경보	기상 조건 등을 고려하여 해당 지역의 대기자동측정소 오존 농도가 0.3ppm 이상인 때	경보가 발령된 지역의 기상 조건 등을 고려하여 대기자동측정소의 오존 농도가 0.12ppm 이상 0.3ppm 미만인 때는 주의보로 전환
	중대 경보	기상 조건 등을 고려하여 해당 지역의 대기자동측정소 오존 농도가 0.5ppm 이상인 때	중대경보가 발령된 지역의 기상 조건 등을 고려하여 대기자동측정소의 오존 농도가 0.3ppm 이상 0.5ppm 미만인 때는 경보로 전환

〈비고〉

1. 해당 지역의 대기자동측정소 PM-10 또는 PM-2.5의 권역별 평균 농도가 경보 단계별 발령기준을 초과하면 해당 경보를 발령할 수 있다.
2. 오존 농도는 1시간당 평균 농도를 기준으로 하며, 해당 지역의 대기자동측정소 오존 농도가 1개소라도 경보단계별 발령기준을 초과하면 해당 경보를 발령할 수 있다.

미세먼지로 가득 찬 도심

1-3 실내공기의 질(IAQ : Indoor Air Quality)

(1) IAQ(실내공기의 질)의 특징
① 국내에서는 IAQ가 새집증후군 혹은 새건물증후군(Sick House Syndrome or Sick Building Syndrome) 정도로 축소 인식되는 경향이 있다.
② 산업사회에서 현대인들은 실외공기하에서 생활하는 것보다 실내공기를 마시며 생활하는 경우가 대부분이며, 실내공기가 건강에 미치는 영향이 훨씬 지대하다.
③ ASHRAE 기준에서는 실내공기 질에 관한 불만족자율은 재실자의 20% 이하로 하고 있다.
④ IAQ 만족도(Satisfaction) : 집무자의 만족도를 바탕으로 한 실내공기 질에 관한 만족 정도의 지표이다.

(2) 실내공기의 질의 정의
실내의 부유 분진뿐만 아니라 실내온도, 습도, 냄새, 유해가스 및 기류 분포에 이르기까지 사람들이 실내의 공기에서 느끼는 모든 것을 말한다.

(3) 실내공기오염(Indoor Air Pollution)의 원인
① 산업화와 자동차 증가로 인한 대기오염
② 생활양식 변화로 인한 건축자재의 재료의 다양화
③ 에너지 절약으로 인한 건물의 밀폐화
④ 토지의 유한성과 건설 기술 발달로 인한 실내 공간 이용의 증가

(4) 실내공기오염의 원인 물질
① 건물 시공 시에 사용되는 마감재, 접착제, 세정제, 도료 등에서 배출되는 휘발성 유기 화합물(VOCs)
② 유류, 석탄, 가스 등을 이용한 난방 기구에서 나오는 연소성 물질
③ 담배 연기, 먼지, 세정제, 살충제 등
④ 인체에서 배출되는 이산화탄소, 인체의 피부 각질
⑤ 생물학적 오염원 : 애완동물 등에서 배출되는 비듬과 털, 침, 세균, 바이러스, 집먼지 진드기, 바퀴벌레, 꽃가루 등

(5) 실내공기오염의 영향
① 새집증후군으로 인한 눈, 코, 목의 불쾌감, 기침, 쉰 목소리, 두통, 피곤함 등
② 기타 기관지천식, 과민성폐렴, 아토피성 피부염, 폐암 등

(6) 실내공기오염에 대한 대책

① 원인 물질의 관리 : 가장 손쉬우면서도 확실한 방법이다.

    ㉮ 새집증후군과 관련해서는 환경친화적인 재료의 사용, 허용 기준에 대한 관리 감독강화, Baking-out(건물 시공 후 바로 입주하지 않고 상당 기간 환기를 시키는 것) 등의 방법이 있다.

    ㉯ 실내 금연 등 상기 원인 물질에 대한 꼼꼼한 관리가 필요하다.

    ㉰ 실내 주방에서 고기를 굽는 경우나 진공청소기 사용 후에는 순간 실내 미세먼지 등의 공기의 질이 급격하게 악화되므로 각별히 주의를 요한다(주방 배기팬, 화장실의 배기팬 등을 틀어도 역시 일정량은 실내 생활공간으로 그대로 전달됨).

② 환기 : 원인 물질을 관리한다고 하지만 한계가 있고 생활하면서 오염물질은 끊임없이 배출되기 때문에 환기는 가장 중요한 대처 방법이다.

    ㉮ 가급적 자주 최소한 하루 2~3회 이상 30분 이상 실내 환기를 시키는 것이 좋으며 흔히 잊고 있는 욕실, 베란다, 주방에 설치된 팬(환풍기)을 적극적으로 활용하는 것이 중요하다.

    ㉯ 조리 시에 발생되는 일산화탄소 등을 바로 그 자리에서 배출하는 것이 중요하다.

③ 공기청정기의 사용

    ㉮ 공기청정기는 집 안에서 이동 가능한 것부터 건물 전체의 환기 시스템을 조정하는 대규모 장치까지 그 규모가 다양하다.

    ㉯ 시판되는 이동 가능한 공기청정기 상품들은 그 효율성에 관해서 논란이 많으며, 특히 기체성 오염물질의 제거에는 역부족인 경우가 대부분이라고 하지만, 실내공기 질에 대한 전반적인 개선을 위해 적극적으로 활용하는 것이 좋겠다(단, 필터에 대한 철저한 관리 및 교체 필요).

꽃가루   청소용 화학제   애완동물의 비듬   환경오염물질   세균

바이러스   담배 연기   박테리아

실내 주요 오염물질

그림 출처 : http://www.americasbestcomfort.com

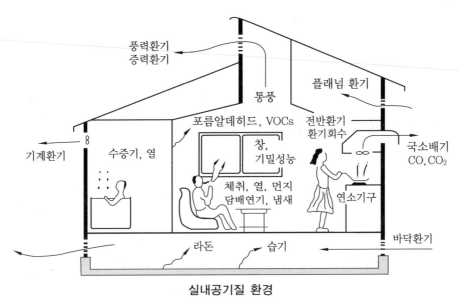

실내공기질 환경

그림 출처 : http://codaa.tistory.com/341

1-4 미세먼지(PM10)와 초미세먼지(PM2.5)

(1) 미세먼지(PM10)

① 영어 원어로 'Particulate Matter less than 10μm'라고 표기하며, '입자의 크기가 10μm 이하인 미세먼지'를 의미한다.

② 석유와 석탄과 같은 화석연료가 타서 생긴 물질, 자동차 매연으로 인해 배출 가스로 나오는 물질, 황사 등이 포함된다.

③ 근원지로는 보통 국내 자체 발생 50~70%, 중국발 30~50%로 평가된다.

④ 미세먼지(PM10)의 영향 및 대책

㉮ PM10은 호흡기, 눈질환, 코질환, 진폐증, 심지어는 폐암까지 유발할 수 있는 물질이므로 각별히 주의를 요한다.

㉯ 최근 중국에서 불어오는 황사 중에도 미세먼지가 많이 포함된 것으로 알려져 있기 때문에 실외에서 활동 시 마스크 착용, 철저한 위생 관리 등이 필요하다.

㉰ 실내에서도 여러 많은 원인에 의해 미세먼지가 발생할 수 있으므로 환기의 실시, 공조 시스템에 고성능 필터의 채용, 청결 유지 등이 필요하다.

㉱ 먼지를 제거하기 위해 가정용으로 사용하는 청소기의 경우 성능이 나쁜 것은 사용 시 배출되는 공기 중 이러한 PM10이 상당량 포함되어 있어 가족 구성원의 건강을 오히려 해칠 수 있으므로 구입 시 표기된 성능, 사용법 등에 주의를 요한다.

⑤ PM10의 적용기준

㉮ 국내 대기환경기준 : 연평균 $50\mu g/m^3$ 이하, 24시간 평균 $100\mu g/m^3$ 이하(「환경
정책기본법 시행령」)

㉯ WHO의 권고기준 : 연평균 $20\mu g/m^3$ 이하, 24시간 평균 $50\mu g/m^3$ 이하

(2) 초미세먼지(PM2.5 ; 극미세먼지, 에어로졸)

① '입자의 크기가 $2.5\mu m$ 이하인 미세먼지'를 의미한다.

② 미세먼지(PM10)보다 그 입자가 매우 작기 때문에 인체의 폐포 깊숙이 침입하고 혈
관속까지 침투할 수 있어서 폐질환, 뇌졸중이나 심장질환 등 아주 다양한 질병을 일
으킬 수 있다. 따라서 건강에 미치는 영향이 PM10보다 훨씬 크다고 평가되고 있다.

③ 선진국에서는 1990년대 초부터 이 규제를 이미 도입하고 있었으나, 국내에서는
2015년부터 관련 법이 적용되고 있다.

④ 국내 환경기준 : 연평균 $15\mu g/m^3$ 이하, 24시간 평균 $35\mu g/m^3$ 이하(「환경정책기본법
시행령」)

⑤ WHO의 권고기준 : 연평균 $10\mu g/m^3$ 이하, 24시간 평균 $25\mu g/m^3$ 이하

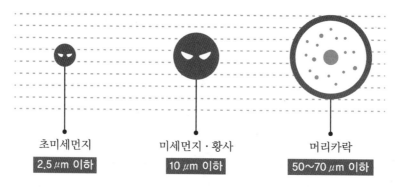

초미세먼지	미세먼지 · 황사	머리카락
2.5 μm 이하	10 μm 이하	50~70 μm 이하

미세먼지, 황사 및 초미세먼지의 크기 비교

칼럼 🔍 **생활 속 미세먼지와 초미세먼지 대처법**

1. 황사가 심한 날에는 진공청소기를 사용하지 않는다.
2. 진공청소기 사용 시에는 반드시 창문을 두 곳 이상 충분히 열고 진행한다. 또한, 진공청소기의
필터 세정 및 교체가 늦어지면, 청소 시 초미세먼지가 나올 수 있으므로 되도록 필터의 세정
및 교체 주기를 짧게 한다.
3. 차량의 필터, 에어컨, 라디에이터, 카펫, 보닛(Bonnet) 내부 등을 자주 청소하고 관리하여 차량
내부의 공기를 건전하게 하고, 창을 통한 환기를 자주 시킨다.
4. 대기오염이 심한 장소에 출입 시에는 성능이 인증된 마스크를 꼭 착용한다.
5. 미세먼지는 입자가 작을수록 더 위험하니 자동차 매연, 보일러실 누출 가스 등을 특히 조심한다.

1-5 비산먼지 저감대책 추진에 관한 업무처리규정

(1) 개요

① '비산먼지 저감대책 추진에 관한 업무처리규정'은 「대기환경보전법」 등에 따라 비산 먼지 관리업무를 효율적으로 추진하기 위하여 필요한 사항을 정한 규정이다.

② "비산먼지"란 일정한 배출구 없이 대기 중에 직접 배출되는 먼지를 말한다.

③ "분체상물질"이란 토사·석탄·시멘트 등과 같은 정도의 먼지를 발생시킬 수 있는 물 질을 말한다.

(2) 비산먼지 저감대책 수립 추진

① 시장·군수·구청장(특별자치시장·특별자치도지사·시장·군수·자치구의 구청장)은 매년 비산먼지 저감대책 추진실적 및 세부추진계획을 수립하고 당해연도 1월 31일까 지 환경부장관에게 보고하여야 한다.

② 비산먼지 저감대책 추진실적 및 세부추진계획은 별지 서식에 따라 작성하되, 다음 각호의 사항을 포함하여야 한다.

1. 비산먼지 발생사업장 현황
2. 비산먼지 저감대책 추진실적 및 추진계획
3. 소요재원의 확보계획

(3) 비산먼지 발생 저감공법

① 시장·군수·구청장은 비산먼지가 적게 발생하는 다음 [별표]의 비산먼지 발생 저감 공법을 비산먼지발생 사업자에게 적극 권장하여야 한다.

[별표] 비산먼지 발생 저감공법

사업별	공종별 저감 방법	장비별 저감 방법
1. 토공사	가. 터파기 시 먼지 발생(되메우기) 　(1) 이동식 살수시설을 사용, 작업 중 살수 　(2) 바람이 심하게 불 경우 작업 중지 　(3) Open Cut 공법에서 Top Down 공법 등 신공법 도입 나. 차수벽(현장타설 콘크리트 흙막이 벽) 공사 　(1) 시멘트, 벤토나이트 등을 믹서에 배합 시 방진막 설치 　(2) 빈 포장봉투 처리 시 살수하여 수거	가. 굴착장비(Back Hoe 등) 　(1) 살수설비 이용 비산먼지 방지 　(2) 가설펜스 상부에 방진막 설치 　(3) 집진기가 장착된 장비를 사용하되 포집된 먼지가 재비산되지 않도록 살수처리 나. 운전장비(Dump Truck 등) 　(1) 적재물이 비산되지 않도록 덮개 설치 　(2) 적재함 상단을 넘지 않도록 토사 적재(적재함 상단으로부터 5cm 이하) 　(3) 세륜 및 세차설비를 설치하여 세

	(3) Open Cut 공법에서 Top Down 공법 등 신공법 도입	륜 및 세차 후 현장 출발 (4) 현장 내 저속운행으로 먼지비산 저감 (5) 통행도로포장 및 수시 살수
2. 철근 콘크리트 공사	가. 거푸집공사 시 먼지 발생 (1) 거푸집 해체 후 즉시 부착콘크리트 등 제거 (2) 운반정리 시 방진막을 덮음 (3) 대형거푸집 제작(Metal Form 공법 등) : 운반·정리의 감소로 먼지 발생 억제 나. 콘크리트 타설 후 (1) 타설 부위 이외에 떨어진 콘크리트를 건조 전 제거 (2) 정밀시공(할석, Grinding 등 먼지 발생요소 사전 제거) : 형틀을 정확히 제작 (3) 타설 시 건물 외벽에 가림판을 설치하여 콘크리트 비산 방지	가. 레미콘 차량 (1) 현장 내 저속운행 (2) 세륜 및 세차 후 현장 출발 (3) 통행도로를 수시로 살수 나. 자재운반차량 (1) 적재함 청소(상차 전, 상차 후) (2) 이동식 덮개를 덮고 운행
3. 마감공사	가. 철골내화 피복 시 피복재료 비산 (1) 각 층 방진막 설치 후 작업(이중방진막 설치) (2) 재료 배합장소 방진막 설치 나. 천장 견출공사 시 먼지 비산 (1) 시멘트 배합 장소 지정(각 층 방진막 설치) (2) 작업 후 작업장 청소 및 정리정돈 실시 (3) 시멘트 보관장소 지정 (4) 모래 등은 적정 함수율을 유지토록 살수하여 적치하고, 방진덮개로 덮음 다. 습식공사 (1) 조적공사, 미장공사, 방수공사는 Ready Mixed Mortar 사용 라. 건식공사 (1) 석고보드, 단열재, 도장바탕처리 공사의 폐자재 및 파손재는 공사 현장에서 즉시 적정 배출	

칼럼 　🔍　**미세먼지가 인체에 끼치는 영향**

유아, 청소년, 노약자들에게는 영향이 훨씬 크며, 특히 초미세먼지에 해당하는 PM2.5는 기관지 점막에 걸리지 않고 폐포 깊숙이 침투하여 보다 심각한 질환을 야기할 수 있으며, 혈액 속에 침투하여 전신(Human Body)에 운반되어 2차 질환을 야기할 수도 있다.

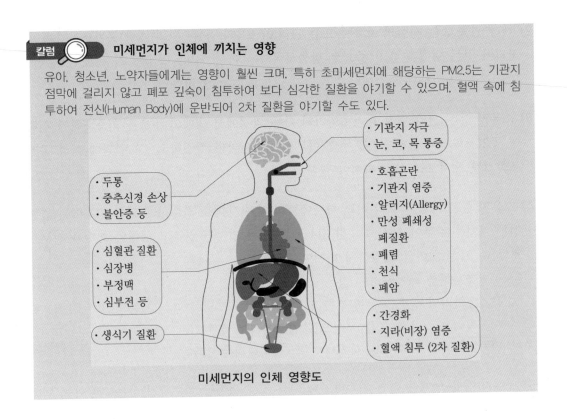

• 기관지 자극
• 눈, 코, 목 통증

• 호흡곤란
• 기관지 염증
• 알러지(Allergy)
• 만성 폐쇄성 폐질환
• 폐렴
• 천식
• 폐암

• 두통
• 중추신경 손상
• 불안증 등

• 심혈관 질환
• 심장병
• 부정맥
• 심부전 등

• 생식기 질환

• 간경화
• 지라(비장) 염증
• 혈액 침투 (2차 질환)

미세먼지의 인체 영향도

1-6　냉매의 관리·회수·처리 방법

(1) 개요

① 환경부장관은 기후·생태계 변화유발물질 중 공기조화기 냉매의 배출을 줄이고 회수·처리하는 등 관리 방안을 마련하여야 한다. 이 경우 환경부장관은 관계 중앙행정기관의 장과 협의하여야 한다.

② 냉매를 사용하는 공기조화기를 가동하는 건물 및 시설의 소유자 또는 관리자는 냉매를 적절히 관리하고 회수·처리하여야 한다.

③ 공기조화기의 규모, 건물 및 시설 기준, 냉매의 관리·회수·처리 방법 등은 환경부령으로 정하며, 관리 대상 건물·시설은 다음 각호의 어느 하나에 해당하는 것으로 한다.

　㈎ 건물 : 「건축법」 제2조 제1항 제2호의 건축물로서, 같은 조 제2항 제1호의 단독주택의 용도로 사용되는 것을 제외한 것

　㈏ 시설 : 제1호의 건물 안에 있는 다음 각 목의 어느 하나에 해당하는 것

　　가. 점포

　　나. 창고

　　다. 그 밖에 사업장으로 이용되는 시설

(2) 해당 건물 또는 시설의 소유자 또는 관리자(소유자 등)는 관리 대상 공기조화기에 충전되어 있는 냉매를 대기 중으로 방출하여서는 아니 되며, 냉매를 회수·보관·충전·인도 또는 처리하는 과정에서 누출되지 않도록 하여야 한다.

(3) 소유자 등은 관리 대상 공기조화기의 가동 과정에서 냉매의 누출을 최소화하기 위하여 공기조화기의 상태, 냉매 누출 여부 등을 1년마다 점검하고, 그 결과에 따라 공기조화기를 유지 또는 보수하여야 한다.

(4) 소유자 등은 다음 각호의 어느 하나에 해당하여 냉매를 회수하게 되는 경우에는 관련 전문 기기를 갖추어 직접 회수하거나 관련 전문 기기를 갖추고 냉매의 회수를 전문으로 하는 자로 하여금 회수하게 하여야 한다.
① 공기조화기를 폐기하려는 경우
② 공기조화기의 전부 또는 일부를 원재료, 부품, 그 밖에 다른 제품의 일부로 이용할 것을 목적으로 유상 또는 무상으로 양도하려는 경우
③ 공기조화기를 유지·보수하거나 이전 설치하려는 경우

(5) 소유자 등은 냉매를 직접 회수하거나 다른 자로 하여금 회수하게 하는 경우에는 냉매를 최대한 회수하고 회수 과정에서의 누출을 최소화하기 위하여 아래의 냉매회수기준을 따라야 한다(공기조화기의 냉매를 회수하는 전문 기기가 정상적으로 가동하는 상태에서 공기조화기 냉매 회수구에서의 압력 값이 아래에서 정하는 냉매의 압력 구분에 따라 정한 압력 이하가 되도록 흡인하여야 한다).

냉매의 압력 구분(게이지 압력)	회수구 압력(게이지 압력)
상용 온도에서의 압력이 0.2MPa 미만	음압 0.07MPa
상용 온도에서의 압력이 0.2MPa 이상	0MPa

(6) 소유자 등은 제3항에 따라 회수(다른 자로 하여금 회수하게 하는 경우를 포함한다)한 냉매를 폐기하려는 경우 다음 각호에 해당하는 자에게 위탁하여 처리하여야 한다.
1. 「전기·전자제품 및 자동차의 자원순환에 관한 법률」 제32조 제2항 제3호에 따른 폐가스류처리업 등록을 한 자
2. 「폐기물관리법」 제25조 제5항 제2호에 따른 폐기물 중간처분업 허가를 받은 자
3. 「폐기물관리법」 제25조 제5항 제4호에 따른 폐기물 종합처분업 허가를 받은 자

(7) 소유자 등은 냉매의 관리·회수·처리에 관한 사항을 별지의 냉매관리기록부에 작성하여 3년 동안 보관하여야 한다.

(8) 소유자 등은 매년 1월 31일까지 전년도 냉매관리기록부의 사본에 다음 각호의 서류를 첨부하여 환경부장관에게 제출하여야 한다. 다만, 공기조화기의 가동을 종료하게 된 때에는 종료일부터 1개월 내에 종료일이 포함된 연도에 해당하는 냉매관리기록부의 사본을 제출하여야 한다.

1. 공기조화기 매매계약서 또는 임대차계약서 사본
2. 냉매회수를 위한 관련 전문 기기의 매매계약서 또는 임대차계약서 사본
3. 냉매회수 위탁계약서 사본
4. 냉매폐기 위탁계약서 사본
5. 냉매 매매계약서 사본

(9) 소유자 등은 냉매관리기록부를 작성·보관하거나 그 사본을 제출하는 경우 「전자문서 및 전자거래 기본법」 제2조 제1호에 따른 전자문서로 작성·보존 또는 제출할 수 있다.

(10) 냉매 판매량의 신고

① 냉매를 제조 또는 수입하는 자는 매 반기 종료일부터 15일 이내에 별지의 냉매 판매량 신고서(전자문서로 된 신고서를 포함한다)에 다음 각호의 서류를 첨부하여 환경부장관에게 제출하여야 한다. 다만, 제조 또는 수입하는 냉매가 「오존층 보호를 위한 특정물질의 제조규제 등에 관한 법률」 제2조 제1호에 따른 특정물질(이하 "특정물질"이라 한다)에 해당하여 같은 법 시행령 제18조 제1항에 따라 특정물질의 제조·판매·수입 실적 등을 산업통상자원부장관에게 보고하는 경우는 제외한다.

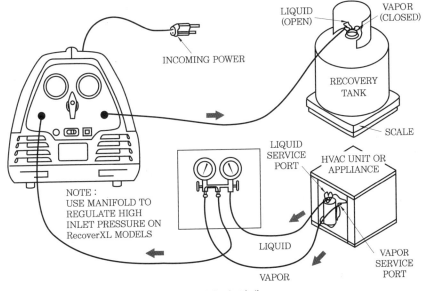

냉매회수기 사례

출처 : http://www.contractingbusiness.com

1. 냉매의 제조 또는 수입 실적을 확인할 수 있는 서류 1부
2. 냉매의 종류별·용도별·판매처별 판매실적과 누계를 확인할 수 있는 서류 1부
② 환경부장관과 산업통상자원부장관은 냉매 판매량의 신고 및 「오존층 보호를 위한 특정물질의 제조규제 등에 관한 법률 시행령」 제18조 제1항에 따른 특정물질의 제조·판매·수입 실적 등의 보고가 효율적으로 이루어지게 하기 위하여 신고·보고의 방법 및 절차 등을 공동으로 정하여 고시할 수 있다.

1-7　자동차와 미세먼지

(1) 개요

① 미세먼지, 특히 초미세먼지는 인간의 건강에 심각한 영향을 끼치고 있다. 워낙 그 크기가 작아서 공기를 통해 들이마시면 체외로 거의 배출되지가 않고 체내에 축적되어 심각한 병을 발생시킬 수 있다.

② 자동차 또한 미세먼지의 피해 대상이면서, 동시에 미세먼지 발생원의 역할을 한다. 즉, 외부의 미세먼지가 자동차에 흡인되어 많은 고장을 일으키기도 하고, 차내의 탑승객에게 위해를 주며, 또한 배기통을 통하여 배기가스를 내뿜을 때 많은 입자상의 미세먼지를 포함하여 질소산화물(NOx), 아황산가스(SOx), 일산화탄소(CO) 등의 유해 물질을 내뿜는다.

(2) 자동차와 미세먼지

① 자동차에서 공기를 흡입하여 사용하는 곳은 두 곳이다. 엔진 내 연소에 필요한 공기를 흡입하는 에어인테이크와, 차내에 쾌적한 실외공기를 도입하기 위한 에어덕트가 바로 그곳이다. 물론 엔진 측 에어인테이크는 에어클리너가 부착되어 있고, 차 실내 측은 에어필터라고 불리는 공기 정화장치가 부착되어 있기는 하지만, 관리가 소홀하면 많은 양의 초미세먼지가 차내로도 들어가고 엔진 속으로도 들어가 차내 인원이나 엔진 등에 심각한 악영향을 주고 있는 것이다.

② 미세먼지 및 초미세먼지는 디젤차(경유차), 직분사엔진류에서 특히 심한 것으로 알려져 있다. 그런데 디젤차는 대부분 직분사엔진이고, 휘발유차도 직분사엔진이 점점 더 많아지고 있다는 것이 문제이다.

③ 직분사 방식은 연비가 좋아 산화탄소 배출 저감에는 도움이 되지만, 미세먼지 부문에서는 큰 문제가 되고 있는 것이다.

④ 이러한 악영향을 방지하기 위해서는 미세먼지뿐만 아니라 초미세먼지까지 거를 수 있는 에어클리너와 에어필터를 적용하는 것이 필요하며, 교환 주기를 앞당겨 자주 교

체 및 관리해 주어야 한다.

⑤ 미세먼지가 심할 경우 혹은 차량 관리 상태가 좋지 못하여 미세먼지가 차내로 많이 유입되어 들어올 경우에는 차내에서도 초미세먼지까지 거를 수 있는 마스크를 착용하는 것이 필요하다.

미세먼지 내뿜는 자동차

사진 출처 : http://newsview.co.kr

(3) 자동차의 미세먼지 배출 실태

① 환경부 조사 결과 초미세먼지(PM2.5)의 수도권 배출 비중은 경유차(29%)와 경유를 쓰는 디젤엔진을 단 건설기계(22%)가 절반 이상이다.

② 대기 중에서 수증기 등과 2차 반응을 통해 미세먼지를 만드는 질소산화물(NOx)의 경유차 배출 비중도 역시 44%에 달하는 실정이다.

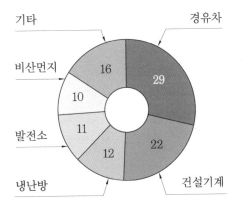

초미세먼지 실태(환경부, 2017년 3월 조사 기준, 단위 : %)

출처 : 한국경제(http://news.hankyung.com)

③ 에너지(휘발유·경유·LPG) 상대가격 조정 방안 연구에 참여하고 있는 한 국책연구기관 관계자들 중에는 "미세먼지 등 환경 비용만 따지면 경유값은 휘발유값보다 20% 이상 높게 책정해야 한다."고 말한다.

④ 이 같은 상황에서 정치인들은 유럽의 일부 나라들처럼 경유 승용차 운행의 대폭 축소 혹은 전면 금지 등을 선언하고 있는 실정이다.

칼럼   **경유차 배출가스 저감장치(DPF, p-DPF)**

1. 자동차 배출가스 중 입자상물질(PM) 등을 촉매가 코팅된 필터로 여과하고 이를 산화(재생)시켜 이산화탄소(CO_2)와 수증기(H_2O)로 전환하여 오염물질을 제거하는 장치
   ① 자연재생방식 : 재생에 필요한 열 공급원으로 엔진 배기열을 이용하는 방식(고속 주행 차량에 적용)
   ② 복합재생방식 : 전기히터/보조 연료 등을 사용하여 재생하는 방식(대부분 차량에 적용)

제1종 배출가스 저감장치 DPF(Diesel Particulate Filter Trap)	제2종 배출가스 저감장치 p-DPF(Partial Diesel Particulate Filter Trap)
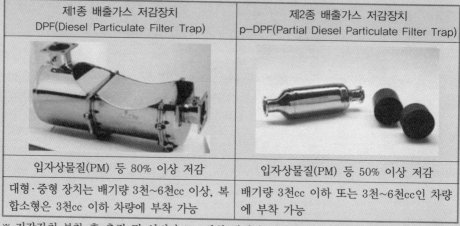	
입자상물질(PM) 등 80% 이상 저감	입자상물질(PM) 등 50% 이상 저감
대형·중형 장치는 배기량 3천~6천cc 이상, 복합소형은 3천cc 이하 차량에 부착 가능	배기량 3천cc 이하 또는 3천~6천cc인 차량에 부착 가능

※ 저감장치 부착 후 출력 및 연비가 5% 범위 내에서 저하될 수 있음

2. PM-NOx 동시 저감장치

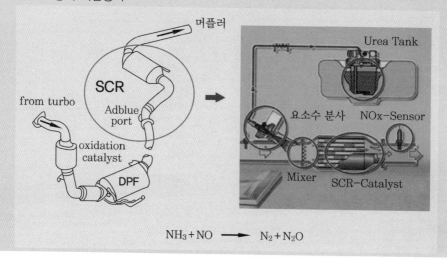

$$NH_3 + NO \longrightarrow N_2 + N_2O$$

① 경유차의 배기가스에서 나오는 미세먼지(PM)와 질소산화물(NOx)을 동시에 저감할 수 있는 장치
② 배출가스 저감장치(DPF)에서 입자상물질(PM)을 저감시키고 선택적촉매환원장치(SCR)에서 배기가스에 요소수를 분사하여 질소산화물(NOx)을 저감

3. 법적 적용기준(특정경유자동차 검사 사후조치 및 보조금 지급 등에 관한 규정)

① 제1종 배출가스 저감장치별 적용 조건

부착 대상 배기량	장치 특성	인증 장치 수	비고(부착 조건)
중형	자연재생/ 복합재생	6개	배기 온도(복합재생의 경우 제외), 연식, 매연 농도, 차량 상태
대형	자연재생/ 복합재생	5개	배기 온도(복합재생의 경우 제외), 연식, 매연 농도, 차량 상태

※ 상세 내용은 배출가스 저감장치 인증 현황(환경부 게재) 및 인증서를 통해 확인

② 제2종 배출가스 저감장치별 적용 조건

부착 대상 배기량	장치 특성	인증 장치 수	비고(부착 조건)
중형	자연재생	6개	배기 온도(복합재생의 경우 제외), 연식, 매연 농도, 차량 상태
소형	자연재생	5개	배기 온도(복합재생의 경우 제외), 연식, 매연 농도, 차량 상태

※ 세부 내용은 배출가스 저감장치 인증 현황(환경부 게재) 및 인증서를 통해 확인

1-8 배출가스 저감장치의 부착 등의 저공해 조치

(1) 개요

① 부착·교체하거나 개조·교체하는 배출가스 저감장치 및 저공해엔진의 종류는 환경부장관이 자동차의 배출허용기준 초과 정도, 그 자동차의 차종이나 차령 등을 고려하여 고시할 수 있다.

② 배출가스 저감장치를 부착·교체하거나 저공해엔진으로 개조·교체한 자(자금을 보조 또는 융자받으려는 자)는 별지 서식의 배출가스 저감장치 부착·교체 증명서 또는 저공해엔진 개조·교체 증명서를 시·도지사에게 제출하여야 한다.

(2) 환경부장관이 의무운행 기간을 설정할 수 있는 범위는 2년으로 한다.

(3) 지원금액의 회수기준은 다음과 같다.

배출가스 저감장치 및 저공해엔진의 사용기간	보조금 회수요율
3개월 미만	70%
3개월 이상 6개월 미만	65%
6개월 이상 9개월 미만	60%
9개월 이상 12개월 미만	55%
12개월 이상 15개월 미만	50%
15개월 이상 18개월 미만	40%
18개월 이상 21개월 미만	30%
21개월 이상 24개월 미만	20%

(4) 자동차의 소유자가 경비를 지원받아 배출가스 저감장치를 부착하거나 저공해엔진으로 개조 또는 교체한 자동차를 수출하거나 폐차하기 위하여 배출가스 저감장치 또는 저공해엔진을 반납하거나 장치 또는 부품의 잔존가치에 해당하는 금액을 금전으로 납부하려는 경우에는 별지의 배출가스 저감장치(저공해엔진) 반납신청서에 사고, 재해 또는 도난 사실을 증명할 수 있는 서류 1부를 첨부하여 시·도지사에게 반납하거나 납부하여야 한다.

(5) 장치 또는 부품의 잔존가치에 해당하는 금액의 구체적인 산정 방법은 해당 장치 또는 부품에 함유된 귀금속의 종류, 함량 및 거래가격 등을 고려하여 환경부장관이 정하여 고시한다.

(6) 자동차의 소유자가 경비를 지원받은 전기자동차를 폐차하기 위하여 전기자동차의 배터리를 반납하려는 경우에는 시·도지사에게 반납하여야 한다.

(7) 반납을 받은 시·도지사는 반납확인증명서를 발급하여야 하며, 「자동차관리법」 제13조에 따라 자동차의 등록을 말소할 때에 반납확인증명서에 적힌 자동차와 일치하는지를 확인하여야 한다.

(8) 환경부장관 또는 지방자치단체의 장은 반납받은 배출가스 저감장치 등이 재사용·재활용이 불가능하다고 환경부령으로 정한 사유에 해당하는 경우에는 매각하여야 한다. 이 때 "환경부령으로 정한 사유에 해당하는 경우"란 다음 각호의 어느 하나에 해당하는 경우를 말한다.
1. 배출가스 저감장치 또는 저공해엔진의 저감효율이 배출가스 저감장치 및 저공해엔진의 저감효율에 미달하는 경우

2. 육안검사 결과 배출가스 저감장치 또는 저공해엔진이 훼손되어 내부 부품이 온전하지 못한 경우

3. 배출가스 저감장치 또는 저공해엔진에 대한 재사용·재활용 신청이 없어 향후 재사용·재활용 가능성이 없다고 환경부장관이 판단하는 경우

4. 전기자동차 배터리의 재사용 또는 재활용이 불가능하다고 환경부장관이 판단하는 경우

(9) 매각대금은 「환경정책기본법」에 따른 환경개선특별회계의 세입으로 하고, 지원 및 저공해자동차의 개발·연구 사업에 필요한 경비 등 환경부령으로 정하는 경비에 충당할 수 있다. 이때 "환경부령으로 정하는 경비"란 다음 각호의 어느 하나에 쓰이는 경비를 말한다.

1. 보증기간이 경과된 배출가스 저감장치 또는 저공해엔진의 클리닝, 무상점검, 콜모니터링 및 그 밖의 사후관리

2. 재사용·재활용하는 배출가스 저감장치 또는 저공해엔진의 성능 향상을 위한 선별 및 관리

3. 반납받은 배출가스 저감장치 또는 저공해엔진의 회수·보관·매각 등

4. 운행차 저공해화 또는 저공해·저연비자동차 관련 기술개발 및 연구사업

5. 저공해자동차의 보급, 배출가스 저감장치의 부착, 저공해엔진으로의 개조 및 조기폐차를 촉진하기 위한 홍보사업

(10) 저공해자동차 표지 등의 부착

① 특별시장·광역시장·특별자치시장·특별자치도지사·시장·군수는 다음 각호의 구분에 따른 표지를 내주어야 한다.

1. 저공해자동차를 구매하여 등록한 경우 : 저공해자동차 표지

2. 배출가스 저감장치를 부착한 자가 배출가스 저감장치 부착증명서를 제출한 경우 : 배출가스 저감장치 부착 자동차 표지

3. 저공해엔진으로 개조·교체한 자가 저공해엔진 개조·교체증명서를 제출하는 경우 : 저공해엔진 개조·교체 자동차 표지

② 위의 각호의 표지에는 저공해자동차 또는 배출가스 저감장치 및 저공해엔진의 종류 등을 표시하여야 한다.

③ 위의 호의 표지를 교부받은 자는 해당 표지를 차량 외부에서 잘 보일 수 있도록 부착하여야 한다.

④ 표지의 규격, 구체적인 부착 방법 등은 환경부장관이 정하여 고시한다.

1-9 환경기준의 설정

(1) 국가는 생태계 또는 인간의 건강에 미치는 영향 등을 고려하여 환경기준을 설정하여야 하며, 환경 여건의 변화에 따라 그 적정성이 유지되도록 하여야 한다.

(2) 환경기준은 대통령령으로 정하며, 대기기준, 소음기준, 수질기준 등 환경 전반에 걸친 기준으로 정한다.

(3) 환경기준(대기)

항 목	기 준	측정 방법
아황산가스 (SO$_2$)	연간 평균치 0.02ppm 이하 24시간 평균치 0.05ppm 이하 1시간 평균치 0.15ppm 이하	자외선 형광법 (Pulse U.V. Fluorescence Method)
일산화탄소 (CO)	8시간 평균치 9ppm 이하 1시간 평균치 25ppm 이하	비분산적외선 분석법 (Non-dispersive Infrared Method)
이산화질소 (NO$_2$)	연간 평균치 0.03ppm 이하 24시간 평균치 0.06ppm 이하 1시간 평균치 0.10ppm 이하	화학 발광법 (Chemiluminescence Method)
미세먼지 (PM-10)	연간 평균치 50μg/m^3 이하 24시간 평균치 100μg/m^3 이하	베타선 흡수법 (β-ray Absorption Method)
미세먼지 (PM-2.5)	연간 평균치 15μg/m^3 이하 24시간 평균치 35μg/m^3 이하	중량농도법 또는 이에 준하는 자동 측정법
오존 (O$_3$)	8시간 평균치 0.06ppm 이하 1시간 평균치 0.1ppm 이하	자외선 광도법 (U.V Photometric Method)

납 (Pb)	연간 평균치 $0.5\mu g/m^3$ 이하	원자흡광 광도법 (Atomic Absorption Spectrophotometry)
벤젠	연간 평균치 $5\mu g/m^3$ 이하	가스크로마토그래피 (Gas Chromatography)

〈비고〉

1. 1시간 평균치는 999천분위수(千分位數)의 값이 그 기준을 초과해서는 안 되고, 8시간 및 24시간 평균치는 99백분위수의 값이 그 기준을 초과해서는 안 된다.
2. 미세먼지(PM-10)는 입자의 크기가 $10\mu m$ 이하인 먼지를 말한다.
3. 미세먼지(PM-2.5)는 입자의 크기가 $2.5\mu m$ 이하인 먼지를 말한다.

(4) 특별시·광역시·도·특별자치도는 해당 지역의 환경적 특수성을 고려하여 필요하다고 인정할 때에는 해당 시·도의 조례로 「환경정책기본법」보다 확대·강화된 별도의 환경기준(지역환경기준)을 설정 또는 변경할 수 있다.

(5) 특별시장·광역시장·도지사·특별자치도지사는 지역환경기준을 설정하거나 변경한 경우에는 이를 지체 없이 환경부장관에게 보고하여야 한다.

(6) 국가 및 지방자치단체는 환경에 관계되는 법령을 제정 또는 개정하거나 행정계획의 수립 또는 사업의 집행을 할 때에는 환경기준이 적절히 유지되도록 다음 사항을 고려하여야 한다.
① 환경 악화의 예방 및 그 요인의 제거
② 환경오염 지역의 원상회복
③ 새로운 과학기술의 사용으로 인한 환경오염 및 환경훼손의 예방
④ 환경오염 방지를 위한 재원(財源)의 적정 배분

칼럼　미세먼지 비상저감조치

1. 미세먼지 비상저감조치는 수도권(서울과 인천, 경기 등 3개 시·도)에서 당일 0시 ~ 오후 4시의 초미세먼지(PM2.5) 평균 농도가 모두 '나쁨($50\mu g/m^3$ 초과)' 이상이고, 다음 날에도 3개 시·도 모두 '나쁨' 이상으로 예보되면 발동되는 조치이다.
2. 미세먼지 비상저감조치가 발령되면 수도권 7125개의 행정·공공기관은 차량 2부제를 운영하고, 사업장·공사장은 단축·가동하게 된다.

미세먼지 (PM10)	좋음	보통	나쁨	매우 나쁨	미세먼지 (PM2.5)	좋음	보통	나쁨	매우 나쁨
환경부	0~30	31~80	81~150	151~	환경부	0~15	16~35	36~75	76~
WHO	0~30	31~50	51~100	101~	WHO	0~15	16~25	26~50	51~

1-10 휘발성 유기화합물질(VOCs)

(1) 휘발성 유기화합물질(VOCs)의 정의
① 휘발성 유기화합물질(VOCs)은 Volatile Organic Compounds의 약어이다.
② 대기 중에서 질소산화물과 공존하면 햇빛의 작용으로 광화학반응을 일으켜 오존 및 팬(PAN : 퍼옥시아세틸 나이트레이트) 등 광화학 산화성 물질을 생성시켜 광화학스모그를 유발하는 물질을 통틀어 일컫는 말이다.

(2) 휘발성 유기화합물질(VOCs)의 영향
① 대기오염물질이며 발암성을 가진 독성 화학물질이다.
② 광화학산화물의 전구물질이기도 하다.
③ 지구온난화와 성층권 오존층 파괴의 원인물질이다.
④ 악취를 일으키기도 한다.

(3) 법규 규제와 정의
① 국내의「대기환경보전법 시행령」제39조 제1항에서는 석유화학제품, 유기용제 또는 기타 물질로 정의한다.
② 해당 부처에의 고시에 따라 벤젠, 아세틸렌, 휘발유 등 31개 물질 및 제품이 규제대상이다.
③ 끓는점이 낮은 액체연료, 파라핀, 올레핀, 방향족화합물 등 생활 주변에서 흔히 사용하는 탄화수소류가 거의 해당된다.

(4) 천연 VOC
목재(소나무, 낙엽송 등) 등에서 천연적으로 발생하는 휘발성 유기화합물질로 인체에 해가 없다.

(5) VOCs 배출원
① VOC의 배출오염원은 인위적인(Anthropogenic) 배출원과 자연적인(Biogenic) 배출원으로 분류된다. 자연적인 배출원 또한 VOC 배출에 상당량 기여하는 것으로 알려져 있으나 자료 부족으로 보통 인위적인 배출원만이 관리 대상으로 고려되고 있다.
② 인위적인 VOC의 배출원은 종류와 크기가 매우 다양하며 SOx, NOx 등의 일반적인 오염물질과 달리 누출 등의 불특정 배출과 같이 배출구가 산재되어 있는 특징이 있어 시설관리의 어려움이 있다.
③ 지금까지 알려진 인위적인 VOC의 주요 배출원으로는 배출 비중의 차이는 있으나, 자동차 배기가스와 유류용제의 제조·사용처 등이 있다.

(6) VOCs 조절 방법

① 고온산화(열소각)법(Thermal Oxidation)

㉮ VOC를 함유한 공기를 포집해서 예열하고 잘 혼합한 후 고온으로 태움

㉯ 분해효율에 영향을 미치는 요인 : 온도, 체류 시간, 혼합 정도, 열을 회수하는 방법, 열교환 방법, 재생 방법 등

② 촉매산화법(Catalytic Thermal Oxidation)

㉮ 촉매가 연소에 필요한 활성화 에너지를 낮춤

㉯ 비교적 저온에서 연소가 가능

㉰ 사용되는 촉매 : 백금과 파라듐, 그리고 Cr_2O_3/Al_2O_3, Co_3O_4 등의 금속산화물

㉱ 촉매의 평균수명은 2년~5년 정도이다.

㉲ 장점 : 낮은 온도에서 처리되어 경제적, 유지 관리가 용이, 현장부지 여건에 따라 수평형 또는 수직형으로 설치 가능

㉳ 단점 : 촉매교체비가 고가, 촉매독을 야기할 수 있는 물질의 유입 시 별도의 전처리가 필요 등

③ 흡착법

㉮ 고체 흡착제와 접촉해서 약한 분자 간의 인력에 의해 분리시키는 방법이다.

㉯ 흡착제의 종류와 특징

㉠ 활성탄 : VOC를 제거하기 위해 현재 가장 널리 사용되고 있는 흡착제

㉡ 활성탄 제조 원료 : 탄소 함유 물질 등

㉰ 활성탄 종류 : 분말탄, 입상탄, 섬유상 활성탄 등

㉱ 탄소 흡착제 중 휘발성이 높은 VOC(분자량이 40 이하)는 흡착이 잘 안되며 비휘발성 물질(분자량이 130 이상이거나 비점이 150℃보다 큰 경우)은 탈착이 잘 안되기 때문에 효율적이지 못하다.

④ 축열식연소장치(RTO, RCO)

㉮ 배기가스로 버려지는 열을 재회수하여 사용하는 방식으로, 대표적으로는 RTO(Regenerative Thermal Oxidizer), RCO(Regenerative Catalytic Oxidizer) 등이 있다.

㉯ 휘발성 화합물을 사용하는 사업장에서 발생되는 배출가스를 축열연소 방식으로 연소시켜 청정공기를 대기 중으로 배출하는 시설로, VOCs처리에 수반되는 열을 회수 공급함으로써 약 95% 이상의 열을 회수할 수 있으며, 저농도로도 무연료 운전이 가능한 에너지 절약형 기술이다.

㉰ 2개 이상의 축열실을 갖는 기존의 축열 방식(Bed Type ; VOC 가스의 흐름을 Timer에 의해 변화시킴)보다 Rotary Wing에 의한 풍향 전환형 축열설비 형태로 많이 개발 및 보급되고 있는 실정이다.

⑤ 기타의 방법

㈎ 흡수법 : VOC 함유 기체와 액상 흡수제(물, 가성소다 용액, 암모니아 등)가 향류 혹은 또는 병류 형태로 접촉하여 물질 전달을 한다(VOC 함유 기체와 액상 흡수제 간의 VOC 농도 구배 이용).

㈏ 냉각 응축법 : 냉매(냉수, 브라인, HFC 등)와 VOC 함유 기체를 직접 혹은 간접적으로 열교환시켜 비응축가스로부터 VOC를 응축시켜 분리시킨다.

㈐ 생물학적 처리법 : 미생물을 이용하여 VOC를 무기질, CO_2, H_2O 등으로 변환한다 (생물막법이 많이 사용됨).

㈑ 증기 재생법 : 오염물질을 흡착제에 흡착하여 260℃ 정도의 수증기로 탈착시킨 후 고온의 증발기를 통과시켜 VOC가 H_2, CO_2 등으로 전환하게 한다.

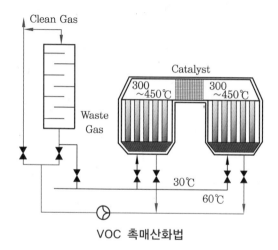

VOC 촉매산화법

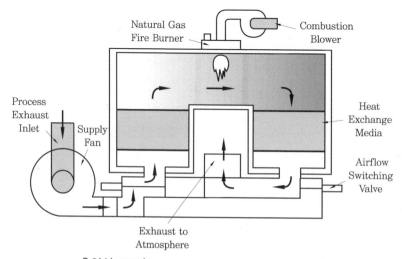

축열식 RTO(Regenerative Thermal Oxidizer)

㈔ 막분리법 : 진공펌프를 이용하여 막모듈 내의 압력을 낮게 유지시키면, VOC만 막을 통과하고, 공기는 통과하지 못한다.

㈕ 코로나방전법 : 코로나방전에 의해 이탈된 전자가 촉매로 작용하여, VOC를 산화시킨다.

1-11 오존(O₃)의 영향

(1) Good Ozone

① 오존은 성층권의 오존층에 밀집되어 있고, 태양광 중의 자외선을 거의 95~99% 차단(흡수)하여 피부암, 안질환, 돌연변이 등을 방지해 준다.

② 오존발생기 : 살균작용(풀장의 살균 등), 정화작용 등의 효과

③ 오존 치료요법 : 인체에 산소를 공급하는 치료 기구에 활용

④ 기타 산림 지역, 숲 등의 자연 상태에서 자연적으로 발생하는 오존(산림 지역에서 발생한 산소가 강한 자외선을 받아 높은 농도의 오존 발생)은 해가 적고, 오히려 인체의 건강에 도움을 주는 것으로 알려져 있다.

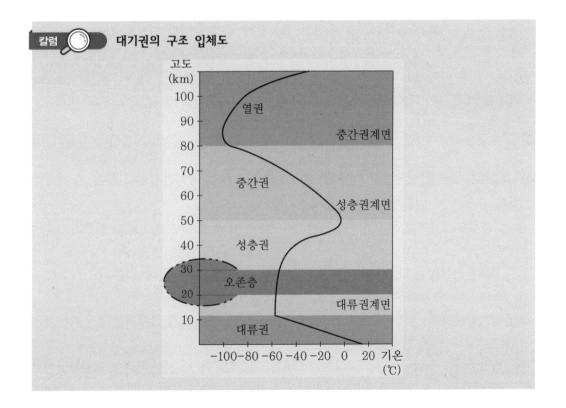

칼럼 **대기권의 구조 입체도**

(2) Bad Ozone

① 자동차 매연에 의해 발생한 오존 : 오존보다 각종 매연 그 자체가 오히려 더 큰 문제이
다(오존은 살균, 청정작용 후 바로 산소로 환원됨).

② 밀폐된 공간에서 오존을 장시간 접촉하거나 직접 호기하면 눈, 호흡기, 폐질환 등을
유발할 수 있다고 알려져 있다.

1-12 공동주택 및 다중이용시설의 환기설비

(1) 신축 또는 리모델링하는 다음 각호의 어느 하나에 해당하는 주택 또는 건축물(이하
"신축공동주택 등"이라 한다)은 시간당 0.5회 이상의 환기가 이루어질 수 있도록 자연
환기설비 또는 기계환기설비를 설치하여야 한다.

1. 100세대 이상의 공동주택
2. 주택을 주택 외의 시설과 동일건축물로 건축하는 경우로서 주택이 100세대 이상인
   건축물

(2) 신축공동주택 등에 자연환기설비를 설치하는 경우에는 자연환기설비가 (1)의 규정에
의한 환기횟수를 충족하는지에 대하여 건축법의 규정에 의한 지방건축위원회의 심의
를 받아야 한다. 다만, 신축공동주택 등에 「산업표준화법」에 따른 한국산업규격의 자
연환기설비 환기성능 시험방법(KS F 2921)에 따라 성능시험을 거친 자연환기설비를
별표에 따른 자연환기설비 설치 길이 이상으로 설치하는 경우는 제외한다.

(3) 신축공동주택 등에 기계환기설비를 설치하는 경우에는 기준에 적합하여야 한다.

(4) 다중이용시설을 신축하는 경우에 설치하여야 하는 기계환기설비의 구조 및 설치는
다음 각호의 기준에 적합하여야 한다.

1. 다중이용시설의 기계환기설비 용량기준은 시설이용 인원당 환기량을 원칙으로 산정
   할 것
2. 기계환기설비는 다중이용시설로 공급되는 공기의 분포를 최대한 균등하게 하여 실
   내 기류의 편차가 최소화될 수 있도록 할 것
3. 공기공급체계·공기배출체계 또는 공기흡입구·배기구 등에 설치되는 송풍기는 외부
   의 기류로 인하여 송풍능력이 떨어지는 구조가 아닐 것
4. 바깥공기를 공급하는 공기공급체계 또는 공기흡입구는 입자형·가스형 오염물질의 제
   거·여과장치 등 외부로부터 오염물질이 유입되는 것을 최대한 차단할 수 있는 설비를

갖추어야 하며, 제거·여과장치 등의 청소 및 교환 등 유지관리가 쉬운 구조일 것

5. 공기배출체계 및 배기구는 배출되는 공기가 공기공급체계 및 공기흡입구로 직접 들어가지 아니하는 위치에 설치할 것

6. 기계환기설비를 구성하는 설비·기기·장치 및 제품 등의 효율과 성능 등을 판정하는 데 있어 이 규칙에서 정하지 아니한 사항에 대하여는 해당 항목에 대한 「산업표준화법」에 의한 한국산업규격에 적합할 것

칼럼

미국 비영리 민간 환경보건단체 '보건영향연구소(HEI)' 자료에 따르면, 인구가중치를 반영한 한국의 연평균 미세먼지(PM2.5) 농도는 1990년 26μg/m³이었다. 이후 2015년까지 25년 동안 OECD 평균치는 15μg/m³로 낮아진 반면 한국은 오히려 29μg/m³로 높아졌다.

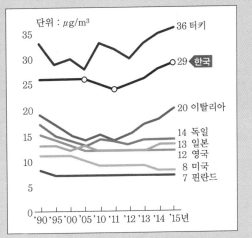

OECD 미세먼지(PM2.5) 농도

그림 출처 : http://conpaper.tistory.com/49460

1-13 건축물의 자연환기설비 시스템

(1) 설치 대상 세대의 체적 계산

필요한 환기횟수를 만족시킬 수 있는 환기량을 산정하기 위하여, 자연환기설비를 설치하고자 하는 공동주택 단위세대의 전체 및 실별 체적을 계산한다.

(2) 단위세대 전체와 실별 설치 길이 계산식 설치기준

자연환기설비의 단위세대 전체 및 실별 설치 길이는 한국산업표준의 자연환기설비 환기성능 시험방법(KS F 2921)에서 규정하고 있는 자연환기설비의 환기량 측정 장치에 의한 평가 결과를 이용하여 다음 식에 따라 계산된 설치 길이 L값 이상으로 설치하여야 하며, 세대 및 실 특성별 가중치가 고려되어야 한다.

$$L = \frac{V \times N}{Q_{ref}} \times F$$

여기서, L : 세대 전체 또는 실별 설치 길이(유효 개구부 길이 기준, m)
V : 세대 전체 또는 실 체적(m³)
N : 필요 환기횟수(0.5회/h)
Q_{ref} : 자연환기설비의 환기량 측정 장치에 의해 평가된 기준 압력차 (2Pa)에서의 환기량(m³/h·m)
F : 세대 및 실 특성별 가중치

(3) 주의 사항

① 일반적으로 창틀에 접합되는 부분(Endcap)과 실제로 공기 유입이 이루어지는 개구부 부분으로 구성되는 자연환기설비에서, 유효 개구부 길이(설치 길이)는 창틀과 결합되는 부분을 제외한 실제 개구부 부분을 기준으로 계산한다.

② 주동 형태 및 단위세대의 설계 조건을 감안한 세대 및 실 특성별 가중치는 다음과 같다.

구 분	조 건	가중치
세대 조건	1면이 외부에 면하는 경우	1.5
	2면이 외부에 평행하게 면하는 경우	1
	2면이 외부에 평행하지 않게 면하는 경우	1.2
	3면 이상이 외부에 면하는 경우	1
실 조건	대상 실이 외부에 직접 면하는 경우	1
	대상 실이 외부에 직접 면하지 않는 경우	1.5

단, 세대조건과 실 조건이 겹치는 경우에는 가중치가 높은 쪽을 적용하는 것을 원칙으로 한다.

③ 일방향으로 길게 설치하는 형태가 아닌 원형, 사각형 등에는 상기의 계산식을 적용할 수 없으며, 지방건축위원회의 심의를 거쳐야 한다.

1-14 신축공동주택 등의 기계환기설비의 설치기준

신축공동주택 등의 환기횟수를 확보하기 위하여 설치되는 기계환기설비의 설계·시공 및 성능평가방법은 다음 각호의 기준에 적합하여야 한다.

① 기계환기설비의 환기기준은 시간당 실내공기 교환횟수(환기설비에 의한 최종 공기 흡입구에서 세대의 실내로 공급되는 공기량의 합인 총 체적 풍량을 실내 총체적으로 나눈 환기횟수를 말한다)로 표시하여야 한다.

② 하나의 기계환기설비로 세대 내 2 이상의 실에 바깥공기를 공급할 경우의 필요 환기량은 각 실에 필요한 환기량의 합계 이상이 되도록 하여야 한다.

③ 세대의 환기량 조절을 위하여 환기설비의 정격풍량을 최소·적정·최대의 3단계 또는 그 이상으로 조절할 수 있는 체계를 갖추어야 하고, 적정 단계의 필요 환기량은 신축공동주택 등의 세대를 시간당 0.5회로 환기할 수 있는 풍량을 확보하여야 한다.

④ 공기공급체계 또는 공기배출체계는 부분적 손실 등 모든 압력 손실의 합계를 고려하여 계산한 공기공급능력 또는 공기배출능력이 상기의 환기기준을 확보할 수 있도록 하여야 한다.

⑤ 기계환기설비는 신축공동주택 등의 모든 세대가 상기의 규정에 의한 환기횟수를 만족시킬 수 있도록 24시간 가동할 수 있어야 한다.

⑥ 기계환기설비의 각 부분의 재료는 충분한 내구성 및 강도를 유지하여 작동되는 동안 구조 및 성능에 변형이 없도록 하여야 한다.

⑦ 기계환기설비는 다음 각 목의 어느 하나에 해당되는 체계를 갖추어야 한다.
  ㈎ 바깥공기를 공급하는 송풍기와 실내공기를 배출하는 송풍기가 결합된 환기체계
  ㈏ 바깥공기를 공급하는 송풍기와 실내공기가 배출되는 배기구가 결합된 환기체계
  ㈐ 바깥공기가 도입되는 공기흡입구와 실내공기를 배출하는 송풍기가 결합된 환기체계

⑧ 바깥공기를 공급하는 공기공급체계 또는 바깥공기가 도입되는 공기흡입구는 입자형·가스형 오염물질을 제거 또는 여과하는 일정 수준 이상의 공기여과기 또는 집진기 등을 갖추어야 한다. 이 경우 공기여과기는 한국산업규격(KS B 6141)에서 규정하고 있는 입자 포집률[공기청정장치에서 그것을 통과하는 공기 중의 입자를 포집(捕執)하는 효율을 말한다]이 60퍼센트 이상인 환기효율을 확보하여야 하고, 수명 연장을 위하여 여과기의 전단부에 사전여과장치를 설치하여야 하며, 여과장치 등의 청소 또는 교환이 쉬운 구조이어야 한다.

⑨ 기계환기설비를 구성하는 설비·기기·장치 및 제품 등의 효율 및 성능 등을 판정함에 있어 이 규칙에서 정하지 아니한 사항에 대하여는 해당 항목에 대한 한국산업규격에 적합하여야 한다.

⑩ 기계환기설비는 환기의 효율을 극대화할 수 있는 위치에 설치하여야 하고, 바깥공기의 변동에 의한 영향을 최소화할 수 있도록 공기흡입구 또는 배기구 등에 완충장치 또는 석쇠형 철망 등을 설치하여야 한다.

⑪ 기계환기설비는 주방 가스대 위의 공기배출장치, 화장실의 공기배출 송풍기 등 급속 환기 설비와 함께 설치할 수 있다.

⑫ 공기흡입구 및 배기구와 공기공급체계 및 공기배출체계는 기계환기설비를 지속적으로 작동시키는 경우에도 대상 공간의 사용에 지장을 주지 아니하는 위치에 설치되어야 한다.

⑬ 기계환기설비에서 발생하는 소음은 40dB 이하가 될 수 있는 구조와 성능을 확보하여야 한다.

⑭ 외부에 면하는 공기흡입구와 배기구는 교차오염을 방지할 수 있는 위치에 설치되어야 하고 유사시 안전에 대비할 수 있는 구조와 성능이 확보되어야 한다.

⑮ 기계환기설비의 에너지 절약을 위하여 폐열 회수형 환기장치를 설치하는 경우에는 한국산업규격(KS B 6879)에 따라 시험한 폐열 회수형 환기장치의 유효환기량이 표시용량의 90퍼센트 이상이어야 하고, 폐열 회수형 환기장치의 안과 밖은 물 맺힘이 발생하는 것을 최소화할 수 있는 구조와 성능을 확보하도록 하여야 한다.

⑯ 기계환기설비는 송풍기, 폐열 회수형 환기장치, 공기여과기, 공기가 통하는 관, 공기흡입구 및 배기구, 그 밖의 기기 등 주요 부분의 정기적인 점검 및 정비 등 유지관리가 쉬운 체계로 구성되어야 하고, 제품의 사양 및 시방서에 유지관리 관련 내용을 명시하여야 하며, 유지관리 관련 내용이 수록된 사용자 설명서를 제시하여야 한다.

⑰ 실외의 기상조건에 따라 환기용 송풍기 등 기계환기설비를 작동하지 아니하더라도 자연환기와 기계환기가 동시 운용될 수 있는 혼합형 환기설비가 설계도서 등을 근거로 필요 환기량을 확보할 수 있는 것으로 객관적으로 입증되는 경우에는 기계환기설비를 갖춘 것으로 인정할 수 있다.

⑱ 중앙관리방식의 공기조화설비(실내의 온도·습도 및 청정도 등을 적정하게 유지하는 역할을 하는 설비를 말한다)가 설치된 경우에는 다음 각 목의 기준에도 적합하여야 한다.

　㈎ 공기조화설비는 24시간 지속적인 환기가 가능한 것일 것. 다만, 주요 환기설비와 분리된 별도의 환기계통을 병행 설치하여 실내에 존재하는 국소 오염원에서 발생하는 오염물질을 신속히 배출할 수 있는 체계로 구성하는 경우에는 그러하지 아니하다.

　㈏ 중앙관리방식의 공기조화설비의 제어 및 작동 상황을 통제할 수 있는 관리실 또는 기능이 있을 것

1-15 신축공동주택 등의 자연환기설비의 설치기준

신축공동주택 등에 설치되는 자연환기설비의 설계·시공 및 성능평가방법은 다음 각호의 기준에 적합하여야 한다.

1. 세대에 설치되는 자연환기설비는 세대 내의 모든 실에 바깥공기를 최대한 균일하게 공급할 수 있도록 설치되어야 한다.

2. 세대의 환기량 조절을 위하여 자연환기설비는 환기량을 조절할 수 있는 체계를 갖추

어야 하고, 최대개방 상태에서의 환기량을 기준으로 별표에 따른 설치 길이 이상으로 설치되어야 한다.

3. 자연환기설비는 순간적인 외부 바람 및 실내외 압력 차의 증가로 인하여 발생할 수 있는 과도한 바깥공기의 유입 등 바깥공기의 변동에 의한 영향을 최소화할 수 있는 구조와 형태를 갖추어야 한다.

4. 자연환기설비의 각 부분의 재료는 충분한 내구성 및 강도를 유지하여 작동되는 동안 구조 및 성능에 변형이 없어야 하며, 표면결로 및 바깥공기의 직접적인 유입으로 인하여 발생할 수 있는 불쾌감(콜드드래프트 등)을 방지할 수 있는 재료와 구조를 갖추어야 한다.

5. 자연환기설비는 도입되는 바깥공기에 포함되어 있는 입자형·가스형 오염물질을 제거 또는 여과할 수 있는 일정 수준 이상의 공기여과기를 갖추어야 한다. 이 경우 공기여과기는 한국산업규격(KS B 6141)에서 규정하고 있는 입자 포집률[공기청정장치에서 그것을 통과하는 공기 중의 입자를 포집(捕執)하는 효율을 말한다]을 중량법으로 측정하여 50퍼센트 이상 확보하여야 하며 공기여과기의 청소 또는 교환이 쉬운 구조이어야 한다.

6. 자연환기설비를 구성하는 설비·기기·장치 및 제품 등의 효율과 성능 등을 판정함에 있어 이 규칙에서 정하지 아니한 사항에 대하여는 해당 항목에 대한 한국산업규격에 적합하여야 한다.

7. 자연환기설비를 지속적으로 작동시키는 경우에도 대상 공간의 사용에 지장을 주지 아니하는 위치에 설치되어야 한다.

8. 한국산업규격(KS B 2921)의 시험조건하에서 자연환기설비로 인하여 발생하는 소음은 대표길이 1미터(수직 또는 수평 하단)에서 측정하여 40dB 이하가 되어야 한다.

9. 자연환기설비는 가능한 외부의 오염물질이 유입되지 않는 위치에 설치되어야 하고, 화재 등 유사시 안전에 대비할 수 있는 구조와 성능이 확보되어야 한다.

10. 실내로 도입되는 바깥공기를 예열할 수 있는 기능을 갖는 자연환기설비는 최대한 에너지 절약적인 구조와 형태를 가져야 한다.

11. 자연환기설비는 주요 부분의 정기적인 점검 및 정비 등 유지관리가 쉬운 체계로 구성하여야 하고, 제품의 사양 및 시방서에 유지관리 관련 내용을 명시하여야 하며, 유지관리 관련 내용이 수록된 사용자 설명서를 제시하여야 한다.

12. 자연환기설비는 설치되는 실의 바닥부터 수직으로 1.2미터 이상의 높이에 설치하여야 하며, 2개 이상의 자연환기설비를 상하로 설치하는 경우 1미터 이상의 수직간격을 확보하여야 한다.

1-16   기계환기설비의 다중이용시설 및 필요 환기량

(1) 기계환기설비를 설치하여야 하는 다중이용시설

① 지하시설

(가) 모든 지하역사(출입통로·대합실·승강장 및 환승통로와 이에 딸린 시설을 포함한다)

(나) 연면적 2천제곱미터 이상인 지하도상가(지상건물에 딸린 지하층의 시설 및 연속 되어 있는 둘 이상의 지하도상가의 연면적 합계가 2천제곱미터 이상인 경우를 포 함한다)

② 문화 및 집회시설

(가) 연면적 3천제곱미터 이상인 「건축법 시행령」 별표 1 제5호 라목에 따른 전시장

(나) 연면적 2천제곱미터 이상인 「건전가정의례의 정착 및 지원에 관한 법률」에 따른 혼인예식장

(다) 연면적 1천제곱미터 이상인 「공연법」 제2조 제4호에 따른 공연장

(라) 관람석 용도로 쓰이는 바닥면적이 1천제곱미터 이상인 「체육시설의 설치·이용에 관한 법률」 제2조 제1호에 따른 체육시설

(마) 연면적 300제곱미터 이상인 「영화 및 비디오물의 진흥에 관한 법률」 제2조 제10 호에 따른 영화상영관

③ 판매시설

(가) 「유통산업발전법」 제2조 제3호에 따른 대규모점포

(나) 연면적 300제곱미터 이상인 「게임산업 진흥에 관한 법률」 제2조 제7호에 따른 인터넷컴퓨터게임시설제공업의 영업시설

④ 운수시설

(가) 「항만법」 제2조 제5호에 따른 항만시설 중 연면적 5천제곱미터 이상인 대합실

(나) 「여객자동차 운수사업법」 제2조 제5호에 따른 여객자동차터미널 중 연면적 2천 제곱미터 이상인 대합실

(다) 「철도산업발전기본법」 제3조 제2호에 따른 철도시설 중 연면적 2천제곱미터 이 상인 대합실

(라) 「항공법」 제2조 제8호에 따른 공항시설 중 연면적 1천5백제곱미터 이상인 여객터 미널

⑤ 의료시설 : 연면적이 2천제곱미터 이상이거나 병상 수가 100개 이상인 「의료법」 제3 조에 따른 의료기관

⑥ 교육연구시설

(가) 연면적 3천제곱미터 이상인 「도서관법」 제2조 제1호에 따른 도서관

(나) 연면적 1천제곱미터 이상인 「학원의 설립·운영 및 과외교습에 관한 법률」 제2조

　　　제1호에 따른 학원

⑦ 노유자시설

　　(가) 연면적 430제곱미터 이상인 「영유아보육법」 제10조 제1호부터 제4호까지 및 제7호에 따른 국공립어린이집, 사회복지법인어린이집, 법인·단체등어린이집, 직장어린이집 및 민간어린이집

　　(나) 연면적 1천제곱미터 이상인 「노인복지법」 제34조 제1항 제1호에 따른 노인요양시설(국공립노인요양시설로 한정한다)

⑧ 업무시설 : 연면적 3천제곱미터 이상인 「건축법 시행령」 별표 1 제14호 가목에 따른 공공업무시설(국가 또는 지방자치단체의 청사로 한정한다) 및 같은 호 나목에 따른 일반업무시설

⑨ 자동차 관련 시설 : 연면적 2천제곱미터 이상인 「주차장법」 제2조 제1호에 따른 주차장(같은 법 제2조 제2호에 따른 기계식주차장은 제외한다)

⑩ 장례식장 : 연면적 1천제곱미터 이상인 「장사 등에 관한 법률」 제29조에 따른 장례식장(지하에 설치되는 경우로 한정한다)

⑪ 그 밖의 시설

　　(가) 연면적 1천제곱미터 이상인 「공중위생관리법」 제2조 제3호에 따른 목욕장업의 영업시설

　　(나) 연면적 5백제곱미터 이상인 「모자보건법」 제2조 제11호에 따른 산후조리원

(2) 각 시설의 필요 환기량

구 분		필요 환기량(m^3/인·h)	비 고
가. 지하시설	(1) 지하역사	25 이상	
	(2) 지하도상가	36 이상	매장(상점) 기준
나. 문화 및 집회시설		29 이상	
다. 판매시설		29 이상	
라. 운수시설		29 이상	
마. 의료시설		36 이상	
바. 교육연구시설		36 이상	
사. 노유자시설		36 이상	
아. 업무시설		29 이상	
자. 자동차 관련 시설		27 이상	
차. 장례식장		36 이상	
카. 그 밖의 시설		25 이상	

〈비고〉

1. 제1호에서 연면적 또는 바닥면적을 산정할 때에는 실내공간에 설치된 시설이 차지하는 연면적 또는

바닥면적을 기준으로 산정한다.

2. 필요 환기량은 예상 이용인원이 가장 높은 시간대를 기준으로 산정한다.

3. 의료시설 중 수술실 등 특수 용도로 사용되는 실(室)의 경우에는 소관 중앙행정기관의 장이 달리 정할 수 있다.

4. 제1호 자목의 자동차 관련 시설의 필요 환기량은 단위면적당 환기량($m^3/m^2 \cdot h$)으로 산정한다.

1-17 학교의 환기·채광·조도·온습도 기준

(1) 환기

① 환기의 조절기준 : 환기용 창 등을 수시로 개방하거나 기계식 환기설비를 수시로 가동하여 1인당 환기량이 시간당 21.6세제곱미터 이상이 되도록 할 것

② 환기설비의 구조 및 설치기준(환기설비의 구조 및 설치기준을 두는 경우에 한한다)

㈎ 환기설비는 교사 안에서의 공기의 질의 유지기준을 충족할 수 있도록 충분한 외부공기를 유입하고 내부공기를 배출할 수 있는 용량으로 설치할 것

㈏ 교사의 환기설비에 대한 용량의 기준은 환기의 조절기준에 적합한 용량으로 할 것

㈐ 교사 안으로 들어오는 공기의 분포를 균등하게 하여 실내공기의 순환이 골고루 이루어지도록 할 것

㈑ 중앙관리방식의 환기설비를 계획할 경우 환기덕트는 공기를 오염시키지 아니하는 재료로 만들 것

(2) 채광(자연조명)

① 직사광선을 포함하지 아니하는 천공광에 의한 옥외 수평조도와 실내조도와의 비가 평균 5퍼센트 이상으로 하되, 최소 2퍼센트 미만이 되지 아니하도록 할 것

② 최대조도와 최소조도의 비율이 10대 1을 넘지 아니하도록 할 것

③ 교실 바깥의 반사물로부터 눈부심이 발생되지 아니하도록 할 것

(3) 조도(인공조명)

① 교실의 조명도는 책상면을 기준으로 300룩스 이상이 되도록 할 것

② 최대조도와 최소조도의 비율이 3대 1을 넘지 아니하도록 할 것

③ 인공조명에 의한 눈부심이 발생되지 아니하도록 할 것

(4) 실내온도 및 습도

① 실내온도는 섭씨 18도 이상 28도 이하로 하되, 난방온도는 섭씨 18도 이상 20도 이하, 냉방온도는 섭씨 26도 이상 28도 이하로 할 것

② 비교습도는 30퍼센트 이상 80퍼센트 이하로 할 것

칼럼 **학교 교사 안에서의 공기의 질에 대한 유지·관리기준(「학교보건법 시행규칙」)**

1. 유지기준

오염물질 항목	기 준	적용 시설	비 고
미세먼지(μg/m³)	100	모든 교실	10마이크로미터 이하
이산화탄소(ppm)	1,000		기계환기시설은 1,500ppm
폼알데하이드(μg/m³)	100		
총부유세균(CFU/m³)	800		
낙하세균(CFU/실당)	10	보건실·식당	
일산화탄소(ppm)	10	개별난방 및 도로변 교실	직접연소에 의한 난방의 경우
이산화질소(ppm)	0.05		
라돈(Bq/m³)	148	1층 이하 교실	
총휘발성유기화합물(μg/m³)	400	건축한 때로부터 3년이 경과되지 아니한 학교	증축 및 개축 포함
석면(개/cc)	0.01	「석면안전관리법」 제22조 제1항 후단에 따른 석면건축물에 해당하는 학교	
오존(ppm)	0.06	교무실 및 행정실	오존을 발생시키는 사무기기(복사기 등)가 있는 경우
진드기(마리/m²)	100	보건실	

2. 관리기준

대상 시설	중점관리기준
신축 학교	• 「다중이용시설 등의 실내공기질관리법」 제11조의 규정에 의한 오염물질방출건축자재의 사용을 제한할 것 • 교사 안에서의 원활한 환기를 위하여 환기시설을 설치할 것 • 책상·의자·상판 등 학교의 비품은 「산업표준화법」 제12조에 따른 한국산업표준에 적합하다는 인증을 받은 제품을 사용할 것 • 교사 안에서의 폼알데하이드 및 휘발성유기화합물이 유지기준에 적합하도록 필요한 조치를 강구하고 사용할 것
개교 후 3년 이내의 학교	폼알데하이드 및 휘발성유기화합물 등이 유지기준에 적합하도록 중점적으로 관리할 것
노후화된 학교 (10년 이상이 된 학교)	• 미세먼지 및 부유세균이 유지기준에 적합하도록 중점 관리할 것 • 기존시설을 개수 및 보수를 하는 때에는 친환경 건축자재를 사용할 것 • 책상·의자·상판 등 학교의 비품은 「산업표준화법」 제12조에 따른 한국산업표준에 적합하다는 인증을 받은 제품을 사용할 것
도로변 학교 등	• 차량의 통행이 많은 도로변의 학교와 겨울철에 개별난방(직접연소에 의한 난방의 경우에 한한다)을 하는 교실은 일산화탄소 및 이산화질소가 유지기준에 적합하도록 중점적으로 관리할 것 • 식당 및 보건실 등은 낙하세균과 진드기(보건실에 한한다)가 유지기준에 적합하도록 중점적으로 관리할 것 • 석면을 분무재 또는 내화피복재로 사용한 학교는 석면이 유지기준에 적합하도록 중점적으로 관리할 것

1-18 다중이용시설에서 실내공간 오염물질

(1) 실내공간 오염물질

① 미세먼지(PM-10)

② 이산화탄소(CO_2 ; Carbon Dioxide)

③ 폼알데하이드(Formaldehyde)

④ 총부유세균(TAB ; Total Airborne Bacteria)

⑤ 일산화탄소(CO ; Carbon Monoxide)

⑥ 이산화질소(NO_2 ; Nitrogen Dioxide)

⑦ 라돈(Rn ; Radon)

⑧ 휘발성유기화합물(VOCs ; Volatile Organic Compounds)

⑨ 석면(Asbestos)

⑩ 오존(O_3 ; Ozone)

⑪ 미세먼지(PM-2.5)

⑫ 곰팡이(Mold)

⑬ 벤젠(Benzene)

⑭ 톨루엔(Toluene)

⑮ 에틸벤젠(Ethylbenzene)

⑯ 자일렌(Xylene)

⑰ 스티렌(Styrene)

(2) 실내공기질 유지기준(「실내공기질 관리법 시행규칙」)

오염물질 항목 다중이용시설	미세먼지 (PM-10) ($\mu g/m^3$)	이산화 탄소 (ppm)	폼알데 하이드 ($\mu g/m^3$)	총부유 세균 (CFU/m^3)	일산화 탄소 (ppm)
가. 지하역사, 지하도상가, 철도역사의 대합실, 여객자동차터미널의 대합실, 항만시설 중 대합실, 공항시설 중 여객터미널, 도서관·박물관 및 미술관, 대규모 점포, 장례식장, 영화상영관, 학원, 전시시설, 인터넷컴퓨터게임시설제공업의 영업시설, 목욕장업의 영업시설	150 이하	1,000 이하	100 이하	–	10 이하

나. 의료기관, 산후조리원, 노인요양시설, 어린이집	100 이하			800 이하	
다. 실내주차장	200 이하			−	25 이하
라. 실내 체육시설, 실내 공연장, 업무시설, 둘 이상의 용도에 사용되는 건축물	200 이하	−	−	−	−

〈비고〉

1. 도서관, 영화상영관, 학원, 인터넷컴퓨터게임시설제공업 영업시설 중 자연환기가 불가능하여 자연환기설비 또는 기계환기설비를 이용하는 경우에는 이산화탄소의 기준을 1,500ppm 이하로 한다.
2. 실내 체육시설, 실내 공연장, 업무시설 또는 둘 이상의 용도에 사용되는 건축물로서 실내 미세먼지의 양이 $200\mu g/m^3$에 근접하여 기준을 초과할 우려가 있는 경우에는 실내공기질의 유지를 위하여 다음 각 목의 실내공기정화시설(덕트) 및 설비를 교체 또는 청소하여야 한다.
   가. 공기정화기와 이에 연결된 급·배기관(급·배기구를 포함한다)
   나. 중앙집중식 냉·난방시설의 급·배기구
   다. 실내공기의 단순배기관
   라. 화장실용 배기관
   마. 조리용 배기관

(3) 실내공기질 권고기준(「실내공기질 관리법 시행규칙」)

오염물질 항목 / 다중이용시설	이산화질소 (ppm)	라돈 (Bq/m^3)	총휘발성 유기화합물 $(\mu g/m^3)$	미세먼지 (PM-2.5) $(\mu g/m^3)$	곰팡이 (CFU/m^3)
가. 지하역사, 지하도상가, 철도역사의 대합실, 여객자동차터미널의 대합실, 항만시설 중 대합실, 공항시설 중 여객터미널, 도서관·박물관 및 미술관, 대규모점포, 장례식장, 영화상영관, 학원, 전시시설, 인터넷컴퓨터게임시설제공업의 영업시설, 목욕장업의 영업시설	0.05 이하	148 이하	500 이하	−	−
나. 의료기관, 어린이집, 노인요양시설, 산후조리원			400 이하	70 이하	500 이하
다. 실내주차장	0.30 이하		1,000 이하	−	−

1-19 신축공동주택의 실내공기질 측정

(1) 신축공동주택의 실내공기질 측정항목(실내공기질 관리법 시행규칙)
① 포름알데히드
② 벤젠
③ 톨루엔
④ 에틸벤젠
⑤ 자일렌
⑥ 스티렌

> **칼럼** 학교 교사 안에서의 공기의 질에 대한 유지·관리기준(「학교보건법 시행규칙」)
>
> 신축공동주택의 시공자는 주택 공기질 측정결과 보고(공고)를 주민 입주 7일 전부터 60일간 다음 각호의 장소 등에 주민들이 잘 볼 수 있도록 공고하여야 한다.
> 1. 공동주택 관리사무소 입구 게시판
> 2. 각 공동주택 출입문 게시판
> 3. 시공자의 인터넷 홈페이지

(2) 공동주택의 실내공기질 권고기준(「실내공기질 관리법 시행규칙」)
① 포름알데히드 $210\mu g/m^3$ 이하
② 벤젠 $30\mu g/m^3$ 이하
③ 톨루엔 $1,000\mu g/m^3$ 이하
④ 에틸벤젠 $360\mu g/m^3$ 이하
⑤ 자일렌 $700\mu g/m^3$ 이하
⑥ 스티렌 $300\mu g/m^3$ 이하

1-20 환기(換氣) 방식

(1) 자연환기(제4종 환기)
① 바람, 연돌효과(Stack Effect, 온도차) 등 자연현상을 이용하는 방법이다.
② 보통 적당한 자연 급기구를 가지고, 환기통 등을 이용하여 배기를 유도하는 방식이다.
③ 급기량, 배기량 등을 제어하기 어렵다.

(2) 기계환기

① 제1종 환기 : 급/배기 송풍기를 이용하여 강제급기 + 강제배기

② 제2종 환기

  (가) 강제급기 + 자연배기

  (나) 압입식이므로 통상 정압(양의 압력)을 유지함

  (다) 소규모 변전실(냉각)이나 병원(수술실, 신생아실 등), 무균실, 클린룸 등에 많이 적용됨

③ 제3종 환기

  (가) 자연급기 + 강제배기

  (나) 통상 부압(음의 압력)을 유지함

  (다) 화장실, 주방, 기타 오염물 배출 장소 등에 많이 적용됨

(3) 환기방식 비교 테이블

베어링 온도 상승의 원인과 대책

구 분	급 기	배 기	환기량	실내압
제1종	기계	기계	임의(일정)	임의
제2종	기계	자연	임의(일정)	정압
제3종	자연	기계	임의(일정)	부압
제4종	자연	자연 보조	유한(불일정)	부압

(4) 전체환기/국소환기/혼합환기

① 전체환기(희석환기)

  (가) 오염물질이 실 전체에 산재해 있을 경우

  (나) 실 전체를 환기해야 할 경우

② 국소환기

  (가) 주방, 화장실, 기타 오염물 배출 장소 등에 후드를 설치하여 국소적으로 환기하는 경우

  (나) 에너지 절약적 차원에서 환기를 실시하는 경우

③ 혼합환기(조합방식)

  (가) 국소환기 방식에서는 상황에 따라 오염공기가 약간 남아 있는 경우가 있으므로 이것을 방지하기 위해 사용하는 방식

  (나) 국소환기 팬과는 별도로 전체 환기용 팬을 추가로 설치

(5) 하이브리드 환기방식

① 하이브리드 환기방식은 자연환기 및 기계환기를 적절히 조합시켜 건물 등의 환기에

너지를 절감할 수 있는 방식이다.

② 하이브리드 환기방식의 적용처는 사무용 건물에서 주거용 건물 등으로 점점 그 적용처가 늘어나는 추세이다.

③ 하이브리드 환기방식의 종류

㈎ 자연환기＋기계환기(독립방식) : 전환에 초점

㈏ 자연환기＋보조팬(보조팬방식) : 자연환기 부족 시 저압의 보조팬 사용하여 환기량 증가

㈐ 연돌효과＋기계환기(연돌방식) : 보조팬방식과 유사하지만, 자연환기의 구동력을 최대한, 그리고 항상 활용할 수 있게 고안된 시스템

독립방식   보조팬방식   연돌방식

1-21 실내의 필요 환기량

(1) 실내 발열량 H가 있는 경우

현열 : $H = Q \cdot \rho \cdot C_p \cdot (t_r - t_o)$에서

$$Q = \frac{H}{C_p \cdot \rho \cdot (t_r - t_o)}$$

여기서, H : 열량(kW, kcal/h)

Q : 풍량(m^3/s, m^3/h)

ρ : 공기의 밀도($= 1.2 \, kg/m^3$)

C_p : 건공기의 정압비열($1.005 \, kJ/kg \cdot K ≒ 0.24 \, kcal/kg \cdot ℃$)

$t_r - t_o$: 실내온도−실외온도(K, ℃)

(2) M[kg/h]인 가스의 발생이 있는 경우

$M = Q \times \Delta C$에서

$$Q = \frac{M}{\Delta C}$$

여기서, M : 가스 발생량(kg/h), Q : 필요 환기량(CMH)

ΔC : 실내·외 가스 농도차($=$ 실내 설계기준 농도 − 실외 농도 ; kg/m^3)

(3) W [kg/h]인 수증기 발생이 있는 경우

잠열 : $q = q_L \cdot Q \cdot \rho \cdot (x_r - x_o)$에서

$$W = Q \cdot \rho \cdot (x_r - x_o)$$

$$Q = \frac{W}{\rho \cdot (x_r - x_o)}$$

여기서, q : 열량(kW, kcal/h)

$\quad\quad\quad Q$: 풍량(m³/s, m³/h)

$\quad\quad\quad \rho$: 공기의 밀도(= 1.2kg/m³)

$\quad\quad\quad q_L$: 0℃에서의 물의 증발잠열 (2501.6 kJ/kg ≒ 597.5 kcal/kg)

$\quad\quad\quad x_r - x_o$: 실내공기의 절대습도−실외공기의 절대습도(kg/kg′)

칼럼 🔍 개구부의 자연환기량 계산 방법

개구부의 자연환기량 = 중력환기량(Q_1) + 풍력환기량(Q_2)

1. 중력환기량(Q_1)

$$Q_1 = \alpha A \sqrt{\frac{2gh}{T_i} \Delta t}$$

여기서, α : 유량계수 A : 환기개구부의 환기면적(m²)

$\quad\quad\quad g$: 중력가속도 (9.8m/s²) h : 중성대로부터의 높이(m)

$\quad\quad\quad \Delta t$: 실내외 온도 차(실내온도−실외온도) T_i : 실내의 절대온도(실내온도 + 273.15)

2. 풍력환기량(Q_2)

$$Q_2 = \alpha A \sqrt{(C_1 - C_2)} \, V$$

여기서, α : 유량계수 A : 개구부의 환기면적(m²)

$\quad\quad\quad V$: 풍속(m/s) C_1 : 개구부 하층의 풍압계수

$\quad\quad\quad C_2$: 개구부 상층의 풍압계수

1-22 외기 엔탈피 제어 방법

(1) 외기 엔탈피 제어 방법(부하의 억제)

① 개요

㈎ 무동력 자연냉방의 일종인 외기냉방을 행하기 위해 엔탈피를 기준으로 한 콘트롤 (Entalpy Control)을 하는 방법이다.

㈏ 주로는 동계 혹은 중간기에 내부 Zone 혹은 남측 Zone에 생기는 냉방부하를 외기를 도입하여 처리하는 방법으로 에너지 절약적 차원에서 많이 응용되고 있다.

㈐ 냉각탑이 설치된 전수(全水) 공조방식에서는 '외기 냉수냉방'을 외기 엔탈피 제어와 동일한 목적으로 사용 가능하다.

② 외기 엔탈피 제어 시 외기 취입 방법

    ㈎ 외기의 현열 이용방식 : 실내온도와 외기온도를 비교하여 외기량을 조절한다.

    ㈏ 외기의 전열 이용방식 : 실내 엔탈피와 외기 엔탈피를 비교하여 외기량을 조절한다.

③ CO_2 제어 방법 : CO_2 감지센서를 장착하여, 법규상 1000PPM 혹은 필요 CO_2농도를 유지하도록 자동제어를 하는 방식이다(에너지 절약 차원에서 불필요하게 과다한 외기도입량을 줄일 수 있다).

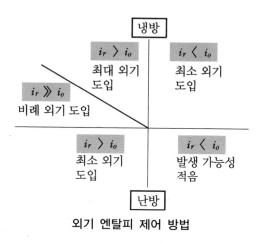

외기 엔탈피 제어 방법

④ 전열교환기 혹은 현열교환기를 이용한 폐열 회수 방법 : 환기를 위해 버려지는 배기에 대해 열교환 방법으로 폐열을 회수하는 장치이다.

⑤ Run Around를 이용한 폐열 회수 방법 : 열교환기를 설치하고 Brine 등을 순환시켜 폐열을 회수하는 방법이다.

(2) 우리나라 기후에서 '외기냉방'의 가능성

① 봄, 가을, 겨울의 외기온도는 대개 실내온도보다 낮다.

② 점차 실내 냉방부하가 많이 발생(건물의 기밀성 증가, 사무용 전산기기 증가 등)하고 있다.

    ㈐ 실내오염 심해짐 : 각종 기구, OA기기 등

    → 따라서, 외기냉방은 에너지 절약 및 환기 차원에서 충분한 가능성이 있음

(3) 백화점에서 외기냉방 적용의 타당성

① 여름뿐만 아니라, 연중 냉방부하가 많이 발생한다.

② 많은 재실인원으로 환기량이 많이 필요하다.

③ 분진 등의 발생이 많다(고청정 및 환기량 증가 필요).

④ 에너지 다소비형 건물이며, 에너지 절감이 절실하다.

⑤ 존별 특성이 뚜렷하여 외기 엔탈피 제어가 용이하다.

⑥ 잠열부하가 큰 편이다.

⑦ 실내 발생 부하가 크고, 국부적 환기도 필요하다.

⑧ 부하변동이 심하다(저부하 시 특히 효과적임).

규모가 큰 공조건물의 천장에 겨울철 결로가 발생하는 이유

1. 규모가 큰 건물일수록 겨울철 천장에 결로가 발생하는 경우가 많다.
2. 그 이유로는 원활한 환기의 기술적 난이, 그로 인한 기류의 정체, 구조체 야간 냉각 등을 들 수 있다.
3. 건축물 겨울철 천장 결로에 대한 원인 및 대책

항 목	원 인	대 책
환기 부족	창측에서 멀어질수록 내부의 환기가 부족해지기 쉬움	공조기 흡입구 배치와 충분한 환기량 확보
기류 정체	대류가 원활하지 못함	실내기류를 원활히 하고, 최소 풍속 이상으로 유지
인원 및 사무실 집중	냉난방 부하 증가(잠열 및 현열 부하 증가)	별도의 조닝으로 내부존의 부하를 충분히 처리
구조체 야간 냉각	건물 구조체가 야간 냉각 후 축열이 이루어져 한동안 냉각되어 있음	예열, 야간 Set-back 운전 등 실시
일사 침투 부족(고습)	일사가 내부까지 침투하지 못해 고습한 상태를 오래 유지	일사가 내부 깊숙이 침투될 수 있도록 아트리움, 주광조명(채광) 등을 건물 구조적으로 고려

1-23 실내공기의 농도변화 예측 방법

(1) 필요환기량

$$M = Q \times \Delta C \ \text{혹은} \ Q = \frac{M}{\Delta C}$$

여기서, M : 1인당 탄산가스 배출량(= 약 $0.017\text{m}^3/\text{h}$)

Q : 필요 환기량

ΔC : 실내·외 CO_2 농도 차(= 실내 설계기준 농도 – 실외 농도)

칼럼 **실내 목표 CO_2 농도에 따른 1인당 환기량(실외 CO_2 농도 = 350 PPM일 경우)**

1. 실내 목표 CO_2 농도가 1000 PPM일 경우 : 1인당 약 26.15 CMH의 환기량 필요
2. 실내 목표 CO_2 농도가 2000 PPM일 경우 : 1인당 약 10.3 CMH의 환기량 필요
3. 실내 목표 CO_2 농도가 3000 PPM일 경우 : 1인당 약 6.4 CMH의 환기량 필요

(2) 오염물질 발생에 따른 실내공기의 농도변화 예측

① 상기 (1) 필요환기량의 식에서, 다음 식을 유도해 낼 수 있다.

$$M = Q \times \Delta C = Q \times (\text{실내 탄산가스 농도} - \text{실외 탄산가스 농도})$$
$$\text{실내 탄산가스 농도} = (M/Q) + \text{실외 탄산가스 농도}$$

② 상기 식에서 실외 탄산가스 농도는 보통 350~400 PPM으로 설계되고, 풍량이 주어져 있다면, 오염물질(탄산가스 등) 배출량에 따른 실내 탄산가스의 농도를 계산할 수 있다.

1-24 공기필터(Air Filter)

(1) 개요

① 공기필터(Air Filter)는 그 종류가 매우 다양하나, 대체적으로는 충돌점착식, 건성여과식, 전기식, 활성탄 흡착식 등으로 나눌 수 있다.

② 일반적으로 청정도가 높은 필터는 정압손실이 크기 때문에 팬(Fan)의 동력 증가로 동력손실이 많으므로, 정압손실이 적은 필터를 선정하는 등 에너지 절약에 대한 노력이 필요하다(반송동력 절약).

(2) 충돌점착식 필터(Viscous Impingement Type Filter)

① 특징

㉮ 비교적 관성이 큰 입자에 대한 여과

㉯ 비교적 거친 여과장치

㉰ 기름 또는 Grease에 충돌하여 여과한다.

㉱ 기름이 혼입될 수 있으므로 식품 관계 공조용으로는 사용하지 않는다.

② 종류

㉮ 수동 청소형

㉠ 충돌점착식의 일반적 형태

㉡ 여과재 교환형과 유닛 교환형이 있음

㉯ 자동 충돌점착식(자동 청소형)

㉠ 여과재를 이동하는 체인(Chain)에 부착하여 회전시켜 가며 여과함

㉡ 하부에 있는 기름통에서 청소하는 대규모 장치

(3) 건성여과식 필터(Dry Filtration Type Filter)

① 여과재의 종류 : 셀룰로오스(Cellulose), 유리섬유(Glass Wool), 특수처리지, 목면(木綿), 毛펠트(Felt) 등

② 유닛 교환형

㉮ 수동으로 청소, 교환, 폐기하는 형태이다.

㉯ 주로 여러 개의 유닛필터를 프레임에 V자 형태로 조립하여 사용한다.

③ 자동권취형(Auto Roll Filter) : 자동 회전하여 먼지 회수

㉮ 일상의 순회점검 및 매월 정기적인 여재의 교체가 필요 없는 제품(자동적으로 롤러가 회전하면서 여과함)이다.

㉯ 용도 및 장소에 따라 내·외장형 및 외부여재 교환형과 2차 Filter를 조합한 형태로 구분되며, 설치 면적에 따라 종형과 횡형으로 구분되어 목적에 맞게 선택의 폭이 다양하다.

㉰ 자동적으로 권취되기 때문에 관리비가 적게 들고 연간 유지비용이 절감된다.

㉱ 자동권취 방식은 시간, 차압, 시간 및 차압 검출에 의한 3가지 방식으로 제어가 가능하고 Filter의 교환이 용이하도록 제작되었다.

④ 초고성능 필터(ULPA Filter)

㉮ 일반적으로 "Absolute Filter", "ULPA Filter"라고 부른다.

㉯ 이 Filter에도 굴곡이 있어서 겉보기 면적의 15~20배 여과면적을 갖고 있다.

㉰ HEPA Filter는 일반적으로 가스상 오염물질을 제거할 수 없지만, 초고성능 Filter는 담배 연기 같은 입자에 흡착 혹은 흡수되어 있는 가스를 소량 제거할 수 있다.

㉱ 특징

㉮ 대상분진(입경 $0.1\mu m$~$0.3\mu m$의 입자)을 99.9997% 이상 제거한다.

㉯ 초 LSI 제조 공장 Clean Bench 등에 사용한다.

㉰ Class 10 이하를 실현시킬 수 있고, Test는 주로 D.O.P Test(계수법)로 측정한다.

⑤ 고성능 필터(HEPA Filter ; High Efficiency Particulate Air Filter)

㉮ 정격 풍량에서 미립자 직경이 $0.3\mu m$의 DOP입자에 대해 99.97% 이상의 입자 포집률을 가지고, 또한 압력 손실이 245Pa(25mmH₂O) 이하의 성능을 가진 에어필터이다.

㉯ 분진입자의 크기가 비교적 미세한 분진의 제거용으로써 사용되며 주로 병원 수술실, 반도체 Line의 Clean Room 시설, 제약회사 등에 널리 제작하여 사용한다.

㉰ Filter의 테스트는 D.O.P Test(계수법)로 측정한다.

㉱ HEPA Filter의 종류

㉮ 표준형 : 24″·24″·11 1/2″(610mm·610mm·292mm) 기준하여 1 inch Aq/1250 cfm (25.4 mmAq/31 m³/min)의 제품

㉯ 다풍량형 : 24″·24″·11 1/2″(610mm·610mm·292mm) 크기로 하여 여재의 절곡수를 늘려 처리 면적을 키운 제품

ⓒ 고온용 : 표준형의 성능을 유지하면서 높은 온도에 견딜 수 있도록 제작된 제품

⑥ 중성능 필터(Medium Filter)

  ㈎ Medium Filter는 고성능 Filter의 전처리용으로 사용되며, 건물 혹은 빌딩 A.H.U에는 Final Filter로 널리 사용된다.

  ㈏ 효율은 비색법으로 나타내며 65%, 85%, 95%가 많이 쓰이며, 여재의 종류는 Bio-synthetic Fiber, Glass Fiber 등이 널리 사용된다.

⑦ Panel Filter(Cartridge Type) : Aluminum Frame에 부직포를 주 재질로 하고 있으나 Frame 및 여재의 선택에 따라 다양하게 제작이 가능하고 가장 널리 사용되는 제품 중 하나이다.

⑧ 프리필터(Prefilter, 전처리용 필터)

  ㈎ 비교적 입자가 큰 분진의 제거 용도로 사용되며 중성능 필터의 전단에 설치하여 Filter의 사용 기간을 연장시키는 역할을 한다.

  ㈏ 프리필터의 선택 여부가 중성능 Filter의 수명을 좌우하므로 실질적으로 매우 중요한 역할을 한다.

  ㈐ 프리필터는 미세한 오염입자의 제거 효과는 없으므로 중량법에 의한 효율을 기준으로 한다.

  ㈑ 종류 : 세척형, 1회용, 무전원정전방식, 자동권취형, 자동집진형 등

  ※ 식별 가능 분진 입경 = 약 10μm이상 (머리카락은 약 $50\sim100\mu$m)

(4) 전기집진식 필터(Electric Filter)

① 고전압(직류 고전압)으로 먼지입자를 대전시켜 집진한다.

② 주로 '2단 하전식 집진장치'를 말한다.

③ 하전된 입자를 절연성 섬유 또는 플레이트에 집진하는 일반형 전기 집진기(Charged Media Electric Air Cleaner)와 강한 자장을 만들고 있는 하전부와 대전한 입자의 반발력과 흡인력을 이용하는 집진부로 된 2단형 전기 집진기(Ionizing Type Electronic Air Cleaner)가 있다.

④ 2단형 전기집진기는 압력 손실이 낮고 담배 연기 등의 제거 효과가 있다.

  ㈎ 1단 : 이온화부(방전부, 전리부) → 직류전압 $10\sim13$ kV로 하전됨

  ㈏ 2단 : 집진부(직류전압 약 $5\sim6$ kV로 하전된 전극판)

⑤ 효율은 비색법으로 $85\sim90\%$ 수준이다.

⑥ 세정법

  ㈎ 자동 세정형 : 하부에 기름탱크를 설치하고, 체인으로 회전

  ㈏ 여재 병용형(자동 갱신형) : 분진 침적 → 분진응괴 발생 → 기류에 의해 이탈 → 여재에 포착

  ㈐ 정기 세정형 : 노즐로 세정수 분사 등

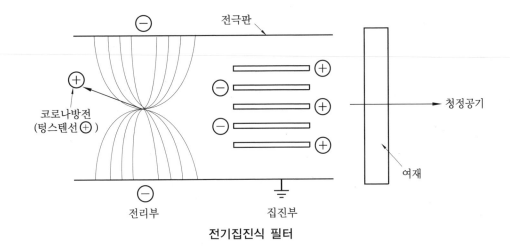

전기집진식 필터

(5) 활성탄 흡착식 필터(Carbon Filter, 활성탄 필터)

① 유해가스, 냄새 등을 제거하는 것이 목적이다.

② 냄새 농도의 제거 정도로 효율을 나타낸다.

③ 필터에 먼지, 분진 등이 많이 끼면 제거효율이 떨어지므로 전방에 프리필터를 설치하는 것이 좋다.

1-25　환기의 효율

(1) 개요

① 실내 공간에서 발생된 오염공기는 신선 급기의 유동과 확산에 의해 희석되며, 이 혼합공기는 환기설비에 의해서 배출 제거됨으로써 이용자들에게 보다 적합한 공기환경을 제공하게 된다.

② 실내환기에 대한 효과는 공기의 교환율뿐만 아니라 실내 기류분포에 의한 환기효율에 의하여 결정된다.

③ 환기 대상공간에서는 급·배기구의 위치, 환기 형태, 풍속 등에 따라 실내의 기류분포가 달라진다. 이로 인하여 실내환경에 많은 영향을 미친다.

④ 환기효율은 농도비, 농도감소율, 공기연령 등에 의해 정의할 수 있다.

(2) 환기효율의 정의

① 농도비에 의한 정의

㈎ 주로 실내의 오염의 정도를 나타내는 용어이다.

㈏ 배기구에서의 오염농도에 대한 실내 오염농도의 비율을 말한다.

(다) 실내의 기류상태나 오염원의 위치에 따라 다른 단점이 있다.

② 농도감소율에 따른 정의

(가) 환기횟수를 표시하는 데 적합한 용어이다.

(나) 완전 혼합 시의 농도감소율에 대한 실내 오염농도의 감소율의 비율이다.

(다) 농도 감소 초기에는 감소율이 시간에 따라 변화한다(비정상 상태에서의 농도 측정 필요).

(라) 일정시간 경과 후에는 농도감소율이 위치에 관계없이 거의 일정해진다.

③ 공기연령에 의한 정의

(가) 명목시간상수에 대한 공기연령의 비율을 말한다.

(나) 이 방법 역시 비정상 상태에서의 농도 측정이 필요하다.

(다) 계산 절차가 다소 복잡하다.

(라) 오염원의 위치에 무관하게 실내의 기류상태에 의해 환기효율을 결정할 수 있다.

(마) ASAE 및 AIVC 등 국내·외에 걸쳐 사용되고 있다.

(바) 주로 실내로 급기되는 신선외기의 실내 분배능력(급기효율)을 나타내며, 실내 발생 오염물질의 제거능력을 표기하는 용어로서는 적합하지 못하다.

④ 바람직한 환기효율의 정의 : 급기효율의 개념과 배기효율의 개념 접목이 필요하다. 즉 상기의 공기연령에 의한 정의(급기효율)와 더불어 실내에서 발생하는 오염물질을 제거하는 능력(배기효율)으로서 정의되어야 한다.

(3) 공기연령, 잔여체류시간, 환기횟수, 명목시간상수

① 공기연령(Age of Air)

(가) 유입된 공기가 실내의 어떤 한지점에 도달할 때까지의 소요된 시간(그림1)을 말한다.

(나) 각 공기입자의 평균 연령값을 국소평균연령(LMA : Local Mean Age)이라 한다.

(다) 각 국소평균연령을 실(室) 전체 평균한 값을 실평균연령(RMA : Room Mean Age)이라 한다.

(라) 실내로 급기되는 신선외기의 실내 분배능력을 정량화하는 데 사용한다.

② 잔여체류시간

(가) 실내의 어떤 한지점에서 배기구로 빠져나갈 때까지 소요된 시간(그림1)을 말한다.

(나) 각 공기입자의 평균 잔여체류시간을 국소평균 잔여체류시간(LMR : Local Mean Residual Life Time)이라 한다.

(다) 각 국소평균 잔여체류시간을 실(室) 전체 평균한 값을 실평균 잔여체류시간(RMR : Room Mean Residual Life Time)이라 한다.

(라) 오염물질을 배기하는 능력을 정량화하는 데 사용한다.

③ 환기횟수

(가) 1시간 동안의 그 실의 용적만큼의 공기가 교환되는 것을 환기횟수 1회라고 정의한다.

　　(나) 일반적인 생활공간의 환기횟수는 약 1회 정도이며, 환기연령은 1시간이 된다(화장
　　　실이나 주방은 환기횟수가 10회 정도가 바람직함).

　④ 공칭(명목)시간상수(Nominal Time Constant)

　　(가) 공칭시간상수는 시간당 환기횟수에 반비례한다(환기횟수의 역수로서 시간의 차원
　　　을 가진다).

　　(나) 명목시간상수 계산식

　　　　$\tau = V/Q$

　　　　여기서, τ : 명목시간상수
　　　　　　　　V : 실의 체적
　　　　　　　　Q : 풍량(환기량)

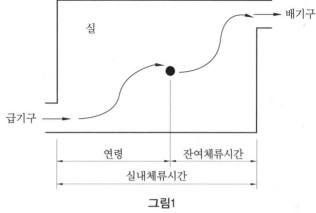

그림1

(4) 국소 급기효율과 국소 배기효율

　① 국소 급기효율(국소 급기지수) : 명목시간상수에 대한 국소평균 연령의 비율(100% 이
　　상~가능)

　　국소 급기효율＝$\tau/LMA = V/(Q \cdot LMA)$

　② 국소 배기효율(국소 배기지수) : 명목시간상수에 대한 국소평균 잔여체류시간의 비율
　　(100% 이상~가능)

　　국소 배기효율＝$\tau/LMR = V/(Q \cdot LMR)$

(5) 환기효율(공기연령에 의한 급기효율 및 배기효율에 의한 정의)

　① 실평균 급기효율 : 상기 국소 급기효율을 실 전체 공간에 대하여 평균한 값

　② 실평균 배기효율 : 상기 국소 배기효율을 실 전체 공간에 대하여 평균한 값

　③ 실평균 급기효율은 실평균 배기효율과 동일하므로 합쳐서 실평균 환기효율 혹은 환
　　기효율이라고 부른다.

　　즉, 환기효율＝실평균 급기효율＝실평균 배기효율

(6) 환기효율 및 공기연령의 응용

　① 바닥분출 공조시스템은 냉방인 경우 실내의 온도분포가 성층화되어 변위환기가 이
　　루어지므로 실 전체의 환기효율이 좋게 나타난다(국소평균연령도 전체적으로 감소
　　된다).

　② 일반적으로 환기량이 증가할수록 평균연령은 감소하나 환기효율은 크게 변화하지
　　않는다.

③ 효과적인 환기시스템을 설계하기 위해서는 정확한 환기설비의 효율평가에 의한 채택이 요구된다.

1-26 공기의 코안다 효과(Coanda Effect)

(1) 코안다 효과의 정의 및 특징
① 벽면이나 천장면에 접근하여 분출된 기류는 그 면에 빨려 들어가 부착하여 흐르는 경향을 가짐을 말한다(압력이 낮은 쪽으로 기류가 유도되는 원리를 이용).
② 이 경우 주로 벽측으로만 확산되므로 자유분출(난류 형성)에 비해 속도 감쇠가 작고 도달거리가 커진다.
③ 이러한 코안다 기류에 의해 천장, 벽면 등에 먼지가 많이 부착될 수 있다.

(2) 코안다 효과의 응용 사례
① 복류형 디퓨저 : 다음 그림처럼 유인 성능이 큰 복류형 디퓨저 등에서 토출되는 바람이 천장 및 벽면을 타고 멀리 유동하는 현상을 이용하여 방 깊숙이 공조를 할 수 있는 방법이다.

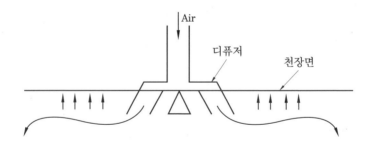

② 주방 레인지 후드 : 음식을 조리할 때 생기는 냄새와 오염가스, 잉여열 등을 바깥으로 내보내는 기능을 원활히 하기 위해 주거공간 내부 벽을 따라 공기를 외부로 배출시키는 '코안다 효과'를 이용하는 경우도 있다('코안다형 주방용 후드'라고 함).
③ Bypass형 VAV Unit에서의 ON/ OFF 제어 : 다음 그림에서 파이롯트 댐퍼A를 열면 급기 측으로 공기가 유도되고, 파이롯트 댐퍼B를 열면 Bypass쪽으로 공기가 유도된다(압력이 낮은 쪽으로 유도되는 원리).

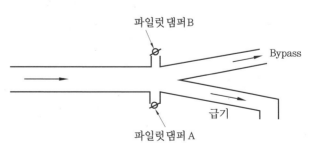

④ FCU(Fan Coil Unit ; 팬코일 유닛) : 다음 그림에서와 같이 팬코일 유닛에서 토출되는 바람이 멀리까지 조달할 수 있게 해 준다.

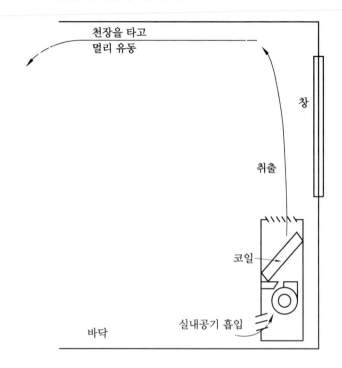

 코안다 효과의 물리학적 측면의 정의

1. 흐르는 유체에 휘어진 물체를 놓으면 유체도 따라 휘면서 흐르는 현상을 말한다.
2. 코안다 효과는 간단히 말하면 유체가 흐르면서 앞으로 흐르게 될 방향이 어떻게 될 것인지를 아는 것이다(만약 곡관을 흐른다면 유체는 곡관을 따라서 휘면서 흐르게 된다).
3. 유체는 자기의 에너지가 가장 덜 소비되는 쪽으로 흐르는데 이를 코안다 효과라고 한다(즉 유체는 자기가 앞으로 흐르게 되는 경로를 정확하게 파악하고 그에 따라서 흐르게 되는 것이다. 이러한 정보를 전달하는 속도가 마하 1이라는 속도이다).
4. 이보다 유체가 더 빨리 흐르는 경우(마하 1이 넘는 경우, 즉 초음속인 경우)에는 이를 알지 못한다(정보가 전달되기 전에 유체가 흘러 버리니까 처음 흐르는 그대로 흐르게 되는 것이다).

1-27 주방의 환기

(1) 세대별 환기

팬이 부착된 레인지 후드를 설치하여 세대별 별도로 환기하는 방식(다음 '그림1' 참조)을 말한다.

→ 고층 건물 등에서 역풍 시 환기 불량 우려

(2) 압입 방식

팬이 부착된 레인지 후드를 이용하여 배기굴뚝으로 밀어넣는 방식(다음 '그림2' 참조)을 말한다.

→ 연도내 역류에 의한 환기 불량 우려

(3) 흡출 방식

Ventilator를 이용하여 배기굴뚝으로 흡출하는 방식(다음 '그림3' 참조)을 말한다.

→ 개별제어가 안 되어서 불편함

(4) 압입흡출 방식

압입방식과 흡출방식을 통합한 방식(다음 '그림4' 참조)을 말한다.

→ 역류, 역풍도 방지 가능하고, 개별제어도 용이하여 가장 좋은 방법이라고 할 수 있음

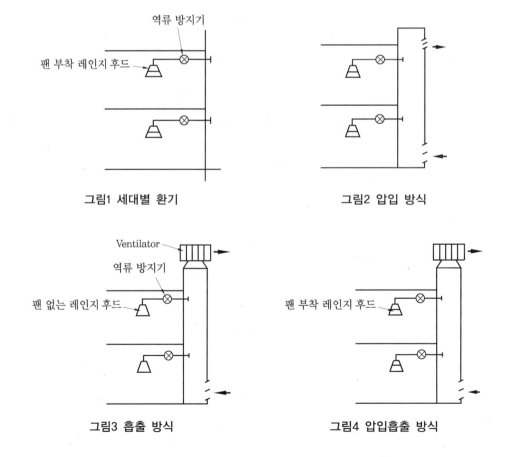

그림1 세대별 환기   그림2 압입 방식

그림3 흡출 방식   그림4 압입흡출 방식

주방환기 관련 기술의 동향

1. 분리형 주방배기 시스템

   실내 측으로 전달되는 배기팬의 소음 감소를 위하여 배기팬을 후드와 분리시켜 베란다나 실외 측에 배치하는 시스템이다.

2. 코안다형 주방배기 시스템

   보조 배기팬을 추가로 몇 개 더 설치하여 뜨거워진 공기와 냄새가 1차적으로 후드로 빠져나간 후, 잔류량을 2차적으로 추가된 보조 배기팬으로 배기시키는 시스템(보통 배기덕트는 설치하지 않고, 천장 플래넘을 이용함)

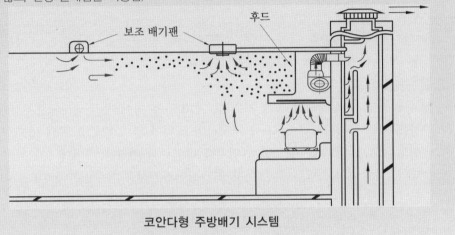

코안다형 주방배기 시스템

1-28 온수온돌과 구들온돌

(1) 온수온돌(「건축물의 설비기준 등에 관한 규칙」)

① 온수온돌이란 보일러 또는 그 밖의 열원으로부터 생성된 온수를 바닥에 설치된 배관을 통하여 흐르게 하여 난방을 하는 방식을 말한다.

② 온수온돌은 바탕층, 단열층, 채움층, 배관층(방열관을 포함한다) 및 마감층 등으로 구성된다.

상부 마감층
배관층(방열관)
채움층
단열층
바탕층

㈎ 바탕층이란 온돌이 설치되는 건축물의 최하층 또는 중간층의 바닥을 말한다.

㈏ 단열층이란 온수온돌의 배관층에서 방출되는 열이 바탕층 아래로 손실되는 것을 방지하기 위하여 배관층과 바탕층 사이에 단열재를 설치하는 층을 말한다.

㈐ 채움층이란 온돌구조의 높이 조정, 차음성능 향상, 보조적인 단열기능 등을 위하여 배관층과 단열층 사이에 완충재 등을 설치하는 층을 말한다.

㈑ 배관층이란 단열층 또는 채움층 위에 방열관을 설치하는 층을 말한다.

㈒ 방열관이란 열을 발산하는 온수를 순환시키기 위하여 배관층에 설치하는 온수배관을 말한다.

㈓ 마감층이란 배관층 위에 시멘트, 모르타르, 미장 등을 설치하거나 마루재, 장판 등 최종 마감재를 설치하는 층을 말한다.

③ 온수온돌의 설치 기준

㈎ 단열층은「녹색건축물 조성 지원법」제15조 제1항에 따라 국토교통부장관이 고시하는 기준에 적합하여야 하며, 바닥난방을 위한 열이 바탕층 아래 및 측벽으로 손실되는 것을 막을 수 있도록 단열재를 방열관과 바탕층 사이에 설치하여야 한다. 다만, 바탕층의 축열을 직접 이용하는 심야전기이용 온돌(「한국전력공사법」에 따른 한국전력공사의 심야전력이용기기 승인을 받은 것만 해당하며, 이하 "심야전기이용 온돌"이라 한다)의 경우에는 단열재를 바탕층 아래에 설치할 수 있다.

㈏ 배관층과 바탕층 사이의 열저항은 층간 바닥인 경우에는 해당 바닥에 요구되는 열관류저항의 60% 이상이어야 하고, 최하층 바닥인 경우에는 해당 바닥에 요구되는 열관류저항이 70% 이상이어야 한다. 다만, 심야전기이용 온돌의 경우에는 그러하지 아니하다.

㈐ 단열재는 내열성 및 내구성이 있어야 하며 단열층 위의 적재하중 및 고정하중에 버틸 수 있는 강도를 가지거나 그러한 구조로 설치되어야 한다.

㈑ 바탕층이 지면에 접하는 경우에는 바탕층 아래와 주변 벽면에 높이 10센티미터 이상의 방수처리를 하여야 하며, 단열재의 윗부분에 방습처리를 하여야 한다.

㈒ 방열관은 잘 부식되지 아니하고 열에 견딜 수 있어야 하며, 바닥의 표면온도가 균일하도록 설치하여야 한다.

㈓ 배관층은 방열관에서 방출된 열이 마감층 부위로 최대한 균일하게 전달될 수 있는 높이와 구조를 갖추어야 한다.

㈔ 마감층은 수평이 되도록 설치하여야 하며, 바닥의 균열을 방지하기 위하여 충분하게 양생하거나 건조시켜 마감재의 뒤틀림이나 변형이 없도록 하여야 한다.

㈕ 한국산업규격에 따른 조립식 온수온돌판을 사용하여 온수온돌을 시공하는 경우에는 ㈎부터 ㈔까지의 규정을 적용하지 아니한다.

㉧ 국토교통부장관은 여기에 규정한 것 외에 온수온돌의 설치에 관하여 필요한 사항을 정하여 고시할 수 있다.

(2) 구들온돌(「건축물의 설비기준 등에 관한 규칙」)

① 구들온돌이란 연탄 또는 그 밖의 가연물질이 연소할 때 발생하는 연기와 연소열에 의하여 가열된 공기를 바닥 하부로 통과시켜 난방을 하는 방식을 말한다.

② 구들온돌은 아궁이, 온돌환기구, 공기흡입구, 고래, 굴뚝 및 굴뚝목 등으로 구성된다.

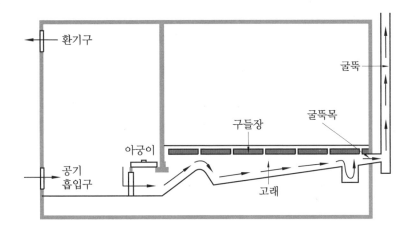

㉮ 아궁이란 연탄이나 목재 등 가연물질의 연소를 통하여 열을 발생시키는 부위를 말한다.

㉯ 온돌환기구란 아궁이가 설치되는 공간에서 연탄 등 가연물질의 연소를 통하여 발생하는 가스를 원활하게 배출하기 위한 통로를 말한다.

㉰ 공기흡입구란 아궁이가 설치되는 공간에서 연탄 등 가연물질의 연소에 필요한 공기를 외부에서 공급받기 위한 통로를 말한다.

㉱ 고래란 아궁이에서 발생한 연소가스 및 가열된 공기가 굴뚝으로 배출되기 전에 구들 아래에서 최대한 균일하게 흐르도록 하기 위하여 설치된 통로를 말한다.

㉲ 굴뚝이란 고래를 통하여 구들 아래를 통과한 연소가스 및 가열된 공기를 외부로 원활하게 배출하기 위한 장치를 말한다.

㉳ 굴뚝목이란 고래에서 굴뚝으로 연결되는 입구 및 그 주변부를 말한다.

③ 구들온돌의 설치 기준

㉮ 연탄아궁이가 있는 곳은 연탄가스를 원활하게 배출할 수 있도록 그 바닥면적의 10분의 1 이상에 해당하는 면적의 환기용 구멍 또는 환기설비를 설치하여야 하며, 외기에 접하는 벽체의 아랫부분에는 연탄의 연소를 촉진하기 위하여 지름 10센티미터 이상 20센티미터 이하의 공기흡입구를 설치하여야 한다.

㈏ 고래바닥은 연탄가스를 원활하게 배출할 수 있도록 높이/수평거리가 1/5 이상이
되도록 하여야 한다.

㈐ 부뚜막식 연탄아궁이에 고래로 연기를 유도하기 위하여 유도관을 설치하는 경우
에는 20도 이상 45도 이하의 경사를 두어야 한다.

㈑ 굴뚝의 단면적은 150제곱센티미터 이상으로 하여야 하며, 굴뚝목의 단면적은 굴
뚝의 단면적보다 크게 하여야 한다.

㈒ 연탄식 구들온돌이 아닌 전통 방법에 의한 구들을 설치할 경우에는 ㈎부터 ㈑까
지의 규정을 적용하지 아니한다.

㈓ 국토교통부장관은 ㈎부터 ㈒까지에서 규정한 것 외에 구들온돌의 설치에 관하여
필요한 사항을 정하여 고시할 수 있다.

용어의 정리(1장)

(1) 실내공기의 질 관리

① 실내공기의 질 관리는 재실인원의 건강과 쾌적을 위해 중요하게 관리되어야 할 실내 공기 중의 물질 인자에 대한 체계적 측정 및 관리를 의미한다.

② 그 오염에 대한 대책으로는 원인물질 관리(가장 확실), 환기(가장 중요 ; 욕실, 베란다, 주방 등의 환풍기 활용 등), 공기청정기 사용(기체성 오염물질의 제거에는 부족) 등이 있다.

(2) PM10(미세먼지 ; Particulate Matter less than 10μm)

공기 중에 부유하는 입자의 크기(지름)가 10μm 이하인 미세먼지를 의미한다.

(3) PM2.5(미세먼지 ; Particulate Matter less than 2.5μm)

공기 중에 부유하는 입자의 크기(지름)가 2.5μm 이하인 미세먼지를 의미한다.

(4) 하이브리드 환기방식

① 하이브리드 환기방식이란 자연환기 및 기계환기를 적절히 조화시켜 에너지를 절감할 수 있는 방식이다.

② 하이브리드 환기방식의 종류

  ㈎ 자연환기 + 기계환기(독립방식) : 전환에 초점

  ㈏ 자연환기 + 보조팬(보조팬방식) : 자연환기 부족 시 저압의 보조팬을 사용하여 환기량 증가

  ㈐ 연돌효과 + 기계환기(연돌방식) : 자연환기의 구동력을 최대한, 그리고 항상 활용할 수 있게 고안된 시스템

(5) 휘발성 유기화합물질

① 휘발성 유기화합물질(VOCs : Volatile Organic Compounds)은 대기 중에서 질소산화물과 공존하면 햇빛의 작용으로 광화학반응을 일으켜 오존 및 팬(PAN : 퍼옥시아세틸 나이트레이트) 등 광화학 산화성 물질을 생성시켜 광화학스모그를 유발하는 물질을 통틀어 일컫는 말이다.

② 휘발성 유기화합물질은 대부분 발암성을 가진 독성 화학물질(주로 탄화수소류)이다.

③ 목재(소나무, 낙엽송 등) 등에서 천연적으로 발생하는 휘발성 유기화합물질은 인체에 해가 없다고 알려져 있다.

(6) 코안다 효과

① 코안다 효과(Coanda Effect)는 벽면이나 천장면에 접근하여 분출된 기류가 압력이 낮은 쪽으로 유도(벽면, 천장면에 부착)되어 흐르는 현상을 말한다.

② 코안다 효과는 천장이나 벽면 등에 먼지가 많이 부착되는 원인이 되기도 한다.

(7) Good Ozone(이로운 오존)

① 오존은 성층권의 오존층에 밀집되어 있고, 태양광 중의 자외선을 거의 95~99% 차단(흡수)하여 피부암, 안질환, 돌연변이 등을 방지하는 역할을 한다.

② 오존발생기 : 살균작용(풀장의 살균 등), 정화작용 등의 효과가 있다.

③ 오존 치료요법 : 인체에 산소를 공급하는 치료 기구에 활용

④ 기타 산림 지역, 숲 등의 자연상태에서 자연적으로 발생하는 오존(산림 지역에서 발생한 산소가 강한 자외선을 받아 높은 농도의 오존 발생)은 해가 적고, 오히려 인체의 건강에 도움을 주는 것으로 알려져 있다.

(8) Bad Ozone(해로운 오존)

① 자동차 매연에 의해 발생한 오존 : 오존도 문제이지만 각종 매연 그 자체가 오히려 더 큰 문제이다.

② 밀폐된 공간에서 오존을 장시간 접촉하거나 직접 호기하면 눈·호흡기·폐질환 등을 유발할 수 있다고 알려져 있다.

(9) 환기효율

실내 공간에서 발생된 오염공기는 신선 급기의 유동과 확산에 의해 희석되며, 이 혼합공기는 환기설비에 의해서 배출 제거됨으로써 이용자들에게 보다 적합한 공기환경을 제공하게 되는데, 환기장치가 얼마나 효율적으로 실내를 환기시킬 수 있느냐에 관련된 지표를 환기효율이라고 한다.

(10) 공기연령

실내로 유입된 공기가 실내의 어떤 한지점에 도달할 때까지의 소요된 시간을 말하며, 실내로 급기되는 신선 외기의 실내 분배능력을 정량화하는 데 사용하는 용어이다.

Chapter

2 에너지혁명 기술

2-1 제4차산업 에너지혁명

(1) 배경

① AI(인공지능), IoT(사물인터넷), Big Data(빅데이터) 등의 첨단 기술이 산업, 경제, 사회 전반에 혁신을 불러일으키는 산업혁명을 제4차 산업혁명(The Fourth Industrial Revolution)이라고 부른다.

② 제4차 산업혁명은 엄청나게 빠른 속도(Velocity), 엄청난 융복합 범위(Scope), 엄청난 충격(Impact)으로 특징지어지며, 특히 가상공간(Cyber Space)과 물리공간(Physical Space)이 융합된 복합공간으로도 많이 표현된다.

③ 제4차 산업혁명은 가상공간(Cyber Space)과 물리공간(Physical Space)이 융합된 제3의 공간에서 집단지성과 집단지능이 발휘되는 플랫폼의 세상이 되기 때문에 사회 전반적으로 모든 것이 엄청나게 큰 힘과 효과로 발휘될 것이다.

④ 이 시대에는 AI(인공지능), IoT(사물인터넷), Big Data(빅데이터)뿐만 아니라, 클라우드 컴퓨팅, 모바일 등 지능적 정보기술이 기존 산업에 융합되거나 산업 전반을 네트워킹화하고 사물 자체를 지능화(인격화)하기도 한다.

⑤ 제4차 산업혁명은 네트워킹, 인공지능, 사물 인격화, 사물 간 정보의 시너지화 등의 성격이 강하기 때문에 기존의 산업혁명보다 훨씬 더 지능적이고 고효율 모드로 전개될 것으로 보인다.

⑥ 또한 제4차 산업혁명은 강한 긱 경제(Gig Economy)의 성격을 가지고 있다. 이는 1920년대 미국 재즈 공연장 주변에서 연주자를 필요에 따라 섭외해 단기공연 계약을 맺어 공연했던 '긱(Gig)'에서 유래된 용어로, 임시로 계약을 맺은 후 일을 맡기는 경제의 형태를 말한다.

⑦ 긱(Gig) 경제는 수요자가 요구하는 대로 서비스, 물품 등을 온라인이나 모바일 네트워크를 통해 제공하는 경제 시스템인 온디맨드 경제(On-demand Economy ; 주문형 경제)와 연관된다. 온디맨드 경제가 확산되면서 고객에게 서비스를 제공할 수 있는 노동력이 필요해져 많은 일자리를 창출할 것이라고 기대되고 있으나, 온디맨드 경제가 창출하는 일자리는 비정규직 시간제, 영세한 자영업자에 그칠 것이라는 전망이

있다. 이에 긱 경제가 실업률을 낮추는 데 도움이 돼 긍정적인 영향을 미칠지, 일자리의 질이 나빠져 부정적인 영향을 미칠지에 대해 논란이 있다.

⑧ 이 책에서는 이러한 제4차 산업혁명 중 특히 '에너지 분야'에서 일어나고 있는 혁명을 '제4차산업 에너지혁명' 혹은 '에너지혁명'으로 부르기로 한다.

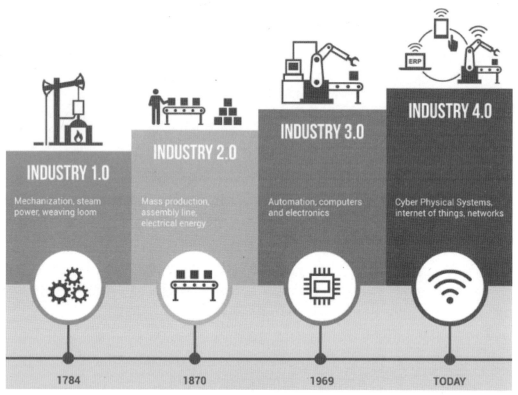

산업혁명의 단계

출처 : http://spacenews.com/sponsored/industrial-revolution/

(2) 에너지혁명의 진행 방향

① 국가는 국가 기간산업, 건설업, 교육, 산업, 연구개발 등 전 분야의 기술적 혁명 없이는 앞으로 세계적 경쟁력을 가질 수 없을 것이다.

② 기업 또한 제4차 산업혁명에 기반한 구매경쟁력, 접근성과 진보성 있는 기술, 창의적이고 준비된 경영 등이 세계시장에서 살아남을 수 있는 유일한 길이 될 것이다.

③ 제4차 산업혁명은 신재생에너지, 자연에너지, 저공해 에너지 등 아주 다양한 에너지와 직접적 연결고리를 가지거나, 그 기반 위에서 발전할 수 있는 것이다. 제4차산업 에너지혁명은 이러한 관점에서 그 의미를 가지는 것이다.

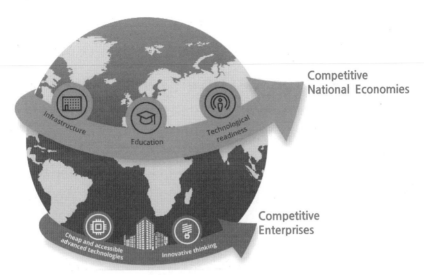

제4차 산업혁명의 추세

출처 : http://2feetafrica.com/companies-benefit-fourth-industrial-revolution-countries/

2-2 에너지혁명의 선도 기술

(1) 지금은 제4차 산업혁명의 첨단에 서 있다. 이것은 처음 세 번의 산업혁명과는 구별되며 제조 환경에서 사이버-물리적 시스템의 광범위한 응용이 특징이다(Liu and Xu, 2017). 제4차 산업혁명의 기본 배경은 지능과 네트워킹 시스템의 깊은 통합이다(Zhang, 2014). 2011년 하노버 박람회에서 독일 정부는 산업 4.0의 개념을 제안했으며 2013년 후반에 전략적 발의 산업 4.0 구현을 위한 권장 사항을 발표했다. 이 행동은 전 세계에 큰 영향을 주었고 제4차 산업혁명의 막을 넘겼다.

(2) 제4산업 혁명이라는 용어는 종종 CPS(Cyber Physical Systems) (Drath and Horch, 2014 ; Mosterman and Zander, 2017)로 이해된다. 제너럴 일렉트릭(General Electric)이 제시한 산업 인터넷(Leber, 2012, Xu et al., 2016)은 CPS와 유사한 기술 아이디어를 보유하고 있다.

(3) 그들은 지능형 객체가 서로 통신하는 네트워크인 가상과 현실의 통합을 만드는 기술을 가능하게 한다(Jopp, 2013).

(4) 제4차 산업혁명은 산업 생산에 국한되지 않고, 기술(Xu 외, 2013, Lalanda 외, 2017, Theorin 외, 2017), 생산 (Kube and Rinn, 2014, Webster, 2015), 소비 및 생산

기술을 포함한 사회의 모든 측면에서 나타난다. 비즈니스(Sommer, 2015, Gentner, 2016, Ivanov et al., 2016), 그것은 인간의 모든 분야에 영향을 미치고 있다.

(5) 디지털, 물리 및 생물 기술의 발전은 제4차 산업혁명의 세 가지 근본적인 선도 기술이다. 그 중심에 서서, 제4차 산업혁명은 각 분야에서 이 세 분야에서의 획기적인 발전과 서로의 융합으로 이어졌다.

(6) 이러한 세 가지 선도 기술은 표1에 요약되어 있다. 제3산업혁명의 주요 선도 기술은 하드웨어 분야에서 비롯되었지만, 제4산업혁명의 선도 기술은 주로 소프트웨어 분야에서 비롯되었다.

표1 제4차 산업혁명의 선도 기술

Technology Drivers	Fields
Digital	The Internet of Things(IoT) Artificial Intelligence and Machine Learning Big Data and Cloud Computing Digital Platform
Physical	Autonomous Cars 3D printing
Biological	Genetic Engineering Neurotechnology

(7) 디지털 기술은 제4차 산업혁명의 근본적인 원동력이다. 거의 모든 혁신과 진보가 디지털 혁명을 통해 가능해지고 향상되었다(Schwab, 2016). 이 기술 클러스터는 전 세계를 디지털 연결 네트워크로 만들고 있다.

(8) 디지털 기술은 주로 사물의 인터넷, 인공지능 및 기계 학습, 빅데이터 및 클라우드 컴퓨팅, 디지털 플랫폼의 네 가지 측면에서 나타난다.

(9) Internet of Things(IoT)의 기본 아이디어는 우리 주변의 것들이 널리 보급되어 공통의 목표를 달성하기 위해 서로 의사소통하는 것이다. IoT의 주된 특징은 유무선 센서와 액추에이터 네트워크, 통신 프로토콜, 스마트 객체를 위한 분산 인텔리전스(Atzori et al., 2010)와 같은 다양한 식별 및 추적 기술의 통합이다.

(10) IoT 기술은 주체를 식별하고 추적할 수 있다. 심지어 자발적으로 그리고 실시간으로 해당 사건을 촉발시킬 수 있다(Sarma and Girão, 2009). 이제 IoT 제품은 스마트 홈, 교통 물류, 환경 보호, 공공 보안, 지능형 화재 통제, 산업 모니터링, 개인 건강 및 기

타 분야에서 점차 중요한 역할을 담당한다.

(11) 계산 속도의 향상, 저장 용량의 확장 및 네트워크 기술의 발전에 따라 AI(인공지능) 가 대폭 발전했다. 인공지능은 사고와 행동 과정을 시뮬레이션하는 데 사용된 기술이다.

출처 : Industrial Revolution : Technological Drivers, Impacts and Coping Methods, Chin. Geogra. Sci., 2017, Vol.27, No.4, pp.626-637.

2-3 독일 G20 협의회

(1) 2017년 5월 독일에서 열린 G20 협의회에서 논의되고 채택된 제4차 산업혁명 관련 내용은 다음 결의안을 참고할 수 있다.

(2) 그 주요 내용은 다음과 같이 주로 국가가 사람과 지구에 이익을 주는 신흥 기술을 위한 조건을 만드는 방법에 관한 것이다.

① 제4산업혁명(4IR)은 우리 경제와 사회를 변형시키고 재편성할 수 있는 거대한 잠재력을 제공한다.

② 4IR이 사람과 지구의 문제를 악화시킬 수 있다는 인식 또한 증가하고 있다. G20은 사회의 환경 및 사회적 문제를 해결하는 데 도움이 되는 접근 방식을 취해야 한다. 이는 변화의 의도하지 않은 부작용을 완화하고 긍정적인 사회적 및 환경적 이익을 극대화하는 것을 의미한다.

③ G20은 정부가 4IR과 보조를 맞출 수 있는 민첩성과 능력을 보유하고 거대한 사회 및 환경 이익을 약속하는 혁신을 활용할 수 있도록 하기 위해 거버넌스 구조 및 정책 메커니즘을 모색하고 권장해야 한다.

④ G20을 위한 포괄적 제안

㈎ G20은 SDG(Sustainable Development Goals)를 위한 4IR 지원 솔루션을 지원하기 위해 국제 기술 거버넌스 구조를 지원해야 한다.

㈏ G20은 의도하지 않은 부정적인 결과(예 : 블록 체인, IoT 장치, 클라우드 데이터 서버 등의 국제 표준 및 규정 개발)를 최소화할 수 있는 지속 가능한 4IR을 보장하기 위한 필수 안전장치를 확인하고 홍보해야 한다.

㈐ G20은 정부와 규제 당국이 4IR로부터 발생하는 시스템적 위험을 식별하고 관리하기 위한 공동의 노력을 장려해야 한다.

㈑ G20은 국가들이 국가 차원의 디지털 전략에 사회적 및 환경적 고려를 포함하는 책임 기술 정책을 개발하도록 장려해야 한다.

㈒ G20은 G20 정부가 우선적인 지속 가능한 4IR 도전 과제를 위해 대규모 기본 및

적용 R&D 투자를 할 것을 촉구해야 한다.

㈚ G20은 기술, 사회 및 환경 분야를 연결하는 학제 간 연구를 장려하기 위해 기초 연구 자금 및 우선순위를 조정해야 한다.

㈛ G20은 '4IR for Good'혁신을 추진하고 가속화하기 위한 국내외 PPP(Public-Private Partnership ; 민관협력) 이니셔티브, 프로그램 및 기금을 홍보해야 한다.

㈜ G20은 비즈니스 및 사회를 위한 중요한 4IR 지식 및 데이터를 민주화하는 4IR 기술 허브(4IR 기술로 추진되는)의 실시간 중앙 지식 허브를 구축해야 한다.

㈝ G20은 기술이 선을 위한 힘이 될 수 있는 방법에 대해 사람들과 업계를 교육하기 위한 글로벌 "좋은 기술을 위한" 캠페인을 공개적으로 적극적으로 홍보해야 한다.

㈞ G20은 지속 가능한 4IR을 지원하기 위해 적극적으로 기업을 지원해야 한다.

㈟ G20은 지속 가능한 4IR 솔루션을 위한 대용량 데이터 및 기계 학습의 기회를 극대화하기 위해 액세스 및 데이터 기술을 포함한 보다 나은 데이터 환경을 조성하도록 지원해야 한다.

㈠ G20은 기술 회사, 연구 기관 및 대학을 지원하여 알고리즘의 잠재적인 시스템 편향을 관리하는 정책 프레임 워크를 개발해야 한다.

㈡ G20은 사람과 기계 시스템 간의 관계에 대한 윤리적 측면을 고려하고 평가해야 하며, 사생활, 범위 및 인간/디지털 증강에 대한 경계와 사람의 권리에 대한 영향을 포함해야 한다.

㈣ G20은 세계의 모든 사람들에게 독특한 디지털 신원을 부여하기 위해 수행되는 작업을 인식하고 지원해야 한다.

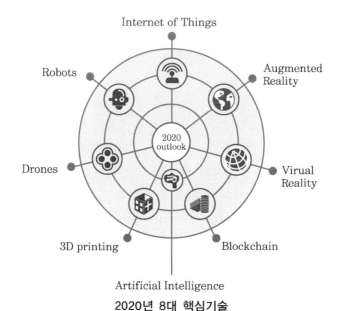

2020년 8대 핵심기술

출처 : www.G20-insights.org

2-4 **제4차 산업혁명의 3중 나선구조**

(1) 세계 경제 포럼 (World Economic Forum, WEF)이 다보스에서 개최된 2016년 정상 회담에서 제4차 산업혁명이라는 용어를 도입한 이후, 사회 경제적 변화의 모든 면에서 사회 변화를 예고하는 최근의 기술혁신을 담은 새로운 전문 용어가 되었다.

(2) 포럼의 주요 건축가인 클라우스 슈와브(Klaus Schwab)의 말에 따르면, 제4차 산업 혁명의 핵심은 인공지능, 가상/증강 현실, 인터넷으로 가장 잘 예시된 물리적, 생물학 적 및 디지털 분야의 경계를 모호하게 만드는 기술, 자율 주행 차량 및 무인비행기 (Schwab 2016) 등이 있다.

제4차 산업혁명의 12가지 신흥기술

인공지능 (AI)과 로봇	인간을 대체할 수 있는 기계의 개발, 생각, 멀티 태스킹 및 정밀한 운동 기술과 관련된 작업이 점점 늘어나고 있다.	뉴 컴퓨터 기술	양자 컴퓨팅, 생물학적 컴퓨팅 또는 신경 네트워크 프로세싱과 같은 하드웨어 컴퓨팅을 위한 새로운 아키텍처는 물론 최신 컴퓨팅 기술의 혁신적인 확장
VR & AR	인간과 컴퓨터 간의 다음 단계 인터페이스, 몰입형 환경, 홀로그램 판독 및 디지털 제작 오버레이 포함	3D 프린팅	첨가제 제조의 발전, 확장 사용, 다양한 재료 및 방법, 혁신은 유기 조직의 3D 바이오 프린팅
유비쿼터스 센서	"사물의 인터넷"(IoT)으로도 알려져 있는 사용 시스템, 그리드를 원격으로 연결, 추적 및 관리하기 위한 네트워크형 센서	첨단 재료와 나노-재료	열전효과, 형상 유지 및 새로운 기능성과 같은 유익한 재료 특성 개발을 위한 새로운 재료 및 나노 구조의 생성
블록체인과 분산 계정	트랜잭션 데이터를 관리, 검증 및 공개 기록하는 암호화 시스템에 기반한 분산 계정 기술 (Cryptocurrencies)	지구공학	행성계에서의 기술 개입, 일반적으로 이산화탄소 제거 또는 태양복사 관리에 의한 기후변화의 영향 완화
바이오 기술	유전공학, 서열 분석 및 치료학, 생물학적 컴퓨터 인터페이스 및 합성 생물학의 혁신	신경기술	뇌 활동을 읽고 의사소통하며 영향을 줄 수 있는 스마트 마약, 신경 영상 및 생체 전자 인터페이스
에너지 채취, 저장, 변환	배터리 및 연료전지 효율성의 획기적인 향상, 풍력, 조력 기술을 통한 재생 가능 에너지, 스마트 그리드를 통한 에너지 분배	공간기술	마이크로 위성, 첨단 망원경, 재사용이 가능한 로켓 및 통합 로켓-제트를 포함하여 우주에 대한 더 많은 접근과 탐사를 가능하게 하는 엔진 개발

(3) 세계 경제 포럼은 제4차 산업혁명을 주도하는 신흥 기술에 대한 논의가 많아지면서 제4차 산업혁명에 포함된 가치들에 대한 참여 심의와 잠재적 위험 및 위험 분석에 대해 전문가 그룹을 만들었다. 기술, 가치 및 정책에 관한 글로벌 미래위원회(Global Future Council)라고 불리는 이 그룹은 다른 기술 중심의 협의회와 함께 4번째 미래를 위한 정책 접근법과 옵션을 개발하고 있다.

(4) 제4차 산업혁명에서 기술을 대하는 태도나 관점은 다음과 같이 제시될 수 있다.
① 첫 번째는 기술이 아니라 시스템에 초점을 맞추는 것이다. 이것은 기술 개발을 자연스럽고 피할 수 없는 것으로 보는 기술적 결정론을 피하는 데 효과적으로 요구된다.
② 두 번째 원칙은 기술은 사람들에게 권한을 부여하고 일방적으로 사람들의 운명을 결정하는 것이 아니라는 것이다.
③ 세 번째 원칙은 기본적으로 디자인이 아닌 디자인으로 기술을 사고하고 개발하는 것이다. 즉, 사회의 다양한 분야와 부문에 기술적 장님을 안고 오지 않도록 훨씬 더 주의를 기울일 필요가 있다.
④ 마지막은 기술 개발의 특징으로 가치를 고려하는 것이며, 기술이 본질적으로 가치 중립적이라기보다는 가치를 중시한다는 것을 인정하는 것이다.

(5) 이러한 원칙들은 한국 연구자들의 제4차 산업혁명에 관한 설문조사 결과와 함께 우리에게 혁신 생태계의 3중 나선구조를 형성하는 대학, 정부 및 산업의 역할을 재검토하고, 신기술의 거버넌스에서 그들의 인터페이스를 다시 생각해 보게 한다.
① 우선, 명확한 성능 목표를 염두에 두고 개발된 기존의 많은 기술과는 달리, 제4차 산업혁명을 지원하거나 추진하는 대부분의 기술은 명확한 최종 결과 없이 개발되고 있다. 이는 제4차 산업혁명을 위한 기술 개발의 구체적인 경로가 혁신 생태계의 다양한 주체들, 특히 3대 주요 삼자 관계자(대학 – 업계 – 정부)가 공공 및 위험을 인식하는 방법에 훨씬 더 의존할 가능성이 있음을 의미한다.
② 둘째로, 제4차 산업혁명에 직면한 교육과 연구 개발에서 창의성과 상호 Disciplinarity(교육)에 대한 요구가 증가함에 따라 대학의 전통적 이중 임무인 교수와 연구가 허용되는 방향으로 업그레이드되어야 한다. 실험과 학습을 위한 여지가 훨씬 많으며, 이와 관련하여 공학 교육에서의 디자인 사고의 부상은 특별히 주의할 점이다. 디자인 사고의 중심축은 문제를 식별하고 모든 가능성에 개방적으로 머물 수 있는 능력에 있다.
③ 사람의 요구와 기술의 가능성을 통합하는 혁신에 대한 인간 중심의 접근으로서 디자인 사고는 선택을 창조하고 필연적으로 학제 간 의사소통을 필요로 하는 분석과 합성을 통해 이동하는 것을 포함한다.

(6) 제4차 산업혁명과 관련된 신기술의 불확실한 특성으로 인해 Triple Helix 내의 상호 작용이 기술혁신으로부터의 기회를 전략적으로 넘어서기 때문에 Triple Helix 기관 및 대리인이 더욱 중요하고 적절하게 될 것이다. 즉, 트리플 헬릭스 네트워크 내의 기관과 에이전트는 미래 기술의 사회적 상상력을 중심으로 발전해야 할 뿐만 아니라 새로운 국경의 사회 공학적 거버넌스 구조를 열었다.

출처 : The Fourth Industrial Revolution and the Triple Helix, 2017 Triple Helix International Conference Theme Paper.

2-5 스마트시티(Smart City) 개발

(1) 스마트시티(Smart City)는 제4차 산업혁명의 도시 기반 플랫폼으로 그 중요성을 주목받고 있다.

(2) 스마트시티(Smart City)는 지속적인 경제 발전과 삶의 질 향상을 이룰 수 있는 미래형 도시라고 할 수 있으며, 다음과 같은 특징을 가지고 있다.

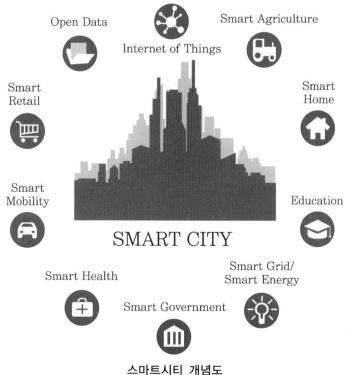

스마트시티 개념도

출처 : https://www.123rf.com

① 도시계획, 설계, 구축, 운영에 IT를 적용하여 도시 기능의 효율성 극대화
② 에너지, 교통, 재난재해 등 도시의 공공데이터 개방을 통해 경제적 가치 창출
③ 서비스 플랫폼 구축 및 적용으로 지속 가능성을 제고하고, 데이터를 수집·분석하여 자원의 최적 분배로 도시문제 해결
④ 글로벌 스마트시티는 에너지, 교통, 안전 3대 요소에 집중되어 구축되며, 스마트 그리드, 스마트 홈·빌딩 관리시스템, 지능형 교통관리시스템, 상수도 관리시스템, 보안 기술 및 서비스 등이 포함된다.
⑤ 각 도시가 보유한 자원과 문제점에 따라 특화된 스마트시티 사업전략을 추진하는 것이 보다 유리하다.

(3) 스마트시티의 개념을 명확히 하기 위해 과거에 추진하였던 유비쿼터스 도시(u-City)와 개념을 비교하면 다음과 같다.

유비쿼터스 도시(u-City)와 스마트 도시(Smart City)의 개념 비교

구 분	유비쿼터스 도시	스마트 도시
정의	• 도시 경쟁력과 삶의 질 향상을 위해 유시티 기술을 활용하여 건설된 유시티 시설 등을 통하여 언제 어디서나 유시티 서비스를 제공하는 도시(법적 정의) • 시공을 초월하여 언제 어디에서나 네트워크에 접속해 정보를 교환하여 대응할 수 있는 유비쿼터스 개념이 적용된 도시	• 기후변화, 환경오염, 산업화·도시화에 따른 비효율 등에 대응하기 위해 자연 친화적 기술과 ICT 기술을 융·복합한 도시로 미래 지속 가능한 도시 • 도시 기능의 효율성을 극대화하여 시민들에게 편리함과 경제적, 시간적 혜택 등을 제공하는 '스마트' 개념이 적용된 도시
적용 대상	• 행정, 교통, 복지, 환경, 방재 등 주요 기능을 신도시에 도입 • 실제 적용은 방범, 방재, 교통 위주로 도입	• 행정, 교통, 에너지, 물관리, 복지, 환경, 방재, 방범 등 광범위한 기능을 신도시·기존 도시에 도입 • 실제 적용도 각 분야에서 매우 광범위하게 적용
국내외 활용	• 전 세계적으로 보편적으로 활용되는 개념은 아니며, 우리나라와 일본 정도만 사용 • 우리나라에서 2000년대 초 특히 주목받은 유비쿼터스 개념을 활용	전 세계적으로 보편적으로 활용되는 개념, 선진국·개도국에서 모두 사용
추진 주체	중앙정부, 지자체 주도로 사업 진행	중앙정부, 지자체 외에도 민간 기업 등이 대폭 참여

출처 : 스마트시티, 국내외 확산을 위한 기틀 마련, 2017, 국토교통부

(4) 스마트시티(Smart City) 구현 동향

① IT(정보기술) - ET(에너지기술) 기술의 융합을 통해 에너지 효율을 제고하고 새로운 가치를 창출한다.

② 기술의 핵심인 정보를 관리하여 에너지·자원 이용 효율을 극대화하는 시스템이다.

　㉮ 물, 전기, 운송 등 도시에서 소비되는 모든 형태의 에너지를 최적 관리

　㉯ IT 인프라기술로 수집된 대규모 정보를 관리하여 효율뿐 아니라 환경성도 제고

③ 미국은 기술경쟁력 우위를 바탕으로 신산업 창출 기술 개발에 초점(특히, IBM社는 독창적이고 혁신적인 도시 건설을 목표로 실증 기술 개발을 선도)을 둔다.

④ EU는 에너지 효율화를 목표로 즉시 적용 가능한 실증 기술 개발에 주력(EU 회원국은 "Horizon 2020"을 바탕으로 공통 핵심 적용 기술 도출)한다.

⑤ 일본은 "건강한 일본"을 슬로건으로 미국과 EU를 벤치마킹하여 융합기술의 발전 모델과 추진 전략을 수립하였다.

⑥ 국내는 최근 u-City에서 보다 확장된 개념의 스마트시티 실증단지 조성사업을 시행하고 있다.

　㉮ 기존의 u-City 개발 인프라를 토대로 IoT, 친환경기술 등에 무게중심을 두어 새로운 스마트시티 모델 개발을 유도하고 있다.

　㉯ 2015~2017년간 스마트시티 실증사업에 정부가 약 170억 원을 투입한 바 있고, 대·중소기업과 함께 다양한 비즈니스 모델을 실증 진행 중이다.

⑦ 주요 선진국에서는 스마트시티 구현을 위해 지속가능 기술 개발 전략을 수립하고, R&D → 실증 → 사업화 전 과정을 연계한 개발체계를 구축 중이며, 플랫폼의 정보를 관리하여 에너지·자원의 이용 효율 극대화를 도모하고 있다.

⑧ 우리나라도 친환경, 고효율, 자원순환 고리를 달성하기 위한 핵심기술을 파악하고, 융합지식기반을 강화하는 등 창의적 관점의 기술개발 전략을 마련할 필요가 있다.

출처 : 설비저널 제46권 8월호, 2017, 대한설비공학회

2-6　열에너지 계간축열 기술

(1) 진천·음성 혁신도시에 들어선 친환경 에너지 타운(연면적 1만 8000m^2)에서 100% 에너지 자립을 목표로 하고 있다.

(2) 이곳에 들어서는 건물은 진천군과 충북 교육청에서 건설하게 되고, 신재생에너지 설비의 종류와 용량은 이에 맞게 결정하고 설치하게 된다.

(3) 사업단은 계간축열 시스템, 지열 및 하수열을 이용하는 히트펌프 외에 태양광발전과
연료전지 시스템을 통해 생산된 전기는 판매해 그 수익을 지역 발전에 이용할 계획도
갖고 있다.

(4) 사업단은 이미 제로에너지 하우스를 개발하고 실증하면서 건물 단위에서 태양열과
지열을 융복합하는 기술을 확보한 가운데, 이를 타운 규모로 확대할 계획이다.

(5) 진천·음성 혁신도시의 친환경 에너지 타운은 하수처리장과 연계한 친환경 에너지 타
운을 보급하고 확대하는 시범단지로서뿐 아니라 신재생에너지를 적극적으로 융합해
이용하는 모범사례로 활용될 것이다.

(6) 계간축열 시스템에서 신재생에너지 설비는 중앙 공급 방식으로 관리해 그 성능을 오
래 유지시키며, 그 신뢰성을 확대할 수 있다.

(7) 다음 그림은 봄~가을에 남는 열에너지(태양열, 연료전지, 하수열 히트펌프 등)를 계
간축열조에 저장해 두었다가 겨울 등 열수요가 많은 계절에 집중 공급하는 계간축열
시스템을 설명하는 개념도이다.

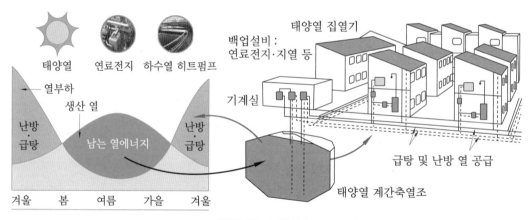

열에너지 계간축열

출처 : http://www.greenplatform.re.kr/

2-7   연료전지와 수소경제 도래

(1) 개요

① 연료전지의 주 연료에 해당하는 수소는 가정(전기, 열), 산업(반도체, 전자, 철강

등), 수송(자동차, 배, 비행기) 등에 광범위하게 사용될 수 있는 원료이다.

② 지구상의 수소는 화석연료나 물과 같은 화합물의 한 조성 성분으로 존재하기 때문에 이를 제조하기 위하여는 이들 원료를 분해해야 하며, 이때 많은 에너지가 필요하다.

③ 현재 우리나라를 비롯하여 전 세계적으로 수소는 대부분 화석연료의 개질에 의하여 제조되며, 이때 이산화탄소가 동시에 생성되므로 이러한 측면에서는 청정연료의 제조라는 표현이 무색하게 된다.

④ 물의 분해는 전기에너지 혹은 태양에너지 등에 의하여 가능하나 전자는 고가이며 후자는 변환 효율이 너무 낮은 것이 단점이다.

(2) 연료전지의 특성

① 천연가스 분해 과정에서 이산화탄소가 배출되기 때문에 연료전지는 현재로서는 지구온난화를 완전히 억제할 수 있는 기술은 아니다(이산화탄소 포집 및 농업·공업 분야에의 활용 기술 필요).

② 연료전지는 한 번 쓰고 버리는 보통의 전지와 달리 연료(수소)가 공급되면 계속해서 전기와 열이 나오는 반영구적인 장치이다.

③ 연료전지는 거의 모든 곳의 동력원과 열원으로 기능할 수 있다는 이점을 가지고 있지만, 연료전지에 사용되는 수소는 폭발성이 강한 물질이고 섭씨 −253도에서 액체로 변환되기 때문에 다루기에 어려운 점이 있다.

(3) 연료전지의 원리

① 연료전지에서는 물이 수소와 산소로 전기분해되는 것과 정반대의 화학반응이 일어난다.

② 연료전지는 음극으로는 수소가 공급되고, 양극으로는 산소가 공급되는데, 음극에서 수소는 전자와 양성자로 분리되며, 전자는 회로를 흐르면서 전류를 만들어 낸다.

③ 전자들은 양극에서 산소와 만나 물을 생성하기 때문에 연료전지의 부산물은 물이다.

④ 연료전지에서 만들어지는 전기는 자동차의 내연기관을 대신해서 동력을 제공할 수 있고(자전거에 부착하면 전기 자전거가 됨), 전기가 생길 때 부산물로 발생하는 열은 난방용으로 이용될 수 있다.

⑤ 연료전지로 들어가는 수소는 수소 탱크로부터 직접 올 수도 있고, 천연가스 분해 장치를 거쳐 올 수도 있다. 수소 탱크의 수소는 석유 분해 과정에서 나온 것일 수도 있다. 그러나 어떤 경우든 배출물질은 물이기 때문에, 수소의 원료가 무엇인지 따지지 않으면 연료전지를 매우 깨끗한 에너지 생산 장치로 볼 수 있다.

연료전지의 종류

구 분	저온형 연료전지				고온형 연료전지	
	알칼리 (AFC)	직접메탄올 (DMFC)	고분자전해 질막 (PEMFC)	인산형 (PAFC)	용융탄산염 (MCFC)	고체산화물 (SOFC)
전해질	알칼리 (KOH)	고분자 이온 교환막 (Nafion 등)	고분자 이온 교환막 (Nafion 등)	인산수용액 (H_3PO_4)	용융탄산염 (Li_2CO_3 K_2CO_3)	안정화 지르코니아 ($ZrO_2 + Y_2O_3$)
촉매	니켈	백금계	백금계	백금	니켈, 니켈합금	니켈/Zirconia cermet
사용 연료	수소/산소	메탄올	천연가스, LPG, 수소	천연가스, LPG, 바이오가스	천연가스, LPG, 석탄가스	천연가스, LPG, 석탄가스
작동 온도 (℃)	50~240	70~90	30~100	약 200	약 650	500~1,000
전기 효율 (%)	40~60	30~40	35~45	40~45	45~60	50~60
전해질 통과 이온 (이동 방향)	수산화이온 (OH^-) (공기극→ 연료극)	수소이온 (H^+) (연료극→ 공기극)	수소이온 (H^+) (연료극→ 공기극)	수소이온 (H^+) (연료극→ 공기극)	탄산이온 (CO_3^{2-}) (공기극 → 연료극)	산소극 (O^{2-}) (공기극 → 연료극)
용도	특수 용도 (군사용/ 우주선)	휴대 기기	휴대/건물/ 수송용	건물용 분산 전원	분산 발전	건물용 분산 발전
특징	–	저온 작동 고출력밀도	저온 작동 고출력밀도	CO 고내구성 열병합 가능	높은 발전효율 내부 개질 가능 열병합 가능	높은 발전효율 내부 개질 가능 복합발전 가능

출처 : 신재생에너지 백서, 2016, 산업통상자원부/한국에너지공단 신재생에너지센터
- AFC : Alkaline Fuel Cell
- PAFC : Phosphoric Acid Fuel Cell
- MCFC : Molten Carbonate Fuel Cell
- SOFC : Solid Oxide Fuel Cell
- PEMFC : Polymer Electrolyte Membrane Fuel Cell
- DMFC : Direct Methanol Fuel Cell
- Nafion : Du Pont에서 개발한 Perfluorinated Sulfonic Acid 계통의 막이다. 현재 개발되어 있는 고분자 전해질 Nafion막은 어느 정도 이상 수화되어야 수소이온 전도성을 나타낸다. 고분자막이 수분을 잃고 건조해지면 수소이온 전도도가 떨어지게 되고 막의 수축을 유발하여 막과 전극 사이의 접촉 저항을 증가시킨다. 반대로 물이 너무 많으면 전극에 Flooding 현상이 일어나 전극 반응속도가 저하된다. 따라서 적절한 양의 수분을 함유하도록 유지하기 위한 물관리가 매우 중요하다.

(4) 연료전지 기술개발 현황

① 연료전지는 전기 생산과 난방을 동시에 하는 장치로 쉽게 설치할 수 있고, 무공해 및 친환경적 기술이므로 앞으로 제4차 산업혁명 시대에는 보다 급속히 보급될 것으로 전망된다.

② 기존에 화석연료를 사용하는 경제구조로부터 앞으로 많은 부분이 수소를 사용하는 구조로 나아갈 것으로 전망되는데, 그 핵심적 역할을 연료전지가 맡을 것으로 내다보인다.

③ 수소는 폭발성이 강한 물질이므로, 향후 수소의 유통 과정 및 취급 전반에 걸친 안전성을 확보하는 것이 중요하다.

④ 수소의 제조상의 CO_2 등의 배출 문제, 연료전지의 원료가 되는 수소를 생산하기 위한 원료가 되는 석유/천연가스 등의 자원의 유한성 등을 해결해 나가야 한다.

출처 : 친환경저탄소에너지시스템, 2017, 일진사

2-8 IOT(사물인터넷 ; Internet Of Things)

(1) 기존에 M2M(Machine to Machine)이 이동통신 장비를 거쳐서 사람과 사람 혹은 사람과 사물 간 커뮤니케이션을 가능케 했다면, IOT는 이를 인터넷의 범위로 확장하여 사람과 사물 간 커뮤니케이션은 물론이거니와 현실과 가상 세계에 존재하는 모든 정보와 상호작용하는 개념이다.

(2) IOT라 함은 인간과 사물, 서비스의 세 가지 환경요소에 대해 인간의 별도 개입 과정이 없이 인터넷망을 통한 상호적인 협력을 통해 센싱, 네트워킹, 정보처리 등 지능적 관계를 형성하는 연결망을 의미하는 것이다.

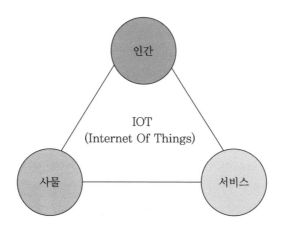

(3) 인터넷이 사물과 결합하여 때와 장소를 가리지 않는 상호 간 즉각적 커뮤니케이션을 이루어 내는 순간, 우리가 과거에 공상과학영화 속에서나 상상했을 법한 꿈만 같은 일들이 현실로 구현될 수 있다.

(4) IOT 기술은 갖가지 기술의 총체적 집합으로서, 기존의 이동통신망을 이용한 서비스에서 한 단계 더 진화된 서비스라고 할 수 있다.

2-9 빅데이터(Big Data)

(1) 빅데이터의 개념을 정확히 이해하기 위해서는, 반드시 빅데이터의 3대 요소(3V)를 이해하고 있어야 한다. 다음 그림은 BI/DW 리서치 기관인 TDWI가 정의한 빅데이터의 3대 요소를 나타낸 그림이다.

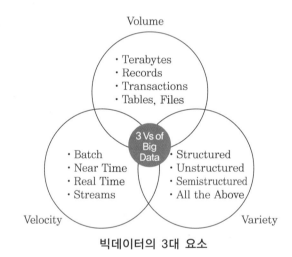

빅데이터의 3대 요소

출처 : 아이엠그루 ; http://www.imgr.co.kr/index.php/blog/my-first-blog-post

① 크기(Volume)
 ㈎ 비즈니스 특성에 따라서 다를 수 있지만, 일반적으로 수십 테라 혹은 수십 페타바이트 이상이 빅데이터의 범위에 해당한다. 이러한 빅데이터는 기존 파일 시스템에 저장하기 어려울 뿐만 아니라, 데이터 분석을 위해서 사용하는 BI/DW 같은 솔루션에서 소화하기 어려울 정도로 급격하게 데이터 양이 증가하고 있다.
 ㈏ 이러한 문제를 극복하기 위해서는 확장 가능한 방식으로 데이터를 저장하고, 분석하는 분산 컴퓨팅 기법으로 접근해야 한다. 현재 분산 컴퓨팅 솔루션에는 구글의 GFS, 아파치의 하둡, 대용량 병렬처리 데이터베이스로는 EMC의 GreenPlum,

HP의 Vertica, IBM의 Netezza, 테라데이터의 Kickfire 등이 있다.

② 속도(Velocity)

㉮ 빅데이터의 속도적인 특징은 크게 실시간 처리와 장기적인 접근으로 나눌 수가 있다.

㉯ 우리는 매일 교통카드로 지하철과 버스를 이용할 때도 교통비와 탑승 위치 정보를 남기고, 금융거래를 할 때도 금융기관의 데이터베이스에 데이터를 만들게 되는 등 매 순간 데이터를 생산하고 있다.

㉰ 인터넷 검색을 할 때도 모든 검색어가 저장이 되고, 쇼핑몰이나 포털 사이트 같은 곳을 이용할 때도 우리가 클릭한 이력이 모두 저장된다. 스마트폰에서 SNS나 지도 같은 앱을 이용할 때도 우리의 위치 정보를 남기게 된다. 이와 같이 오늘날 디지털 데이터는 매우 빠른 속도로 생성되기 때문에 데이터의 생산, 저장, 유통, 수집, 분석이 실시간으로 처리되어야 한다.

㉱ 온라인 쇼핑몰에서는 고객이 책을 주문할 경우, 주문한 책과 유사한 장르나 비슷한 성향의 고객이 구입한 책을 추천한다면 매출을 늘리는 데 도움이 될 것이다. 물론 모든 데이터가 실시간 처리만을 요구하는 것은 아니다.

㉲ 수집된 대량의 데이터를 다양한 분석 기법과 표현 기술로 분석을 해야 하는데, 이는 장기적이고 전략적인 차원에서 접근할 필요가 있다. 통계학과 전산학에서 사용되던 데이터 마이닝, 기계 학습, 자연어 처리, 패턴 인식 등이 분석 기법에 해당한다.

③ 다양성(Variety)

㉮ 다양한 종류의 데이터들이 빅데이터를 구성하고 있으며, 데이터의 정형화의 종류에 따라서 정형(Structured), 반정형(Semi-Structured), 비정형(Unstructured)로 나눌 수 있다.

㉯ 정형 데이터는 문자 그대로 정형화된 데이터로, 고정된 필드에 저장되는 데이터를 의미한다. 예를 들어 우리가 온라인 쇼핑몰에서 제품을 주문할 때 이름, 주소, 연락처, 배송 주소, 결제 정보 등을 입력한 후 주문을 하면 데이터베이스에 미리 생성되어 있는 테이블에 저장된다. 이때 테이블은 고정된 필드들로 구성이 되는데, 이렇게 일정한 형식을 갖추고 저장되는 데이터를 정형 데이터라고 한다. 정형 데이터는 기존의 솔루션을 이용하여 비교적 쉽게 보관, 분석, 처리 작업을 진행할 수 있다.

㉰ 반정형 데이터는 고정된 필드로 저장되어 있지는 않지만, XML이나 HTML같이 메타 데이터나 스키마 등을 포함하는 데이터를 의미한다.

㉱ 비정형 데이터란 고정된 필드에 저장되어 있지 않은 데이터를 의미한다. 유튜브에서 업로드하는 동영상 데이터, SNS나 블로그에서 저장하는 사진과 오디오 데이터, 메신저로 주고받은 대화 내용, 스마트폰에서 기록되는 위치 정보, 유무선 전화기에서 발생하는 통화 내용 등 다양한 비정형 데이터가 존재하며, 빅데이터는 이

러한 비정형 데이터도 처리할 수 있는 능력을 갖추어야 한다.

※ 보통 상기 3대 요소(3V) 가운데 두 가지 이상의 요소만 충족한다면 빅데이터라고 볼 수 있다. 예를 들어 화장품 쇼핑몰에서 사용자가 클릭하는 로그가 하루에 200기가씩 쌓인다고 가정한다. 기존에 이 로그 파일을 분석하는 데 1시간이 소요된 것을, 하둡과 같은 솔루션으로 수초 내에 분석을 끝낼 수 있다면 회사에 더 많은 가치를 만들어 낼 수 있다. 이러한 경우 데이터의 크기는 조금 부족하지만, 속도와 다양성은 빅데이터에 부합한다고 할 수 있다.

출처 : BLRUNNER.COM(http://blrunner.com/12)

2-10   인공지능형 토털 부동산관리자(FM, PM, AM)

(1) FM은 Facility Management의 약어로 주로 건물의 시설관리를 말하고, PM은 Property Management의 약어로 부동산이 재산으로써 갖는 가치를 관리하는 것이며, AM은 Asset Management의 약어로 자산으로서 파생되는 모든 이익관리를 하는 것이다. (협의의 개념)

(2) 국내에서는 FM이 위와 같은 개념(협의의 개념)으로 사용되고 있지만, 미국 등지에서는 매입/매각 등의 종합 서비스를 지칭하는 PM 및 AM을 포함하는 광의의 개념으로 사용되기도 한다.

(3) PM은 보유 기간 동안에 부동산의 운영 현금 흐름과 부동산 가치 향상을 목적으로 부동산을 소유하는 투자자(Investor)를 위해 일한다. 이러한 소유주에는 개인, 개발업자 및 기관 투자가 등이 포함된다. 반면에, FM은 부동산을 소유하거나 임차한 부동산 사용자(User)를 위해 일한다. 전통적으로 사용자에는 법인, 교육기관, 의료기관 및 정부 등이 포함된다. 이러한 사용자 중 다수가 부동산의 가치를 유지하고 증가시키기를 원하지만, 대부분의 사용자들은 그들 조직의 핵심 업무를 지원하기 위하여 부동산을 소유하거나 임차한다.

(4) FM은 시설의 운영 관리, 청소, 경비 및 사무 공간 활용 등의 지출 부문 업무를 담당하면서 운영 비용 최소화에 목표를 두고 있는 반면에, PM은 지출 부문은 물론 임대차 관리, 임대 마케팅 등의 수입 부문까지 포함한 종합적인 수지 관리 업무를 수행하면서 운영 수익 극대화에 초점을 맞추고 관리한다고 규정할 수 있다. 즉, PM은 투자자를

위한 서비스로서 수입(Income)을 제일 우선시하지만, FM은 사용자를 위한 서비스로서 운영(Operations)을 제일 중요시한다.

(5) AM은 투자자를 대신해서 부동산 매입과 처분 등 투자 의사결정과 관련된 업무를 주로 수행하고, PM은 임대차 관리 업무와 수지 관리 업무를 수행하며, FM은 일상적인 시설물 유지 관리 업무와 운영 관리 업무를 수행한다.

(6) 광의적으로는 개인이 수행하는 업무에 따라서 Property Manager도 될 수 있고 Asset Manager도 될 수 있고 Facility Manager도 될 수 있기 때문에 PM, AM, FM을 기계적으로 구분하기란 사실상 힘들기도 하다.

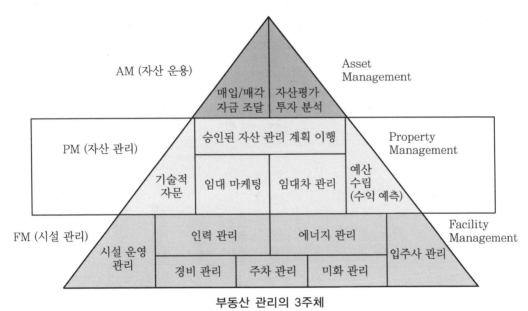

부동산 관리의 3주체

출처 : 한국경제, http://land.hankyung.com/board/view.php?id=_column_358_1&no=83

(7) 따라서, 앞으로는 첨단 ICT 기술, 빅데이터 기술 등을 기반으로 부동산의 가치를 창출하고 유지하며 향상시키는 역할을 수행하는 부동산관리자의 역할이 중요하며, 이를 좀 더 포괄적인 의미를 포함하는 인공지능형 토털 부동산관리자(Total Real Estate Manager)라고 부르는 것이 좋겠다.

2-11 핀테크(FinTech)

(1) 핀테크(FinTech)는 Finance(금융)와 Technology(기술)의 합성어로, 금융과 IT의 융합을 통한 금융 서비스 및 산업의 변화를 통칭하는 용어이다.

(2) 금융 서비스의 변화로는 모바일, SNS, 빅데이터 등 새로운 IT기술 등을 활용하여 기존 금융 기법과 차별화된 금융 서비스를 제공하는 기술 기반 금융 서비스 혁신이 대표적이며, 최근 사례는 모바일뱅킹과 앱카드 등이 있다. 산업의 변화로는 혁신적 비금융 기업이 보유 기술을 활용하여 지급 결제와 같은 금융 서비스를 이용자에게 직접 제공하는 현상이 있는데 삼성페이, 애플페이, 알리페이 등을 그 예로 들 수 있다.

(3) 핀테크라는 용어를 가장 빈번하게 사용하는 영국의 경우, 기술 기반 금융 서비스 혁신을 전통 핀테크(Traditional Fintech)로, 혁신적 비금융 기업의 금융 서비스를 직접 제공하는 것을 신생 핀테크(Emergent Fintech)로 정의한다.

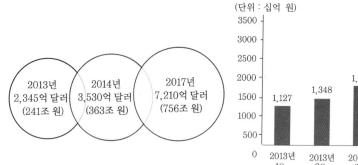

세계 모바일 결제 시장 규모(가트너)

국내 모바일 결제 시장 규모

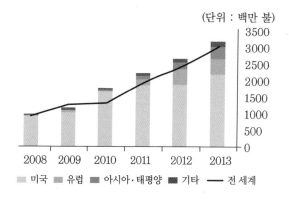

전 세계 핀테크 투자 규모
자료 : Accenture Analysis od CB Insights Data

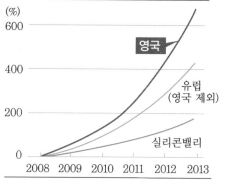

핀테크 투자규모 성장률 추이
자료 : Accenture(2014.4.), FT(2014.4.)

(4) 전 세계적으로 IT와 금융의 융합 트렌드가 확산되고 있으며 국경 간 상거래가 급증하고 온라인과 모바일을 통한 금융거래도 늘고 있다. 이러한 흐름은 국내 소비자와 산업의 거래 습관과 환경에 변화를 촉발시키고 있다.

(5) 미국, 영국을 중심으로 핀테크 서비스에 대한 투자가 지속적으로 증가하고 있으며 각국 정부는 적극적인 정책적 지원에 나서고 있다. 영국 재무부는 2014년 8월에 핀테크 산업육성 지원계획을 발표한 바 있다.

(6) 우리나라는 틈새시장 이익이 비교적 적고 규제에 따른 서비스 제한과 금융 보안에 대한 우려로 핀테크에 적극적이지 않았으나 금융 산업의 성숙도와 IT강국으로서의 지위를 고려할 때 국내 IT·금융 융합 산업의 잠재적 성장 가능 규모가 클 것으로 예상된다.

(출처 : 네이버 지식백과)

2-12 가상화폐(암호화폐)와 블록체인(Blockchain) 기술

(1) 가상화폐(암호화폐)

① 가상화폐(암호화폐)는 실물이 없고 온라인에서 거래되는 화폐를 칭한다.

② 가상화폐는 컴퓨터상 화폐라고 하여 디지털 화폐(Digital Currency)라고 부르기도 하고, 암호화 기술을 사용하기 때문에 암호화폐라고 부르기도 한다.

③ 가상화폐는 기존의 중앙은행이 발행하는 화폐와 달리, 중앙은행 등의 통제를 전혀 받지 않으며, 그 거래 내역이 블록체인 기술을 기반으로 통용되기 때문에 정부나 기관에서 가치나 지급 등을 보장하지 않는다.

④ 2009년 비트코인 개발을 시작으로 현재 무수히 많은 가상화폐가 개발되어 있지만, 주류를 이루는 대표적인 유통 화폐는 비트코인, 이더리움, 리플, 대시, 라이트코인, 모네로 등이다.

⑤ 블록체인 기술을 바탕으로 하는 가상화폐의 단점으로는, 거래의 비밀성이 보장되기 때문에 마약 거래나 도박, 비자금 조성을 위한 돈세탁에 악용될 수 있고, 과세에 어려움이 생겨 탈세 수단이 될 수도 있는 문제, 실시간 가격 변동의 폭이 너무 커 결제 수단으로 쓰기에 어려움이 많은 점(실시간 시세 반영 등의 대책 마련 필요) 등을 들 수 있다.

(2) 블록체인(Blockchain) 기술

① 블록체인 기술은 가상화폐에 탑재되어 분산형 시스템 인증 방식으로 처음 적용된

이래, 현재 그 사용처가 계속 늘어나고 있는 추세이다.

② 블록체인이라는 분산형 시스템에 직접 참여하는 사람을 '채굴자'라고 부르며, 이들은 블록체인 처리의 대가로 코인으로 그 수수료를 받고 있다. 이러한 시스템 형태로 가상화폐가 유지 및 통용되기 때문에 화폐 발행 비용이 전혀 들지 않고, 이체 비용 등 거래 비용 또한 대폭 절감된다. 또 보관 비용이 들지 않고, 도난 및 분실의 우려가 거의 없기 때문에 향후 대표적인 가치 저장 수단이 될 것이라는 주장이 많다.

③ 암호화폐의 핵심 기술인 블록체인 기술은 다보스포럼에서 제4차 산업혁명을 이끌 대표 기술의 하나로 선정되면서 세계적으로 주목받고 있다.

④ 블록체인 기술은 새로운 거래 발생 시 그 정보를 별도의 블록(Block)으로 형성하고, 이 블록을 '사슬'(체인)처럼 엮은 기존 장부에 연결한다. 이렇게 거래가 일어날 때마다 분산 장부들을 상호 대조하기 때문에 장부의 조작이 극히 어려우며, 따라서 이러한 방식은 강력한 보안을 유지할 수 있는 것이다.

블록체인(Blockchain)의 원리도

출처 : 코인데스크 제공

⑤ 블록체인은 이러한 분산 장부적 특징 때문에 해커가 특정 블록에 침투하더라도 나머지 참가자들의 장부까지 모두 위·변조하기는 어렵기 때문에 보안 측면에서 아주 유리하다. 이런 잠재력 덕분에 블록체인은 가상화폐 시스템뿐만 아니라 다른 플랫폼으로도 진화하고 있으며, 제4차 산업혁명에서도 매우 주요한 기술로서 주목받고 있다.

⑥ 블록체인 기술은 엄밀히 말해 가상화폐 기술과는 별개로 성장할 수 있다. 그 현재의 활용도를 보면, 영국의 에버레저(Everledger)는 다이아몬드의 정보 관리에 블록체인 기술을 도입했고, 세덱스(Cedex)는 블록체인 기반의 다이아몬드 거래소를 운영하며 다이아몬드의 매매에 따른 소유권을 중개하고 있는 등 앞으로 그 활용도가 매우 클

것으로 보인다.

⑦ 블록아이(Blockai)라는 스타트업은 블록체인 기반의 저작권 관리 서비스를 연구 중이고, 국내 보험사인 교보생명은 블록체인 기반으로 인증된 계약자의 진료 정보를 직접 처리하여 진단서 제출을 생략하는 서비스를 시범 운영 중이며, 또한 자율 주행차(무인운전 차량류)에 인증서를 부여하여 관리하면 차량이 신호 위반을 할 경우 자동으로 범칙금을 부여할 수 있고, 고속도로 통행료도 하이패스 등 별도의 결제 수단을 두지 않아도 즉시 결제가 가능하다는 점 등 블록체인 기술은 제4차 산업혁명 시대의 핵심 기술의 하나로 꼽힌다.

⑧ 블록체인 기술의 단점으로는 성사된 거래는 취소하기 어렵고, 중앙 기관이라는 개념이 없어 문제 발생 시 책임 소재가 모호하다는 점 등이 있다.

2-13 로봇기술(Robot Technology)

(1) 인터내셔널데이터그룹(IDC)은 2017~2020년에 예상되는 10대 로보틱스 기술 트렌드 전망 보고서를 발표(2016. 12.)한 바 있다.(IDC FutureScape : Worldwide Robotics 2017 Predictions)

(2) 로보틱스 기술혁신에 따라 다양한 산업에서 기업의 운영 패러다임이 변화될 전망이다.

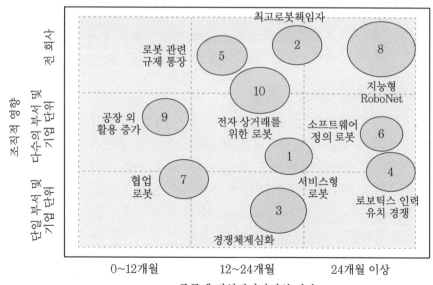

2017~2020년 10대 로보틱스 트렌드 전망
(IDC FutureScape : Worldwide Robotics 2017 Predictions)

(3) 단기적으로는 소형 협업로봇이 도입되고, 중장기적으로는 기업 내 로봇최고책임자 직위 신설, 전자 상거래 로봇 도입과 지능형 RoboNet이 등장할 전망이다.

(4) 2020년 로보틱스 트렌드 전망

① 상업적 로봇 어플리케이션의 30%가 로봇을 대여하는 서비스형 로봇(Robot-as-a-service) 사업 모델을 채택하여 로봇 도입 비용 절감

② 선도 기업의 30%가 최고로봇책임자(Chief Robotics Officer, CRO)나 로봇기술을 전문적으로 취급하는 직위와 기능을 기업 내 설치

③ 800억 달러(96조 원) 규모의 로봇 확산을 지원하는 ICT 시장 진입에 따라 기업 간 경쟁 격화

④ 로봇 관련 일자리의 35%가 부족해질 것이며, 관련 기술 보유 인력 유치 경쟁 심화로 연봉이 최소 60% 증가

⑤ 일자리 보호 및 보안·안전·프라이버시 관련 국민의 우려에 대응한 로봇 특화 규제 추진

⑥ 로봇의 60%는 클라우드 기반 소프트웨어에 의존한 제품과 서비스를 제공하는 로보틱스 클라우드 시장 형성

⑦ 현재 기준보다 3배 빠른 스마트 협업로봇 보급이 30%를 차지

⑧ 상업적 로봇의 40%가 공유 지능 네트워크와 연결되어 로봇 운영의 효율성을 200%까지 개선 가능

⑨ 운수, 의료, 공공서비스, 자원 부문의 선도적 기업 중 35%가 운영 자동화에 로봇을 활용

⑩ 세계를 선도하는 전자 및 옴니채널 상거래 기업 200개 중 45%가 기업 물품 보관 및 배송 부문에 로보틱스 시스템을 도입

(5) 교육용 로봇(Educational Robot)

① 로봇산업 중에서 서비스 로봇산업, 그중 교육용 로봇산업은 우리나라의 높은 교육열에 힘입어 더욱 성장 가능성이 높은 분야이다. 하지만 전반적인 로봇산업이 가지고 있는 취약점을 교육용 로봇산업 역시 가지고 있는 것이 현실이다.

② 아직까지는 로봇산업 자체가 투자 대비 수익을 얻을 수 있는 가능성이 불확실하기 때문에 많은 기업들이 주저하고 있는 것이 현실이다. 중소기업이나 벤처기업에서는 자본력이 부족하기 때문에 어려움을 겪게 된다.

③ 하지만 로봇산업은 미래 산업에서 가장 핵심적인 요소가 될 것이기에 이미 세계적으로 구글 등의 거대 기업들은 투자를 아끼지 않고 있다. 지금부터 산·학·연·관의 협력을 뒷받침하여 로봇산업을 육성할 필요가 있다.

④ 교육용 로봇의 성공에는 콘텐츠의 다양화, 질적 향상 해결이 핵심적이다. 초반 통신

업체들은 많은 콘텐츠를 탑재한다고 홍보했지만 사후의 업데이트, 콘텐츠의 질적 문제 등이 문제로 꼽힌다. 또한 스마트폰으로 접할 수 있는 콘텐츠와 중복되는 문제로 차별화가 부족하기에 위와 같은 문제를 해결해야 기타 기기들과의 차별화를 꾀할 수 있을 것이다.

⑤ 교육 현장은 지금도 많이 정보화되고 첨단화되고 있다. 우리나라뿐 아닌 전 세계적으로 'E-러닝'을 넘어서 'R-러닝'으로 넘어가는 과도기에 있는 지금, 교육용 로봇산업에 더욱 박차를 가하고 세계 최고 수준의 기술력을 가지고 있는 ICT 관련 기술을 적극 활용해 다른 나라들과의 경쟁에서 먼저 나아가 우위를 선점할 수 있는 기회를 잡아야 할 것이다.

출처 : From S&T GPS(http://www.now.go.kr/)

(6) 수면로봇(Sleep Robot)

① 현대인들은 많은 스트레스로 잠을 못 드는 경우가 많다. 통계에 따르면 현대인의 약 20% 정도는 불면증에 시달리고 있다고 한다.

② 수면은 현대인들의 삶의 질에도 많은 영향을 끼치기 때문에 숙면에 대한 요구가 높고 이러한 점에 착안하여 수면로봇을 개발하여 상품화하여 내어놓은 것이다.

③ 수면로봇은 보통 사람처럼 호흡도 하고, 소리(심장 소리, 잠자는 소리, 치료 음악 등)도 낼 수 있다. 즉, 수면을 유도하는 호흡법과 도움이 되는 소리로 숙면을 유도하는 원리를 이용한 것이다.

④ 최근 개발된 한 수면로봇은 인체공학적 모양과 부드러운 소재로 만들어져 사람이 안고 자면 편안함을 느낄 수 있다.

 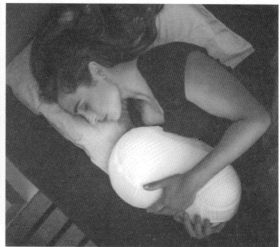

수면로봇

출처 : http://trendspectrum.co.kr, www.kickstarter.com/

2-14   바이오 인공장기

(1) 과거 '6백만 달러의 사나이'라는 TV시리즈에서 나온 생체공학 기술이 현실에서도 거의 가능할 전망이다. 약 45년 전 '6백만 달러의 사나이'라는 제목의 유명 TV시리즈에서 전직 우주비행사였던 주인공은 불의의 비행 사고로 양쪽 다리와 한쪽 팔, 그리고 한쪽 눈을 다치게 되면서 생명이 매우 위태로웠다. 이에 최첨단 생체공학을 접목시켜 신체의 일부가 기계로 재탄생하고, 다시 삶을 이어 갈 수 있게 되었다. 이러한 기술이 바로 '바이오 인공장기' 기술이라고 할 수 있다.

(2) 바이오 인공장기란 세포나 생물학적 소재를 이용하여 이식 혹은 인체에 부착함으로써 손상된 장기의 기능을 대용시킬 목적으로 만들어진 장치이다.

(3) 인공장기에 대한 연구는 조직 공학 분야는 물론이고 생명과학, 의학, 공학 등 학문적으로 그 성능을 높이기 위해 진행되고 있으며, 일부에서는 잠정적 성공을 보인 사례도 많이 있다.

(4) 장기 기증자의 부족으로 인해 수요 대비 공급의 불일치 문제가 있고, 면역 거부반응의 유도나 동물 유래 바이러스 등으로 인한 교차 감염의 위험에 따른 우려의 목소리도 있다. 이러한 난점들을 극복하기 위해 손상된 생체 조직을 효과적으로 대체하거나 이식할 수 있는 바이오재료(Bio-materials)를 이용하여 문제점을 해결하려는 생체 이식용 인공장기 연구와 3D프린팅 기술을 접목한 연구가 최근에 주목을 받고 있다.

(5) 실제로 미국의 경우는 1954년 최초의 신장이식이 시행된 이래로 관련 연구가 급속한 발전을 이루어 바이오장기 분야에서 85.5%, 인공장기 분야에서 77%의 국가 특허 점유율을 보유하고 있다.

(6) 만약 우리 몸에 다른 물질이 들어온다면, 고유의 보호 기능을 가진 우리의 몸은 이에 대항하는 거부반응을 일으킬 수 있다. 예를 들어, 혈관이 손상되거나 혈액이 인공 물질과 접촉하면 거부반응으로써 응고된다. 이는 상처를 입었을 때 출혈을 방지하는 필수적인 보호 기능이지만, 인공혈관이나 혈액에 산소를 공급해야 하는 인공심폐기, 혈액 속의 요소를 제거시켜야 하는 인공신장, 피를 순환시켜야 하는 인공심장 등의 순환계 인공장기 사용 시에는 응혈로 인한 혈관 막힘과 같은 치명적인 결과를 초래할 수 있다.

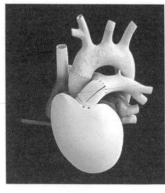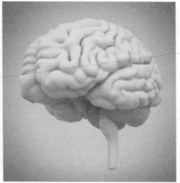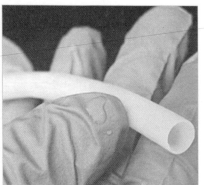

| 인공신장 | 미니 뇌 오가노이드 | 인공혈관 |

출처 : 과학기술정보통신부(http://www.msit.go.kr/webzine/posts.do?postIdx=296)

(7) 생체재료는 생체에 적용했을 때 혈액 및 조직과 상호작용으로 거부작용을 일으키지 않고 생체에 친화력을 가지는 것이 필수이다. 또한, 부적절하게 단단하거나 무르지 않은 강도와 경도, 마찰에도 닳지 않고 잘 견디는 내마모성 그리고 유연성 등의 조건들을 적절하게 하여 생체적합성을 높이는 것이 관건이다.

2-15 AR, VR, MR & XR(증강·가상·융합·확장현실)

(1) 증강현실(AR : Augmented Reality)

현실에 3차원 가상 이미지를 겹쳐서 보여 주는 기술을 말하며, '현실 세계 위에 가상 정보를 입혀 보여 주는 기술'이라고 할 수 있다. 즉, 필요한 정보를 디스플레이 기술 등을 통해 즉각적으로 보여 주는 형태를 AR이라고 할 수 있다.

(2) 가상현실(VR : Virtual Reality)

현실이 아닌 100% 가상의 이미지를 사용하는 기술이며, 최근 유행하고 있는 VR은 '현실 세계를 차단한 완벽한 디지털 환경'을 구축한다는 점에서 AR과 차이가 있다. 즉, 현실이 아닌 사이버공간 속의 허상만을 보여 주는 것이다. 특수 제작된 스키 고글 모양의 헤드셋을 머리에 쓰는 순간 현실 세계와 완벽히 차단되며 VR 세상이 펼쳐지는데, AR보다 현실감은 떨어지지만 컴퓨터 그래픽을 활용해 입체감 있는 영상을 다양하게 만들 수 있는 것이 장점이다.

(3) 융합현실(MR : Mixed Reality)

현실과 가상의 정보를 융합해 진화된 가상 세계를 만드는 기술이며, 현실 세계와 가상의 정보를 결합한 MR은 현실과 상호작용할 수 있다는 AR의 장점, 그리고 몰입감을 전할 수 있다는 VR의 장점을 살려 한층 실감 나는 가상 세계를 만들어 준다. 때문에 다양한 분야에서 활용될 수 있는데, 현실을 기반으로 가상공간을 덧씌워 보여 주거나 2차원 그래픽을 3차원으로 입체감 있게 보여 주는 등의 형식이다.

(4) 확장현실(XR : Extended Reality)

VR, AR, MR 개념을 모두 포함하여, 시간에 따른 변화(미래의 변화된 가상현실 등)를 고려한 4차원적 현실이다.

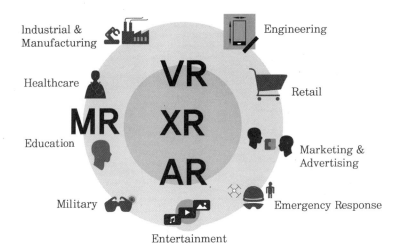

AR, VR, MR & XR 개념도

출처 : Uploadvr.com. Copyright 2017(http://venturebeat.com/2017/06/04/qualcomm-spells-out-the-hurdles-to-extended-reality-glasses/)

2-16　핵융합발전 개발의 가속화

(1) 개요

① 일본 후쿠시마 원전 사고로 핵분열(원자력발전 원리)의 위험성이 부각된 가운데 미래 에너지원인 '핵융합'이 새로운 관심거리로 떠오르고 있다.

② 이 기술은 우주 산업과 연관되어 동시 발전 가능(최첨단 기술이 종합된 기술 집약적 발전 방식)하며, 그 기술의 잠재력 및 파급효과가 엄청나다.

③ 핵융합로가 실용화되면 그 효용 가치가 엄청날 것이지만, 그 기술 개발의 완성까지는 아직 갈 길이 멀다.

④ 국내에서도 거대 핵융합 장치인 'KSTAR'를 가동하기 위한 절차에 이미 착수했으며, 현재 플라스마 발생 및 형태 조정, 안정화 테스트 등의 실험을 계속하고 있는 중이다.

⑤ 국내 기업들은 KSTAR의 경험을 토대로 ITER 사업에 활발히 참여하고 있다. ITER 은 한국을 비롯해 미국 EU 등 7개국이 참여하고 있으며, 열출력 500메가와트(MW) 핵융합발전 장치를 실제로 만들어 보겠다는 프로젝트로 총 사업 기간은 2040년까 지이다.

(2) 핵융합발전의 원리

① 핵융합발전은 태양의 원리를 본떠 만든 것이다. 먼저 수소 원자핵을 플라스마로 만 들고 그다음 플라스마가 사라지지 않도록 중간에 진공상태의 공간을 만들고 자장용 기(토카막)로 가둔다.

② 이어서 플라스마에 1억~수억도 이상의 초고온과 초고압을 가하면 핵융합반응이 일 어난다. 삼중수소와 중수소가 융합하면서 헬륨과 중성자가 생성되고 이때 상대성 원 리에 따라 막대한 에너지가 방출되는 것이다.

③ 수억도의 플라스마는 직접 장치에 닿는 것이 아니고, 토카막(Tokamak ; 핵융합 발 전용 연료기체를 담아 두는 용기)의 자기장 안에 갇혀 공중에서 붕붕 떠다닌다고 보 면 된다.

④ 핵융합발전도 방사성 물질이 나오지만 원전과는 비교가 안 될 정도로 낮은 독성이다.

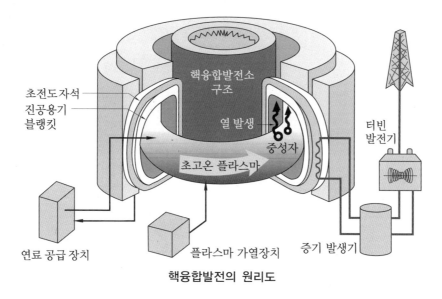

핵융합발전의 원리도

칼럼 🔍 **플라스마**

기체 상태의 물질에 계속 열을 가하면 원자핵과 전자가 분리되면서 양이온과 전자가 거의 같은 양으로 존재하게 되며 전기적으로 중성을 띤다. 이런 상태를 플라스마라고 하며 고체, 액체, 기체 에 이은 '제4의 물질'이라고 부른다.
출처 : 한국경제(http://news.hankyung.com/article/2011040585701)

2-17 미세먼지의 산업화

(1) 최근 미세먼지가 사회적 이슈로 떠오르면서 친환경 에너지인 태양광 산업이 주목받고 있다. 정부는 신재생에너지 활성화 정책의 일환으로 각급 학교와 손잡고 태양광발전 설비를 확충하기로 했다. 태양광발전 사업의 규모가 해마다 증가하면서 금융 시장에서 이에 대한 투자자들의 관심도 늘고 있다.

(2) 최근 산업통상자원부는 전국 초·중·고교 옥상에 100kW 규모의 태양광발전 설비를 설치하고, 20년간 이곳에서 생산된 전력과 신재생에너지인증서(REC)를 판매해 수익을 올릴 계획이다. 이 사업은 한국전력, 한국수력원자력 등 7개 전력 공기업이 공동으로 추진하며, 옥상을 빌려 주는 대가로 학교당 매년 400만 원의 임대료를 지급한다. 정부는 신재생에너지산업 활성화를 위해 앞으로 대학교, 공공기관 등으로 대상을 확대할 방침이다.

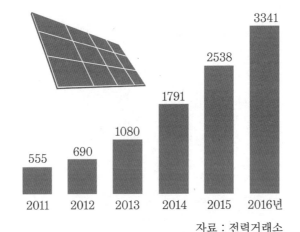

자료 : 전력거래소

국내 태양광발전 설비용량 추이(단위 : MW)

(3) 정부의 적극적인 지원책으로 국내 태양광발전 규모는 급격한 증가세를 보이고 있다. 또한, 태양광 산업의 성장세로 인해 금융 투자업계에서도 관련 투자가 주목받고 있다.

(4) 태양광발전은 설치 비용이 많이 들고 사업 계약이 10년 이상 장기로 이뤄지는 특징이 있다. 이 때문에 태양광 산업 투자는 보통 기관 투자가나 고액 자산가들이 사모펀드에 장기 투자하는 방식으로 이뤄진다. 고수익은 아니지만 장기간 안정적으로 원리금을 회수할 수 있어 특히 보험사들에 인기가 높다.

(5) 태양광 투자에 관심이 커지면서 개인 투자자를 대상으로 한 투자 상품도 많이 나오고 있는 추세이다.

(6) 미세먼지의 산업화 연구

① 미세먼지 문제가 점점 심각해지고 있는 가운데 이를 극복하기 위한 다양한 연구와 기술 개발이 이루어지고 있다. 석탄화력발전을 줄이고 신재생에너지와 같은 친환경적인 기술 개발에 노력을 쏟고 있는데, 최근 미세먼지를 정화하는 동시에 전력을 생성하는 장치가 개발되고 있어 이목을 집중시키고 있다.

미세먼지로 가득 찬 도시

② 벨기에 앤트워프대(University of Antwerp)와 루벤대(KU Leuven)의 연구진이 개발 중인 이 장치는 특정 나노 물질과 멤브레인(Membrane, 액체 또는 기체의 특정 성분을 선별적으로 통과시켜 혼합물을 분리할 수 있는 액체막 또는 고체막)을 기반으로 개발됐으며, 태양광 에너지를 이용해 공기를 분해하는 과정에서 수소를 얻게 된다.

미세먼지 이용 수소 발생장치
출처 : 한국에너지공단 상상에너지공작소(http://blog.energy.or.kr/?p=13403)

③ 연구를 진행한 세미 베르부르겐(Sammy Verbruggen) 교수에 따르면 장치에 두 공간이 있어 한쪽에서는 오염된 공기를 깨끗하게 정화하고, 반대편에서는 분해된 오염물질의 일부를 사용해 수소 가스를 생산한다고 한다. 이후 생성된 수소 가스는 연료로 저장되어 연료가 필요할 때 효율적으로 쓸 수 있다.

④ 현재 이 기술은 논문을 통해 발표되었으며, 연구 중인 장치 역시 손바닥 크기로 매우 작은 상태로 실질적인 대기오염 문제를 해결하기에는 아직 많은 시간이 필요할 것으로 보인다.

2-18 고온 초전도체

(1) 개요

① 고온 초전도체는 그 응용 분야가 무궁무진하여 잘 활용만 한다면 새로운 산업혁명을 일으킬 수 있을 정도로 중요한 기술이다.

② 초전도체는 의학(자기공명 장치), 산업(자기부상열차, 전기소자 등) 등 그 응용성이 실로 대단하다.

(2) 초전도체의 발전

① 1911년 최초로 초전도체를 발견한 사람은 네덜란드의 물리학자 오네스(Onnes)였다.

② 그는 액체 헬륨의 기화 온도인 4.2K 근처에서 수은의 저항이 급격히 사라지는 것을 발견하였다. 이렇게 저항이 사라지는 물질을 초전도체라 부르게 되었다.

③ 초전도 현상의 또 다른 역사적 발견은 1933년 독일의 마이스너(Meissner)와 오센펠트(Oschenfeld)에 의해 이루어졌다. 그들은 초전도체가 단순히 저항이 없어지는 것뿐만 아니라 초전도체 내부의 자기장을 밖으로 내보내는 현상(자기 반발 효과)이 있음을 알아냈다[마이스너 효과(Meissner Effect)].

④ 그러나 초전도 현상이 매우 낮은 온도에서만 일어나므로 값비싼 액체 헬륨을 써서 냉각시켜야 하며, 따라서 그 냉각 비용이 엄청나서 고도의 정밀기계 이외에는 이용되지 못하였다(특히 기체 헬륨은 가벼워서 대기 중으로 날라가 버리므로 구하기도 어려움).

⑤ 고온초전도체의 발견

 (개) 1911년 초전도 현상이 처음 발견된 후 비교적 값싼 냉매인 액체 질소로 냉각 가능한 온도, 즉 영하 200도 정도 이상에서 초전도 현상을 보이는 물질을 찾아내는 것이 숙원이었다.

 (내) 이러한 연구 노력의 결실로, 1987년 대만계 미국 과학자 폴 추 박사에 의해 77K 이상에서 초전도 현상을 보이는 물질이 개발되었다.

㈐ 현재 고온초전도체로 주목받고 있는 것은 희토류 산화물인 란타늄계(임계온도 30K)와 이트륨계(임계온도 90K), 비스무스 산화물계 및 수은계(임계온도 134K) 등이 있다.

㈑ 장래에는 냉각할 필요가 없는 상온 초전도 재료의 개발도 기대되고 있어 혁신적인 경제성의 향상과 이용 확대가 예상된다.

(3) 초전도체의 응용

① 자기공명 장치(MRI : Magnetic Resonance Imaging)

㈎ 자기공명 장치를 이용하여 뇌의 내부 구조를 알아내는 데 초전도자석이 쓰인다.

㈏ MRI 방법은 뇌의 내부를 직접 관찰하거나 X-선을 사용하지 않으므로 뇌의 내부에 상처를 입히지 않는다.

㈐ 이때 강력한 자석이 필요한데, 이를 위해 초전도 전선 내부에 강력한 전류를 흘려 사용한다.

㈑ 뇌뿐 아니라 신체의 다른 부위까지도 X-선 장비가 MRI로 대치되는 파급효과를 얻을 수 있다.

② 초전도 자기 에너지 저장소(SMES : Superconduction Magnetic Energy Storage)

㈎ 초전도 코일에 매우 큰 전류가 흐를 때 형성되는 자기장 형태로 에너지를 저장할 수 있는 기술이다.

㈏ 핵융합 반응을 이용한 미래의 에너지원의 제조 시에도 초전도체를 이용한다.

③ 대중교통 분야

㈎ 서울과 부산을 40분 만에 주파하는 자기부상열차(리니아모터 카)를 만들 수 있다.

㈏ 선박 분야에서도 초전도체를 이용해 매우 **빠른** 속도로 운항할 수 있게 된다.

④ 전기/전자 분야 : 박막 선재나 조셉슨 소자를 이용한 고속 소자, 자기장 및 전압 변화를 정밀하게 측정하는 센서, 열 발생이 없고 엄청나게 **빠른** 속도의 컴퓨터나 반도체의 배선 등에 응용할 수 있다.

(4) 국내 연구 동향

① 선진국에서 앞다투어 초전도체 연구에 많은 투자를 하고 있는데, 국내에서는 많이 늦게 연구가 시작되었다.

② 과학기술처에서는 본 연구의 중요성을 인식하여 국내 전문가들로 구성된 '고온초전도 연구협의회'를 구성하면서부터 본격적으로 국내에서도 초전도체에 관한 연구가 시작되었다.

③ 이후 국내의 초전도 연구는 대학을 중심으로 한 기초물성 연구 및 기업 및 연구소를 중심으로 한 응용 연구 분야가 많은 발전을 이루고 있다.

2-19 자기공명 무선전력송신 기술(장거리 무선전력 전송기술)

(1) 개요

① 일부 기기에 무선 충전이 적용되고 있지만 대부분의 전력 전송은 아직 유선으로 이뤄지고 있다. 지금까지 상용화된 무선충전 기술은 주로 패드를 이용했다. 패드 위에 충전 대상을 올려놓고 전력을 전송한다.

② 선을 꽂는 번거로움은 일단 해소됐다. 하지만 충전 속도가 유선보다 느리며, 충전하려는 대상의 위치가 패드 위로 한정된다. 패드 위에서 특정 위치를 벗어나면 심해지는 발열도 극복해야 한다.

(2) 배경

① 현재 통신의 패러다임은 무선이다. 무선전화기 보급으로 유선 집전화 수는 급격히 줄어드는 추세다.

② 무선 전력전송기술은 사물인터넷(IoT), 웨어러블, 의료용 인체 삽입 기기 등 미래 무선 통신 기기에 적합한 기술이라고 할 수 있다.

(3) 자기유도 방식에 의한 무선전력송신

① 패드를 이용한 무선 충전을 자기유도 방식이라고 부른다. 전력 송신부에 달린 1차 코일이 전력 수신부 2차 코일에 전자기유도를 일으킨다.

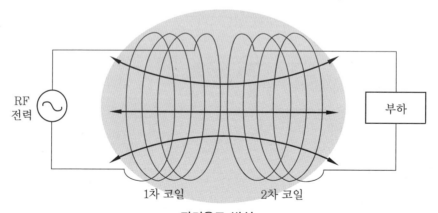

자기유도 방식

출처 : 한국전자통신연구원

② 상용화한 스마트폰 무선 충전을 예로 들면 전원을 꽂아 무선 충전패드에 전류를 흘리면 패드에 내장된 1차 코일에서 전자기장이 발생한다. 1차 코일 주위에 생긴 전자기장이 스마트폰 속 2차 코일을 통과하면 2차 코일에 유도전류가 흐른다. 이 유도전

류가 스마트폰 배터리를 충전시킨다.

③ 이때 1차 코일 전자기장이 2차 코일을 많이 지날수록 유도전류가 커지므로 1차 코일과 2차 코일 간 거리는 멀리 떨어질 수 없다. 전송 거리가 수mm에 불과해 접촉식 무선 충전이라고도 불린다. 1차 코일과 2차 코일이 어느 방향으로 놓이는가도 충전에 영향을 미친다. 또한 방향이 틀어지게 되면 충전 시 발열이 심해진다.

(4) 자기공명 방식에 의한 무선전력송신

① 자기유도 방식보다 더 멀리 전력을 전송시킬 수 있는 기술이 2007년에 소개됐다. 미국 매사추세츠공대(MIT)의 마린 솔자치치 교수가 이끄는 연구팀은 자기공명 방식으로 2m 떨어진 60W 전구에 불을 밝혔다고 발표하였다.

② 자기공명 방식도 자기유도 방식처럼 코일을 이용한다. 전자기장으로 유도전류를 흐르게 하는 전자기유도 원리는 자기공명 방식에도 쓰인다. 다만 자기공명 방식은 전자기 유도 메커니즘 사이에 공명 원리를 추가했다.

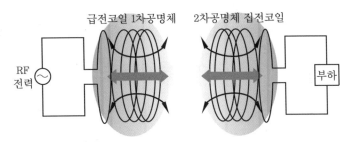

자기공명 방식

출처 : 한국전자통신연구원

③ 자기공명 방식은 1, 2차 코일 중간에 공진 코일(공진기)을 사용한다. 전력 송신부 1차 코일에서 발생한 전자기장이 공진기에 에너지를 공급한다. 송신부 공진기와 공진 주파수가 같은 수신부 공진기 사이에 공명으로 에너지가 전달된다. 수신부 공진기에서 발생한 전자기장으로 2차 코일에 유도전류가 흐르게 된다.

④ 자기공명 방식은 공명 현상을 이용해 전력 전송 거리를 늘렸다. 전력 전송 효율도 자기유도 방식보다 더 높은 것으로 알려졌다.

⑤ 자기공명 방식은 코일 크기가 자기유도 방식보다 커서 소형화에 어려움이 따른다. 코일 설계, 전자파 등이 해결해야 할 문제점으로 꼽힌다.

(5) 향후 전망

① 앞으로 기술상의 어려움만 극복된다면 전력 전송 기술은 유선에서 무선으로 빠르게 넘어갈 것으로 예상된다.

② 예를 들어, 5년마다 재수술이 필요한 심장박동기 등의 의료기술 분야는 무선 전력

전송 기술이 꼭 필요한 분야라고 할 수 있으며, 앞으로 그 응용이 크게 확대될 것으로 예상된다.

출처 : 전자신문(http://www.etnews.com/20160907000254)

2-20 스마트그리드(Smart Grid)의 발달

(1) 스마트그리드는 전기, 연료 등의 에너지의 생산, 운반, 소비 과정에 정보 통신 기술을 접목하여 공급자와 소비자가 서로 상호작용함으로써 효율성을 높인 '지능형 전력망 시스템'이다.

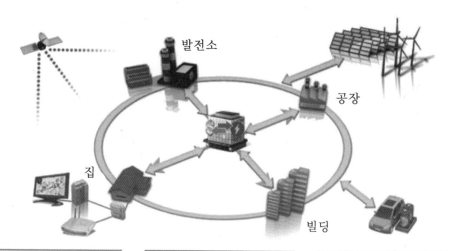

기존 전력망(Grid)		정보 통신(Smart)		스마트그리드
• 공급자 중심 • 일방향성 • 폐쇄성 • 획일성	+	• 실시간 정보교환	=	• 수요자 중심 • 양방향성 • 개방성 • 다양한 서비스

스마트그리드 제어 개념도

(2) 스마트그리드의 구성 요소

① AMI(Advanced Metering Infrastructure)/AMR(Automatic Metering Reading)

   (개) 자동 검침(전기, 수도 등)을 위한 인프라 네트워크를 예로 들 수 있음

   (내) 최종 전력 소비자와 전력 회사 사이의 전력 서비스 인프라로, 스마트그리드 실현에 필수적인 핵심 인프라 시스템

   (대) AMI의 중요 요소는 측정 센서, 전송 네트워크, 통합 관리 등으로 구분할 수 있음

    ㈑ AMI를 통해 소비자는 실시간 모니터링이 가능하고, 관리자는 수요 반응(소비자 사용 패턴)을 실시간으로 체크 가능함

② EMS(Energy Management System)

    ㈎ 전력 계통을 운영하는 에너지 관리 시스템

    ㈏ 스마트그리드 시스템에서는 다수의 분산된 EMS를 중앙 EMS가 종합적인 운영을 수행함

③ 스마트그리드 네트워크

    ㈎ 센서와 실제적으로 통신하여 자동적으로 전력의 운영 및 조정이 가능하게 함

    ㈏ 스마트그리드 네트워크는 개방형 양방향 통신의 특징을 가지고 있음

    출처 : http://ensxoddl.tistory.com/285

2-21 에너지 저장 시스템(ESS)

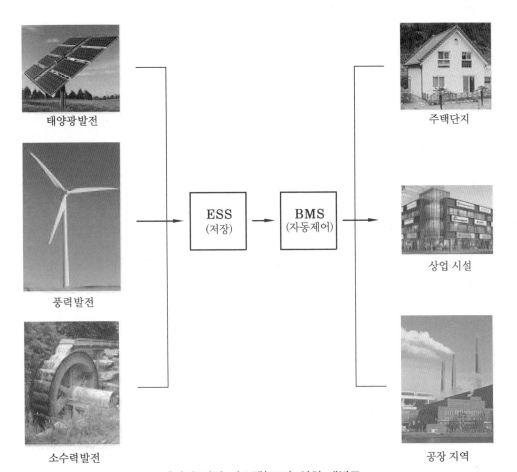

태양광발전   주택단지

풍력발전   상업 시설

소수력발전   공장 지역

ESS (저장) → BMS (자동제어)

에너지 저장 시스템(ESS) 설치 개념도

(1) 에너지 저장 시스템(ESS)의 의의

① 에너지 저장 시스템(ESS : Energy Storage System)이란 발전소에서 과잉 생산된 전력을 저장해 두었다가 일시적으로 전력이 부족할 때 송전해 주는 에너지(전력) 저장 장치를 말하며, 스마트그리드의 가장 핵심적인 요소 중 하나라고 할 수 있다.

② 안정적인 전력의 확보를 위하여 혹은 잉여 전력을 효율적으로 사용하여 전기에너지를 절약하는 것이 그 목적이다.

③ 태양광발전, 풍력발전 등과 같은 신재생에너지 혹은 분산형 전원 등과 잘 어울린다. 즉, 태양광발전에서는 일사량이 연중 일정하지 못하고, 풍력발전에서는 풍속, 풍질 등의 풍황이 연중 일정하지 못하므로 잉여 전력과 부족 전력이 많이 발생하는데 이러한 잉여 전력과 부족 전력을 적절히 연중 평준화해 줄 필요가 있다. 이때 에너지 저장 시스템(ESS)이 아주 유효적절하게 사용될 수 있다.

(2) 구성 요소 : 배터리, 회로 연결 부품, BMS(제어장치), 케이스, 관련 주변장치 등

(3) 배터리 방식 : 리튬이온 방식, 황산나트륨 방식 등

(4) 제주도의 스마트그리드 단지

① 6,000가구 이상이 참여하여 세계 최대 규모의 스마트그리드(Smart Grid ; 에너지 네트워크)를 구성하고 있다.

② 가정용 ESS, 전기자동차 충전용 ESS, 신재생 발전용 ESS 등 에너지 저장 시스템(ESS)이 폭넓게 적용 및 구축되었다.

PV 연계 가정용 ESS

전기자동차 충전용 ESS

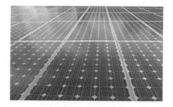
신재생 발전용 ESS

2-22 건축물 에너지관리시스템(BEMS)

(1) 개요

① BEMS는 IB(Intelligent Building ; 인텔리전트 빌딩)의 4대 요소(OA, TC, BAS, 건축) 중 BAS의 일환으로 일종의 빌딩의 에너지관리 및 운용의 최적화 개념이다.

② 전체 건물의 전기, 에너지, 공조 설비 등의 운전 상황과 효과를 BEMS(Building Energy Management System)가 감시하고 제어를 최적화하고 피드백한다.

(2) 구현 방법

① BEMS 시스템은 빌딩자동화 시스템에 축적된 데이터를 활용해 전기, 가스, 수도, 냉방, 난방, 조명, 전열, 동력 등 분야로 나눠 시간대별, 날짜별, 장소별 사용내역을 면밀히 모니터링 및 분석하고 기상청으로부터 약 3시간마다 날씨 자료를 실시간으로 제공받아 최적의 냉난방, 조명 여건 등을 예측한다.

② 사전 시뮬레이션을 통해 가장 적은 에너지로 최대의 효과를 볼 수 있는 조건을 정하면 관련 데이터가 자동으로 제어 시스템에 전달되어 실행됨으로써 에너지 비용을 크게 줄일 수 있는 시스템이다.

③ 세부 제어의 종류로는 열원기기 용량제어, 엔탈피제어, CO_2제어, 조명제어, 부스터 펌프 토출압제어, 전동기 인버터제어 등을 들 수 있다.

④ 제어 프로그램 기법 : 스케줄제어, 목표 설정치제어, 외기온도 보상제어, DUTY Control, 최적 기동/정지제어 등

⑤ '직접 건물의 에너지 사용 현황을 모니터를 통하여 육안으로 보고 에너지 분석 및 예상을 해 보는 것이 에너지 절약의 시작이다.'

⑥ BEMS는 건물 에너지 사용 현황에 대한 지속적인 관리와 에너지 절감에 대한 과학적 도구로 활용되어야 한다.

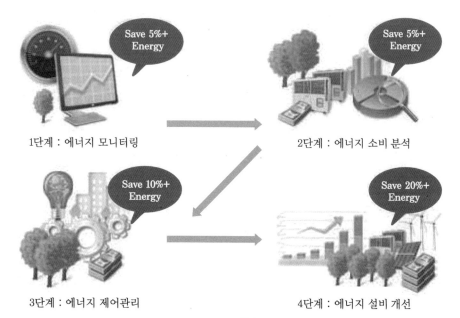

BEMS 개념도

2-23 빌딩 커미셔닝(Building Commissioning)

(1) 정의

① 건축물의 신축이나 개보수를 함에 있어서 효율적인 에너지 및 성능 관리를 위하여 건물주나 설계자의 의도대로 설계, 시공, 유지 관리되도록 하는 새로운 개념의 건축 공정을 '빌딩 커미셔닝'이라 하며, 앞으로 BEMS, Smart Grid 등의 개념과 함께 건축물의 에너지 제어 및 관리를 위한 필수적인 방법이 될 것이다.

② 건물이 계획 및 설계 단계부터 준공에 이르기까지 발주자가 요구하는 설계 시방서와 같은 성능을 유지하고, 또한 운영 요원의 확보를 포함하여 입주 후 건물주의 유지 관리상 요구를 충족할 수 있도록 모든 건물 시스템이 작동하는 것을 검증하고 문서화하는 체계적인 공정을 의미한다.

(2) 목적

① 빌딩 커미셔닝은 특히 효율적인 건물 에너지 관리를 위한 가장 중요한 요소로서 건축물의 계획, 설계, 시공, 시공 후 설비의 시운전 및 유지 관리를 포함한 전 공정을 효율적으로 검증하고 문서화하여 에너지의 낭비 및 운영상의 문제점을 최소화하는 것이 목적이다.

② 건물 시스템의 건전하고 합리적인 운영을 가능케 하여 거주자의 쾌적성 확보, 안전성 및 목적한 에너지 절약을 달성할 수 있다.

(3) 빌딩 커미셔닝의 업무 영역

설계 의도에 맞게 시공 여부, 건물의 성능 및 에너지 효율의 최적화, 전체 시스템 및 기능 간 상호 연동성 강화, 하자의 발견 및 개선책 수립과 보수, 시운전 실시하여 문제점 도출 및 해결, 시설 관리자 교육, 검증 및 문서화 등

(4) 빌딩 커미셔닝 관련 기법

① Total Building Commissioning : 빌딩 커미셔닝(Building Commissioning)은 원래 공조(HVAC) 분야에서 처음 도입되기 시작하였으나, 그 이후 건물의 거의 모든 시스템에 단계적으로 적용되고 있는 터이라 'Total Building Commissioning'이라고 불리기도 한다.

② 리커미셔닝 : 기존 건물의 각종 시스템이 신축 시의 의도에 맞게 운용되고 있는지를 확인하고, 문제점을 파악한 후, 건물주의 요구 조건을 만족하기 위하여 필요한 대안이나 조치 사항을 보고한다.

2-24 웨어러블 에너지 하베스팅(Wearable Energy Harvesting)

(1) 개요

① 에너지 하베스팅(Energy Harvesting)이란 일상생활 주변에서 버려지는 에너지를 사용할 수 있는 전기에너지로 변환해 소형 전자 제품이나 각종 기기들의 구동용 에너지로 활용하는 기술이다.

② 인체 활동을 통해 인체와 기기 간의 상호작용으로부터 발생하는 에너지를 효율적으로 획득하기 위해 압전소자 및 전자기적 원리 등을 응용해 언제 어디서나 손쉽게 전력을 공급받을 수 있는 휴대형 에너지 하베스팅 기술이 다양하게 개발되고 있다.

③ 이러한 연구 성과들이 더욱더 실용화되기 위해서는 에너지 저장 시의 손실률을 절감하면서도 미세 에너지 축적이 가능한 고성능 정류회로 기술이 요구되며, 디바이스 간의 안정적인 전력 공급 기술도 함께 확보해야 한다.

에너지 하베스팅 개념도

출처 : 코센(http://www.epnc.co.kr)

(2) 에너지 하베스팅의 사례

① 신체에너지 하베스팅 : 우리 신체에서 발생하는 에너지는 체온, 정전기, 운동에너지 등으로 매우 다양하다. 생체와 외부의 온도 차를 이용하여 특수한 섬유로 발전 가능하며, 도보 시 체중의 변화를 이용한 압전소자로도 발전 가능하다. 주로 시계, 만보

기, 신체 보조 기구 등 일상적으로 몸에 소지하여 움직임의 수치를 잴 수 있는 곳에서 에너지 하베스팅의 많은 사례를 엿볼 수 있다.

② 진동에너지 하베스팅 : 발을 디딜 때 생기는 압력으로 전기를 만드는 신발 발전기, 자동차의 진동으로 인한 압력을 이용하여 전기를 발생하는 장치, 운동장에서 뛰어노는 아이들의 운동에너지를 모아서 축구장에 설치된 LED를 밝히는 기술 등을 예로 들 수 있다. 이처럼 진동이나 압력을 가해 전기를 발생시키는 압전효과(기계적인 압력을 가하면 전압이 발생하고, 역으로 전압을 가하면 기계적인 변형이 발생하게 되는 현상)를 이용하는 에너지 생산 방식이다.

③ 열에너지 하베스팅 : 산업 현장에서 발생하는 수많은 폐열을 모아 에너지를 만들 수 있다. 즉, 잔열과 자연 온도 차를 이용하여 전기에너지를 얻는 것이다. 늘 우리 일상생활 속에서 만날 수 있는 열로 전기에너지를 얻을 수 있으며, 열전효과(물체의 온도 차를 전위차로 또는 그 전위차를 온도 차로 직접 전환되는 현상)를 이용하여 에너지를 생산하는 기술이다.

④ 광에너지 하베스팅 : 태양전지처럼 광전효과(금속 등이 고에너지 전자기파를 흡수할 때 전자를 내보내는 현상)를 이용하여 에너지를 생산하는 기술이다. 우리 주변에는 자연광을 비롯하여 가로등, 보안등, 실내 전등, 산업용 등기구 등 많은 인공광이 있으므로 이를 활용하여 전기를 발생시키는 기술이다.

⑤ 전자파에너지 하베스팅 : 공기 중에 있는 방송 전파, 이동통신기기 전파 등 수많은 전자파 에너지를 수집해 단시간 사용 무선 전자기기의 훌륭한 독립 에너지원으로 활용할 수 있다. 이처럼 에너지 하베스팅은 '환경 발전'이라고도 불리며, 다양한 장소, 다양한 행위에 의해 발전할 수 있다는 특징이 있다. 극소량의 전력을 생산하지만 에너지 하베스팅에 주목할 수밖에 없는 점은 '편리함'에서 찾을 수 있다. 생활의 편리함을 전해 주고 환경적 측면에도 도움이 되는 에너지 하베스팅은 세상에 버려지는 에너지 없이 유용하게 이용될 수 있는 에너지 활용 기술이다.

출처 : 아이디어 팩토리(http://if-blog.tistory.com/5832)

2-25 열전반도체(열전기 발전기 ; Thermoelectric Generator)

(1) 열전반도체의 정의

① 버려지는 유체의 온도 차, 배기가스의 폐열 등을 이용하여 전기를 생산하는 반도체 시스템이다.

② 한쪽은 배기가스(약 80~100℃ 이상), 다른 한쪽은 상온의 공기 등으로 하여 전기를 생산하는 시스템이다.

③ 열전기쌍과 같은 원리인 제베크효과에 의해 열에너지를 전기적 에너지로 변환하는
  장치이다.

(2) 열전반도체의 원리

① 종류가 다른 두 종류의 금속(전자전도체)의 한쪽 접점을 고온에 두고, 다른 쪽을 저
  온에 두면 기전력이 발생한다. 이 원리를 이용해서 고온부에 가한 열을 저온부에서
  직접 전력으로 꺼내게 하는 방식이다.

② 기전부분(起電部分)에 사용되는 전도체는 열의 불량도체인 동시에 전기의 양도체인
  것이 유리하다. 따라서 기전부분을 금속만의 조합으로 만들기는 힘들고, 적당한 반도
  체인 비스무트-텔루르, 납-텔루르 등을 조합해서 많이 사용한다.

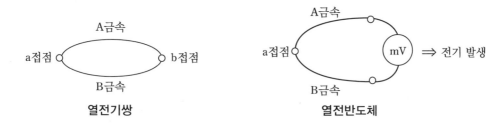

(3) 주 적용 분야

① 구소련 '우주 항공 분야'가 최초[인공위성, 무인기상대(無人氣象臺) 등]이다.
② 국내에서도 연구 및 개발이 많이 이루어지고 있으나, 주로 소형(500W 미만) 제품의
  연구 및 개발에 치중되어 왔다.

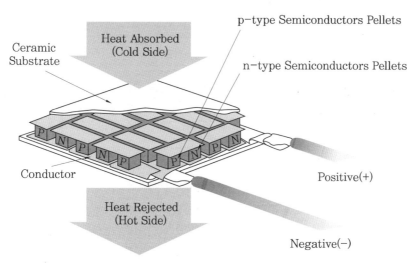

열전반도체의 원리도

출처 : http://www.aquariumlife.com

③ 이 방식은 지금까지 열효율이 나쁜 것(약 5~10%)이 큰 단점이었으나, 최근 나노기술과 연계되면서 그 효율이 크게 향상된 제품이 시제품으로 나오고 있는 설정이다.

④ 점차 재료의 개발에 따른 동작 온도의 향상과 더불어 용도도 매우 다양해지고 있는 상황이다.

(4) 웨어러블 열전소자

① 2014년 11월 KAIST는 유네스코 선정 세계 10대 IT혁신기술에 선정된 웨어러블 열전소자를 발표했다. 이 기술은 사람의 체온으로 스마트폰 배터리 등 스마트 기기에 전원을 공급할 수 있는 열전소자 기술이다.

② 웨어러블 열전소자는 유리섬유 위에 열전소자를 구현해 체온으로 전기를 생산할 수 있는 세계 최초의 착용형 소자이다. 외부 기온이 섭씨 20도일 때 약 40mW(밀리와트)의 전력을 생산할 수 있는데, 이는 웬만한 반도체 칩들을 구동할 수 있는 용량이다. 특히 상의 전체에 열전소자를 붙이면 약 2W의 전력을 생산해 핸드폰을 사용할 수 있다. 두께도 매우 얇고 가벼워 착용이 쉽고, 전력 생산 능력이 뛰어나 웨어러블 전자 기기의 배터리 문제를 해결할 수 있는 기술로서 기대를 모으고 있다.

③ 아울러 이러한 기술은 자동차, 항공 등 시공을 초월하여 폐열이 발생하는 다양한 곳에 적용이 가능하고, 최근 주목받고 있는 헬스케어, 의료용 패치 등에도 활용할 수 있다.

유네스코 선정 세계 10대 IT혁신기술에 선정된 '웨어러블 열전소자' - KAIST 제공

(5) 소각로 폐열 이용 대용량 열전발전

① 한국전기연구원은 2007년 소각로의 폐열을 이용해 세계 최대 용량(10kW급)의 전력을 생산할 수 있는 폐열 회수형 상용 열전발전시스템 개발에 성공한 바 있다.

② 소각로에서 하루 300kg 정도의 소각 능력을 가진 소형 소각로에서 기타 방법으로는 재활용이 어려운 100~150℃의 저온급 폐열을 열전발전기술을 이용해 10kW 정도의 전력을 생산하게 된 것이다. 또 이 시스템은 집적화된 열전반도체를 이용해 열을 전기로 변환하는 시스템으로 소각로뿐 아니라 각종 산업설비에서 발생하는 배·폐열과

태양열, 지열, 하천수열과 같은 자연 열에서도 직접 전력을 생산해 낼 수 있게 된 것이다.

③ 특히 이 시스템은 전력을 생산하는 과정에서 환경유해가스는 물론 소음도 발생하지 않고 수명 또한 반영구적이라고 할 수 있으며, 적층형 구조로 설계되어 있어 에너지 변환효율을 용이하게 극대화시킬 수 있는 장점을 갖는 구조로 되어 있다.

소각로 현장   실험실

소각로 폐열 이용 대용량 열전발전 사례

(6) 향후의 기술 동향

① 이러한 열전반도체 기술은 산업체 등에서 무의미하게 버려지는 폐열을 회수하여 고급 에너지에 해당하는 전기를 생산할 수 있다는 데 그 의미가 크며, 앞으로 제4차 산업혁명 시대에는 그 역할이 급속히 커질 것으로 전망된다.

② 최근 국내 및 전 세계적으로 주로 대용량(1~10kW급 이상)의 실증 현장 구축을 위해 많은 연구 프로젝트들이 가동되고 있으며, 이러한 대용량의 실증 사례를 통하여 산업 현장 폐열 회수에 확대 적용하기 위해 박차를 가하고 있는 실정이다.

③ 또한 초소형~대용량의 고효율 열전반도체 개발을 위한 원천 기술 확보에도 선진국들이 각축을 벌이고 있는 상황이다.

2-26 전자식 냉동(Electronic Refrigeration)

(1) 전자식 냉동 원리

① 온도(Temperature) 차를 이용하여 전기를 생산하는 열전반도체의 원리와는 반대로, 펠티에(Peltier)효과를 이용하여 종류가 다른 이종금속 간 접합하여 전기(전류)의 흐름에 따라 온도 차(흡열부 및 방열부 생김)가 발생하게 되는 원리이다.

② 고온접합부에서는 방열하고, 저온접합부에서는 흡열하여 Cycle을 이룬다.

③ 전류의 방향을 반대로 바꾸어 흡열부 및 방열부를 서로 교체 가능하므로 역 Cycle 운전도 가능하다.

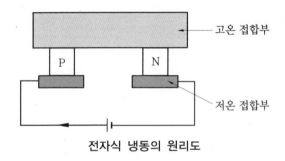

전자식 냉동의 원리도

(2) 장점 : 압축기, 응축기, 증발기 및 냉매가 필요 없으며, 모터에 의해 동작되는 부품이 없어 소음이 없고, 소형이고, 수리도 간단하며, 수명은 반영구적이다.

(3) 단점 : 단위 용량당 가격이 높고, 효율이 높지 못하다.

(4) 사용처 : 휴대용 냉장고와 가정용 특수 냉장고, 물 냉각기, 컴퓨터나 우주선 등의 특수 전자 장비의 냉각 등

펠티에효과를 이용한 냉장고(냉장고의 외부로 열 방출, 내부로 흡열)

2-27 자기 냉동기(Magnetic Refrigerator)

(1) 자기 냉동기는 주로 절대온도 10K 이하의 극저온을 얻을 필요가 있을 때 많이 사용된다.

(2) 상자성체인 상자성염(Paramagnetic Salt)에 단열소자(Adiabatic Demagnetization) 방법을 적용하여 저온을 얻는다.

(3) 냉동기 회로 원리

① ⓐ단계 : 상자성염에 외부에서 자장을 걸어 주면 무질서하게 있던 상자성염의 원자들이 정렬하게 되고, 자화하여 상자성염은 자석이 되고, 온도가 상승한다(타 냉동기의 압축 과정과 유사).

② ⓑ단계 : 액체 헬륨 냉각 시스템 등을 이용하여 열을 제거한다(타 냉동기의 응축 과정과 유사).

③ ⓒ단계 : 외부 자장을 단열적으로 제거하면 상자성염이 소자되고 온도가 강하된다(타 냉동기의 팽창 과정과 유사).

④ ⓓ단계 : 차가워진 자기냉매(상자성염)는 외부로부터 열을 흡수한다(타 냉동기의 증발 과정과 유사).

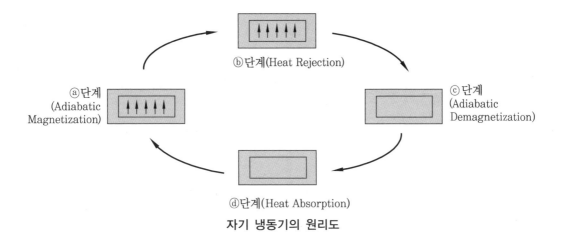

자기 냉동기의 원리도

⑤ 전체적으로, 상자성염에 자장을 걸면 방열되고, 자장을 없애면 흡열하는 성질을 이용한 것이다.

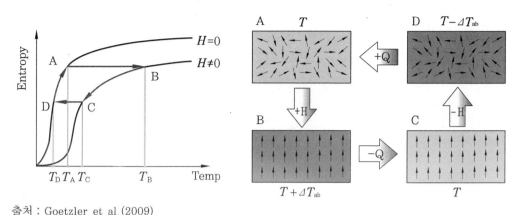

출처 : Goetzler et al.(2009)

자기 냉동기의 T-S 선도

2-28 고효율 3중효용 흡수식 냉동기

(1) 특징

① 재생기가 '2중효용 흡수식 냉동기' 대비 1개 더 있어(고온재생기 + 중간재생기 + 저온재생기) 응축기에서 버려지는 열을 2회 재활용한다(중간재생기 및 저온재생기의 가열에 사용).

② 다중 효과가 증가될수록(2중 < 3중 < 4중…) 효율은 향상되겠지만, 기기의 제작 비용등을 감안할 때 현실적으로 3중효용이 가장 적합할 것으로 평가된다.

③ 성적계수는 약 1.4~1.6 정도로 장시간 냉방운전이 필요한 병원, 상가, 공장 등에서에너지 절감이 획기적으로 이루어질 수 있다.

④ 흡수식 냉동기 COP 비교

㈎ 1중효용 : 약 0.6 ~ 0.8 ㈏ 2중효용 : 약 1.0 ~ 1.4 ㈐ 3중효용 : 약 1.6 ~ 1.7이상

(2) 응용 사례

일본의 '천중냉열공업', '일본가스협회' 등에서 기술을 개발하여 실용화 보급 중에 있다.

(3) 종류

열교환기에서 희용액(흡수기 → 재생기)과 농용액(재생기 → 흡수기) 간의 열교환 방식(회로 구성)에 따라 직렬식과 병렬식이 사용된다(직렬식이 더 일반적임).

① 직렬식 3중효용 냉동기 : 다음 그림처럼 희용액(흡수기 → 재생기)과 농용액(재생기 →
흡수기) 간의 열교환이 직렬로 순서대로 이루어진다.

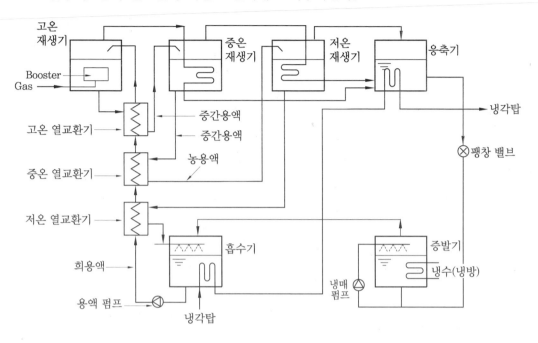

② 병렬식 3중효용 냉동기 : 다음 그림처럼 희용액(흡수기 → 재생기)과 농용액(재생기 →
흡수기) 간의 열교환이 병렬로 3개의 재생기에서 동시에 이루어진다.

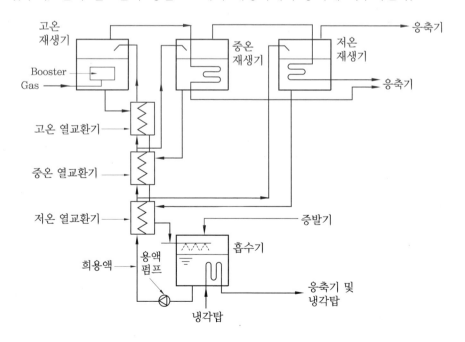

③ 듀링(Duhring)선도 : 직렬식 및 병렬식

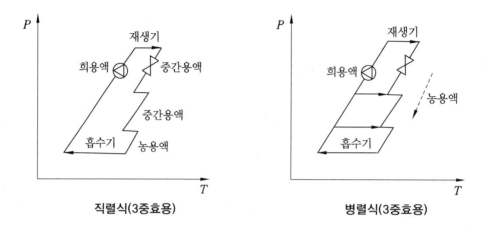

직렬식(3중효용)   병렬식(3중효용)

(4) 3중효용 흡수식 냉동기의 문제점

① 재생기를 3개(고온재생기, 중간재생기, 저온재생기) 배치하여야 하고, 흡수액열교환기도 3개(고온열교환기, 중온열교환기, 저온열교환기) 배치하여야 하는 등 설계가 지나치게 복잡하고, 난이도가 높다.

② 향후 에너지 절약을 위한 초고효율의 3중효용의 개발과 아울러 원가절감 노력이 이루어져야 한다.

③ 응축 온도가 많이 하락되어 흡수액열교환기에 결정이 석출되기 쉽고 막히기 쉽다.

④ 자칫 부품 수가 많고 복잡하여 고장률이 증가할 수 있다.

흡수식 냉동기 1중·2중·3중효용 기술 대조표

구 분	1중효용	2중효용	3중효용
COP	0.8 이하	1.0~1.4	1.6 이상
주 열원	온수	도시가스, 스팀	도시가스, 스팀
재생기 개수(종류)	1개	2개로 구성(저온, 고온)	3개로 구성(저온, 중온, 고온)
고온부 사용 온도	100℃ 내외	150℃ 내외	200℃ 내외
고온부 내부 압력	80mmHg a. 내외	700mmHg a. 내외	2bar a. 내외
부식	내부식성 확보	내부식성 확보	고온 부식에 의한 내구성 문제
대표적 용액 흐름 방식	직렬흐름	병렬흐름, 직렬흐름 등	병렬흐름, 직렬흐름, 변형역흐름 등
용액 펌프	양정 최대 10m 이내	양정 최대 15m 이내	양정 최대 25m 이상

2-29 흡수식 열펌프

(1) 개요

① 열펌프의 작동 원리는 장치에 에너지를 투입하여 온도가 낮은 저열원으로부터 열을 흡수하여 온도가 높은 고열원에 열을 방출하는 것이다.

② 증발기를 통하여 저열원으로부터 열을 흡수함으로써 저열원의 온도를 낮은 상태로 유지하는 것을 목적으로 할 때를 '냉동기'라 부르고, 흡수기나 응축기를 통하여 고열원의 온도를 높게 하는 것을 목적으로 할 때를 '열펌프'라 부른다.

③ 단, 넓은 의미에서는 냉동기까지를 열펌프라고 부르기도 한다.

④ 동열원의 조건과 작동 방법에 따라 제1종과 제2종으로 나눌 수 있다.

⑤ 흡수식 열펌프 사이클은 산업용으로 응용되어 폐열 회수에 의한 온수 또는 증기의 제조 등에 많이 사용되고 있다.

(2) 종류 및 특징

① 제1종 흡수식 열펌프

(가) 개념(원리)

㉮ 증기, 고온수, 가스 등 고온의 구동열원을 이용하여, 응축기와 흡수기를 통하여 열을 얻거나, 증발기에서 열을 빼앗아 가는 것을 목적으로 하는 것이다.

㉯ 그러므로 단효용, 이중효용 흡수식 냉동기 및 직화식 냉온수기 모두 작동 원리상 넓은 의미의 제1종 흡수식 열펌프에 속한다.

㉰ 제1종 흡수식 열펌프에서는, 온도가 가장 높은 고열원(증기, 고온수, 가스 등)의 열에 의해 온도가 낮은 저열원의 열에너지가 증발기에 흡수되고, 비교적 높은 온도(냉각수 온도)인 고열원에 응축기와 흡수기를 통하여 열에너지가 방출된다.

㉱ 1종 흡수식 히트펌프는 흡수식 냉동 사이클을 그대로 이용한 것이며, 흡수식 냉동기와 상이한 점은 재생기의 압력이 높다는 점이다. 일반적으로 응축기의 응축 온도는 60℃이며 응축기 내부 압력은 150mmHg 이상이다.

(나) 특징

㉮ 공급된 구동열원의 열량에 비해 얻어지는 온수의 열량은 크지만, 온수의 승온 폭이 작아 온수의 온도가 낮다(즉, 고효율의 운전이 가능하나, 열매의 온도 상승에 한계가 있음).

㉯ 온수 발생 : 흡수기 방열(Q_a) + 응축기 방열(Q_c)

㉰ 외부에 폐열원이 없는 경우에 주로 사용된다.

⒟ 성적계수(COP)

$$\text{제1종} \quad COP = \frac{Q_a + Q_c}{Q_g} = \frac{Q_g + Q_e}{Q_g} = 1 + \frac{Q_e}{Q_g} > 1$$

② 제2종 흡수식 히트펌프

⑺ 개념(원리)

㉮ 중간 온도의 열이 시스템에 공급되어 공급열의 일부는 고온의 열로 변환되며, 다른 일부의 열은 저온의 열로 변환되어 주위로 방출된다.

㉯ 제2종 흡수식 히트펌프는 저급의 열을 구동에너지로 하여 고급의 열로 변환시키는 것으로, 열변환기라고도 불리며 일반적으로 흡수식 냉방기와 반대의 작동 사이클을 갖는다.

㉰ 산업 현장에서 버려지는 폐열의 온도를 제2종 히트펌프를 통하여 사용 가능한 높은 온도까지 승온시킬 수 있어 에너지를 절약할 수 있다.

㉱ 2종 흡수식 히트펌프는 1중 효용 흡수냉동 사이클을 역으로 이용한 방식이고 일명 Heat Transformer(열 변환기)라고도 한다.

㉲ 압력이 낮은 부분에 재생기와 응축기가 있고 높은 부분에 흡수기와 증발기가 있으며 듀링다이어그램에서는 순환 계통이 시계 반대 방향으로 흐른다.

㉳ 폐열 회수가 가능한 시스템이다.

⑻ 냉매의 흐름 경로

㉮ 재생기에 있는 용액이 중간 온도의 폐온수의 일부에 의해 가열되어 냉매증기를 발생시킨다.

㉯ 발생된 냉매증기는 응축기로 흐르며, 응축기에서 냉각수에 의해 응축되고, 응축된 냉매액은 냉매 펌프에 의해 증발기로 압송된다.

㉰ 증발기에서 폐온수의 일부에 의해 냉매가 증발한다.

㉱ 냉매증기는 흡수기에서 흡수제에 흡수되며, 이 흡수 과정 동안에 흡수열이 발생하여 흡수기를 지나는 폐온수가 고온으로 가열되어 고급의 사용 가능한 열로 변환된다.

⑼ 흡수제 용액의 흐름 경로

㉮ 흡수기에서 냉매증기를 흡수하여 희농도가 된 용액은 열교환기 및 팽창변을 거쳐 재생기로 흐른다.

㉯ 재생기에서 고농도가 된 용액은 용액펌프에 의해 흡수기로 압송된다.

⑽ 폐온수의 흐름 경로

㉮ 일부의 폐온수는 재생기에서 냉매를 발생하는 데 사용된 후 온도가 낮아진 상태로 외부에 버려진다.

㉯ 나머지 폐온수는 다시 둘로 나누어져 일부는 증발기로 통과한 후 역시 온도가 낮아진 채 외부로 버려진다.

　㉠ 흡수기를 통과하는 폐온수의 경우는 온도가 높아져 고급의 열로 변환되어 산업
　　현장의 목적에 따라 사용된다.

㈐ 특징

　㉮ 흡수기 방열(Q_a)만 사용 : 흡수기에서 폐열보다 높은 온수 및 증기 발생 가능

　㉯ 다음 그림의 Q_c는 입력(Q_e ; 폐열)보다 낮은 출력 때문에 사용 안 함

　㉰ 외부에 폐열원이 있는 경우에 주로 사용

　㉱ 효율(COP)은 낮지만(약 0.5 정도) 저급의 폐열을 이용하여 고온의 증기 혹은
　　고온수 발생 가능

㈑ 성적계수(COP)

$$제2종 \quad COP = \frac{Q_a}{Q_g + Q_e} = \frac{Q_g + Q_e - Q_c}{Q_g + Q_e} = 1 - \frac{Q_c}{Q_g + Q_e} < 1$$

(3) 개략도

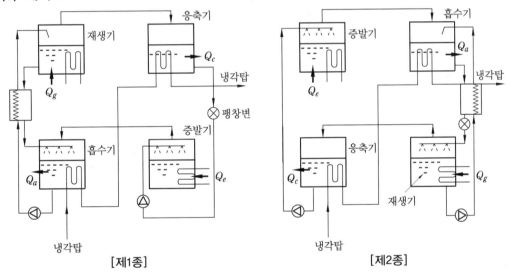

[제1종]　　　　　　　　　　　[제2종]

(4) 듀링(Duhring)선도 작도(단효용 히트펌프)

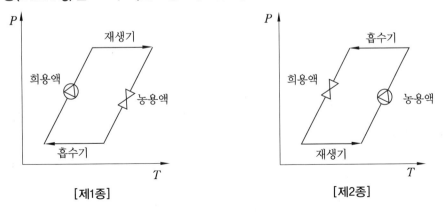

[제1종]　　　　　　　　　　　[제2종]

(5) 듀링(Duhring)선도 작도(2중효용 히트펌프)

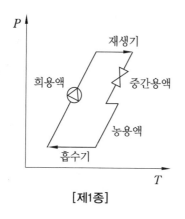

[제1종]

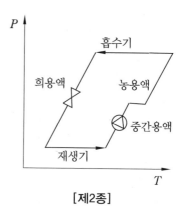

[제2종]

2-30 객스(GAX) 사이클(Generator Absober eXchange)

(1) 개요

① NH₃/H₂O(암모니아/물) 사이클에서 가능한 시스템으로 암모니아 증기가 물에 흡수될 때 발생하는 반응열을 이용한 사이클이다.

② 흡수기의 배열의 일부분을 재생기의 가열에 사용함으로써 재생기의 가열량을 감소시키는 사이클이 Generator Absorber Exchange 사이클이다.

③ 단효용 흡수식과 같이 한 쌍의 재생기-흡수기 용액루프를 가지므로 적은 용적과 함께 공랭화가 가능하다.

(2) 원리

① 흡수기에서 암모니아가 물에 흡수될 때 발생하는 흡수반응열에 의해 흡수기와 발생기간에는 온도 중첩 구간이 생기게 된다.

② 이때 흡수기 고온 부분의 열을 발생기의 저온 부분으로 공급해 내부열 회수 효과를 얻는다.

(3) 특징

① 일중효용 사이클로 한 쌍의 발생기-흡수기 루프를 가지면서 성능 효과 향상은 이중효용 사이클 이상이다.

② 재생기로 유입되어 재생이 시작되는 흡수용액의 온도보다 흡수기에서 유입되는 용액의 온도가 높으므로 흡수열의 이용 비율이 증가하여 성적계수가 향상된다.

(4) 다음 그림에서 재생기와 흡수기의 점선(굵은 화살표) 부분이 온도 중첩 구간이다.

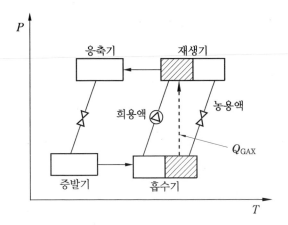

(5) 특수한 목적을 위하여 개발된 차세대 GAX 사이클

① WGAX : 폐열을 열원으로 하는 폐열구동 사이클

② LGAX : −50℃까지 증발 온도를 얻을 수 있는 저온용 사이클

③ HGAX : 흡수식 사이클에 압축기를 추가하여 성능 향상 및 고온 및 저온을 획득할 수 있는 사이클

(6) GAX 사이클의 미해결 기술

① 고온 고압에 견디고 압력 변화의 폭에 견디는 부수적인 '용액펌프'가 필요하다.

② 흡수기에서 각 온도 레벨의 발생열이 재생기에서 가열되는 만큼 충분한 온도 레벨로 가열되지 못한다.

③ 부수적인 압력 레벨은 재생기, 흡수기 압력 레벨로 적용해야 한다.

④ 복잡한 용액 흐름에 대한 설계와 제어 방법이 요구된다.

⑤ 부수적인 열교환기 설계가 필요하다.

⑥ 실내에서 사용 시 냉매가 암모니아이므로 이에 대한 안전 대책이 필요하다.

⑦ 고온 작동 시 부식 억제제의 불안전성이 해결되어야 한다.

(7) 향후 전망

① 현재 GAX 사이클의 작동 압력과 온도 범위 조절, 유닛의 추가 등의 변화를 주어 여러 모델이 개발된 상태이고 앞으로도 그 응용 범위는 계속 늘어날 전망이다.

② 미국의 경우 에너지성(Department of Energy)을 통하여 GAX 열펌프를 개발하여 왔으며, 일본에서도 통산성이 중심이 되어 많은 기술 개발이 이루어져 오고 있다.

③ 한국에서는 선진 외국의 기술과 경쟁하기 위해서 산학연 협동 등의 컨소시엄을 구성하여 많은 기술 인프라를 구축해 오고 있다.

2-31 이산화탄소 냉·온수 시스템

(1) 개요

① CO_2(R744)는 기존의 CFC 및 HCFC계를 대신하는 자연냉매 중 하나이며, ODP가 0이며 GWP가 미미하여 가능성과 잠재력이 아주 큰 자연냉매이다.

② CO_2는 체적 용량이 크고, 작동 압력이 높다(임계 영역을 초월함).

③ 냉동기유 및 기기 재료와 호환성이 좋다.

(2) 이산화탄소 Cycle 개략도(냉온수기의 경우)

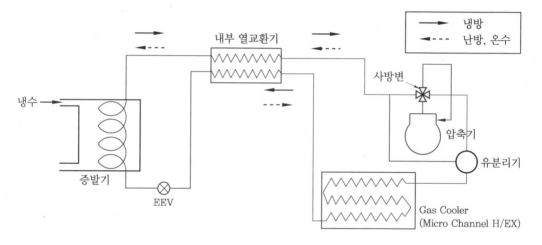

(3) Cycle 선도

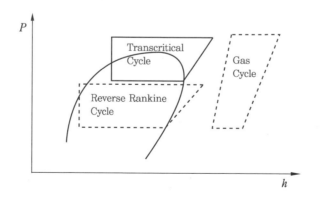

(4) 특징

① C.P(임계점 ; Critical Point)가 약 31℃(7.4 MPa)로서 냉방설계 외기온도 조건인 35℃보다 낮다(즉 초월임계 Cycle을 이룸).

② 증발압력 = 약 3.5~5.0 MPa, 응축압력 = 약 12~15 MPa
③ 안전도(설계압 기준) : 저압은 약 22MPa, 고압은 약 32MPa에 견딜 수 있게 할 것
④ 압축비 : 일반 냉동기 대비 낮은 편임(압축비 = 약 2.5~3.5)
⑤ 압력 손실 : 고압 및 저압이 상당히 높아(HCFC22 대비 약 7~10배 상승) 밀도가 커지고 압력 손실이 줄어들어 압·손에 의한 능력 하락은 적음
⑥ 용량제어법
  ㉮ 인버터, 인버터 드라이버를 이용한 전자제어
  ㉯ 전자팽창변의 개도 조절을 통한 유량 조절

(5) 성능 향상 방법

① 흡입관 열교환기(Suction Line H/EX, Internal H/EX)를 설치하여 과냉각 강화(단, 압축기 흡입GAS 과열 주의)한다.
  → 약 15~20% 성적계수 향상이 가능하다고 보고됨
② 2단 Cycle 구성 : 15~30% 성적계수 향상 가능 보고
③ Oil Seperator를 설치하여 오일의 열교환기 내에서의 열교환 방해를 방지한다.
④ Micro Channel 열교환기(Gas Cooler) 효율 증대로 열교환을 개선한다.
⑤ 높은 압력 차로 인한 비가역성을 줄여 줄 수 있게 팽창기(Expansion Device)를 사용하면, 부수적으로 기계적 에너지도 회수할 수 있다.
⑥ 팽창기에서 회수된 기계적 에너지를 압축기에 재공급하여 사용 혹은 전기에너지로 변환하여 사용 가능(단, 팽창기의 경제성, 시스템의 크기 증대 등 고려 필요)하다.
  → 약 15~28% 성적계수 향상 가능 보고

(6) 개발 동향

이산화탄소 냉동기는 현재 세계적으로 급탕기, 냉온수기, 차량용 에어컨, 일반 에어컨 등 다양한 분야에서 제품화되어 있다.

2-32 유기 랭킨 사이클(ORC : Organic Rankine Cycle)

(1) 기술의 배경

① 최근 산업체의 미활용 폐열을 회수하여 전기를 생산하고자 하는 기술 개발이 많이 이루어지고 있다.
② 연료전지의 폐열, 태양열, 지열, 소각장 폐열, 폐자원 재생 시설의 폐열 등의 중저온 산업체 폐열을 이용하여 전기를 생산할 수 있는 아임계 유기 랭킨 사이클(작동유체의 고온 영역과 저온 영역이 모두 임계점 이하인 사이클)과 초임계 유기 랭킨 사이클(작

동유체의 고온 영역 혹은 고온 영역과 저온 영역 모두가 임계점 이상인 사이클)의 개발이 바로 그것이다.

③ ORC는 화석연료나 윤활제 등을 사용하지 않아 청정에너지를 생산할 수 있고, 밀폐형 시스템으로 구동되며, 친환경, 불연소성 및 불가연성의 안전한 작동유체를 이용할 수 있다.

④ ORC는 주로 자기베어링(마찰손실이 거의 없는 베어링)을 사용하므로 회전 부품 간 접촉이나 마찰에 의한 손실을 방지하고 기존 시스템 대비 최소 5%~최고 30% 이상 발전 효율을 향상시킬 수 있는 시스템이다.

⑤ 이산화탄소(CO_2) 사이클 대비 사이클 압력이 1/5 수준으로 적어져, 시스템의 안전성이 뛰어나고, 저압에서도 고효율 발전기의 능력을 발휘할 수 있다.

⑥ ORC 기술은 각종 폐열을 활용하여 가동된다는 점을 제외하면 전기에너지를 얻기 위한 기존의 증기터빈 기술과 유사하다.

⑦ ORC 사이클의 작동유체(working fluid)로는 증기터빈에서 사용하는 물이 아니고 유기물을 사용하는 것이 특징이다.

(2) 동작 원리

① 다음 그림과 같이 외부의 열에너지로부터 작동유체를 기화하는 증발기(작동유체가 기화됨)가 사용되며, 이 작동유체는 팽창기 혹은 터빈을 가동하여 발전기에서 전기에너지를 얻게 된다. 터빈에서 팽창된 작동유체는 응축기(작동유체를 액화시키는 장치)에서 액화되어 펌프에 의해 다시 재생기(작동유체가 가진 에너지를 재회수하는 장치)를 거쳐 증발기로 들어가는 순환시스템으로 이루어진다.

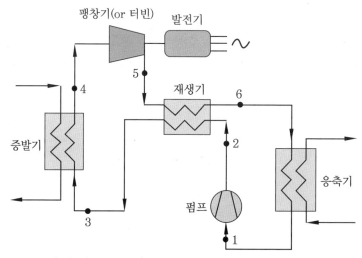

유기 랭킨 사이클(ORC ; Organic Rankine Cycle)

② 작동유체로 물이 아닌 유기물을 사용하는 것은 낮은 온도의 열원으로부터 에너지를 획득하기 위한 것으로, 물의 경우에는 끓는점이 대기압하에서 100℃이지만 압력이 증가하면 상당히 높아지게 마련이다. 따라서 높은 온도를 갖는 열원이 있어야만 운전이 가능한 것이다.

③ 따라서, 작동유체로 물이 아닌 유기물을 사용하면 물질에 따라서 높은 압력에서도 기화하는 온도가 100℃ 이하의 낮은 온도를 갖게 한다. 이렇게 하여 산업체의 낮은 온도를 갖는 폐열로부터 전기를 생산할 수 있게 되는 것이다.

④ ORC 사이클의 작동유체로 적용할 수 있는 유기물은 매우 많이 있으며, 앞으로도 계속 여러 합성물질이 개발될 것이며 점차 고효율을 실현할 수 있는 새로운 작동유체가 많이 개발될 것이다.

⑤ 현재 개발된 작동유체로는 R-245fa, R134a, R152a, R600, R1234yf, R1234ze 등이 대표적이다.

(3) 기술의 전망

① 아임계 유기 랭킨 사이클과 초임계 유기 랭킨 사이클은 모두 약 200℃ 이하의 산업체 저온 폐열의 회수에 유리한 방식이며, 상대적으로 초임계 유기 랭킨 사이클이 기술의 난이도는 다소 높지만 발전 효율은 아임계 대비 약 15~20% 개선되는 것으로 알려져 있다.

② 향후 본 기술에 대한 다양한 작동유체에 대한 적용 시험이 추가적으로 이루어져야 하며, 특히 그 작동유체로는 GWP(지구온난화 지수)가 150 이하인 물질에 대한 연구가 더 집중적으로 이루어질 것으로 전망된다.

③ 이러한 유기 랭킨 사이클은 산업체에서 버려지는 폐열을 유효하게 재활용하여 고급 에너지에 해당하는 전기를 생산할 수 있다는 점이 가장 큰 장점이며, ORC의 이러한 역할은 제4차 산업혁명시대에 발전소자(열전반도체) 기술과 더불어 폐열 회수의 가장 주목받는 방법으로 급속히 전개될 것으로 전망된다.

2-33 상변화 볼(PCM Balls) 온수시스템

(1) 태양열 온수시스템을 이용하여 난방 혹은 급탕 등을 행하는 장소에 있어서, 축열조에 저장 열량을 증가시키기 위해서 태양열시스템을 이용하여 가열 시에는 고체에서 액체로 변화하고, 냉각 시에는 액체에서 고체로 변화하는 상변화물질(PCM)을 이용하는 방식이다.

(2) 보통 상변화물질(PCM)을 캡슐(Capsule) 혹은 볼(Ball)의 형태로 된 얇은 케이스 내부에 넣어 열교환을 하는 1차유체 및 2차유체와의 혼합을 방지해 준다.

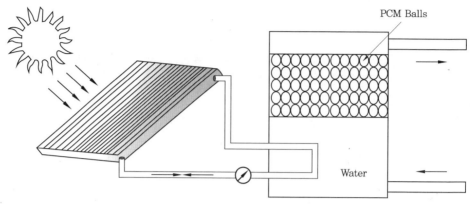

PCM Balls을 이용한 태양열 온수시스템

2-34 지열을 이용한 전열교환기

(1) 전열교환기는 실내 환기를 위해 배기되는 공기와 도입 외기 사이에 열교환을 통하여 배기가 지닌 열량을 회수하거나 도입 외기가 지닌 열량을 제거하여 도입 외기부하(공조부하)를 줄이는 장치로서 일종의 '공기 대 공기 열교환기'이다.

(2) 다음 그림(지열을 이용한 전열교환기)에서 보듯이, 외기는 지중열교환기를 통해 한 차례 열을 회수하고 전열교환기 내부로 들어가서 2차적으로 열을 한 번 더 회수하게 되어 있다.

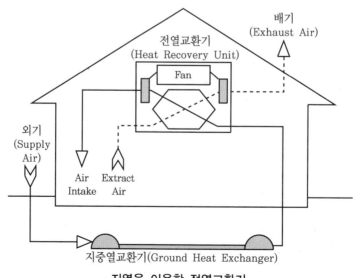

지열을 이용한 전열교환기

(3) 앞으로 이러한 자연에너지와 신재생에너지 등의 '에너지 융복합 시스템'이 더 많이 개발되고, 그 다양한 복합 기능을 수행하여 각종 시너지효과를 창출할 수 있을 전망이다.

(4) 예를 들어, 태양열＋태양광＋ESS(에너지 저장시스템), 지열＋태양열, 풍력＋태양광, 신에너지＋재생에너지＋자연에너지 등 다양한 융복합 시스템이 시도되고 있으며, 그 성과도 차츰 많이 창출될 전망이다.

2-35 고효율 압축기술

(1) 공조설비나 냉동설비 등에 적용되는 다양한 압축기 방식 중에서 최근 초고효율을 달성하기 위한 기술이 많이 출현하고 있다.

(2) 자기부상 냉동기(Magnetic Chiller)
    ① 마그네틱 베어링(Magnetic Bearing)을 이용한 자기부상의 원리로 마찰손실을 최소화하여 초고효율을 이루는 기술이다.
    ② 보통 무급유(Oil-free) 방식, 인버터 방식(VVVF) 등의 형태로 많이 개발되고 있다.

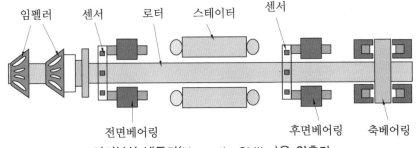

자기부상 냉동기(Magnetic Chiller)용 압축기

(3) 듀얼 인버터형 EHP(전기식 히트펌프)
    ① 일반 인버터형 EHP(전기식 히트펌프)의 내부에 내장된 압축기는 주로 '정속형 압축기＋인버터형 압축기'의 조합으로 많이 개발되었으나, 초고효율을 실현하기 위하여 '인버터형 압축기＋인버터형 압축기'의 조합으로 개발하는 방식이다.
    ② 이 방식은 저용량 운전 구간일수록 인버터 압축기의 효율이 올라가는 인버터의 특성(장점)을 극대화시킨 방식이다.

(4) 이외에도 앞으로 다단압축방식, 다원압축방식, 초전도 스테이터 방식 등 많은 초고효율 압축 방식이 더 많이 개발될 전망이다.

2-36 고효율 변압기 기술

(1) 아몰퍼스 고효율 몰드변압기(Amorphous Mold Transformer)

① 변압기의 기본 구성 요소인 철심의 재료를 일반적인 방향성 규소강판 대신 아몰퍼스 메탈(Amorphous Metal)을 사용한다.

② 무부하손을 기존 변압기의 75% 이상 절감한다.

③ 아몰퍼스 메탈은 철(Fe), 붕소(B), 규소(Si) 등이 혼합된 용융 금속을 급속 냉각시켜 제조되는 비정질성 자성재료이다.

④ 특징 : 아몰퍼스 메탈의 결정 구조의 무결정성(비정질) 및 얇은 두께

⑤ 장점

(개) 비정질성에 의한 히스테리시스손의 절감

(내) 얇은 두께로 와류손 절감

(대) 무부하손이 약 75% 절감되어 대기전력 절감 효과 탁월

(래) 평균 부하율이 낮고, 낮과 밤의 부하 사용 편차가 큰 경부하 수용가에 유리

⑥ 단점

(개) 가격이 비쌈(특히 전력 요금이 싸고 부하율이 높은 알반 산업체에서는 투자비 회수가 어려울 수도 있다)

(내) 철심 제조 공정상의 어려움으로 소음이 큰 편임

⑦ 주 적용 분야 : 학교, 도서관, 관공서 등

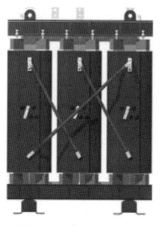 

아몰퍼스 고효율 몰드변압기   유입변압기

(2) 레이저 코어 저소음 고효율 몰드변압기(Laser Core Mold Transformer)

① 자구미세화 규소강판(레이저 규소강판) 고효율 변압기라고도 한다.

② 방향성 규소강판을 레이저 빔으로 가공, 분자 구조인 자구(Domain)를 미세하게 분

할함으로써 손실을 개선한 전기 강판이다.

③ 소재의 특성상, 제작이 용이하여 모든 용량의 변압기를 제작 가능하다.

④ 레이저 코어 저소음 고효율 변압기의 장점과 적용

　㈎ 무부하손 60~70%와 부하손 30%를 동시에 절감하여 총 손실을 최소화

　㈏ 아몰퍼스 대비 실질 투자회수 기간 단축

　㈐ 자속밀도와 전류밀도가 낮게 설계되어 있기 때문에 저소음 특성을 가짐(아몰퍼스 및 KSC 규격 일반 변압기 대비 30% 이상 저소음)

　㈑ 대용량 변압기 제작 가능(최대 20,000 kVA 이상)

　㈒ 평균 부하율이 높고(30% 이상), 낮과 밤, 계절별 부하 사용의 편차가 크지 않은 수용가에 유리

⑤ 단점

　㈎ 가격은 일반 변압기와 아몰퍼스 변압기의 중간 정도

　㈏ 전력 요금이 낮고, 부하율 변화가 심한 장소에 적용 시 경제성 측면의 정확한 검토가 필요함

⑥ 적용 분야 : 아파트, 빌딩, 제조 공장, 병원, 방송국, 사무용 빌딩 등

(3) (고온)초전도 고효율 변압기

① 변압기 권선에 구리 대신 초전도선을 사용하여 동손을 낮추는 방법으로 차세대 변압기의 대표적인 방식이다.

② 단순히 크기가 줄어들거나 효율이 증가하는 것이 아니라 일반 변압기가 갖고 있는 용량과 수명의 한계를 극복할 수 있다.

③ 만일 냉각 기술이 더 발전하여 냉각 손실이 줄어든다면 고온 초전도 변압기의 효율은 더 증가하고 가격은 더 저렴해질 것이다.

④ 절연유 대신 액체질소 등의 환경친화적 냉매를 사용한다(화재의 위험성도 없다).

⑤ 향후 선재의 전류밀도를 향상시킬 필요가 있다.

2-37 생체모방기술(Biomimicry, Biomimetics)

■ 생체모방기술

(1) 개요

① 생체모방(Biomimicry)은 인류 역사의 시작으로부터 지금까지 지속적으로 행해져 온 활동이라고도 할 수 있다.

② 원시인들은 동물의 뾰족한 발톱에서 날카로운 무기류, 화살촉 등을 고안해 내고, 새의 날개에서 영감을 얻어 부메랑을 만들었으며, 콩깍지가 물에 뜨는 것을 보고 카누를 만드는 등 자연으로부터 지속적으로 수많은 영감을 얻고, 이를 효과적으로, 때로 혁신적으로 이용해 온 것이다.

③ 급기야는 새의 활공하는 모습을 보고 비행기를 만들고, 물고기의 몸체를 보고 배의 유선형 모양을 완성하였으며, 곰팡이균에서 페니실린을 발명하는 등 끊임없이 자연을 이용하여 혁신적 기술을 발달시켜 온 것이다.

④ 찍찍이는 갈고리와 걸림고리가 쌍을 이뤄 서로 붙였다 떼었다 할 수 있게 하는 도구로 옷이나 신발 등을 여밀 때 많이 사용하며, 상표명을 따라서 벨크로(Velcro)라고 부르기도 한다. 이는 다수의 갈고리 구조를 가진 생물학적 구조(도깨비바늘, 주름조개풀, 짚신나물 등)를 모방하여 만든 것이다.

갈고리   걸림고리

출처 : 위키백과(https://ko.wikipedia.org)

⑤ 점차 인간의 자연에 대한 이해의 폭이 더 넓어지면서 화장품에 천연재료를 응용하거나, 생체모방형 로봇을 만드는 등 그 모방의 수준과 범위가 가속화되고 있고, 앞으로의 제4차 산업혁명에서는 그 중요성이 엄청나게 커질 것이며, 시너지효과를 낼 수 있을 것으로 전망된다.

⑥ 원래 생체모방(生體模倣, Biomimicry)은 생명을 의미하는 'bios'와 모방이나 흉내를 의미하는 'mimesis' 두 개의 그리스 단어에서 따온 단어로, 이름에서 알 수 있듯이 생체모방은 자연에서 볼 수 있는 디자인적 요소들이나 생물체의 특성들의 연구 및 모방을 통해 인류의 과제를 해결하는 기술이라는 뜻의 용어이다.

⑦ 생체모방은 바이오미메틱스(Biomimetics)라고 불리기도 하며, 비슷한 단어에는 생체모사가 있다. 이 두 단어는 일정한 방식으로 자연을 모방하는 것과 공학적 해결책을 찾기 위해 자연에서 영감을 얻는 것이라는 의미의 차이를 가지고 있으나 거의 같은 의미로 통용되기도 한다.

⑧ 1997년 생체모방학을 처음으로 주창한 동물학자 '재닌 베니어스'는 생체모방을 '자연이 가져다준 혁신'이라 정의하기도 하였다.

⑨ 현재 생체모방학은 새로운 바이오 생체물질을 만들고, 새로운 지능 시스템을 설계하

며, 생체 구조를 그대로 모방하여 새로운 디바이스를 만들고, 새로운 첨단 광학 시스템을 디자인하는 등 사회 각 분야에 동시다발적으로 비약적으로 발전하고 있다.

(2) 제4차 산업혁명과 생체모방기술의 연계

① 인간이 만드는 피조물은 당연히 인간 관찰과 상상의 한계에 해당하는 인간을 닮을 것이고, 넓게는 인간 주변의 자연을 닮을 것이 자명한 것이다. 혁신은 누가 얼마나 자연을 더 잘 모사하느냐 하는 문제와 직접 연결되는 것이다.

③ 모든 것은 자연이 써 놓은 위대한 책을 공부하는 데서 태어난다. 인간이 만들어 내는 작품은 모두 이 위대한 책에 쓰여 있다.(안토니 가우디 이 코르네트)

④ 최근 제4차 산업혁명이 나노기술과 연결되면서 자연을 관찰하고, 해석하고, 모방하는 기술의 수준이 급속히 발달하고 있으며, 생체모방기술의 활용 한계가 무궁무진해지고 있는 것이다.

⑤ 이렇게 생체모방기술은 제4차 산업혁명을 더 비약적으로 발전시키는 데 아주 중요한 역할을 해 나갈 것이다. 즉, 미래의 생활 및 사회 모든 분야에서의 혁신은 생체모방을 통한 자연 친화적 디자인과 기능을 빼면 해석과 평가가 어려울 정도일 것이다.

(3) 생체모방의 특징

① 자연은 폐기물을 배출하지 않는다. 예컨대 3억 년 동안 지구에서 살아온 바퀴벌레는 체내 미생물을 이용해 먹은 것을 배설하지 않는다.

② 자연과의 상생 구조가 미래도시 디자인의 핵심이다.

③ 지속 가능한 친환경적 방법의 특징을 가지고 있다.

(4) 생체모방의 대표적 사례

① 곤충 모방

㈎ 모기의 주둥이 모양에 착안하여 찌를 때 아프지 않은 채혈침

㈏ 적군의 눈에 띄지 않는 초소형 곤충 정찰로봇

㈐ 벼룩이 다리를 접었다 뛰는 모양을 흉내 내어 개발한 소규모 재난 현장 투입용 초소형 벼룩로봇

㈑ 개미집의 환기 형태를 배운 냉난방 에너지 소요가 거의 없는 패시브 하우스

㈒ 딱정벌레의 껍데기 모양의 고효율 냉방코일(열교환 장치)

㈓ 바퀴벌레의 기어올라가는 모양을 흉내 내어 울퉁불퉁한 지면을 쉽게 갈 수 있게 고안된 로봇

㈔ 거미줄을 모사하여 강하고 질기며 시간 경과 시 몸속에서 녹아 없어져, 나중에 뽑을 필요가 없는 수술용 실

㈕ 습도에 따라 색이 변하는 장수풍뎅이를 모사한 습도계

㉜ 나방, 모기 등의 겹눈을 흉내 낸 LED전등

㉝ 반딧불이 스스로 빛을 내는 현상에 착안하여 반사방지 코팅렌즈 기술을 적용한 비용 절감형 LED전등

② 동물 모방

㉮ 개코도마뱀의 발바닥에 붙은 수백만 개의 마이크로 섬모를 모사한 접착테이프

㉯ 치타의 달리는 모양을 흉내 내어 빠르게 달릴 수 있고, 재난 현장 투입이 가능하게 고안된 로봇

㉰ 타조의 뛰는 모양을 흉내 내어 시속 40km/h 이상으로 달릴 수 있는 부츠

㉱ 물총새의 날카롭고 유체 저항이 적인 부리 모양을 흉내 내어 개발된 일본의 저소음 신칸센 특급열차

㉲ 거북복의 항력이 적은 몸체 형태를 모방하여 개발된 소형 자동차(세계 최저 수준의 항력계수를 지님)

㉳ 고래의 지느러미 모양을 흉내 내어 개발된 고효율 풍력터빈의 날개

㉴ 상어의 미세돌기를 이용하여 물에 대한 저항이 아주 적은 전신 수영복 개발

③ 식물 모방

㉮ 탄소섬유 복합체로 만들어진 식충식물의 잎이 닫히는 모양을 그대로 흉내 낸 파리지옥 로봇

㉯ 산림의 색채와 모양을 다양하게 흉내 낸 카펫

㉰ 민들레 씨앗의 날아가는 모양을 모방하여 개발한 낙하산

㉱ 장미의 가시넝쿨을 모방한 철조망

㉲ 수세미 열매의 섬유조직에서 착안한 몸을 닦는 타월 등

④ 인체 모방

㉮ 사람의 눈을 정교하게 모방한 첨단 카메라, 초소형 카메라

㉯ 사람의 귀를 모방한 마이크로폰과 압력감지센서

㉰ 각종 냄새의 성분을 분석할 수 있고, 암과 질병 등의 진단까지 가능한 바이오 전자코

㉱ 사람의 뇌를 모방한 인공지능(AI)과 로봇

㉲ 사람의 홍채를 닮은 창문을 2만7천 개 이상 설치해 건물에 햇볕이 얼마나 들어오는지를 감지해 내어 자동으로 창문을 열고 닫아 건물 내 온도를 조절하는 아랍세계 연구소 건물

⑤ 기타

㉮ 사과가 떨어지는 현상에서 만유인력의 원리를 발견한 뉴턴

㉯ 거북의 튼튼하고 단단한 등을 모방하여 개발한 거북선(이순신의 전투선)

㉰ 말의 춤을 흉내 낸 싸이(PSY)의 말춤(한류 춤)

㉱ 건물 내부 구조가 동물의 뼈, 야자수, 곤충, 해골 등을 연상시키는 스페인 바르셀

로나의 '사그라다 파밀리아 성당' 건물

(5) 생체모방기술의 발전 방향

① "자연은 결코 실패하지 않고 언제나 걸작을 만든다. 자연은 예술가의 유일한 학교다."라고 말한 로뎅의 말과 같이 자연만큼 우수한 디자인과 기능에 대한 영감을 주는 대상도 없을 것이다.

② 생체모방기술은 자연과 인간이 공존할 수 있는 절묘한 기술이며 환경, 에너지 등 앞으로의 제4차 산업혁명에 큰 영향을 줄 것이다.

③ 생체모방기술은 자연의 아름다움이 고스란히 묻어 있기 때문에 정말 아름답고 값진 기술이며, 또한 자연 속에 내재된 그 과학적인 의미도 대단한 것이다.

④ 생체모방기술은 세계 여러 나라에서 생체인식기술과 더불어 미래 세계를 먹여 살릴 핵심기술로 선정되어 있다.

⑤ 우리나라는 IT강국(ICT강국)의 강점이 있기 때문에 생체모방기술과 IT의 연계 기술을 집중 개발한다면, 제4차 산업혁명의 중요한 지위를 차지할 수 있을 것으로 전망된다.

② Sycamore 천장 팬(Ceiling Fan with the Sycamore Blade)

(1) 식물의 씨앗을 흉내 내어 만든 Sycamore 천장 팬은 동적 균형이 잡혀 있는 단일 블레이드(에어로 포일 형태)가 그 기술적 특징이다.

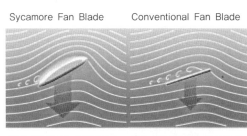

Sycamore Fan Blade   Conventional Fan Blade

The specially designed aerofoil profile operates at low speed(80–160 rpm) and provides high air flow for cooling with low turbulence and minimal wind noise.

Flat fan blades used on most ceiling fans require high operating speeds (typically 80–220 rpm) to achieve high airflow, creating high turbulence and wind noise.

Samara of the sycamore autorotates due to curved shape.

시카모어(Sycamore) 천장 팬의 원리

출처 : Sycamore Ceiling Fan(http://www.sycamorefan.com/fan/feature/features.html)

(2) 팬의 재질은 유기 성형 플라스틱이며, 기존의 3 또는 4 블레이드 팬보다 낮은 작동 속도에서 거의 아무런 바람 소리도 내지 않고 우수한 공기 흐름을 제공하여 보다 쾌적한 환경을 만들 수 있다.

(3) 낮은 작동 속도는 또한 팬이 사용 중일 때에도 블레이드 형태를 인식할 수 있게 하는 정도이다.

(4) 낮은 회전속도만큼이나, 소비 동력을 줄일 수 있어 에너지 적약적인 팬이다.

❸ 펑크 나지 않는 에어리스 타이어(Airless Tire in Honeycomb Design—biomimicry)

(1) 공기 가압 타이어 대신에, 타이어 디자인을 허니컴과 같이 매트릭스 형태로 배열된 6면 셀의 기하학적 패턴에 의존하도록 한다.

(2) 공기 가압 타이어 대비 동일한 승차감, 감소된 소음 수준, 펑크 나지 않음 등의 성능을 목표로 한다.

(3) 디자인은 자연(벌집 모양)에서 고안되었다. Clemson University의 기계 공학 부서의 자동차 엔지니어링 그룹은 NIST ATP 프로젝트를 통해 Michelin과 함께 저에너지 손실 에어리스 타이어를 개발하고 있다.

펑크 나지 않는 타이어

출처 : UNP(http://www.unp.me/f142/biomimicry-creates-new-tires-that-cant-go-flat-73657/)

4 뉴 마이크로 풍력터빈

(1) 뉴 마이크로 풍력터빈은 저풍속에서도 발전이 가능한 형태의 풍력발전용 블레이드를 장착한 풍력터빈을 말한다.

(2) 잠자리 날개 구조에서 영감을 얻어 개발된 풍력발전용 블레이드로 4MPH(= 1.79m/s)의 저풍속에서도 발전이 가능한 것이 특징이다.

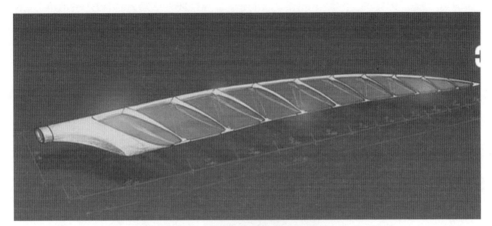

뉴 마이크로 풍력터빈용 블레이드

뉴 마이크로 풍력터빈

출처 : homeenergysavingtips.org

5 웨일파워(WhalePower) 풍력터빈

(1) 웨일파워는 고래의 지느러미에서 착안을 한 새로운 디자인의 풍력터빈이다. 웨일파워의 연구자들은 고래의 지느러미에 나 있는 요철 모양의 돌기, 즉 결절(Tubercles)에 대한 공기역학적 연구를 통해 이러한 신체 기관이 양력(揚力)의 손실과 항력(抗力)이 결합된 감속 현상을 방지하는 데 결정적인 역할을 한다는 것을 발견하였다.

(2) 비행의 경우, 감속은 고도의 저하를 가져오는 심각한 문제가 된다. 이러한 문제점에 대한 개선이 웨일파워의 개발을 가져왔고, 웨일파워사측은 이 새로운 아이디어를 풍력터빈에 적용하는 테스트를 실시하였다.

(3) 결과적으로 제품의 성능이 시속 17마일로 두 배 정도 향상되었으며, 항력을 절감시키는 보다 효율적인 터빈을 생산할 수 있게 되었다.

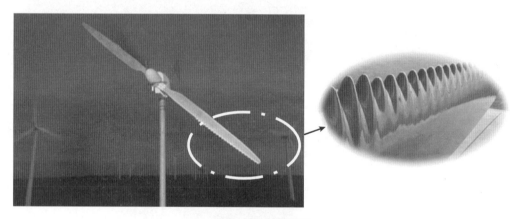

웨일파워 풍력터빈
출처 : https://whalepowercorp.wordpress.com/wind-turbines

6 고사리형 배터리

(1) 잎은 자연의 발전소이며 이미 태양으로부터 에너지를 포착하고 사용하고 있어 가장 효과적인 모델을 찾는 프로젝트를 위한 솔루션에 영감을 불어넣을 수 있다.

(2) 호주의 RMIT 대학에서 한 프로젝트 팀이 고사리 리프 구조를 사용하여 새로운 유형의 전극을 개발했으며 기존 스토리지 기술의 용량을 3,000%나 증대시킬 수 있다고 발표했다.

고사리형 배터리

출처 : Kable, http://www.power-technology.com

7 나비 날개형 태양전지

(1) 나비 날개의 구조가 있는 소성된 광 종자가 나노 입자로 구성되어 완전히 결정화되어
서 가시광선 파장에서의 흡수 스펙트럼을 높여 준다.

(2) 가시광선 파장에서의 흡수 스펙트럼을 측정한 결과 특수한 미세 구조로 인해 광 수확
효율이 일반 태양전지보다 훨씬 높다는 것이 입증되었다.

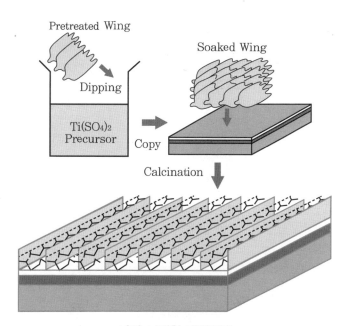

나비 날개형 태양전지

출처 : TreeHugger, https://www.treehugger.com

⑧ 해바라기형 태양광 모듈

(1) 2017년 초 컴퓨터 거인 IBM이 개발한 Sunflower(해바라기형 태양광 모듈)는 첨단 태양 전기 발전기로서 30피트 높이의 콘크리트 "해바라기"에 웨이퍼형 얇은 알루미늄 거울이 달려 있고 각 장치의 중앙 부위를 통해 냉각수를 운반하기 위한 작은 튜브가 있다. 스위스 회사 Airlight Energy와 공동으로 건설될 이 기계는 태양 광선의 80%를 전기와 온수로 전환할 수 있는데 화창한 날에는 각각 12kW의 전기와 20kW의 열을 생산할 수 있다.

(2) 이 기계의 비밀은 각 장치의 중앙 부위에 있는 광전지 칩을 통해 물을 운반하는 미세 튜브에 달려 있다고 한다. 이 미세튜브 시스템은 IBM이 고성능 슈퍼컴퓨터를 냉각시키기 위해 이미 개발 및 채택된 바 있다.

(3) 스위스 취리히에 있는 IBM 연구소의 브루노 미셸(Bruno Michel)은 "우리는 인체의 분지된 열관에서 영감을 얻었다."라고 말했다.

(4) 또한, 해바라기는 햇빛을 추적하여 태양 광선이 항상 광선을 수집하는 가장 좋은 방향을 향하도록 한다. 만약 칩을 통해 증류수를 운반하는 마이크로 채널 냉각 시스템이 없으면 온도가 약 1,000℃ 이상에 도달한다. 각 칩 뒷면의 수 밀리미터 이내에 물을 운반하는 마이크로 냉각 시스템을 사용하면 온도가 훨씬 더 안전하고 훨씬 효율적인 작동 수준인 90C 정도로 유지된다.

해바라기형 집광기

출처 : Scoop.it, http://www.scoop.it/t/biomimicry/?tag＝Sunflower

(5) 이 시스템은 냉각 시스템에서 많은 양의 뜨거운 물을 생성하는 동안 전기를 동시에 생산한다. 이때 물의 온도가 매우 높아 물을 담수화하는 산업 등에도 활용할 수 있다.

⑨ 고층 건물의 Biomimicry

(1) 건물은 전력 공급의 주요 목적지이며, 특히 고층 건물은 저층 건물에 비해 훨씬 더 많은 건축 자재와 전기를 필요로 한다. 또한, 건물은 많은 에너지와 온실가스를 방출하므로 환경에 큰 영향을 미친다.

(2) 인구 증가와 내부의 토지 부족으로 도시의 평균 건물 높이가 증가하고 있는 추세이다.

(3) 높은 고층 건물의 인기가 높아짐에 따라 높은 수준의 지속 가능성을 달성하는 것이 건축 디자인의 주요 주제이다. 따라서 기술과 생물학을 결합하려는 노력은 요즘 대체로 자연의 생체모방으로부터 영감을 얻어 많이 이루어진다.

(4) 고층 건물일수록 자연과의 단절, 토지 접근성 부족 등의 약점을 보완하기 위해서 생체모방기술(Biomimicry)이 꼭 필요하다.

(5) 고층 건물, 초고층 건물 등에서는 자연과 인간 활동 사이의 충돌에 대한 최적의 해결책 중의 하나가 단연코 생체모방기술이라고 할 수 있다.

(6) 지속 가능성 문제에 대한 대응 측면에서 건축가들은 그들의 디자인에 생체모방 접근법을 많이 사용하여 환경에 대한 빌딩의 부정적인 영향을 최소화하고 전반적인 건축물의 지속 가능성에 도달하려 한다.

(7) 생체모방법(Biomimicry) 건축은 자연이 가장 효과적인 원천이라고 생각하는 데서부터 출발한다.

(8) 이스트게이트 센터(Eastgate Center)의 사례
   ① 아럽(Arup)이 디자인한 사무용 복합단지 '이스트게이트 센터'는 흰개미집의 구조를 본뜬 것이다.
   ② 자체 냉각 시스템식의 특성을 지닌 흰개미집의 구조가 아이디어의 착안점이 되었다.
   ③ 빌딩이란 원래 냉난방에 대부분의 에너지를 소모하게 된다는 점을 고려할 때, 온도를 조절할 수 있는 지속 가능한 방법을 찾는 것은 건축에 있어 매우 중요한 문제라고 할 수 있다.
   ④ 이스트게이트 센터는 냉난방에 소비되는 에너지를 동급 규모의 다른 빌딩들에 비해

90%가량 대폭 절감할 수 있게 되었다.

아프리카 짐바브웨 이스트게이트 센터(Eastgate Center)

출처 : https://www.simplyscience.ch/kids-zahlen-technik.html

🔟 강남 어반 하이브 빌딩

(1) 서울 강남구 논현동에 위치한 '어반 하이브(Urban Hive)'는 디자인과 기능의 절묘한 만남이 빚어낸 '강남대로의 숨구멍'이라고 평가된다. 마치 "형태는 기능을 따른다."라고 말한 미국 건축가 루이스 설리번의 말을 그대로 건물에 옮겨 놓은 듯하다.

(2) 이 건물은 지름 1.05m 동그란 구멍이 송송 뚫린 17층 연회색 오피스빌딩이며, 건물과 차들로 빽빽이 채워진 교보타워 사거리에 놓인 한 점의 여백이라고도 할 수 있다.

(3) 얼핏 보면 이름 그대로 독특한 벌집(Hive) 모양을 내기 위해 만든 구멍 같다. 하지만 어반 하이브 외벽의 둥근 구멍은 건물 내부 공간을 최대한 널찍하게 확보하려 한 기능적 고민에서 나온 형태이다. 즉, 공간 효율을 극대화한 벌집을 그대로 모방한 건축구조이다.

(4) 내부를 넓게 쓰려고 기둥을 안 만들고 외벽 콘크리트만으로 건물을 지지하고, 70m 높이를 올리기엔 벽체가 너무 무거워 콘크리트 양을 줄이려고 원형 구멍을 내어 만든 것이다. 설계자인 김인철 중앙대 교수가 건축주로부터 처음 받은 요청은 익숙한 유리 커튼월 빌딩(전체 벽면을 유리로 감싼 빌딩)을 올려 달라는 것이었다. 그러나 값비싼 용지를 효율적으로 활용하려는 건축주의 바람을 만족시키면서 피곤한 주변 풍경에 산뜻한 변화를 줄 방법을 찾으려 고안해 낸 디자인으로 건축된 것이다.

(5) 이 프로젝트에 주어졌던 건축면적 584m²는 사무실로 쓰기에 너무 좁지도 넓지도 않다. 엘리베이터와 계단, 화장실이 들어가는 코어를 빼고 나면 400m² 남짓한 공간이 남는다. 여기에 하중을 지지하기 위한 내부 기둥까지 박고 나면 쓸 만한 공간이 얼마 남지 않았던 것이다.

(6) 콘크리트로 빈틈없이 채운 벽은 튼튼하긴 하지만 자체 하중 때문에 높이 올리기가 쉽지 않다. 촘촘히 뚫린 어반 하이브 외벽의 구멍 3000여 개는 콘크리트 양을 덜어 내 벽체의 무게를 가볍게 만들기 위해 고안한 해법인 것이었다.

(7) 70m 높이의 노출콘크리트 벽 구조 건물은 세계적으로 드문 사례다. 두께 40cm의 콘크리트 속에는 철근이 비스듬히 얽혀 있다. 그 사이로 뚫어 낸 원형 구멍은 기능, 구조, 미의 건축 3요소를 아우르는 디테일이 되었다.

(8) 간단하면서도 참신한 아이디어를 실현한 섬세한 시공도 돋보인다. 노출콘크리트 벽체는 자체 하중 때문에 한 층씩 단계적으로 만들어 올려야 한다. 벽 모양에 맞게 철판 거푸집을 만들고 그 안에 콘크리트를 부어 건조시킨 뒤 다음 층을 같은 방법으로 이어 올린다. 층과 층 사이에 자연히 생기는 흔적을 지워 내 한 덩어리처럼 보이게 하는 작업에 적잖은 시간과 노력이 필요하다. 어반 하이브 외벽에서는 층과 층 사이를 구별하는 가로 선을 찾아볼 수가 없다.

(9) 이러한 벌집 구조는 고속열차의 충격 흡수 장치를 비롯해 가벼우면서도 튼튼해야 하는 제트기와 인공위성 등의 기체 구조를 만드는 데도 응용된다.

(10) 자동차에 범퍼가 있듯이 KTX 운전실 앞부분에 위치한 동력차에는 고성능 충격 흡수 장치가 있다. '허니콤(Honeycomb)'이라고 불리는 이 장치는 알루미늄 합금 소재로 만들어졌다. 만약 KTX가 달리다가 벽에 정면으로 충돌하면 벌집처럼 생긴 이 에너지 흡수 장치가 그때 받는 충격에너지를 80%까지 흡수한다. 벌집 구조가 뛰어난 완충 작용 역할을 하는 것이다. 구조 공학적으로 보았을 때 벌집처럼 육각형이라는 빼곡한 방들의 배열은 우리가 생각하는 것 이상으로 효율적인 시스템이다. 이렇듯 자연의 빼어난 솜씨을 차량, 건축물 등에 응용하여 훌륭한 작품을 만들어 낸 것이다.

(11) 건물 외피의 콘크리트 벌집 얼개가 낮에는 햇빛이 들어오게 하고(여름철에는 차양 역할을 함), 밤에는 공기가 빠져나가는 것을 막아 냉·난방 에너지 절감에도 용이하다.

(12) 이 건물은 내부 도시 근무자들에게 편안한 휴식감과 안도감을 느낄 수 있게 해 준다.

(13) 이 건물은 2008년 '한국건축가협회상'을 수상하였고, 2009년에는 제27회 '서울시 건축상 대상'을 수상한 바 있다.

어반 하이브 빌딩

출처 : http://news.donga.com/3/all/20090325/8711755/1#csidx0e69a977acf1b14abfe9ab07ff21c10

🏢 실시간 혈당측정기

(1) 실시간 혈당측정기는 그래핀(Graphene)으로 만들어진 패치로 실시간 혈당치를 모니터링하고 당뇨병 치료제를 공급해 주는 능력까지 갖춘 기기이다.

(2) 김대형 서울대 교수와 연구팀이 설계한 이 프로토타입은 땀의 온도와 pH/화학 성분을 감지할 수 있는 센서를 가지고 있다.

(3) 수집한 데이터를 동반 스마트 폰 앱에 전송하며 시스템이 땀의 상태에 따라 약을 필요로 한다고 추론하면 앱은 필요한 약물(제2형 당뇨병에 대한 메트포르민) 등을 계산

하고, 그런 다음 패치의 미세 바늘 어레이가 올바른 양을 몸에 주입한다.

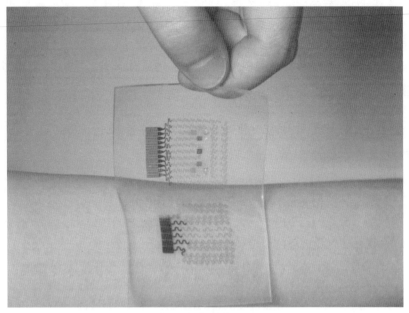

실시간 혈당측정기

출처 : http://scweeny.net/?p=11508

⑫ 팩스팬(PaxFan)

(1) PaxFan은 호주의 발명가 Jay Harman이 만든 나선형 팬(Fan)이다.

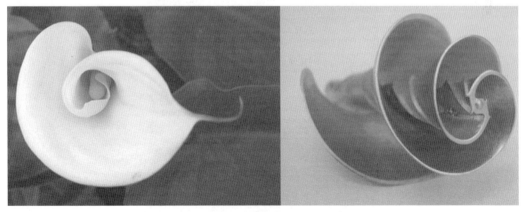

PaxFan

출처 : http://paxscientific.com/

(2) 유체는 일관된 패턴인 3차원 구심 나선으로 흐른다. 이러한 움직임의 현상은 욕조에
플러그를 꽂으면 소용돌이가 생기듯, 혹은 나선형 우주 은하에서부터 속눈썹의 모양에

이르기까지 모든 면에서 공통적인 것이므로, 산업 분야에서 배기팬, 믹서기, 자동차 냉각 시스템, 수도 펌프, 항공기 동체, 해양 프로펠러, 심지어는 혈액을 순환시키는 장치 등의 다양한 디자인에 소용돌이 모양의 나선형 기하학적 패턴을 적용할 수 있다.

(3) 이 기술은 대부분의 유체역학 분야에서 향상된 에너지 효율, 소형 장치 및 소음 및 진동에 대한 에너지 손실을 감소시킨다.

(4) 예를 들어, PAX 워터 믹서는 저장 탱크에서 음용수를 효율적으로 혼합하기 위해 유체 흐름의 효율성을 높여 줄 수 있다.

🔢 헬릭스 풍력발전기(Helix Wind Power Turbine)

(1) Helix Wind Power Turbine(Savonius Type)은 수직 축 풍력터빈(VAWT)으로 풍력 에너지를 활용하는 데 독특한 회전축 기술을 사용하여 전기를 생성한다.

(2) 이 Helix Wind 터빈은 헬릭스 윈드(Helix Wind) 창업자 이안 가드너(Ian Gardner)와 켄 모건(Ken Morgan)이 개발한 나선형 모양의 터빈으로서, 시각적으로 회전하는 조각품처럼 보여져 일부 고객들은 제품의 미적 가치를 위해 그것을 구입하고 있다고 한다.

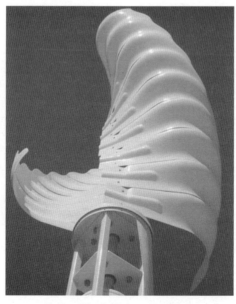

Helix Wind Power Turbine
출처 : Pinterest, http://www.pinterest.co.kr/pin

(3) Helix Wind의 상징적인 디자인과 같은 소위 Savonius 터빈은 일반적으로 수평축이 있는 프로펠러 구동 터빈보다 전기를 생성하는 데 덜 효율적이라고 간주된다. 그러나 Weinbrandt는 헬릭스 풍력발전기의 주요 장점으로 저풍속에서 높은 토크로 작동하고 높은 풍속에서 계속 작동할 수 있으며, 구조적 강성이 높고 유지비가 저렴하며, 유지관리가 비교적 간단한 편이고 넓은 풍속 범위를 소화할 수 있어 연간 누적 발전량이 크고 친환경적인 운용이 가능하다는 점을 꼽는다.

(4) Helix(헬릭스 풍력발전기)는 현재 미국과 다른 지역에서 43건 이상의 IP(국제 특허) 출원을 하고 있다.

⒁ 건축의 녹화

(1) 벽면녹화, 옥상녹화, 가로녹화, 입체녹화 등의 건축 녹화 기술은 건축물의 축열을 방지하여 냉방에너지 절감에 기여할 수 있는 기술이다.

(2) 이 기술은 건축물의 비오톱화, 생태건축, 친환경건축(녹색건축) 등의 일환으로 사용될 수 있는 기술이다.

건물녹화

출처 : Pinterest, http://www.pinterest.co.kr/pin

용어의 정리(2장)

(1) 제4차 산업혁명(The Fourth Industrial Revolution)

AI(인공지능), IoT(사물인터넷), Big Data(빅데이터) 등의 첨단 기술이 산업, 경제, 사회 전반에 혁신을 불러일으키는 산업혁명이다.

(2) 스마트시티(Smart City)

제4차 산업혁명의 도시 기반 플랫폼으로 지속적인 경제 발전과 삶의 질 향상을 이룰 수 있는 미래형 도시라고 할 수 있으며, IT 혹은 ICT기술의 적용, 공공데이터의 개방, 서비스 플랫폼 구축, 자원의 공유와 최적 분배 등의 특징을 가지고 있다.

(3) 계간축열

봄~가을에 남는 열에너지(태양열, 연료전지, 하수열 히트펌프 등)를 대형 축열용 탱크에 저장해 두었다가 겨울철 등 열 수요가 많은 계절에 집중 공급하는 시스템이다.

(4) 사물인터넷(IOT)

인간과 사물, 서비스의 세 가지 환경요소에 대해 인간의 별도 개입 과정이 없이 인터넷망을 통한 상호적인 협력을 통해 센싱, 네트워킹, 정보처리 등 지능적 관계를 형성하는 연결망을 의미한다.

(5) FM(부동산관리자 ; Facility Management)

국내에서는 주로 건물의 시설관리자를 말하는 용어로 사용되어, 부동산을 소유하거나 임차한 부동산 사용자(User)를 위해 일하는 사람을 말한다. 미국 등지에서는 매입/매각 등의 종합서비스 공급자를 포함하는 광의의 개념으로 사용되기도 한다.

(6) PM(부동산관리자 ; Property Management)

보유 기간 동안에 부동산의 운영, 현금 흐름과 부동산 가치 향상을 목적으로 부동산을 소유하는 투자자(Investor)를 위해 일하는 사람을 말한다. 이러한 소유주에는 개인, 개발업자 및 기관 투자가 등이 포함된다.

(7) AM(부동산관리자 ; Asset Management)

투자자를 대신해서 부동산 매입과 처분, 자산 관리 등 투자 의사 결정과 관련된 업무를 주로 수행하는 사람을 말한다.

(8) 핀테크(FinTech)

Finance(금융)와 Technology(기술)의 합성어로, 금융과 IT의 융합을 통한 금융 서비스를 통칭하는 용어이다.

(9) AR(Augmented Reality)

현실에 3차원 가상 이미지를 겹쳐서 보여 주는 기술을 말하며, '현실 세계 위에 가상 정보를 입혀 보여 주는 기술'이라고 할 수 있다. 즉, 필요한 정보를 디스플레이 기술 등을 통해 즉각적으로 보여 주는 형태를 AR이라고 할 수 있다.

(10) VR(Virtual Reality)

현실이 아닌 100% 가상의 이미지를 사용하는 기술이며, 최근 유행하고 있는 VR은 '현실 세계를 차단한 완벽한 디지털 환경'을 구축한다는 점에서 AR과 차이가 있다. 즉, 현실이 아닌 사이버공간 속의 허상만을 보여 주는 것이다. 특수 제작된 스키 고글 모양의 헤드셋을 머리에 쓰는 순간 현실 세계와 완벽히 차단되며 VR 세상이 펼쳐지는데, AR보다 현실감은 떨어지지만 컴퓨터 그래픽을 활용해 다양한 입체감 있는 영상을 만들 수 있는 것이 장점이다.

(11) MR(Mixed Reality)

현실과 가상의 정보를 융합해 진화된 가상 세계를 만드는 기술이며, 현실 세계와 가상의 정보를 결합한 MR은 현실과 상호작용할 수 있다는 AR의 장점, 그리고 몰입감을 전할 수 있다는 VR의 장점을 살려 한층 실감 나는 가상 세계를 만들어 준다. 때문에 다양한 분야에서 활용될 수 있는데, 현실을 기반으로 가상공간을 덧씌워 보여 주거나 2차원 그래픽을 3차원으로 입체감 있게 보여 주는 등의 형식이다.

(12) XR(Extended Reality)

VR, AR, MR 개념을 모두 포함하여, 시간에 따른 변화(미래의 변화된 가상현실 등)를 고려한 4차원적 현실이다.

(13) 핵융합발전

태양의 원리를 본떠 만든 발전 기술로, 수소 원자핵을 플라스마로 만들고 그다음 플라스마가 사라지지 않도록 중간에 진공 상태의 공간을 만들고 자장용기(토카막)로 가두어 플라스마에 1억~수억도 이상의 초고온과 초고압을 가하면 핵융합반응이 일어나는데, 삼중수소와 중수소가 융합하면서 헬륨과 중성자가 생성되고 이때 상대성 원리에 따라 막대한 에너지가 방출되는 원리를 이용하는 전기 생산 기술이다.

(14) 고온초전도체

거의 모든 사람들이 비교적 값싼 냉매인 액체질소로 냉각 가능한 온도, 즉 영하 200도 정도 이상에서 초전도 현상을 보이는 물질을 말하며, 현재 고온초전도체로 주목받고 있는 것은 희토류 산화물인 란타늄계(임계온도 30K)와 이트륨계(임계온도 90K), 비스무스 산화물계 및 수은계(임계온도 134K) 등이 있다.

(15) 자기유도 방식에 의한 무선전력송신

스마트폰의 무선충전기처럼 전원을 꽂아 무선 충전패드에 전류를 흘리면 패드에 내장된 1차 코일에서 전자기장이 발생한다. 1차 코일 주위에 생긴 전자기장이 스마트폰 등 기기 내부의 2차 코일을 통과하면 2차 코일에 유도전류가 흐르는 원리를 이용하여 충전하는 기술이다.

(16) 자기공명 방식에 의한 무선전력송신

자기유도 방식보다 더 멀리 전력을 전송시킬 수 있는 기술이며, 전자기 유도 메커니즘 사이에 공명 원리를 추가한 방식이다. 1차 코일과 2차 코일 중간에 공진 코일(공진기)을 사용하여 전력 송신부 1차 코일에서 발생한 전자기장이 공진기에 에너지를 공급한다. 송신부 공진기와 공진 주파수가 같은 수신부 공진기 사이에 공명으로 에너지가 전달되며 수신부 공진기에서 발생한 전자기장으로 2차 코일에 유도전류를 흐르게 하는 방식이다.

(17) 스마트그리드(Smart Grid)

전기, 연료 등의 에너지의 생산, 운반, 소비 과정에 정보 통신 기술을 접목하여 공급자와 소비자가 서로 상호작용함으로써 효율성을 높인 '지능형 전력망시스템'을 말한다.

(18) 에너지 저장 시스템(ESS : Energy Storage System)

발전소에서 과잉 생산된 전력을 저장해 두었다가 일시적으로 전력이 부족할 때 송전해 주는 에너지(전력) 저장 장치를 말하며, 스마트그리드의 가장 핵심적인 요소 중 하나이다.

(19) 건축물 에너지관리 시스템(BEMS : Building Energy Management System)

인텔리전트 빌딩의 4대 요소(OA, TC, BAS, 건축) 중 BAS의 일환으로 일종의 빌딩 에너지 관리 및 운용의 최적화 개념이며, 전체 건물의 전기, 에너지, 공조설비 등의 운전 상황과 효과를 감시하고 제어를 최적화할 수 있는 시스템이다.

(20) 빌딩 커미셔닝(Building Commissioning)

건물이 계획 및 설계 단계부터 준공에 이르기까지 발주자가 요구하는 설계 시방서와 같은 성능을 유지하고, 또한 운영 요원의 확보를 포함하여 입주 후 건물주의 유지 관리상 요구를 충족할 수 있도록 모든 건물 시스템이 작동하는 것을 검증하고 문서화하는 체계적인 공정 혹은 기술을 의미한다.

(21) 웨어러블 에너지 하베스팅(Wearable Energy Harvesting)

일상생활 주변에서 버려지는 에너지를 사용할 수 있는 전기에너지로 변환해 소형 전자 제품이나 각종 기기들의 구동용 에너지로 활용하는 기술이다.

(22) 열전반도체(열전기 발전기 ; Thermoelectric Generator)

버려지는 유체의 온도 차, 배기가스의 폐열 등을 이용하여 전기를 생산하는 반도체 시스템으로, 열전기쌍과 같은 원리인 제베크효과에 의해 열에너지가 전기적 에너지로 변환되는 장치를 말한다.

(23) 전자식 냉동(Electronic Refrigeration ; 열전기식 냉동법)

온도 차를 이용하여 전기를 생산해 내는 열전반도체의 원리와는 반대로, 펠티에(Peltier)효과를 이용하여 종류가 다른 이종 금속 간 접합하여 전기(전류)의 흐름에 따라 온도 차(흡열부 및 방열부 생김)가 발생하게 되는 원리를 이용한 냉동 방법이다.

(24) 자기 냉동기

주로 절대온도 10K 이하의 극저온을 얻을 필요가 있을 때 많이 사용되는 방식으로, 상자성체인 상자성염(Paramagnetic Salt)에 단열소자(Adiabatic Demagnetization) 방법을 적용하여 저온을 얻는다. 즉, 상자성염에 자장을 걸면 방열되고, 자장을 없애면 흡열하는 성질을 이용한 냉동기이다.

(25) 3중효용 흡수식 냉동기

재생기가 '2중효용 흡수식 냉동기' 대비 1개 더 있어(고온재생기 + 중간재생기 + 저온재생기), 응축기에서 버려지는 열을 2회 재활용(중간재생기 및 저온재생기의 가열에 사용)하는 방식이다.

(26) 흡수식 열펌프

흡수제로 리튬브로마이드(LiBr) 용액 등을 이용한 흡수식 냉동기에서 증발기를 통하여 저열원으로부터 열을 흡수함으로써 흡수기나 응축기를 통하여 고열원의 온도를 높이는 것을 목적으로 하는 열펌프이다. 구동열원의 조건과 작동 방법에 따라 효율이 우수한 제1종 흡수식 열펌프와 높은 온도의 온수를 생산하기 위한 제2종 흡수식 열펌프로 대별된다.

(27) 객스(GAX) 사이클(Generator Absober eXchange)

NH_3/H_2O(암모니아/물) 사이클에서 가능한 흡수식 냉동 시스템으로서, 장치 중 흡수기의 배열의 일부분을 재생기의 가열에 사용함으로써 재생기의 가열량을 감소시켜서 보다 고효율 냉동을 실현하는 냉동 사이클 기술이다.

(28) 이산화탄소 냉·온수 시스템

지구온난화지수가 높은 기존의 프레온가스(CFC, HCFC, HFC 등)를 대신하여 지구온난화지수가 낮은 이산화탄소($R744 ; CO_2$)를 히트펌프나 냉동기의 작동유체로 사용하여 냉수 혹은 온수를 생산해 낼 수 있는 시스템이다.

(29) 유기 랭킨 사이클(ORC : Organic Rankine Cycle)

연료전지의 폐열, 태양열, 지열, 소각장 폐열, 폐자원 재생 시설의 폐열 등의 중저온 산업체 폐열을 이용하여 전기를 생산할 수 있게 고안된 냉·온수 시스템으로서, 크게 아임계 유기 랭킨 사이클(작동유체의 고온 영역과 저온 영역이 모두 임계점 이하인 사이클)과 초임계 유기 랭킨 사이클(작동유체의 고온 영역 혹은 고온 영역과 저온 영역 모두가 임계점 이상인 사이클)로 대별된다.

(30) 상변화 볼(PCM Balls) 온수시스템

태양열 온수시스템을 이용하여 난방 혹은 급탕 등을 행하는 장치에 있어서, 축열조에 저장 열량을 증가시키기 위해서 가열 시에는 고체에서 액체로 변화하고, 냉각 시에는 액체에서 고체로 변화하는 상변화물질(PCM)을 이용하는 방식이다. 보통 상변화물질(PCM)을 캡슐(Capsule) 혹은 볼(Ball)의 형태로 된 얇은 케이스 내부에 넣어 열교환을 하는 1차유체 및 2차유체와의 혼합을 방지해 주는 방식을 이용한다.

(31) 자기부상 냉동기(Magnetic Chiller)

마그네틱 베어링(Magnetic Bearing)을 이용한 자기부상의 원리로 마찰손실을 최소화하여 초고효율을 이루는 압축기 기술을 적용한 냉동기이다.

(32) 아몰퍼스 고효율 몰드변압기

변압기의 기본 구성 요소인 철심의 재료를 일반적인 방향성 규소강판 대신 아몰퍼스 메탈(Amorphous Metal)을 사용하여 효율을 높인 변압기이다.

(33) 생체모방기술(Biomimicry, Biomimetics)

자연의 다양한 생명체가 간직한 여러 기술들을 자세하게 관찰하여 인간 생활에 유익하게 이용하는 기술 혹은 미래 첨단 기술에 접목·활용하는 기술 분야를 말한다.

(34) 이스트게이트 센터(Eastgate Center)

아럽(Arup)이 디자인한 사무용 복합단지로서 흰개미집의 구조를 본떠 만든 자체 냉각 시스템 덕택에 냉난방에 소비되는 에너지를 동급 규모의 다른 빌딩들에 비해 약 90%가량 대폭 절감시킨 건물이다.

(35) 강남 어반 하이브(Urban Hive) 빌딩

서울 강남구 논현동에 위치한 건물로서 지름 1.05m 동그란 구멍이 송송 뚫린 17층 연회색 오피스빌딩이며, 얼핏 보면 이름 그대로 독특한 벌집(Hive) 모양을 내기 위해 만든 수많은 구멍 같이 보이지만, 공간 효율을 극대화한 벌집을 그대로 모방한 건축구조이고, 2008년 '한국건축가협회상'을 수상하였고, 2009년에는 제27회 '서울시 건축상 대상'을 수상한 바 있다.

(36) 헬릭스 풍력발전기(Helix Wind Power Turbine)

헬릭스 윈드(Helix Wind) 창업자 이안 가드너(Ian Gardner)와 켄 모건(Ken Morgan)이 개발한 수직 축 풍력터빈(VAWT)의 일종으로서, 풍력에너지를 활용하는 데 독특한 회전축 기술을 사용하여 전기를 생성하는 풍력발전기이다. 또한 이 헬릭스 풍력발전기는 나선형 모양의 터빈 날개가 시각적으로 조각품처럼 보여 일부 고객들은 제품의 미적 가치를 위해 이것을 구입하고 있다고 하며, 저풍속에서 고풍속까지 높은 영역의 풍속 범위에서도 고효율의 발전 성능을 보이고 구조적 강성도 뛰어난 것이 특징이다.

(37) 건축의 녹화

벽면녹화, 옥상녹화, 가로녹화, 입체녹화 등을 통하여 건축물의 축열을 방지하여 냉방에너지 절감에 기여할 수 있는 기술이며, 건축물의 비오톱화, 생태건축, 친환경건축(녹색건축) 등의 일환으로 사용될 수 있는 기술이다.

Chapter 3

온실가스와 친환경 녹색건축

3-1 에너지의 생성과 이동

(1) 배경

① 에너지의 생성(근원) 중 가장 중요하고 절대적인 것은 태양에너지이다.

② 태양 중심에서의 온도는 약 1,500만K 정도이다. 핵융합이 일어나는 태양 중심의 핵으로부터 수십만km나 떨어져 있는 광구에서도, 그 온도는 6,000K나 된다.

③ 이러한 태양에서 나오는 막대한 에너지는 복사의 형태로 지구와 우주로 전파되어 나간다.

④ 우주로 전파되어 나가는 태양에너지의 약 10억 분의 1 정도가 지구 표면에 도달한다. 이때 태양상수(복사플럭스)는 약 $1,367W/m^2(1.96cal/cm^2 \cdot min)$ 정도가 된다.

⑤ 이렇게 지구에 도달한 에너지 중 약 70%는 지구 표면이나 바다 혹은 대기가 흡수하게 되는데 이는 인간이 필요로 하는 에너지의 약 700배 이상이 되는 것이다.

⑥ 이러한 태양에너지는 지구계의 에너지원 중에서 가장 많은 양을 차지하며, 식물의 광합성 작용, 대기와 물의 순환, 지권의 풍화작용, 기타 인간의 사용 등으로 에너지의 흐름이 이어진다.

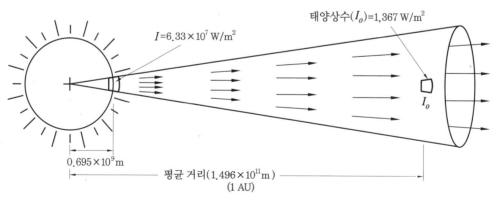

태양상수(I_o)=$1,367\,W/m^2$

I=$6.33 \times 10^7\,W/m^2$

$0.695 \times 10^9\,m$

평균 거리($1.496 \times 10^{11}\,m$) (1 AU)

태양상수(복사플럭스 ; Solar Constant)

AU : 천문단위(Astronomical Unit)

(2) 태양의 구성층(Layers of the Sun)

① 핵 혹은 내핵(Inner Core) : 핵은 수소 핵융합반응이 일어나는 태양의 중심부이다. 수소가 헬륨으로 바뀌는 이 반응에서 많은 에너지가 방출된다.

② 복사층(Radition Zone) : 태양의 복사층은 핵에서 나온 에너지를 복사의 형태로 대류층까지 전달하는 구간이다.

③ 대류층(Convection Zone) : 대류층은 태양 내부에서 가장 외부에 있는 층이다. 대류층은 태양 표면에서 밑쪽으로 약 200,000km 깊이에서부터 시작되고, 온도는 약 2,000,000K이다. 이 층에서는 복사를 통해 에너지를 전파할 수 있을 만큼 밀도나 온도가 높지 않기 때문에, 복사가 아닌 열대류가 일어난다.

④ 광구(Photosphere) : 광구는 태양의 표면으로, 약 100km 두께의 가스로 이루어진다. 중앙부가 가장 밝고, 가장자리로 갈수록 복사 방향에 대한 시선 방향의 각이 커지므로 어두워지는데, 이런 현상을 '주연감광(Limb Darkening)'이라고 한다. 흑점, 백반, 쌀알무늬 등을 관측할 수 있다. 태양은 약 27일을 주기로 자전하는데, 태양은 가스로 된 공과 같기 때문에 고체의 행성과 같이 회전하지는 않는다. 태양의 적도 지역은 극지방보다 더 빠르게 회전한다.

⑤ 채층(Chromosphere) : 채층은 광구 위에 약 2000km까지 뻗어 있다. 온도가 약 6,000K에서 약 10,000K로 불규칙한 층이다. 이 정도의 높은 온도에서 수소는 불그스레한 색의 빛을 방출하는데, 이것은 개기일식 동안에 태양의 가장자리 위로 올라오는 홍염을 통해 확인할 수 있다.

⑥ 코로나(Corona) : 코로나는 이온화된 기체가 높이, 넓게 퍼져 있는 상층 대기권이다. 코로나의 형태와 크기는 일정하지 않지만 일반적으로 흑점과 관계가 깊다. 흑점이 최소일 때 코로나의 크기는 작고 최대일 때는 크고 밝으며 매우 복잡한 구조를 갖는다.

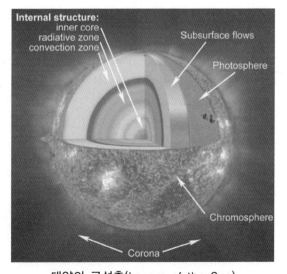

태양의 구성층(Layers of the Sun)

(2) 지구의 구성층(Layers of the Earth)

① 지구 중심 근처의 온도가 4300℃를 넘는다(태양의 표면 온도는 약 5800℃).

② 지각은 주로 암석으로 이루어져 있고, 그중 가장 풍부한 원소는 산소와 규소이다. 금속 중 가장 풍부한 것은 알루미늄인데, 원소 전체로 볼 때에는 산소와 규소 다음으로 많다.

③ 맨틀의 화학 성분도 지각과 비슷한 면이 있지만 마그네슘과 철의 함량이 많이 증가한다.

④ 외핵에서는 철과 황이 풍부하고, 내핵에서는 철과 니켈이 풍부하다.

⑤ 지구의 내부에너지는 주로 방사성 동위원소 붕괴열로 발생하는데, 이는 지각 판의 운동과 지진 및 화산활동 등 지각변동의 주된 에너지원이 된다.

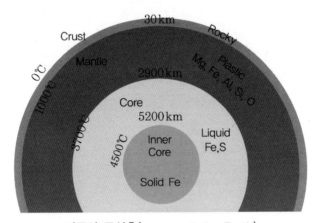

지구의 구성층(Layers of the Earth)

(3) 신·재생에너지의 이용

① 신·재생에너지는 신에너지와 재생에너지를 통틀어 부르는 말로, 화석연료나 핵분열을 이용한 원자력에너지가 아닌 대체에너지의 일부이다.

② 이 중에서 재생 가능 에너지(Renewable Energy)는 자연 상태에서 만들어진 에너지를 일컫는 말로서, 가장 흔한 것이 태양에너지이고, 그 밖에도 풍력, 수력, 생물자원(바이오매스), 지열, 조력, 파도에너지 등이 있다. 재생 가능 에너지의 종류는 이처럼 매우 다양하지만, 이것들의 대부분은(약 95% 이상) 근본적으로는 태양으로부터 온 것이다. 예를 들어, 바람은 공기가 태양에너지를 받아서 움직이기 때문에 생기고, 수력에너지(물의 흐름)도 햇빛을 받아 증발한 수증기가 비가 되어서 내려오기 때문에 생긴다. 파도나 해류도 바닷물이 햇빛을 받아 온도 차가 일어나기 때문에 생긴다. 나무도 광합성을 통해서 만들어지는 것으로 태양에너지가 변형된 것이라고 할 수 있다.

③ 재생 가능 에너지 중에서 태양에너지와 크게 상관없는 것은 조력과 지열 등이다. 조력은 조수를 이용하는 것인데, 조수는 달이 지구를 잡아당기는 힘에 의해서 생긴다.

지열은 지구 내부의 열(심부지열)로 인해서 생긴다.

④ 신에너지는 새로운 물리력, 새로운 물질을 기반으로 하는 핵융합, 자기유체발전, 연료전지, 수소에너지 등을 의미한다.

⑤ 이러한 신·재생에너지는 그동안의 화석연료의 막대한 사용으로 인한 지구온난화 문제, 핵분열을 이용한 원자력에너지의 사고 문제, 지구상 에너지 고갈 문제 등 인류가 직면한 엄청난 문제를 해결해 줄 수 있는 키(Key)로 평가되고 있다.

⑥ 특히 지구온난화 문제는 해수면의 상승, 질병의 증가, 지구의 사막화, 기후의 급변 등 지구상의 여러 가지 문제를 야기시키고 있어 여기에 대한 글로벌 대응책이 절실하다.

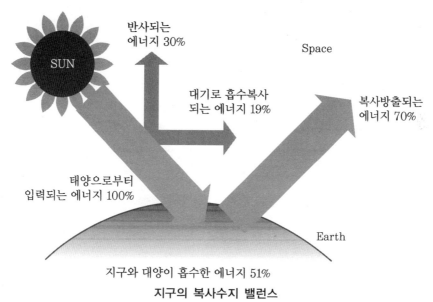

지구의 복사수지 밸런스

대기권을 통과하면서 약 절반 정도는 구름, 대기 중의 입자 등에 의해 손실 및 반사, 흡수되고, 약 51%만 지표에 도달한다(이 중에서 가시광선 ; 45%, 적외선 ; 45%, 자외선 ; 10% 수준). 이렇게 지구에 흡수된 에너지는 다시 지구복사의 형태로 우주 공간으로 방출된다. 그러나 대기 중 지구온난화 물질이 과다해지면 복사 방출되는 에너지를 차단하게 되어 지구 표면 및 대기의 온도를 상승시킨다.

3-2 기후변화협약(UNFCCC)과 당사국총회(COP)

(1) 기후변화협약의 배경

① 기후변화협약의 정식 명칭은 '기후변화에 관한 유엔기본협약(United Nations Framework Convention on Climate Change)'이다.

② 지구온난화 문제는 1979년 G.우델과 G.맥도날드 등의 과학자들이 지구온난화를 경고한 뒤 논의가 계속되고 있다.

③ 국제기구에서 사전 몇 차례 협의 후 1992년 6월 브라질 리우에서 정식으로 '기후변화협약'을 체결했다.

④ 지구온난화에 대한 범지구적 대책 마련과 각국의 능력, 사회, 경제 여건에 따른 온실가스 배출 감축 의무를 부여하였으며, 우리나라의 온실가스 배출량은 세계 약 11위 수준이다.

⑤ 우리나라는 1993년 12월에 47번째로 가입하였다.

(2) 협약의 내용

① 이산화탄소를 비롯한 온실가스의 방출을 제한하여 지구온난화를 방지한다.

② 기후변화협약 체결국은 염화불화탄소(CFC)를 제외한 모든 온실가스의 배출량과 제거량을 조사하여 이를 협상위원회에 보고해야 하며 기후변화 방지를 위한 국가계획도 작성해야 한다.

(3) 대표적 기후변화협약 당사국총회(COP)

① COP3(Conference of the Parties 3 ; 1997년 12월 제3차 당사국 총회)

(가) 브라질 리우 유엔환경회의에서 채택된 기후변화협약을 이행하기 위한 국가 간 이행 협약이며, 1997년 12월에 일본 교토에서 개최되었으며 지금까지 많은 당사국 총회 중에서 가장 중요한 총회였다고 평가된다(총회 결과 '교토의정서' 채택).

(나) 제3차 당사국 총회로서 이산화탄소(CO_2), 메탄(CH_4), 아산화질소(N_2O), HFCs, SF_6, PFCs 등 6종을 온실가스로 지정하였으며, 감축 계획과 국가별 목표 수치가 제시되었다(38개 선진국 간의 감축 의무에 대한 합의).

(다) 온실가스 저감 목표 : 1990년 대비 평균 5.2% 감축 약속

(라) 단, 한국과 멕시코 등은 개도국으로 분류되어 감축 의무가 면제되었다.

② COP18(Conference of the Parties 18 ; 2012년 11월 제18차 당사국 총회)

(가) 카타르 도하 내 카타르 국립 컨벤션센터(QNCC)에서 개최됨

(나) COP18과 함께 도하 전시센터에서 'Sustainability Expo'를 개최, 각종 환경친화적 상품을 소개하고, 대중에게 친근한 방식으로 환경교육을 실시함

(다) 주요 진행 및 합의 내용

㉮ 2차 교토의정서(2013~2020) 개정안 채택 : 1차 교토의정서(2008~2012) 종료 후 2차 교토의정서가 채택되었다. 따라서, 온실가스 감축 의무가 있는 사업장 혹은 선진국 간에 잉여 감축량을 사고팔거나(배출권 거래제 : ET, Emission Trading), 선진국끼리 온실가스 저감 기술을 교환하여 감축량을 부분 인정하고(공동이행 : JI, Joint Implementation), 선진국이 개도국에서 온실가스를 줄인 만큼 감축분으로 인정받는 방식(청정개발체제 : CDM, Clean Development Mechanism) 등의 거래가 계속 가능해졌다.

㉯ 교토의정서보다 광범위한 체제 필요 : 1990년 대비 25~40%의 온실가스 감축 약속, 단, 각국 의회 승인 없어 강제력은 없음

㉰ 미국, 중국은 의무감축국가에서 빠졌고, 캐나다, 일본, 러시아는 감축의무를 거부했다.

㉱ 주요 온실가스 배출 국가들이 제외된 2차 교토의정서는 전 세계 온실가스 배출량의 15% 정도만 통제하게 됨에 따라 신-기후체제 마련이 필수적으로 되었다.

㉲ 유럽연합(EU), 호주, 일본, 스위스, 모나코, 리히텐슈타인은 2차 공약기간에 잉여배출권을 구매하지 않겠다는 의사를 표명함으로써 실질적인 온실가스 감축 의지를 보였다.

㉳ 대한민국 인천에 녹색기후기금(Green Climate Fund) 사무국 유치가 확정되었다.

㉴ 장기재원 조성 워크프로그램 1년 연장 : 선진국들은 2020년까지 장기재원 1000억 달러 조성을 위한 구체적인 계획과 실천 사항을 제19차 당사국총회에 제출하기로 하였다.

③ COP21(Conference of the Parties 21 ; 2015년 11월 제21차 당사국 총회)

㉮ 2015년 11월 30일부터 12월 12일까지 프랑스 파리에서 열린 기후변화 국제회의이며, 일명 '파리협정(the Paris Agreement)'이라고 부른다.

㉯ 파리 협정서는 무엇보다 선진국만의 의무가 있었던 교토 의정서와 달리 195개 선진국과 개도국 모두 참여해 체결했다는 것이 큰 특징이다.

㉰ 합의문 주요 내용

  ㉮ 온도 상승폭 2도보다 '훨씬 작게', 1.5도로 제한 노력 : 이번 세기말(2100년)까지 지구 평균온도의 산업화 이전 대비 상승폭을 섭씨 2도보다 '훨씬 작게' 제한한다는 내용이 담겼다. 이와 함께 섭씨 1.5도로 상승폭을 제한하기 위해 노력한다는 사항도 포함됐다.

  ㉯ 인간 온실가스 배출량-지구 흡수능력 균형 합의 : 온실가스 배출은 2030년에 최고치에 도달하도록 하며, 이후 2050년까지 산림녹화와 탄소포집저장 기술과 같은 에너지기술로 온실가스 감축에 돌입해야 한다는 내용을 담았다.

  ㉰ 5년마다 탄소감축 약속 검토(법적 구속력) : 각국은 2018년부터 5년마다 탄소감축 약속을 잘 지키는지 검토를 받아야 한다. 첫 검토는 2023년도에 이뤄진다. 이는 기존 대비 획기적으로 진전된 합의로 평가된다.

  ㉱ 선진국, 개도국에 기후대처기금 지원 : 선진국들은 2020년까지 매년 최소 1000억 달러(약 118조 원)를 개도국의 기후변화 대처를 돕기 위해 쓰기로 합의했다. 개도국의 기후변화 대처 기금 액수 등은 2025년에 다시 조정될 예정이다.

㉱ 이후 진행된 COP22(2016년 모로코) 및 COP23(2017년 독일)은 모두 파리협정(the Paris Agreement)의 지속적인 이행과 확실한 실천 방법에 관한 약속에 대한 회의였다고 할 수 있다.

(4) 온실가스 현황

구 분	CO_2	CH_4	N_2O	HFCs, PFCs, SF_6
배출원	에너지사용/ 산업공정	폐기물/농업/ 축산	산업공정/ 비료 사용	냉매/세척용
지구온난화지수 ($CO_2=1$)	1	21	310	1,300~23,900
온난화기여도(%)	55	15	6	24
국내총배출량(%)	88.6	4.8	2.8	3.8

3-3 지구온난화 대책

(1) 지구온난화의 원인

① 수소불화탄소(HFC), 메탄(CH_4), 이산화탄소(CO_2), 아산화질소(N_2O), 과불화탄소 (PFC), 육불화유황(SF_6) 등은 우주 공간으로 방출되는 적외선을 흡수하여 저층의 대기 중에 다시 방출한다. 즉, 우주로 방출되어야 하는 열(熱 ; 적외선)을 대기 중에 갇히게 한다.

② 이와 같은 사유로 지구의 연간 평균온도가 지속적으로 상승하는 온실효과가 발생하고 있는 것이다.

칼럼 🔍 PFC(과불화탄소)와 SF_6(육불화황)

1. PFC(Per Fluoro Carbon ; 과불화탄소)

Per Fluoro Carbon의 'Per'는 '모두(All)'의 의미로서 perfluorocarbon은 탄소의 모든 결합이 "F"와 이루어져 있음을 의미하며, 지구온난화지수가 7,000 정도(이산화탄소의 7,000배)이다.

C와 F만으로 이루어진 매우 강력한 화합물로 성층권보다 높은 곳에서 분해되는 안정된 물질로서, 주로 반도체 산업이나 LCD 공장 등에서 '세정 공정'에 많이 사용된다.

2. SF_6(육불화황)

지구온난화지수가 이산화탄소보다 평균 2만 2000배 높은 물질이며, 전기를 통과시키지 않는 특성이 있기 때문에 반도체 생산 공정 등에서 다량 사용된다.

전기 및 전자 산업이 발달한 우리나라의 특성상 다른 국가에 비해 육불화황 배출이 많다.

전기 분야에서는 육불화황이 소호 특성이 아주 뛰어난 매질이기 때문에, GCB(Gas Circuit Breaker ; 가스차단기) 등에 많이 사용한다.

(2) 지구온난화의 영향

① 인체 : 질병 발생률 증가

② 수자원 : 지표수 유량 감소, 농업용수 및 생활용수난 증가

③ 해수면의 상승 : 빙하와 만년설이 녹아 해수면이 상승하여 저지대 침수 우려

④ 생태계 : 상태계의 **빠른** 멸종(지구상 항온 동물의 생존 보장이 안 됨), 도태, 재분포 발생, 생물군의 다양성 감소

⑤ 기후 : CO_2의 농도 증가로 인하여 기온 상승 등 기후변화 초래

⑥ 산림의 황폐화와 지구의 점차적인 사막화 진행

⑦ 강으로 바닷물이 침투하여 토양, 농작물 등 황폐화

⑧ 기타 많은 어종(魚種)이 사라지거나 도태, 식량 부족 등

(3) 지구온난화 대책

① 온실가스 저감을 위한 국제적 공조 및 다각적 노력 필요

② 신재생에너지 및 자연에너지 보급 확대

③ 지구온난화는 국제사회의 공동 노력으로 해결해 나가야 할 문제

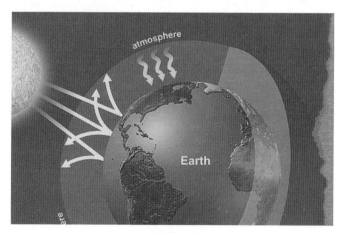

지구온난화

지구에 도달한 태양에너지 중 일부 적외선 복사에너지는 온실가스
에 의해 흡수 및 재방사되어 지표 및 대기층의 온도를 상승시킴

칼럼　**기후와 기상의 차이**

1. 기후

① 기후란 지구상 어느 장소에서의 대기의 종합 상태이다.

② 기후는 지구상의 장소에 따라 달라지며, 같은 장소에서는 보통 일정하다고 말할 수 있는 정도의 대기 상태를 말한다.

③ 그러나 기후도 영속적으로 일정한 것은 아니고, 수십 년 이상의 시간의 흐름 속에 항상 변화되는 것이다.

④ 기후 변동 요인
  ㉠ 태양에너지 자체의 변동
  ㉡ 태양거리 혹은 행성거리 변화에 의한 만유인력의 변화
  ㉢ 기타 위성의 영향 등
  ㉣ 인위적 변동 요인 : 대기오염, 지구온난화, 해양오염, 항공 운항에 따른 운량의 변화 등
2. 기상
  ① 실시간으로 변화하는 비, 구름, 바람, 태풍, 눈, 무지개, 번개, 오로라 등 지구의 대기권(주로 는 대류권)에서 일어나는 여러 가지 대기 현상을 말한다.
  ② 기후보다 훨씬 단시간에 일어나는 현상이며, 실시간 변화하는 대기의 상태 혹은 현상을 말한다.

3-4 오존층 파괴 현상과 자외선

(1) 오존층 파괴 현상이란 자외선에 의해 프레온계 냉매 등으로부터 염소가 분해된 후, 오존과 결합 및 분해를 반복하는 Recycling에 의해 오존층 파괴가 연속적으로 이루어지는 현상을 말하며, 그 영향으로는 피부암, 안질환, 돌연변이, 식량 감소 등이 대표적이다.

(2) 오존층을 파괴하는 대표적인 물질로는 냉장고와 에어컨 등에 사용하는 냉매, 스프레이 등에 쓰이는 프레온가스, 소화기 등에 쓰이는 할론가스와 같은 합성화학물질과 일산화탄소, 이산화질소와 같은 화학물질 등이 있다.

(3) CFC의 오존층 파괴 메커니즘
① CFC 12의 경우
  ㈎ 자외선에 의해 염소 분해 : $CCL_2F_2 \rightarrow CCLF_2 + CL$(불안정)
  ㈏ 오존과 결합 : $CL + O_3 \rightarrow CLO + O_2$(오존층 파괴)
  ㈐ 염소의 재분리 : $CLO + O_3 \rightarrow CL + 2O_2$(CLO가 불안정하기 때문임)
  ㈑ CL의 Recycling : 다시 O_3와 결합(오존층 파괴)
② CFC 11의 경우
  ㈎ 자외선에 의해 염소 분해 : $CCL_3F \rightarrow CCL_2F + CL$(불안정)
  ㈏ 오존과 결합 : $CL + O_3 \rightarrow CLO + O_2$(오존층 파괴)
  ㈐ 염소의 재분리 : $CLO + O_3 \rightarrow CL + 2O_2$(CLO가 불안정하기 때문임)
  ㈑ CL의 Recycling : 다시 O_3와 결합(오존층 파괴)

(4) 오존층 피괴의 영향

① 인체 : 피부암, 안질환, 돌연변이 등 야기

② 해양생물 : 식물성 플랑크톤, 해조류 등 광합성 불가능

③ 육상생물 : 식량 감소, 개화 감소, 식물의 잎과 길이 축소 등

④ 산업 : 플라스틱 제품의 노쇠 촉진

⑤ 환경 : 대기 냉각, 기후변동 등 예상

(5) 대책

① 오존층 파괴 물질에 대한 국제적 환경 규제 강화

② 대체 신냉매 사이클 개발(흡수식, 흡착식, 증발식 등), 자연냉매의 적극적인 활용, 대체 스프레이제 등의 친환경 대체물질 개발

③ 현재 각종 규제와 대체물질의 개발 등의 노력으로 오존층 파괴의 문제는 많이 극복되고 있는 추세이다.

(6) 자외선

① UV-A : 오존층에 관계없이 지표면에 도달하나 생물에 미치는 영향은 다소 적은 편임

② UV-C : 생물에 유해하나 대기 중에 흡수되어 지표면에 도달 못함

③ UV-B

㈎ 성층권의 오존층에 흡수됨

㈏ 프레온가스(Cl, Br을 포함한 가스) 등에 의해 오존층이 파괴되면 지표면에 도달하여 생물에 위해를 가함

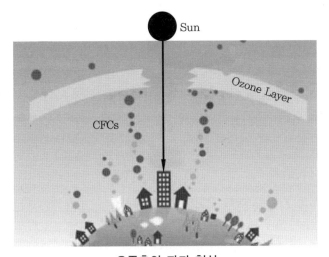

오존층의 파괴 현상

3-5 온실가스 배출권거래제

(1) 배출권거래제의 배경

① 온실가스 배출권거래제(특정 기간 동안 일정량의 온실가스를 배출할 수 있는 권한) 는 정부가 기업에 온실가스를 배출할 수 있는 총량을 설정하고, 기업은 자체적인 온실가스 감축뿐 아니라 배출권의 거래를 통하여 온실가스 감축 목표를 달성할 수 있는 제도이다.

② 온실가스를 줄이는 데 비용이 많이 드는 기업은 자체적인 감축 대신 시장에서 배출권을 구입하고, 감축 비용이 적게 드는 기업은 남은 배출권을 시장에 팔아 수익을 얻을 수 있다.

(2) 배출권거래제의 특징

① 배출권거래제는 비용 측면에서 효과적이다. 즉, 배출권거래제를 통하여 적은 비용으로 온실가스를 효과적으로 줄일 수 있다.

② 배출권거래제는 시장 원리에 기반한 비용 효과적 방식으로 우리나라 산업계의 온실가스 감축 부담을 완화할 수 있어 최적의 사회적 비용으로 온실가스를 감축할 수 있다.

③ 국가의 온실가스 감축 목표를 쉽게 달성할 수 있다. 즉, 배출권거래제는 국가 온실가스 배출량의 60% 이상을 차지하는 기업들에 배출 상한치를 정하여 국가 온실가스 감축 목표를 차질 없이 달성할 수 있도록 한다.

④ 배출권거래제는 유연하며 기업의 자율적 선택권을 보장한다. 즉, 배출권거래제는 기업이 최소의 비용으로 온실가스를 줄이기 위한 방법을 전략적으로 선택할 수 있는 제도이며, 기업은 온실가스를 줄이기 위해 직접 감축, 배출권의 거래, 외부 저감 실적 사용 및 배출권 차입 등 여러 가지 방법 중 가장 유리한 방법을 선택할 수 있다.

⑤ 기업이 온실가스를 목표 이상으로 초과 감축하였을 경우 인센티브를 제공한다. 즉, 남은 배출권을 다른 기업에 팔거나 이월(남은 배출권을 다음 연도에 사용할 수 있도록 함)을 허용함으로써 기업의 감축 노력에 대한 정당한 보상이 주어진다.

(3) 배출권거래제의 의의

① 배출권거래제는 기업의 녹색 전환(Green Conversion)을 촉진하여 저탄소 산업구조로의 변화를 주도한다.

② 배출권거래제는 기업의 온실가스 감축을 위한 녹색 기술 개발, 신재생에너지 사용 등을 유도하여, 저탄소 녹색경제시대에 맞는 신성장 동력을 창출한다.

(4) 배출권거래제 현황

① 유럽은 배출권거래제 도입 후 기업의 연료 효율 개선, 신재생에너지 녹색기술 개발 등이 활성화되어 세계 저탄소 녹색시장의 약 33%를 점유하고 있다.

② 배출권거래제를 시행하고 있는 EU는 2008년에 0.7% 경제가 성장했음에도 불구하고 온실가스 배출량은 전년 대비 2.0% 감소함으로써, 경제가 성장하면 온실가스 배출도 증가한다는 기존의 상식을 뒤집고 경제가 성장함에도 온실가스의 배출은 감소하는 저탄소 산업구조로 변화하고 있다.

③ 국내 배출권거래제 운영 수익은 해당 기업과 녹색산업에 재투자되어 녹색산업을 육성한다.

④ 국내 배출권거래제 운영을 통해 마련된 재원(배출권 유상할당 수입 수수료, 과징금 등)은 온실가스 감축설비 지원, 녹색기술 개발 등 녹색산업 발전에 사용된다.

(5) 배출권거래제 시행국

① EU, 뉴질랜드, 스위스 등 : 전국 단위로 시행 중
② 미국 : 각 주(State)별 자율적으로 배출권거래제 시행 중
③ 일본 : 각 지역별 배출권거래제 시행 중
④ 중국 : 각 지역별 배출권거래제 시행 중

(6) 국가 목표

① 단계별·부문별 온실가스 감축률 목표 수립 결과 수송이 34.3%로 가장 높으며 건물 26.9%, 산업 전체 18.2%(산업에너지 7.1%p), 전환은 26.7% 수준이다.

② 2020년까지 BAU 대비 30% 감축이 국가적 목표이다.

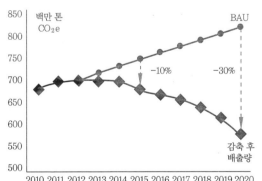
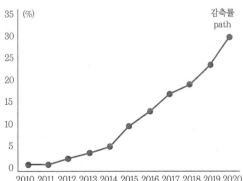

3-6　석유환산톤(TOE)과 이산화탄소톤(TCO₂)

(1) 석유환산톤(TOE)

① TOE의 정의(IEA단위 ; Ton of Oil Equivalent)

㈎ TOE는 10^7kcal로 정의하는데, 이는 원유 1톤의 순 발열량과 매우 가까운 열량으로 편리하게 이용할 수 있는 단위임

$$TOE = \frac{\text{연료발열량(kcal)}}{(10^7 \text{kcal})}$$

㈏ TOE 환산 시에는 "에너지 열량환산기준"의 총 발열량을 이용하여 환산함

② TOE 계산 사례

㈎ 경유 200L를 사용했을 경우의 TOE 계산 순서

㉮ 연료 사용량을 열량으로 환산(kcal) : 경유 1L당 9,010kcal의 발열량

㉯ 비례식 작성 1 TOE : 10^7kcal = X(구하고자 하는 TOE) : 1,802,000kcal(경유 200 L의 발열량)

㉰ TOE 계산 $X = \dfrac{1,802,000}{10^7} = 0.1802$ TOE

※ 모든 연료에 대해 위의 방법을 적용하여 TOE를 계산할 수 있다.

(2) 에너지원별 TOE(「에너지법 시행규칙」)

구 분	에너지원	단위	총 발열량			순 발열량		
			MJ	kcal	석유환산톤 (10^{-3}toe)	MJ	kcal	석유환산톤 (10^{-3}toe)
석유 (17종)	원유	kg	45.0	10,750	1.075	42.2	10,080	1.008
	휘발유	L	32.7	7,810	0.781	30.4	7,260	0.726
	등유	L	36.7	8,770	0.877	34.2	8,170	0.817
	경유	L	37.8	9,030	0.903	35.2	8,410	0.841
	B-A유	L	39.0	9,310	0.931	36.4	8,690	0.869
	B-B유	L	40.5	9,670	0.967	38.0	9,080	0.908
	B-C유	L	41.7	9,960	0.996	39.2	9,360	0.936
	프로판(LPG1호)	kg	50.4	12,040	1.204	46.3	11,060	1.106
	부탄(LPG3호)	kg	49.5	11,820	1.182	45.7	10,920	1.092
	나프타	L	32.3	7,710	0.771	29.9	7,140	0.714
	용제	L	32.8	7,830	0.783	30.3	7,240	0.724
	항공유	L	36.5	8,720	0.872	33.9	8,100	0.810

	아스팔트	kg	41.4	9,890	0.989	39.2	9,360	0.936
	윤활유	L	40.0	9,550	0.955	37.3	8,910	0.891
	석유코크스	kg	35.0	8,360	0.836	34.2	8,170	0.817
	부생연료유1호	L	37.1	8,860	0.886	34.6	8,260	0.826
	부생연료유2호	L	39.9	9,530	0.953	37.7	9,000	0.900
가스 (3종)	천연가스(LNG)	kg	54.7	13,060	1.306	49.4	11,800	1.180
	도시가스(LNG)	Nm3	43.1	10,290	1.029	38.9	9,290	0.929
	도시가스(LPG)	Nm3	63.6	15,190	1.519	58.4	13,950	1.395
석탄 (7종)	국내무연탄	kg	19.8	4,730	0.473	19.4	4,630	0.463
	연료용 수입무연탄	kg	21.2	5,060	0.506	20.5	4,900	0.490
	원료용 수입무연탄	kg	25.2	6,020	0.602	24.7	5,900	0.590
	연료용 유연탄 (역청탄)	kg	24.8	5,920	0.592	23.7	5,660	0.566
	원료용 유연탄 (역청탄)	kg	29.2	6,970	0.697	28.0	6,690	0.669
	아역청탄	kg	21.4	5,110	0.511	19.9	4,750	0.475
	코크스	kg	29.0	6,930	0.693	28.9	6,900	0.690
전기 등 (3종)	전기(발전기준)	kWh	8.9	2,130	0.213	8.9	2,130	0.213
	전기(소비기준)	kWh	9.6	2,290	0.229	9.6	2,290	0.229
	신탄	kg	18.8	4,500	0.450	–	–	–

〈비고〉

1. "총 발열량"이란 연료의 연소 과정에서 발생하는 수증기의 잠열을 포함한 발열량을 말한다.
2. "순 발열량"이란 연료의 연소 과정에서 발생하는 수증기의 잠열을 제외한 발열량을 말한다.
3. "석유환산톤"(TOE : Ton of Oil Equivalent)이란 원유 1톤이 갖는 열량으로 10^7kcal를 말한다.
4. 석탄의 발열량은 인수식(引受式)을 기준으로 한다. 다만, 코크스는 건식(乾式)을 기준으로 한다.
5. 최종 에너지사용자가 사용하는 전력량 값을 열량 값으로 환산할 경우에는 1kWh=860kcal를 적용한다.
6. 1cal=4.1868J이며, 도시가스 단위인 Nm^3는 0℃ 1기압(atm) 상태의 부피 단위(m^3)를 말한다.
7. 에너지원별 발열량(MJ)은 소수점 아래 둘째 자리에서 반올림한 값이며, 발열량(kcal)은 발열량(MJ)으로 부터 환산한 후 1의 자리에서 반올림한 값이다. 두 단위 간 상충될 경우 발열량(MJ)이 우선한다.

칼럼 🔍 **TCE(석탄환산톤)**

1. TOE와 유사 용어로 'Ton of Coal Equivalent'라고 하여, 석탄 1 ton이 내는 열량을 환산한 단위이다.
2. TCE = 0.697 TOE

(3) 이산화탄소톤(TCO₂) – IPCC[Intergovernmental Panel on Climate Change]의 탄소배출계수

연료 구분			탄소배출계수	
			Kg C/GJ	Ton C/TOE
액체 화석연료	1차 연료	원유	20.00	0.829
		액화석유가스(LPG)	17.20	0.630
	2차 연료	휘발유	18.90	0.783
		항공가솔린	18.90	0.783
		등유	19.60	0.812
		항공유	19.50	0.808
		경유	20.20	0.837
		중유	21.10	0.875
		LPG	17.20	0.713
		납사	20.00	0.829
		아스팔트(Bitumen)	22.00	0.912
		윤활유	20.00	0.829
		Petroleum Coke	27.50	1.140
		Refinery Feedstock	20.00	0.829
고체 화석연료	1차 연료	무연탄	26.80	1.100
		유연탄 / 원료탄	25.80	1.059
		연료탄	25.80	1.059
		갈탄	27.60	1.132
		Peat	28.90	1.186
	2차 연료	BKB & Patent Fuel	25.80	1.059
		Coke	29.50	1.210
기체화석연료		LNG	15.30	0.637
바이오매스		고체바이오매스	29.90	1.252
		액체바이오매스	20.00	0.837
		기체바이오매스	30.60	1.281

〈비고〉

1. 전력의 이산화탄소배출계수 0.4517tCO₂/MWh(0.4525tCO₂eq/MWh) 사용 (전력거래소 2010년 발전단 기준)

2. 전력의 이산화탄소배출계수 0.4705tCO₂/MWh(0.4714tCO₂eq/MWh) 사용 (전력거래소 2010년 사용단 기준)

3. tCO₂eq란? CH₄, N₂O 배출량을 포함한 양

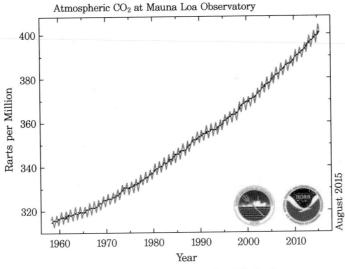

대기 중 이산화탄소 농도의 변화 추이

출처 : www.esrl.noaa.gov

3-7 환경부하 평가(LCA : Life Cycle Assessment)

(1) 의의

① LCA는 제품, 기계, 건물, 기타 서비스 등에 대한 생애 주기 동안의 친환경적 재료, 에너지 절약, 자원 절약, 재활용, 공해 저감 등에 관한 총체적인 환경 부하(온실가스 배출량, 환경오염 등) 관리 및 평가 방법이다.

② LCA는 ISO14000 시리즈 인증평가의 기준이 되기도 한다.

③ LCA는 목적 설정, 목록 분석, 영향 분석, 해석의 네 단계로 나누어진다.

(2) 환경부하 평가(LCA)의 구성

① 목적 및 범위의 설정(Goal and Scope Definition) : LCA 실시 이유, 결과의 응용, 경계(LCA 분석 범위), 환경영향평가 항목의 설정과 그 평가 방법

② 목록분석(Inventory Analysis) : LCA의 핵심적인 단계로 대상물의 전 과정(Life Cycle)에 걸쳐서 투입(Input)되는 자원과 에너지 및 생산 또는 배출(Output)되는 제품 부산물의 데이터를 수집하고, 환경부하 항목에 관한 입출력 목록을 구축하는 단계

③ 영향평가(Impact Assessment) : 목록분석에서 얻어진 데이터를 근거로 각 환경부하 항목에 대한 목록 결과를 각 환경영향 범주로 분류하여 환경영향을 분석 평가하는 단계. 평가 범위로는 지구환경문제를 중심으로 다음과 같은 내용을 포함

㉮ 자원/에너지 소비량, 산성비 해양오염, 야생생물의 감소

    (나) 지구온난화, 대기/수질오염, 삼림파괴, 인간의 건강 위해

    (다) 오존층의 고갈, 위해 폐기물, 사막화, 토지 이용

  ④ 결과해석(Interpretation)

    (가) 목록분석과 영향평가의 결과를 단독으로 또는 종합하여 평가 및 해석하는 단계

    (나) 해석 결과는 LCA를 실시한 목적과 범위에 대한 결론

    (다) 환경개선을 도모할 경우의 조치는 이 결과를 기초로 함

  ⑤ 보고(Reporting) : 상기 순서에 따라 얻어진 LCA조사 결과는 보고서의 형식으로 정리되어 보고 대상자에게 제시됨

  ⑥ 검토(Critical Review) : ISO규정에 따르고 있는지, 과학적 근거가 있는지, 또한 적용한 방법과 데이터가 목적에 대해 적절하며 합리적인지를 보증하는 것으로, 그 범위 내에서 LCA결과의 정당성을 간접적으로 보증하는 것이라 할 수 있음

(3) 환경부하 평가 방법

  ① 개별 적산방법 : 각 공정별 세부적으로 분석하는 방법(조합, 합산), 비경제적, 복잡하고 어려움

  ② 산업연관 분석법 : '산업연관표'를 사용하여 동종 산업부문 간 금액 기준으로 거시적으로 평가하는 방법 → 객관성, 재현성, 시간 단축

  ③ 조합방법 : 일단 '개별 적산방법'으로 구분한 대상에 '산업연관표' 적용

칼럼 탄소라벨링과 탄소포인트제도

1. 탄소라벨링(Carbon Labeling)
   ① 탄소라벨링(Carbon Labeling), 탄소발자국(Carbon Footprint), 탄소성적표지 등 여러 용어로 불리고 있다.
   ② 원재료의 생산으로부터 제품 제조, 운송, 사용 및 폐기까지의 제품의 생애 주기(전 과정)에 걸친 지구온난화 가스의 발생량을 이산화탄소의 발생량으로 환산 표현하여 제품에 표기 및 관리하는 방법이다.
   ③ 탄소라벨링은 소비자에게 기후변화에 대한 영향이 적은 제품을 선택할 수 있도록 정보를 제공하여 소비자의 선택에 따라 제품 제조자의 자발적 노력 유발을 통해 온실가스 절감률을 달성할 수 있도록 하는 것이 목표이다.
   ④ 우리나라에서는 탄소라벨링을 탄소성적표지(CooL마크)라고도 부른다.
2. 탄소포인트제도(Carbon Point)
   ① 탄소포인트제도는 국민 개개인이 전기 절약, 수도 절약 등을 통하여 온실가스 감축 활동에 직접 참여하도록 유도하는 제도이다.
   ② 가정, 상업 시설 등이 자발적으로 감축한 온실가스 감축분에 대한 인센티브를 지자체로부터 제공받는 범국민적 기후변화 대응 활동(Climate Change Action Program)이다.
   ③ 탄소포인트제도의 운영 주체
      ㉠ 탄소포인트제도의 총괄 및 정책 지원 : 환경부
      ㉡ 탄소포인트제도의 운영(운영센터 관리, 기술 및 정보 제공) : 한국환경공단
      ㉢ 참여자 모집, 교육, 홍보, 예산 확보, 인센티브 지급 : 각 지자체

㉣ 제도 참여, 감축 활동 및 감축실적 등록 : 가정 및 상업 시설의 실사용자
④ 탄소포인트 활용 방법
  ㉠ 참여자에게 제공하는 인센티브는 지자체별로 인센티브의 종류, 규모, 지급횟수 및 지급
  시기 등 구체적인 방법을 정한다.
  ㉡ 탄소포인트는 현금, 탄소캐시백, 교통카드, 상품권, 종량제 쓰레기봉투, 공공시설 이용 바
  우처, 기념품 등 지자체가 정한 범위 내에서 선택할 수 있다.

탄소배출량 인증마크

저탄소제품 인증마크

3-8 HACCP(식품위해요소 중점관리점)

(1) HACCP의 정의와 의의

① HACCP는 약자로 'has-sip'이라고 발음하며, 식품위해요소(Risks to Food Safety)
를 예측 및 분석하는 방법이다.
② HACCP는 위해분석(HA)과 중요관리점(CCP)으로 구성되어 있는데, HA는 위해가능
성이 있는 요소를 찾아 분석 평가하는 것이며, CCP는 해당 위해요소를 방지 제거하
고 안전성을 확보하기 위하여 중점적으로 다루어야 할 관리점을 말한다.
③ 종합적으로, HACCP란 식품의 원재료 생산에서부터 제조, 가공, 보존, 유통 단계를
거쳐 최종 소비자가 섭취하기 전까지의 각 단계에서 발생할 우려가 있는 위해요소를
규명하고, 이를 중점적으로 관리하기 위한 중요관리점을 결정하여 자주적이고 체계
적이며 효율적인 관리로 식품의 안전성(Safety)을 확보하기 위한 과학적인 위생관리
체계라 할 수 있다.

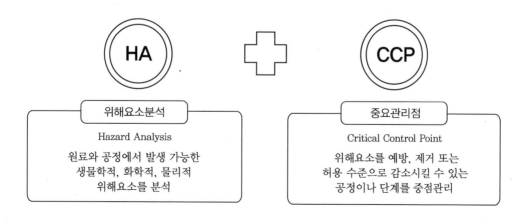

④ 식품 구역의 환경 여건을 관리하는 단계나 절차와 GMP(Good Manufacturing Practice ; 적정제조기준) 및 SSOP(Sanitation Standard Operating Procedures ; 위생관리절차) 등을 전체적으로 포함하는 식품 안전성 보장을 위한 예방적 시스템이다.

(2) HACCP의 역사

① HACCP의 원리가 식품에 응용되기 시작한 것은 1960년대 초 미국 NASA(미항공우주국)가 미생물학적으로 100% 안전한 우주 식량을 제조하기 위하여 Pillsbury사, 미 육군 NATICK연구소와 공동으로 HACCP를 실시한 것이 최초이다.

② 1973년 미국 FDA에 의해 저산성 통조림 식품의 GMP에 도입되었으며 그 이후 전 미국의 식품업계에서 신중하게 그 도입이 논의되기 시작되었다.

③ 우리나라는 1995년 12월 29일 「식품위생법」 제32조에 식품의 안전성 확보, 식품업체의 자율적이고 과학적 위생관리 방식의 정착과 국제기준 및 규격과의 조화를 도모하고자 위해요소중점관리기준에 대한 조항을 신설(HACCP제도 도입)하였다.

(3) HACCP 도입의 중요성

① 최근 수입식육이나 냉동식품, 아이스크림류 등에서 살모넬라, 병원성 대장균 O-157, 식중독 세균이 빈번하게 검출되고 있다.

② 농약이나 잔류수의약품, 항생물질, 중금속 및 화학물질, 다이옥신 등에 의한 위해 발생도 광역화되고 있다.

③ 이들 위해요소를 효과적으로 제어할 수 있는 HACCP의 법적 근거를 점차 강화해 나갈 필요가 있다.

④ 더욱이 EU, 미국 등 각국에서는 이미 자국 내로 수입되는 대부분의 식품에 대하여 HACCP를 적용하도록 요구하고 있으므로 수출경쟁력 확보를 위해서도 HACCP의 강화가 필요하다 하겠다.

(4) 일반적인 위해의 구분

① 생물학적 위해
  ㈎ 생물학적 위해란 생물, 미생물들로 사람의 건강에 영향을 미칠 수 있는 것을 말한다.
  ㈏ 보통 Bacteria는 식품에 넓게 분포하고 있으며 대다수는 무해하나 일부 병원성을 가진 종에 있어서 문제시된다.
  ㈐ 또한 식육 및 가금육의 생산에서 가장 일반적인 생물학적 위해요인은 미생물학적 요인이라 할 수 있다.

② 화학적 위해
  ㈎ 화학적 위해는 오염된 식품이 광범위한 질병 발현을 일으키기 때문에 큰 주목을

받고 있다.

(내) 화학적 위해는 비록 일반적으로 영향을 미치는 원인은 더 적으나 치명적 질병을 일으킬 수 있다.

(대) 화학적 위해는 일반적으로 다음의 3가지 오염원에서 기인한다.

    ㉮ 비의도적(우발적)으로 첨가된 화학물질

        ⓐ 농업용 화학물질 : 농약, 제초제, 동물약품, 비료 등

        ⓑ 공장용 화학물질 : 세정제, 소독제, 오일 및 윤활유, 페인트, 살충제 등

        ⓒ 환경적 오염물질 : 납, 카드뮴, 수은, 비소, PCBs 등

    ㉯ 천연적으로 발생하는 화학적 위해 : 아플라톡신, 마이코톡신 등과 같은 식물, 동물 또는 미생물의 대사산물 등

    ㉰ 의도적으로 첨가된 화학물질 : 보존료, 산미료, 식품첨가물, 아황산염 제재, 가공보조제 등

③ 물리적 위해

  (가) 물리적 위해에는 외부로부터의 모든 물질이나 이물에 해당하는 여러 가지 것들이 포함된다.

  (내) 물리적 위해요소는 제품을 소비하는 사람에게 질병이나 상해를 발생시킬 수 있는 식품 중에서 정상적으로는 존재할 수 없는 모든 물리적 이물로 정의될 수 있다.

  (대) 최종 제품 중에서 물리적 위해요소는 오염된 원재료, 잘못 설계되었거나 잘못 유지 관리된 설비 및 장비, 가공 공정 중의 잘못된 조작 및 부적절한 종업원 훈련 및 관행과 같은 여러 가지 원인에 의해 발생될 수 있다.

칼럼 HACCP의 7원칙

1. **위해분석의 실시단계**
   ① 위해요소의 파악(Identification)
   ② 위험률 평가(Risk Evaluation)
2. **중요관리점 설정** : 파악된 위해요소별로 의사결정 수를 통과시켜 결정함
3. **각 중요관리점별 허용한계치 설정**
   ① 허용한계치를 벗어나면 해당 공정이 관리 상태를 이탈한 것임
   ② 허용한계치는 신중하게 설정해야 함
4. **감시활동 절차 설정** : 감시활동이란 중요관리점이 관리 상태를 유지하는지 여부를 평가하고, 향후 검증활동에 사용할 수 있는 기록을 작성하기 위한 일련의 계획적인 관측 또는 계측활동
5. **개선조치 방법 설정** : 감시활동 결과가 설정된 허용한계치를 이탈하였음을 나타낼 경우에 취해야 하는 개선조치 방법의 설정
6. **검증 방법의 설정**
   다음 사항을 평가하기 위한 감시활동 이외의 모든 활동의 설정
   ① HACCP Plan의 유효성
   ② HACCP 관리 체제가 Plan에 따라 운영되는지 여부
7. **기록관리(Record Keeping)** : 개별 업체의 HACCP Plan에 따른 적합성을 문서화

3-9 공조설비의 HACCP

(1) 공조설비(환기 포함)

① 공기 관리는 위생적인 실(室)을 확보하기 위한 것으로 이를 위해서는 청정도의 확보, 온·습도의 유지, 환기 등을 하기 위한 설비 등을 정확히 구비하여야 한다.

② 주변 공기에 의한 교차 오염 방지를 위해서는 수직 층류형 혹은 수평 층류형의 공기 흐름이 유리하다. 단, 수평 층류형의 경우에는 공기 흐름이 청정도가 높은 구역에서 낮은 구역으로 흐르도록 급·배기 조절이 필요하다.

③ 실내압 유지 측면에서는 보통 '양압 유지'가 원칙이다(청정도가 가장 높은 구역을 가장 높은 양압으로 하고 점차 청정도가 낮은 구역으로 공기흐름이 향하게 할 것).

④ 필요에 따라 온도, 습도, 청정도, 실내압 등을 계측하기 위한 다양한 계측장치를 설치, 검토 필요하다.

⑤ 실내에서 악취, 가열증기, 유해가스, 매연 등이 발생한다면 이를 환기시키는 데 충분한 시설을 구비해야 한다.

⑥ 신선공기의 급기구는 냉각탑 등 미생물 발생 요인이 되는 기기와 분리하여 배치하여야 한다.

⑦ 무균 작업 구역의 급기는 제균필터나 살균장치 등을 붙인 덕트를 통해 청정공기를 도입해야 한다.

⑧ 국소배기를 할 경우에는 실내에 음압이 걸리고, 압력 밸런스가 깨져 외부로부터 오염된 공기가 인입될 가능성이 많으므로 설계압력에 해당하는 압력을 항시 맞출 수 있도록 자동제어 측면에서 고려하여야 한다.

⑨ 공조설비에는 자외선램프 등 살균장치의 부착을 고려해야 한다.

⑩ 기타 분진 및 미생물의 관리원칙

  (개) 침투 방지 : 작업장의 양압화, 건물의 기밀구조, 필터 설치, 출입구 에어록 설치 등

  (내) 발생 방지 : 분진이 발생하는 작업실의 한정화, 발진이 적은 내장재 사용 등

  (대) 집적 방지 : 정전기 방지, 창틀/방화셔터 등의 아랫부분은 45°로 경사, 기타 배관/전선/덕트 등은 노출 금지, 모퉁이 부분은 곡면 구조로 하여 청소가 용이할 것 등

  (래) 신속 배출 : 환기량, 필터링, 적절한 기류 분포 등 확보

  (매) 기타 : 바닥의 건조화, 외부 미생물의 침입 방지(동선 계획), 정기적인 청소 및 소독이 필요

(2) 온도 관리

① 미생물의 증식을 억제하기 위하여 실내온을 너무 낮추면 냉방비 과다 혹은 작업환경의 악화(Cold Draft 등) 등이 있을 수 있으므로 주의가 필요하다.

② 설정 온도 : 작업 공정상 필요 온도에 따를 것(원료 및 제품의 온도, 품질 유지, 작업

환경 등)

③ 세정 시에 발생하는 열과 증기 : 단시간에 배출 가능한 환기량 확보 필요

④ 가열 공정의 차단벽 설치(복사 열전달 방지), 출입구의 에어록 설치, 급·배기공정 밸런스 조절 등에 의해 다른 공정으로의 영향을 최소화한다.

⑤ 외부 혹은 설정 온도가 다른 구역 간에 작업자 이동, 대차 이동이 빈번하여 문의 잦은 개방으로 온도 관리가 어려울 수 있으므로 주의가 필요하다.

(3) 습도 관리

높은 습도는 환경미생물 증식의 좋은 조건이므로, 다음에 주의한다.

① 여러 작업 중에 발생할 수 있는 증기를 확실히 배출하는 환기설비가 필요하다.

② 증기의 배출이 불충분하면 천장, 벽면에 결로가 발생되어 미생물이 급격히 증식하며 물방울 낙하 등으로 제품의 오염이 우려된다.

③ 제어실 혹은 벽면에 습도계를 부착하고, 항상 적정한 습도 관리가 필요(필요 시 항온 항습 기능의 냉방설비 도입 필요)하다.

(4) 덕트설비

① 덕트의 재질 : 공조덕트 재질 자체가 내부식성일 것(스테인리스 등)

② 덕트 보온재 등에 의한 2차 오염의 발생 방지(무해, 친환경 보온재가 유리)

③ 덕트 연결 부위 혹은 플랜지 부위 : 에어 누설의 최소화, 기밀상태 유지

④ 고속덕트보다 저속덕트(15m/s 이하)가 유리(보온재 박리나 분진 유출 등 방지)

(5) 결로방지 대책

① 미생물의 증식 억제를 위한 작업장 내 저온화, 제조 공정에서의 증기 발생, 세정을 위한 온수 혹은 스팀 사용 등으로 결로 우려가 있다.

② 결로는 실내의 온도조건, 외부공기의 조건, 건축물 구성부의 재질, 환기 상태, 실내의 증기발생량 등의 수많은 요인에 의해 발생 가능하다.

③ 설계 단계에서부터 내부결로, 표면결로를 잘 평가하여 적절한 단열설계, 방습조치가 필요하다.

④ 실내공기 정체 방지 : 실내공기가 체류하지 않는 기류계획 실행 필요(특히 천장 안쪽은 방화구획 등에 의한 공기의 정체가 일어나지 않도록 환기계획 철저)

⑤ 고온·다습한 작업 조건의 작업장에서는 국소배기장치를 설치하여 작업 구역의 열과 습기의 확산을 방지하고, 공기 흡·취출구 등에서의 결로에 의한 응축수 낙하 방지가 필요하다.

⑥ 내습성 재료 등 : 곰팡이와 균의 발생 원인이 되는 결로를 방지할 수 있도록 내습성 재질이나 단열재 등을 사용하고, 정체 공기가 없도록 공간 설계

3-10　GMP(우수의약품 제조관리)

(1) GMP의 정의

① 의약품의 안정성과 유효성을 품질 면에서 보증하는 기본 조건으로서의 우수 의약품 제조관리(기준)이다.

② 품질이 고도화된 우수의약품을 제조하기 위한 여러 요건을 구체화한 것으로 원료의 입고에서부터 출고에 이르기까지 품질관리의 전반에 이르러 지켜야 할 규범이다.

③ KGMP(The Good Manufacturing Practice for Pharmaceutical Products in Korea) : 의약품의 제조업 및 소분업이 준수해야 할 우리나라의 기준이다.

(2) GMP의 목적

현대화·자동화된 제조 시설과 엄격한 공정관리로 의약품 제조 공정상 발생할 수 있는 인위적인 착오를 없애고 오염을 최소화함으로써 안정성이 높은 고품질의 의약품을 제조하는 데 목적이 있다.

(3) GMP의 운영

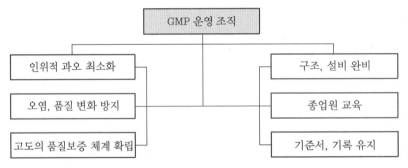

(4) 기술의 동향

① GMP 제도는 미국이 1963년 제정하여, 1964년 처음으로 실시하였다.

② 1968년 세계보건기구(WHO)가 그 제정을 결의하여 이듬해 각국에 권고하였다.

③ 독일이 1978년, 일본이 1980년부터 실시하였다.

④ 한국은 1977년에 제정, 업계의 자율적 실시 및 점차 규제화를 진행하고 있다.

⑤ 2007년 이후부터 의료기기에 대한 GMP 지정 전면 시행을 시작으로, 의약품에 대해서는 2008년 신약에의 적용부터 시작해 단계적으로 GMP제도를 확대 실시해 오고 있다.

3-11 친환경 건축물 계획

(1) 건축의 3대 필수 요소는 기능, 형태, 구조이다. 이 세 가지는 어느 하나가 더 중요하다기보다는 상호 보완적이며, 어느 하나라도 없어서는 안 될 중요한 요소이다.

(2) "인간은 건물을 만들고, 건물은 다시 인간을 만든다."는 말처럼 건축과 인간은 거의 모든 영역에서 서로 깊은 영향을 주고받는다고 할 수 있다.

(3) 건축물 및 에너지 환경에 영향을 미치는 요소

① 기후 및 풍토적 요소 : 온·습도, 강수량, 바람 및 지형, 지질 등의 자연적 요소를 말하며, 지붕의 형태, 경사 그리고 창의 크기 등이 기후에 따라 크게 변하는 것을 들 수 있다.

② 사회·문화적 요소 : 사람들의 이념, 제도, 인습적 행위 및 사회정신, 세계관, 국민성 등의 요소를 말하며, 이것은 비슷한 자연조건하의 여러 나라가 서로 다른 건축 형태를 지니는 이유를 잘 설명해 줄 수 있다.

③ 정치 및 종교적 요소 : 봉건시대에는 왕과 귀족을 위한 건축, 신을 위한 건축이 주류를 이루었고, 민주주의 시대에는 대중을 위한 학교, 병원 등의 건축이 많아졌다.

④ 재료 및 기술적 요소 : 사용 가능한 건축 재료와 이를 구성하는 기술적인 방법에 따라 건축물의 형태는 크게 변화한다.

⑤ 기타 : 경제적 요소(건축을 위한 투자 금액의 규모, 구매 방법 등) 및 건축가의 개성 등에 영향을 받는다.

(4) 기능적 고려 사항

① 거실 공간, 아동 공간(공부방 등)은 남쪽에 배치하여 겨울철 일광을 충분히 받게 한다.

② 침실의 경우는 적어도 한두 번의 일사를 받을 수 있어야 한다.

③ 남쪽에 두는 부엌은 겨울철의 작업에는 유리하나, 여름철 식료품의 변질 등에 특별한 유의를 하여야 한다.

④ 전체 건물의 방위로서 남쪽 이외는 동쪽으로 18° 이내와 서쪽으로 16° 이내가 가장 합리적인 방향이 된다.

⑤ 거실은 일조를 고려하여 높은 천장과 역동적인 내부 공간, 경사 지형을 고려하여 지하층에 설치할 수도 있다.

(5) 동선계획의 원칙

① 동선은 일반 생활의 움직임을 표시하는 선이며 동선이 가지는 요소는 빈도, 속도, 하중의 세 가지이다.

② 주택의 동선은 개인, 사회, 가사 노동권의 3개의 동선이 서로 분리되어 간섭이 없어야 한다. 동선이 혼란되면 독립성이 상실된다.

③ 특히 복도 없는 거실은 이러한 결점이 생긴다. 가능한 복도를 두어 방의 프라이버시(Privacy)를 살리는 경우가 유리하다.

3-12 건축물 대지의 조성

(1) 대지의 선정 조건

① 사회적 조건

㈎ 교통이 편리하고 통근 거리에 무리가 없을 것

㈏ 학교, 의료시설, 도서관, 공원 등이 근접해 있을 것

㈐ 판매시설이 주변에 있을 것

㈑ 소음, 공해 등이 없을 것

㈒ 상하수도, 가스, 전기, 통신시설 등이 갖추어져 있을 것

② 물리적 조건

㈎ 저습지, 매립지, 부식토질 등이 아니고 북쪽으로 경사지지 않은 평탄한 부지일 것

㈏ 일조와 통풍이 좋은 자연환경일 것

(2) 배치 계획

① 일반적으로 남사면 배치는 겨울철 열 취득에 유리하다(위쪽으로 갈수록 여름철 고온·다습 현상도 어느 정도 해결 가능함).

② 북사면 배치는 겨울이 비교적 온화하고 여름이 더운 기후의 지역에 유리하다.

③ 남쪽 주출입구와 북쪽 서비스 출입구의 분리, 경사지형에 순응하는 건물의 배치 및 조경 계획이 좋다.

④ 주택대지는 일조와 통풍이 잘 되고, 전망이 좋으며, 정원도 유효하게 사용할 수 있는 것이 이상적이다.

⑤ 대지가 좁아서 정원을 마음대로 만들 수 없을 때는 거주 부분을 건물의 2층에 두고 1층을 필로티(Pilotis)로 하여 뜰의 일부로 사용하거나, 대지가 경사지일 때에는 그것을 살려 2층에서 들어가 층의 밑을 침실로 하는 등, 대지의 유효한 이용 방법을 여러 가지로 생각할 수 있다.

⑥ 일조 관계는 법규로서 규정된 최저의 조건보다도 태양이 가장 낮은 동지 때의 태양 광선을 충분히 받을 수 있어야 한다.

⑦ 대지의 모양은 정4각형 또는 남향으로 조금 긴 편이 정원을 두거나 계획하는 데 편리하다. 일반적인 주택의 평면 상태는 대체로 동서로 조금 긴 직4각형이 되는 경우가 많다(남북 방향으로 긴 건물은 넓은 서측면 때문에 냉방부하가 과대해질 수 있다).

⑧ 대지는 최소한 2m 이상의 도로에 접하지 아니하면 건축물을 건축할 수 없게 되어 있다. 도로에 접하지 못하여 법적으로 대지가 될 수 없는 토지를 맹지(盲地)라고 한다.

⑨ 대지의 식생은 일사량, 풍속 조절, 습도 조절 등에 유리하다(특히 여름에 무성한 활엽수 등이 건물의 에너지 절약 측면에서 유리함).

⑩ 강, 호수, 연못 등 : 미기후로 인한 기온 변화의 편차를 줄여 준다(물의 열용량 및 증발 효과 때문임).

⑪ 기타의 고려 사항

㈎ 건물의 배치 시 겨울철 음영이 적도록 특히 주의(인동간격, 주변 장애물 등 과의 배치에 주의)

㈏ 고층건물은 낮은 건물보다 북쪽에 둘 것

㈐ 여름철, 겨울철을 모두 고려하여 활엽수(약 5~10m 높이)는 남측면에 배치

㈑ 콘크리트보다 흙(토양)으로 된 마당이 부하경감 및 Time Lag(시간 지연 효과)에 유리

(3) 평면계획

① 주된 생활공간은 남향으로 하고 창고, 통로 등은 북향으로 하는 것이 유리하다.

② 더운 지역은 바람이 불어오는 방향에 개구부를 둔다.

③ SVR(Surface area to Volume Ratio) : SVR이 작은 건물이 외피를 통한 열 손실을 줄여준다. 이 점에서는 정방형 건물 및 돔형 건물이 가장 유리하다.

④ 거실의 조망과 향을 최대한 고려, 가족 중심의 여유 있는 공용 공간과 최소 규모의 개별 공간 구성, 중정을 중심으로 거실 공간, 부부 공간, 아이들 공간, 주방 및 손님 공간 등 4가지 공간을 1개 층으로 구성하는 것이 좋다.

⑤ 지하층을 활용할 수 있으면 지하층에는 주차장, 기계실 및 피트 계획 등이 유리하다.

3-13 공동주택과 녹지공간

(1) 공동주택

① 플랫형(Plat Type)

㈎ 주거 단위가 동일 층에 한하여 구성되는 방식이며, 각 층에 통로, 또는 엘리베이터를 설치하게 된다.

㈏ 일반적으로 우리나라에서 쓰이는 아파트의 주거 단위의 형식이 이에 속한다.

㈐ 유럽에서는 플랫이라는 용어가 아파트의 뜻으로 쓰이기도 한다.

② 스킵형(Skip Floor Type)

㈎ 주거 단위의 단면을 단층형과 복층형에서 동일 층으로 하지 않고 반 층씩 엇나가게 하는 형식을 말한다.

③ 메조넷형(Maisonette Type)

㈎ 작은 저택의 뜻을 지니고 있는 '메조넷'은 하나의 주거 단위가 복층 형식을 취하는 경우로, 단위 주거의 평면이 2개 층에 걸쳐 있을 때 듀플렉스형(Duplex Type), 3개 층에 있을 때 트리플렉스형(Triplex Type)이라 한다.

㈏ 통로는 상층 또는 하층에 배치할 수 있으므로 유효면적이 증가하고 통로가 없는 층의 평면은 프라이버시와 통풍 및 채광 등이 좋아진다.

(2) 녹지공간

① 녹지공간의 종류

㈎ 방음식재 : 방음식재는 도로나 주차장 등의 주변에 소음 및 공명을 흡수하는 식재로 상당한 넓이가 필요하다. 특히 주거 환경 보호를 위해서 큰 규모가 필요하다.

㈏ 방풍식재 : 건축물 주변의 바람(강풍)을 막을 수 있는 식재로 역시 상당한 넓이가 필요하다.

㈐ 차폐식수 : 차량이나 사람의 보행 교통에 주민의 프라이버시와 시환경(視環境)을 보호하는 것이 목적이다. 울타리의 높이는 1.8m 이상이다.

㈑ 녹음식재 : 놀이터, 벤치 등을 직사광선으로부터 차폐하는 것으로 낙엽수 등을 사용한다. 주차장용에는 무방하다.

㈒ 수경식재 : 주거단지의 조성지면의 회복을 도모하기 위해 수목이나 잔디 등을 이용한다.

㈓ 위생식재 : 지표의 건조를 예방한다.

② 녹지의 기능

㈎ 차음성 : 식재의 차음성은 수림의 너비, 나무 높이, 밀도가 높아지면 효과적이다. 또 음원과 가까운 것이 좋다.

    (나) 냉각효과 : 녹지가 일광을 흡수하며 기온을 떨어뜨린다. 수증기 증발도 잠재열을 없애고 환경을 냉각시킨다.

    (다) 방풍효과 : 수림의 방풍효과는 상부 측에서는 수고(樹高)의 6배, 하부 측에서는 35배까지 있다. 수림대의 밀도는 60%가 좋다.

③ 녹지의 조성

    (가) 잔디 조성 : 잔디는 그 식수 장소, 목적, 규모 등에 의해 종류를 선택하여야 한다. 감상을 목적으로 할 때는 비교적 인적이 드문 곳에 보통잔디, 한국잔디, 티프트잔디가 좋다. 잔디는 유지 관리가 극히 중요하므로 관리의 배려가 필요하다.

    (나) 화단 조성 : 어떤 종류의 화초를 심더라도 주변과 조화를 이루도록 한다. 전체적으로는 다년생 화단의 영구화단을 주체로 하며, 1~2년초를 변화 요소로 한다. 계절감을 느낄 수 있도록 개화 시기가 집중되지 않도록 한다.

도심 녹화의 전경

3-14 자연형 태양열주택 시스템

(1) 개요

① 무동력으로 태양열을 난방 등의 목적으로 이용하는 방법이다.

② 낮 동안에 태양에 의해 데워진 공기 혹은 구조체(축열)가 대류 혹은 복사의 원리로 주간 및 야간에 사용처로 전달되어 난방으로 활용되는 방식이다.

(2) 종류 및 특징

① 직접획득형(Direct Gain)

(가) 일사량의 일부는 직접 사용

(나) 일사량의 일부는 벽체 및 바닥에 저장(축열) 후 사용

(다) 여름철을 대비하여 차양 설치 필요

(라) 장점

㉮ 건축물 시공에 일반화되어 있고, 추가비(Cost)가 거의 없다.

㉯ 계획 및 시공이 용이하다.

㉰ 창의 재배치로 일반 건물에 쉽게 적용할 수 있다.

㉱ 집열창이 조망, 환기, 채광 등의 다양한 기능을 유지한다.

(마) 단점

㉮ 주간에 햇빛에 의한 눈부심이 발생하고 자외선에 의한 열화현상이 발생하기 쉽다.

㉯ 실온의 변화폭이 크고 과열현상이 발생하기 쉽다.

㉰ 유리창이 크기 때문에 프라이버시가 결핍되기 쉽다.

㉱ 축열부가 구조적 역할을 겸하지 못하면 투자비가 증가된다.

㉲ 효과적인 야간 단열을 하지 않으면 열 손실이 크게 된다.

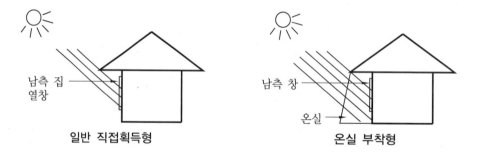

일반 직접획득형   **온실 부착형**

② 온실 부착형(Attached Sun Space)

(가) 남쪽 창측에 온실을 부착하여, 온실에 일단 태양열을 축적한 후 필요한 인접 공간에 공급하는 형태(분리 획득형으로 분류하는 경우도 있음)이다.

(나) 온실의 역할을 겸하므로, 주거공간의 온도 조절이 용이하다.

(다) 장점

㉮ 거주공간의 온도 변화폭이 적다.

㉯ 휴식이나 식물 재배 등 다양한 기능을 갖는 여유 공간을 확보할 수 있다.

㉰ 기존 건물에 쉽게 적용할 수 있다.

㉱ 디자인 요소로서 부착온실을 활용하면 자연을 도입한 다양한 설계가 가능하다.

(라) 단점

　㉮ 온실의 부착으로 초기투자비가 비교적 높다.

　㉯ 설계에 따라 열성능에 큰 차이가 나타난다.

　㉰ 부착온실 부분이 공간 낭비가 될 수 있다.

③ 간접획득형(Indirect Gain, Trombe Wall, Drum Wall)

　(가) 콘크리트, 벽돌, 석재 등으로 만든 축열벽형을 '트롬월(Trombe Wall)'이라 하고, 수직형 스틸 Tube(물을 채움)로 만든 물벽형을 '드럼월(Drum Wall)'이라고 한다.

　(나) 축열벽 등에 일단 저장 후 '복사열'을 공급한다.

　(다) 축열벽 전면에 개폐용 창문 및 차양을 설치한다.

　(라) 축열벽 상·하부에 통기구를 설치하여 자연대류를 통한 난방도 가능하다.

　(마) 물벽, 지붕연못 등도 '간접획득형'에 해당한다.

　(바) 축열벽의 집열창 쪽은 검은색, 방(거주역) 쪽은 흰색으로 하는 것이 유리하다.

　(사) 장점

　　㉮ 거주공간의 온도 변화가 적다.

　　㉯ 일사가 없는 야간에 축열된 에너지의 대부분이 방출되므로 이용 효율이 높다.

　　㉰ 햇빛에 의한 과도한 눈부심이나 자외선의 과다 도입 등의 문제가 없다.

　　㉱ 우리나라와 같은 추운 기후에서 효과적이다.

　　㉲ 태양의존율 측면 : '간접획득형'의 태양의존율은 보고에 따르면 약 27% 정도에 달하는 것으로 알려져 있으며, 설비형 태양열 설비(태양열 의존율이 50~60% 정도)의 절반 수준이다. 단, 설비형은 투자비가 과다하게 들어가는 단점이 있다.

　(아) 단점

　　㉮ 창을 통한 조망 및 채광이 결핍되기 쉽다.

　　㉯ 벽의 두께가 크고 집열창과 이중으로 구성되어 유효공간을 잠식한다.

　　㉰ 효과적으로 집열창에 대한 야간 단열을 하기가 용이하지 않다.

　　㉱ 건축디자인 측면에 있어서 조화 있는 해결이 용이하지 않다.

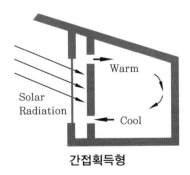

간접획득형

> 칼럼 🔍 **축열지붕형(Roof Pond) 태양열주택**
>
> 1. 지붕연못형이라고도 하며 축열체인 액체가 지붕에 설치되는 유형의 간접획득형 태양열주택이다.
> 2. 난방 기간에는 주간에 단열패널을 열어 축열체가 태양열을 받도록 하며, 야간에는 저장된 에너지가 건물의 실내로 복사되도록 한다.
> 3. 냉방 기간에는 주간에 실내의 열이 지붕 축열체에 흡수되고 강한 여름 태양빛으로부터 단열되도록 단열 패널을 닫고 야간에는 축열체가 공기 중으로 열을 복사, 방출하도록 단열패널을 열어 둔다.

④ 분리획득형(Isolated Gain)

  ㈎ 축열부와 실내공간을 단열벽으로 분리시키고, 대류현상을 이용하여 난방을 실시한다.

  ㈏ 자연대류형(Thermosyphon)의 일종이며, 공기가 데워지고 차가워짐에 따라서 자연적으로 일어나는 공기의 대류에 의한 유동 현상을 이용한 것이다.

  ㈐ 태양이 집열판 표면을 가열함에 따라 공기가 데워져서 상승하고 동시에 축열체 밑으로부터 차가운 공기가 상승하여 자연대류가 일어난다.

  ㈑ 장점

    ㉮ 집열창을 통한 열 손실이 거의 없으므로 건물 자체의 열 성능이 우수하다.

    ㉯ 기존의 설계를 태양열시스템과 분리하여 자유롭게 할 수 있다.

    ㉰ 온수 급탕에 적용할 수 있다.

  ㈒ 단점

    ㉮ 집열부가 항상 건물 하부에 위치하므로 설계의 제약조건이 될 수 있다.

    ㉯ 일사가 직접 축열되지 않고 대류공기로 축열되므로 효율이 떨어진다.

    ㉰ 시공 및 관리가 비교적 어렵다.

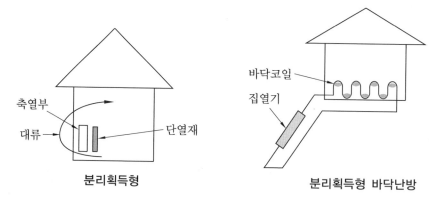

분리획득형   분리획득형 바닥난방

⑤ 이중 외피구조형(Double Envelope)

  ㈎ 이중 외피구조형은 건물을 2중 외피로 하여 그 사이로 공기가 순환되도록 하는

형식을 말한다.

(나) 겨울철 주간에 부착온실(남측면에 보통 설치)에서 데워진 공기는 2중외피 사이를 순환하게 되며, 바닥 밑의 축열재를 가열하게 된다.

(다) 겨울철 야간에는 남측에서 가열된 공기가 북측벽과 지붕을 가열하여 열 손실을 막는다.

(라) 여름철에는 태양열에 의해 데워진 공기를 상부로 환기시켜 건물의 냉방부하를 경감시킨다.

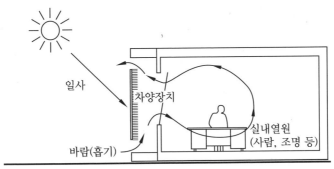

이중외피(Double Envelope) 적용사례

3-15 태양광 자연채광시스템

태양광 자연채광시스템은 자연 태양광으로부터의 백색광을 우리 생활에 도입하여 주간에 건물 내 인공 조명장치를 켜지 않아도 밝게 생활할 수 있게 하게 위한 시스템이다. 이 시스템의 가장 큰 특징은 연색성이 가장 우수한 자연 태양광을 조명원으로 활용할 수 있어 인간의 시력 건강과 성능 만족도에 가장 좋다는 점과 추가적인 전기에너지의 소모가 전혀 없다는 점이다.

(1) 광덕트(채광덕트) 방식

① 채광덕트는 외부의 주광을 덕트를 통해 실내로 유입하는 장치이고 태양광을 직접 도입하기보다는 천공산란광, 즉 낮 기간 중 외부조도를 유리면과 같이 반사율이 매우 높은 덕트 내면으로 도입시켜 덕트 내의 반사를 반복시켜 가면서 실내에 채광을 도입하는 방법이다.

② 채광덕트는 채광부, 전송부, 발광부로 구성되어 있고 설치 방법에 따라 수평 채광덕트와 수직 채광덕트로 구분한다.

③ 빛이 조사되는 출구는 보통 조명기구와 같이 패널 및 루버로 되어 있으며 도입된 낮기간의 빛이 이곳으로부터 실내에 도입된다.

④ 야간에는 반사경의 각도를 조정시켜 인공조명을 점등하여 보통 조명기구의 역할을 하게 한다.

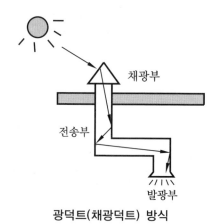

광덕트(채광덕트) 방식

(2) 천장 채광조명 방식

① 지하 통로 연결 부분에 천장의 개구부를 활용하여 천창 구조식으로 설계하여 자연채광이 가능하도록 함으로써 자연채광조명과 인공조명을 병용한다.

② 특히 정전 시에도 자연채광에 의하여 최소한의 피난에 필요한 조명을 확보할 수 있도록 하고 있다.

(3) 태양광 추미 덕트 조광장치

① 태양광 추미식 반사장치와 같이 반사경을 작동시키면서 태양광을 일정한 장소를 향하게 하여 렌즈로 집광시켜 평행광선으로 만들어 좁은 덕트 내를 통하여 실내에 빛을 도입시키는 방법이다.

② 자연채광의 이용은 물론이고, 조명 전력량의 많은 절감을 가져다줄 수 있는 시스템이다.

(4) 광파이버(광섬유) 집광장치

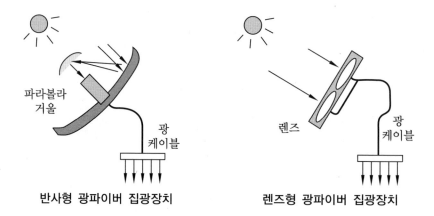

반사형 광파이버 집광장치   렌즈형 광파이버 집광장치

① 이 장치는 태양광을 콜렉터라 불리는 렌즈로서 집광하여 묶어 놓은 광파이버 한쪽에 빛을 통과시켜 다른 한쪽에 빛을 보내 조명하고자 하는 부분에 빛을 비추도록 하는 장치이다.

② 큰 건물에서는 복수의 콜렉터를 태양의 방향으로 향하게 하여 태양을 따라가도록 한다.

(5) 프리즘 윈도우

① 비교적 위도가 높은 지방에서 많이 사용되며 자연채광을 적극적으로 실(室) 안쪽 깊숙한 곳까지 도입시키기 위해서 개발된 장치이다.

② 프리즘 패널을 창의 외부에 설치하여 태양으로부터의 직사광이 프리즘 안에서 굴절되어 실(室)을 밝히게 하는 것이다.

(6) 광파이프 방식

① Pipe 안에 물이나 기름 대신 빛을 흐르게 한다는 개념이다.

② 이것은 기존에 거울을 튜브의 벽면에 설치하여 빛을 이동시키고자 하는 것이었다(하지만, 이 시도는 평균적으로 95%에 불과한 거울의 반사율 때문에 실용화되지는 못했다).

③ 거울 대신 설치하는 OLF(Optical Lighting Film)의 반사율은 평균적으로 99%에 달하는 것으로 알려져 있다(OLF는 투명한 플라스틱으로 만들어진 얇고 유연한 필름으로서, 미세 프리즘 공정에 의해 한 면은 매우 정교한 프리즘을 형성하고 있고, 다른 면은 매끈한 형태로 되어 있다. 이러한 프리즘 구조가 독특한 광학특성을 만들어 낸다).

④ 장점

㈎ 높은 효율로 인한 에너지 소모비 절감

㈏ 깨질 염려가 없으므로 낙하, 비산에 따른 산재 예방

㈐ 자연광에 가까우며 UV방출이 거의 없음

㈑ 환경 개선(수은 및 기타 오염물질 전혀 없음)

㈒ 열이 발생하지 않음

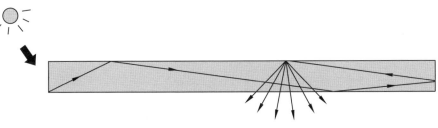

광파이프 방식

(7) 광선반 방식

① 실내 깊숙한 곳까지 직사광을 사입시킬 목적으로 개발되었으며, 천공광에 의한 채광 창의 글레어를 방지할 수도 있는 시스템이다.

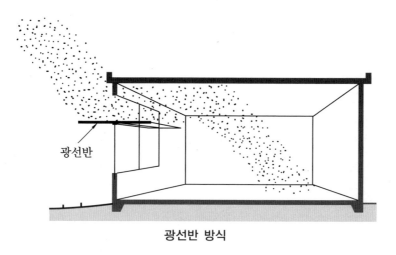

광선반 방식

② 창의 방향, 실(室)의 형상, 위도, 계절 등을 고려하여야 하며, 충분한 직사일광이 가능한 창에 적합하다.

③ 동향이나 서향의 창 및 담천공이 우세한 지역에는 적합하지 않다.

(8) 반사거울 방식

① 빛의 직진성과 반사원리에 의해 별도의 전송부 없이 빛을 전달하므로 장거리 조사도 가능하다.

② 주광조명을 하고자 하는 대상물 이외의 장소에 빛이 전달되지 않도록 면밀한 주의가 필요하다.

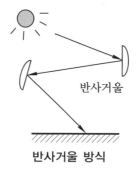

반사거울 방식

3-16 연돌효과와 역연돌효과

(1) 연돌효과(煙突效果)는 굴뚝효과라고도 하며, 건물 안팎의 온·습도 차에 의해 밀도 차가 발생하고, 따라서 건물의 위·아래로 공기의 큰 순환이 발생하는 현상을 말한다.

(2) 최근 빌딩의 대형화 및 고층화로 연돌효과에 의한 작용압은 건물 압력 변화에 영향을 미치고, 냉·난방부하의 증가에 중요 요소가 되고 있다.

(3) 외부의 풍압과 공기부력도 연돌효과에 영향을 주는 인자이다.

(4) 이 작용압에 의해 틈새나 개구부로부터 외기의 도입을 일으키게 된다.

(5) 건물의 위아래쪽의 압력이 서로 반대가 되므로 중간의 어떤 높이에서 이 작용압력이 0이 되는 지점이 있는데, 이곳을 중성대라 하며 건물의 구조 틈새, 개구부, 외부 풍압 등에 따라 다르지만 대개 건물 높이의 1/2 지점에 위치한다.

(6) 연돌효과의 문제점
  ① 극간풍(틈새바람) 부하의 증가로 에너지소비량의 증가
  ② 지하주차장, 하층부 식당 등에서의 오염공기의 실내 유입
  ③ 창문 개방 등 자연환기의 어려움

④ 엘리베이터 운행 시 불안정

⑤ 휘파람소리 등의 소음 발생

⑥ 실내설정압력 유지 곤란(급배기량 밸런스의 어려움)

⑦ 화재 시 수직방향 연소확대 현상의 발생

(7) 연돌효과의 개선 방안

① 건출물을 고기밀 구조로 설계·시공한다.

② 실내외 온도 차를 작게 한다(대류난방보다는 복사난방을 채용하는 등).

③ 외부와 연결된 출입문(1층 현관문, 지하주차장 출입문 등)은 회전문, 이중문 및 방풍실, 에어커튼 등 설치, 방풍실 가압 등을 행한다.

④ 오염실은 별도 배기하여 상층부로의 오염확산을 방지한다.

⑤ 적절한 기계환기 방식을 적용(환기유니트 등 개별환기장치도 검토)한다.

⑥ 공기조화장치 등 급배기팬에 의한 건물 내 압력 제어를 한다.

⑦ 엘리베이터 조닝(특히 지하층용과 지상층용은 별도로 이격분리)을 한다.

⑧ 구조층 등으로 건물의 수직구획을 한다.

⑨ 계단으로 통하는 출입문은 자동닫힘구조로 한다.

⑩ 층간구획, 출입문 기밀화, 이중문 사이에 강제대류 컨벡터 혹은 FCU를 설치한다.

⑪ 실내를 가압하여 외부압보다 높게 한다.

(8) 틈새바람의 영향

① 바람 자체(풍압)의 영향 : Wind Effect

$$\triangle Pw = C \cdot \frac{V^2}{2g} \cdot r \ \ (\text{kgf/m}^2 = 9.81\text{Pa})$$

② 공기밀도 차 및 온도 영향 : Stack Effect

$$\triangle Ps = h \cdot (r_i - r_o) \ \ (\text{kgf/m}^2 = 9.81\text{Pa})$$

여기서, • 풍압계수(C)

- C_f(풍상) : 풍압계수(실이 바람의 앞쪽일 경우, C_f = 약 0.8~1)
- C_b(풍하) : 풍압계수(실이 바람의 뒤쪽일 경우, C_b = 약 −0.4)

• 공기비중량(r : kgf/m³)

• 외기속도(V : m/s, 겨울 7, 여름 3.5)

• 창문 지상높이에서 중성대 지상높이 뺀 거리(h : m)

• 실내외공기 비중량(r_i, r_o : kgf/m³)

③ 연돌효과와 역연돌효과

㈎ 겨울철 : 연돌효과(Stack Effect) 발생

㉮ 외부 지표에서 높은 압력 형성→ 침입공기 발생

㉯ 건물 상부 압력 상승→ 공기 누출

(나) 여름철 : 역연돌효과(Reverse Stack Effect) 발생

　㉮ 건물 상부 : 침입공기 발생

　㉯ 건물 하부 : 누출공기 발생

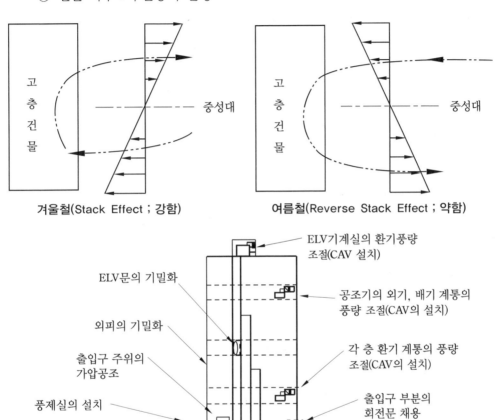

겨울철(Stack Effect ; 강함)　　여름철(Reverse Stack Effect ; 약함)

연돌효과 방지 대책(사례)

3-17　이중외피(Double Skin) 방식

(1) 배경

① 초고층 주거건물에서의 자연환기 부족과 풍압의 문제는 현재의 일반적인 창호시스템으로는 해결이 어렵다(초고층의 고풍속으로 창문 등의 개폐가 간단하지 않을 뿐 아니라 유입풍속이 강해 환기의 쾌적성 또한 떨어지게 된다).

② 초고층건물에서도 자연환기가 가능한 창호시스템을 고안할 때 우선적으로 고려되는 방법이 '이중외피(Double Skin)' 방식이다.
③ 1970년대 후반 에너지파동과 맞물려 유럽을 중심으로 시작된 자연보호운동, 그리고 건물 재실자(특히 사무실 근무자)들의 강제환기에 대한 거부감 증대 등을 배경으로 자연환기의 중요성이 부각되었고, 1990년대 중반부터 이중외피가 초고층 사무소 건물에 많이 설치되어 자연환기와 건물 에너지 절약에 기여하고 있다.

(2) 이중외피의 원리
이중외피는 중공층(공기층)을 사이에 두고 그 양쪽에 구조체(벽체, 유리 등)가 설치된 구조로 고단열성과 고기밀성, 축열, 일사차폐 등으로 냉난방부하를 절감하여 에너지를 절약할 수 있는 구조체 방식이며, 자연환기에도 상당히 유리한 방식이다.

(3) 이중외피 시스템의 장점
① 자연환기 가능(최소한 봄, 가을)
② 재실자의 요구에 의해 창문 개폐 가능(심리적 안정감)
③ 기계공조를 함께 할 경우에도 설비규모의 최소화
④ 실외 차양장치의 설치효과와 대류효과로 냉방에너지 절약
⑤ 겨울의 온실효과로 난방에너지 절약(두 외피 사이 공간의 완충기능)
⑥ 고속기류의 직접적 영향(맞바람) 감소
⑦ 소음 차단효과 향상(고층건물 외에 고속도로변이거나 공항 근처와 같이 소음이 심한 상황에 접해 있는 중·저층 건물도 포함)

(4) 이중외피 시스템의 종류별 특징
이중외피 시스템의 종류로는 다음과 같이 상자형 유리창 시스템, 커튼월 이중외피 시스템, 층별 이중외피 시스템 등 여러 가지 형식이 개발되고 있다.
① 상자형 유리창 시스템
   ㈎ 이 시스템은 창문 부분만 이중외피 형식으로 되어 있고, 그 이외의 부분은 일반 건물의 경우와 마찬가지의 외벽체로, 그리고 창문 바깥쪽에 블라인드 형식의 차양장치로 구성되어 있다.
   ㈏ 건물의 층별, 또는 실별로 설치될 수 있어 편리하다.
   ㈐ 초고층 주거건물에서는 외부창을 포함한 두 개의 창문을 모두 열 수는 없으므로 조금 더 응용된 형식으로 적용 가능성을 찾을 수 있다(즉, 외벽 한 부분에 굴뚝효과를 나타낼 수 있는 수직 덕트를 만들고 창과 창 사이의 공간을 연결시킨다. 수직 덕트 내에는 높이와 온도 차에 따른 부양현상으로 바깥 창의 고정에 의해 배기되지 못하는 열기나 오염된 공기를 외부로 빨아올리게 되어 환기를 유도하게 된다).

② 커튼월 이중외피 시스템

 ㈎ 커튼월 형식으로 창문이 있는 건물의 전면에 유리로 된 두 번째 외피를 장착한 이중외피 시스템을 말하는 것으로, 두 외피 사이의 공기 흐름을 위하여 흡기구는 건물의 1층 아랫부분에, 배기구는 건물의 최상층부에 설치된다.

 ㈏ 이 시스템의 경우 두 외피 사이의 공간 전체가 하나의 굴뚝덕트로 작용하여 환기를 위해 필요한 공기의 상승효과를 이끌어 낸다.

 ㈐ 이 시스템의 단점은 상층부로 갈수록 하층부에서 상승한 오염공기의 정체 현상으로 환기 효과가 떨어지고, 층과 층 사이가 차단되어 있지 않으므로 각 층에서 일어나는 소음, 냄새 등이 다른 층으로 쉽게 전파될 뿐 아니라 화재 발생 시에도 위층으로 화재가 확산될 위험이 큰 것이다.

 ㈑ 이 시스템은 환기를 위한 장점보다는 외부소음이 심한 곳에서 소음 차단에 더 효과적이라 할 수 있다.

③ 층별 이중외피 시스템

 ㈎ 각 층 사이를 차단시켜 '커튼월 이중외피 시스템'에서의 단점을 보완한 시스템이다.

 ㈏ 이 시스템의 가장 큰 특징은 각 층의 상부와 하부에 수평 방향으로 흡기구와 배기구를 두고, 각 室(아파트 또는 사무실)별로 흡기와 배기가 가능하도록 한 점이다.

 ㈐ 커튼월 이중외피 형태에서보다 좀 더 세분화시켜 환기를 조절할 수 있기 때문에 환기의 효과가 가장 우수한 시스템이다.

 ㈑ 층과 층 사이에 흡기구와 배기구가 상하로 아주 가까이 배치될 경우 아래층의 배기구에서 배기된 오염공기가 다시 바로 위층의 흡기구로 흘러 들어가게 되어 해당 층의 흡입공기의 신선도가 현저히 떨어질 수 있으므로 개구부의 배치계획에 세심한 주의가 필요하다.

 ㈒ 개구부의 크기는 외피 사이의 공간체적에 따라 결정되며, 형태는 필요에 따라 각 개구부를 한 장의 유리로, 또는 유리루버 방식으로 개폐가 가능하도록 설치하게 된다.

 ㈓ 근래 인텔리전트화한 건물에서는 실내의 온도, 습도, 취기 등의 정도에 따라 자동으로 조절이 가능한 장치를 설치하기도 한다.

 ㈔ 외피공간의 차양장치는, 가장 효과가 좋은 실외에 장착된 것과 같은 역할을 하게 되고, 이는 곧 여름철 실내온도의 상승을 억제하여 냉방에너지 절감에도 도움이 되는 것이다.

(5) 계절에 따른 이중외피의 특성

① 냉방 시의 계절특성

 ㈎ 중공층의 축열에 의한 냉방부하의 증가를 방지하기 위해 중공층(공기층)을 환기

시킨다(상부와 하부의 개구부를 댐퍼 등으로 조절).

(나) 구조체의 일사축열과 실내 일사유입을 차단하기 위해 중공층 내에 블라인드를 설치하여 일사를 차폐한다(전동블라인드 권장).

(다) Night Purge 및 외기냉방, 환기가 될 수 있는 공조방식과 환기방식을 선정한다.

(라) 야간에 냉방운전 필요 시 구조체 축열이 제거되게 되면 중공층을 밀폐하여 고기밀, 고단열 구조로 이용한다.

② 난방 시의 계절특성

(가) 실내가 난방부하 상태에서는 일사를 적극 도입하고 중공층을 밀폐시킨다(상하부 개구부 폐쇄).

(나) 이중외피의 내부 공간 중 남측에서의 취득열량을 북측, 동측, 서측으로 전달시켜 건물 전체의 외피가 따스한 상태로 만들어 준다(난방부하 경감).

(다) 중공층의 공기를 열펌프의 열원으로 활용 가능하다.

(라) 야간에는 고기밀 고단열 구조로 하기 위해 중공층을 밀폐한다(상하부 개구부 폐쇄).

(6) 이중외피의 세부 구획 방법

① Shaft Type : 높은 배기효율, 상하 소음 전달 용이

② Box Type : Privacy 양호, 소음 차단, 재실자의 창문조절 용이

③ Shaft-Box Type : Shaft Type + Box Type

④ Corridor Type : 중공층 사용 가능, Privacy 불리, 소음 전달 용이

⑤ Whole Type : 외부소음에 유익, 초기투자비 감소, 소음 전달 용이

Corridor Type 이중외피(사례) Whole Type 이중외피(사례) Whole Type 단면도

3-18 중수도 설비

(1) 개요
① 경제 발전에 의한 인구의 도시집중 및 생활 수준의 향상으로 인한 생활용수의 부족 현상과 일부 산업 지역에서의 공업용수 부족 등의 수자원 고갈의 문제가 점점 나타나고 있다.
② 이는 우리나라의 강우 특성이 계절별로 편중되어 있고 지형적 특성상, 유출량이 많은 데에 기인하는 것으로 용수의 안정적 공급을 위한 치수 관리는 물론 수자원의 유효 이용이 절실히 요구되고 있다.
③ 이와 같은 배경에서 수자원 개발의 일환으로 배수의 재이용이 등장하게 되었고, 법적으로도 일정 기준 이상의 건물에서는 배수 재이용(중수도)을 의무화하도록 하게 되었다.
④ 배수 이용의 목적은 급수뿐만 아니라 배수 측면에서도 절수하는 데 있다고 하겠다.
⑤ 배수 재이용의 대상은 공업용수를 사용하는 산업계와 수세 화장실의 세척 용수, 청소 용수 등의 일반 잡용수로 사용하는 생활계가 있다.

(2) 용도 및 효과
① 수세식 화장실 용수, 살수 용수, 조경 용수, 청소 용수 등의 용도로 주로 사용한다.
② 비용, 자원 회수, 하절기 용수 부족 문제 해결, 「환경보전법」상 총량규제에 따른 오염부하 감소 효과 등
③ 중수 용도별 등급 : 살수 용수(고급) > 조경 용수 > 수세식 화장실 용수(저질수)
④ 중수도 수질기준 : 대장균 수(개/mL), 잔류염소(mg/L), 외관, 탁도(도), BOD(mg/L), 냄새, pH, 탁도, COD 등의 9개 항목에 대하여 용도별 수질기준 이내로 억제

(3) 개방 순환 중수도 방식
처리수를 하천 등의 자연수계에 환원한 후, 재차 수자원으로 이용하는 방식이다.
① 자연 하류 방식 : 하천 상류에 방류한 처리수가 하천수와 혼합되어 하류부에서 취수하는 방식이다.
② 유량 조정 방식 : 처리수의 반복 이용을 목적으로, 갈수 시에 처리수를 상류까지 양수 환원한 후에, 농업용수나 생활용수로써 재이용하는 방식이다.

(4) 폐쇄 순환 중수도 방식
처리수를 자연계에 환원하지 않고, 폐쇄계 중에 인위적으로 처리수를 수자원화하여 직접 이용하는 방식이며 생활 배수계의 재이용 방식에 적용되고 있다(이 방식은 개별 순환, 지구 순환, 광역 순환의 3방식으로 분류된다).

① 개별 순환 방식

  ㉮ 개별 건물이나 공장 등에서 배수를 자체 처리하여 수세 화장실 용수, 냉각 용수, 세척 용수 등의 잡용수계 용수로 순환 이용하는 것을 말한다.

  ㉯ 이 방식의 특징

    ㉠ 배수 지점과 급수 지점이 근접하여 있으므로, 배관 설비가 간단하다.

    ㉡ 배수량과 급수량이 거의 비례하므로 배수의 이용효율이 높아진다.

    ㉢ 오수나 주방배수를 포함하지 않은 배수는 재이용하여 수세변소 세척수 등에 이용하고 방류하므로 처리 설비가 간단하다.

    ㉣ 한정된 범위에 시설되므로 관리가 용이하고, 비교적 BOD, COD 등의 높은 재이용수를 사용할 수 있다.

    ㉤ 규모가 작으므로 건설비, 보수 관리비 등이 높고, 그에 따른 비용이 높아진다.

    ㉥ 처리 과정에서 통상 오니가 발생된다(폐기물 처리 문제 발생).

② 지구 순환 방식

  ㉮ 대규모 집합 주택단지나 시가지 재개발 지구 등에서 관련 공사, 사업자 및 건축물의 소유자가 그 지구에 발생하는 배수를 처리하여 건축물이나 시설 등에 잡용수로써 재이용하는 방식이다.

  ㉯ 이 방식의 수원으로는 구역 내에서 발생한 하수처리수 등 외에 추가하여 하천수, 빗물 조정지의 빗물 등이 고려되고 있다.

  ㉰ 이 방식의 특징

    ㉠ 지구 내의 발생 하수를 수원으로 하면 공공하수도(공공수역)에의 방류량을 감소시킬 수 있고, 공급수의 대상이 정해진 지구 내에 한정되므로 급수설비의 건설비가 광역 순환 방식보다 저렴하게 된다.

    ㉡ 유지 관리가 용이하다.

    ㉢ 광역 순환 방식에 비교하여 처리 장치의 규모는 작아지나 처리 비용이 높아진다.

    ㉣ 시가지 재개발 지구에서는 처리 장치로부터 발생한 오니 등의 폐기물 처리가 문제된다.

③ 광역 순환 방식

  ㉮ 도시 단위의 넓은 지역에 재이용수를 대규모로 공급하는 방식이다.

  ㉯ 이 방식의 수원으로는 하수처리장의 처리수, 하천수, 빗물 조정지의 빗물, 공장배수 등이 대상이 된다.

  ㉰ 이 방식의 특징

    ㉠ 재이용수가 공급되므로 수요가는 인입관이 상수와 재이용수의 2계통이므로 유지 관리가 용이하다.

    ㉡ 규모가 크므로 단위 처리 비용이 저렴해진다.

ⓓ 배수 재이용 처리장치로부터 각 수요가까지의 배수관 등 제반설비의 건설비가 상승한다.

ⓔ 일반 가정 등에 공급할 경우에, 오접합에 의한 오음, 오사용의 위험성이 높다.

ⓕ 상수 사용량의 절감은 되지만 하수량은 삭감되지 않는다.

ⓖ 광역 순환 이용은 하수도 종말 처리장으로부터 처리수의 재이용 형태로 이루어 지고 있다.

ⓗ 이 방식의 수요는 공업용수 등에 한정되어 있으며, 시가지의 일반 수요가를 대 상으로 하는 것은 적다.

(5) 중수 처리 공정

① 생물학적 처리법(생물법)

㈎ 스크린 파쇄기 → (장기폭기, 회전원판, 접촉산화식) → 소독 → 재이용

㈏ 생물법은 비교적 저가(低價)에 속한다.

② 물리화학적 처리법

㈎ 스크린 파쇄기 → (침전, 급속여과, 활성탄) → 소독 → 재이용

㈏ 사용예가 비교적 적은 편이다.

③ (한외)여과막법

㈎ 원수 → VIB스크린(진동형, 드럼형) → 유량 조정조 → 여과막(UF법, RO법) → 활 성탄여과기 → 소독 → 처리소독 → 재사용

㈏ 건물 내 공간문제로 여과막법이 증가 추세이다.

㈐ 양이 적고, 막이 고가이다.

㈑ 회수율 70~80%이고 반투막이며 미생물 및 콜로이드 제거가 가능하다.

㈒ 침전조가 필요 없고 수명이 길다.

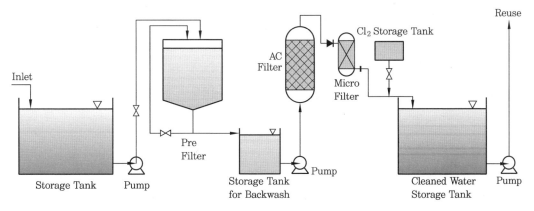

중수 처리 공정(사례)

3-19 빗물 이용 시스템

(1) 개요

① 빗물을 지하의 저장층 등에 모아 두고 화장실 등의 상수도를 필요로 하지 않는 부분에 사용하는 방법이다.

② 보통 간단한 시스템으로 초기투자비를 적게 계획, 빗물 저수조 크기는 가능한 크게 한다(사용량은 1 ~ 2개월분이 적당).

(2) 장치 구조

① 빗물 이용 장치 : 집우 설비, 빗물 인입관 설비, 빗물 저수조 등으로 구성

② 빗물 탱크의 구조

㈎ 사수 방지 구조로 방향성 계획, 청소 용이한 빗물 탱크 계획, 염소 주입 장치 등

㈏ 넘침관은 자연방류로 하수관 연결, 장마 및 태풍에 대비하여 통기관 및 배관은 크게 한다.

㈐ 빗물과 음용수 계통은 분리한다.

(3) 빗물 이용 문제점

① 산성우 대책 수립(초기 빗물 0.5mm 배제 등)

② 흙, 먼지, 낙엽, 새 분뇨 등의 혼입방지 대책 수립

③ 집중호우 및 정전 시 대책 수립

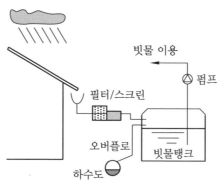

빗물 이용 시스템 개념도

(4) 독일의 빗물 이용 사례

① 독일에서는 빗물을 음용하게 되면 큰 문제가 발생할 위험이 있기 때문에, 일반 음용수 공급 상태를 규정한 법규에, 일부의 정원수를 제외하고는 모든 빗물 시설물과 음용수 시설물을 철저히 구분하고 있다. 1989년 제정된 독일표준규격(DIN)에 자세한

규정이 제시되어 있다.

② 예를 들면, 음용수의 공급라인, 빗물용 급수관망과 그 배출구에 각각 라벨을 붙여 구별하는 것 등이다.

③ 세부적인 규정으로는 '빗물 시스템과 음용수 시스템 상호 간에는 절대로 연결해서는 안 된다'는 것이 있으며, 이것은 DIN에 따라 공공 음용수 공급장치와는 뚜렷한 간격을 두고 빗물 공급시스템을 설치해야 한다고 규정되어 있다.

④ 관망의 표면에 구별을 확실히 하기 위하여 일정 구간마다 '음용수가 아님' 또는 '빗물'이라고 글귀를 적은 색상 테이프를 붙인다.

⑤ DIN 1989에서는 빗물 이용시설에 붙어 있는 배출구에 대하여 일 년에 한 번 이상 정기점검을 하도록 규정되어 있다.

⑥ 산성비의 우려가 높은 초기 강우의 분리는 슈트트가르트 도시 지역에서 수행된 조사 보고서에 의하면 불필요하다고 기록되어 있다. 독일의 환경부에서 발행되는 안내용 소책자에 의하면 헤센 지역은 초기 강우가 가정 내에서 유지 관리 용수로만 사용되기 때문에 일부러 배제하여 버릴 필요가 없다고 기술하고 있다.

(5) 빗물 처리 공정 사례

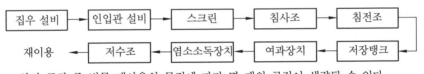

※ 상기 공정 중 빗물 재사용의 목적에 따라 몇 개의 공정이 생략될 수 있다.

3-20 쓰레기 관로수송 시스템

(1) 도입배경

① 쓰레기 관로수송 시스템은 1960년 스웨덴에서 개발 및 적용된 이후 현재 전 세계적으로 많은 시스템이 개발되어 가동 중에 있다.

② 스웨덴, 스페인, 일본 등의 나라가 선두적으로 적용하기 시작하였으며, 미국, 포르투갈, 네덜란드, 홍콩, 싱가포르 등도 많이 적용하고 있다.

③ 국내에서도 수도권을 중심으로 신도시의 개발이 활발하게 진행되면서 고부가가치의 생활문화 창조를 위해 쓰레기 관로수송 시스템(또는 쓰레기 자동집하시설)의 도입이 많이 이루어지고 있다.

④ 특히 쓰레기 관로수송 시스템은 2000년 용인수지 2지구에 도입된 후 약 5년간의 실운전을 통해 안정성이 입증되면서 송도신도시, 광명소하지구, 판교지구, 김포장기지

구, 파주신도시, 서울 은평 뉴타운 등으로 전파되었다.

(2) 쓰레기 관로수송 시스템의 방법

① 관로에 의한 쓰레기의 수집과 수송은 동력원(Blower)에 의해 관로 내에 공기흐름을 만들어 이를 이용해 쓰레기를 1개소로 모으는 시설로 진공청소기의 원리와 유사하다.

② 시스템은 투입된 쓰레기를 일시 저장하는 투입설비, 관로설비 그리고 송풍기 및 관련 기기 등이 있는 수집센터(집하장)로 구성되어 있다.

(3) 장·단점

① 쓰레기 관로수송 시스템의 장점

㈎ 관로에 의한 계 전체가 부압이기 때문에 대상 쓰레기가 외계와 차단되어 있어 무공해형 수송 수단인 동시에 투입 시에도 특별한 공급장치가 필요하지 않고 외계의 영향도 거의 받지 않기 때문에 전천후형 방식이다.

㈏ 관로를 수송 경로로 할 경우에 운전의 자동화가 가능하고 효율적이다.

㈐ 흩어진 많은 배출점에서 1점으로의 집중수송에 적합하기 때문에 쓰레기 수집, 수송에 적합하다.

㈑ 배출원이 증가할 경우에도 송풍기 등 수집센터 측의 설비는 그대로 두고 수송관로와 밸브의 증설만으로 가능하다(단, 송풍기의 동력상 한계를 초과할 수는 없음).

㈒ 기타 냄새에 대한 해방, 편리성, 도시 미관 등이 쓰레기 관로수송 시스템의 장점이라고 할 수 있다.

② 쓰레기 관로수송 시스템의 단점

㈎ 관로 부설을 위한 초기 설비투자가 크고, 특히 기존 시가지에 도입할 경우에 약 30% 이상의 비용이 추가되어 경제적 부담이 된다.

㈏ 일단 건설된 관로의 경로 변경과 연장에 어려움이 있어 종래의 차량수송방식에 비해 유연성이 작으며, 수송량도 설계치에 적합한 양을 주지 않으면 효율이 저하된다.

㈐ 본질적으로 연속 수송장치이고 대용량 수송에 유리하나, 진공식 관로수송에 이용되고 있는 부압에는 한계가 있기 때문에 지나친 장거리 수송에는 부적합하다.

(4) 시스템 적용 시 주의 사항

① 관로상에 구멍이 잘 뚫릴 수 있다.

② 수거용기 부근에서 악취가 심해질 수 있다.

③ 비산의 방지를 위한 집진시설을 설치하여야 한다.

④ 관로의 점검 수리를 위한 시설을 설치하여야 한다.

⑤ 충분한 용량의 저류(貯留)시설을 설치하여야 한다.

(5) 수거 공정

① 공기배출 송풍기 작동

② 처리 대상 공기흡입밸브 Open, 약 7초 후 Close

  (공기속도 약 15~22 m/s, 진공압 : 약 1500~2000 mmAq)

③ 집하장까지 운반

④ 쓰레기 분리기에서 공기와 쓰레기 분리

⑤ 쓰레기 압축기

⑥ 컨테이너

⑦ 소각장으로 쓰레기 이송

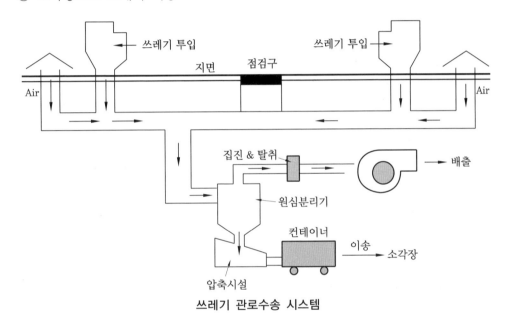

쓰레기 관로수송 시스템

3-21 녹색건축 인증에 관한 규칙

(1) 개요

① 이 규칙은 녹색건축 인증대상, 건축물의 종류, 인증기준 및 인증절차, 인증유효기간, 수수료, 인증기관 및 운영기관의 지정 기준, 지정 절차 및 업무 범위 등에 관한 사항과 그 시행에 필요한 사항을 규정함을 목적으로 한다.

② 해당 부처의 장관은 녹색건축센터로 지정된 기관 중에서 운영기관을 지정하여 관보에 고시하여야 한다.

(2) 인증의 의무취득

공공기관에서 연면적 3,000제곱미터 이상의 공공건축물을 신축하거나 별도의 건축물을 증축하는 경우에는 고시에서 정하는 등급 이상의 녹색건축 예비인증 및 인증을 취득하여야 한다.

(3) 인증의 전문 분야 및 세부 분야

전문 분야	해당 세부 분야
토지이용 및 교통	단지계획, 교통계획, 교통공학, 건축계획, 도시계획
에너지 및 환경오염	에너지, 전기공학, 건축환경, 건축설비, 대기환경, 폐기물처리, 기계공학
재료 및 자원	건축시공 및 재료, 재료공학, 자원공학, 건축구조
물순환관리	수질환경, 수환경, 수공학, 건축환경, 건축설비
유지관리	건축계획, 건설관리, 건축시공 및 재료, 건축설비
생태환경	건축계획, 생태건축, 조경, 생물학
실내환경	온열환경, 소음·진동, 빛환경, 실내공기환경, 건축계획, 건축설비, 건축환경

(4) 인증기준

① 인증등급은 신축 및 기존 건축물에 대하여 최우수(그린1등급), 우수(그린2등급), 우량(그린3등급) 또는 일반(그린4등급)으로 한다.

② 7개 전문 분야의 인증기준 및 인증등급별 산출기준에 따라 취득한 종합점수 결과를 토대로 부여한다.

(5) 인증의 신청

① 예비인증 신청 : 다음 각호의 어느 하나에 해당하는 자가 「건축법」에 따른 허가·신고 대상 건축물 또는 「주택법」에 따른 사업계획승인 대상 건축물에 대하여 허가·신고 또는 사업계획승인을 득한 후 설계에 반영된 내용을 대상으로 예비인증을 신청할 수 있다.

1. 건축주
2. 건축물 소유자
3. 사업주체 또는 시공자(건축주나 건축물 소유자가 인증 신청을 동의하는 경우에 한정한다)

② (본)인증 신청 : 신축건축물에 대한 녹색건축의 인증은 신청자가 「건축법」에 따른 사용승인 또는 「주택법」에 따른 사용검사를 받은 후에 신청할 수 있다. 다만, 인증등급 결과에 따라 개별 법령으로 정하는 제도적·재정적 지원을 받고자 하는 경우와 사용승인 또는 사용검사를 위한 신청서 등 관련서류를 허가권자 또는 사용검사권자에게

제출한 것이 확인된 경우에는 사용승인 또는 사용검사를 받기 전에 신청할 수 있다.

③ 공동주택의 경우 건축주 등이 예비인증을 받은 사실을 광고 등의 목적으로 사용하려면 인증(본인증)을 받을 경우 그 내용이 달라질 수 있음을 알려야 한다.

④ 예비인증을 받아 제도적·재정적 지원을 받은 건축주 등은 예비인증 등급 이상의 본인증을 받아야 한다.

※ 법규 관련 사항은 국가정책상 필요 시 항상 변경 가능성이 있으므로, 필요 시 '국가법령정보센터(http://www.law.go.kr)' 등에서 재확인 바랍니다.

3-22 그린리모델링(녹색건축화 ; Green Remodeling)

(1) 그린리모델링이란 기존 건축물을 환경친화적 건축물로 만들기 위해 에너지 성능 향상 및 효율 개선을 목적으로 하는 행위이다(「녹색건축물 조성 지원법」적 정의).

(2) 에너지 낭비가 많은 노후건물을 자긍심이 높은 녹색건물로 전환하는 행위라고 말할 수 있다.

(3) 리모델링은 한마디로 건축 분야의 재활용 프로젝트를 뜻한다.

(4) 신축 건축물에 대비되는 개념으로서 기존 건축물을 새롭게 디자인하는 개보수의 모든 작업을 일컫는다.

(5) '제2의 건축'이라고도 불린다. 일본에서는 리노베이션, 리폼이라는 용어가 일반적인 반면, 미국에서는 리모델링 용어가 주로 통용되고 있다.

(6) 그린리모델링의 목적
① 「건축법」상 건축물의 노후화를 억제하거나 기능 향상 등을 위하여 대수선하거나 일부를 증축하기 위함이다.
② 리모델링에는 실내외 디자인, 구조 디자인 등 다양한 디자인 요소가 포함되며 건축물의 기능 향상 및 수명을 연장시키는 게 주목적이다.
③ 지은 지 오래되어 낡고 불편한 건축물에 얼마간 재투자로서 부동산 가치를 높이는 경제적 효과 외에 신축 건물 못지않은 안전하고 쾌적한 기능을 회복할 수 있다는 게 큰 장점이다(에너지 절약적 측면).

(7) 그린리모델링의 방법
① 리모델링은 잘못 시도했다가는 큰 낭패를 볼 수도 있으므로 반드시 전문가(구조 전

문가, 디자이너 등)의 치밀한 상담 및 조언을 받아 접근하는 것이 바람직하다.

② 오래된 건물을 리모델링할 경우에는 먼저 전문가의 도움을 받아 하중을 지지하는 기둥과 벽에 대한 조사를 해야 한다.

③ 조사가 끝난 연후에는 기둥과 내력벽, 그리고 바닥만을 남기고 다른 부분을 털어 낸 다음 다시 외장벽을 만들고, 인테리어 디자인을 하면 되는 것이다(물론 일부만을 대상으로 리모델링 할 수도 있다).

④ 오래된 건물을 말끔히 새로이 단장하여 현대적 감각이 넘치도록 글라스 월, 에너지 절감 소재 등 각종 신소재를 사용하여 꾸미는 경우가 많다.

(8) 리모델링의 절차

① 계획 단계 : 무엇을 왜, 어떻게 바꿀 것인가?

리모델링의 주요 목적과 바꾸고자 하는 용도 및 방향을 설정한다.

② 사전조사 : 어떤 절차로 변경할 것인가?

㈎ 도면을 비롯한 건물에 관한 모든 자료를 준비하고 건물의 노후 상태를 체크한다.

㈏ 법률에 저촉되는 부분 등에 대한 검토가 필요하다.

③ 리모델링 업체 선정 및 안전진단 : 어떤 곳에 맡길 것인가?

㈎ 사전조사에서 마련된 자료를 바탕으로 적합한 리모델링 업체를 찾는다.

㈏ 도면이 없을 경우 실측이 필요하며 건물의 노후 상태가 심하거나 구조를 변경하는 경우 안전진단을 실시해야 한다.

④ 상담 : 어떻게 적용시킬 것인가?

마련된 자료를 바탕으로 전문가와의 상담을 통해 계획한 내용을 최대한 반영할 수 있는 방법을 모색한다.

⑤ 확정 : 어떤 안을 선택할 것인가?

각종 설계도, 공사일정표, 프리젠테이션 등의 결과물을 토대로 가장 적절한 안을 선택하여 계약을 체결한다.

⑥ 건축 신고 및 허가(관공서) : 법률에 저촉되는 리모델링일 경우 관공서에 공사 내용에 따른 건축 신고 및 허가 절차를 거쳐야 한다.

⑦ 시공(착공) : 건축 신고 및 허가 관련 리모델링은 착공 서류를 관할 행정 관청이나 동사무소에 제출한다.

⑧ 완공(준공) : 건축 신고 및 허가 관련 리모델링은 준공(사용승인) 서류를 관할 행정 관청이나 동사무소에 제출한다.

⑨ 사후 관리 : 어떻게 관리할 것인가?

공사 기간 중 숙지한 정보를 바탕으로 앞으로의 관리 계획을 세우도록 하며, 보증기간 내에 하자가 발생했을 경우 시공 업체에 A/S를 의뢰한다.

(9) 향후 리모델링 고려 시의 '사전 설계 고려 사항'

① 바닥 위 배관 방식 : 공사 시 한 개의 층에서만 단독 작업 가능

② 천장 내 설비공간 : 장래의 부하 증가를 대비하여 가능한 크게 함

③ 설비용 샤프트 : 서비스 등을 원활히 하기 위해 여유공간 및 점검구 마련

④ 반출입구 : 크기 여유 있게 설계함

⑤ 계통 분리 및 대수분할 : 일정한 단위별로 분리

⑥ 주요 배관 노출 : 개·보수 용이하게 하기 위함

⑦ LCC 분석 : 경제성 검토

⑧ 각종 측정 기기류 부착 : 설비진단 용이

⑨ 준공도서 : 정확성을 기함(설비기기 등 정확히 표현 필요)

(10) 청주 국립미술품수장 보존센터

① 최근 청주 국립미술품수장 보존센터, 광주 주월초교, 부산지방국토관리청사 등 지은 지 15년이 지난 노후 공공건축물들이 그린리모델링 시범사업을 통해 에너지효율이 높은 건축물로 거듭났다.

② 이러한 공공건축물 그린리모델링사업을 '녹색건축물 조성 시범사업'으로 공식적으로 지정하여 공사를 진행하였다.

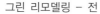
그린 리모델링 – 전

그린 리모델링 – 후(조감도)

청주 연초제조창에 그린리모델링을 적용한 국립미술품수장 보존센터

(11) 한국수자원공사(대전) 그린리모델링

① 건축물 외벽 단열 및 창호 개선

② 그린리모델링을 통한 에너지 절감 효과

리모델링 전 에너지 사용 요금

리모델링 후 에너지 사용 요금

1.71억
(가스)

2.93억
(전력)

4.64억 원/년

1.33억
(가스)

2.57억
(전력)

3.90억 원/년

리모델링에 따른 에너지 절감 비용
연간 약 0.74억 예상

리모델링에 따른 회수기간 약 13.5년 예상
(공사비 약 10억 기준)

(12) 의료시설(라파엘센터)

① 라파엘센터는 카톨릭재단에서 운영하는 외국인 노동자를 위한 무료 진료소이다.

② 1997년 IMF 사태 이후 거리에 내몰린 외국인 노동자의 무료 진료가 시작되었는데 고 김수환 추기경이 선종하면서 자신의 전 재산을 이곳에 기부한 것을 계기로 10년 만에 공간을 마련하게 된 곳이다.

③ 적은 예산으로 구조, 단열을 보강하고, 내부 공간을 최대한 확보할 뿐만 아니라, 1층 캐노피와 돌출된 창호와 차양이 그 특징이다.

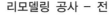

리모델링 공사 - 전

리모델링 공사 - 후

(13) 교육시설(배재대학교)

① 노후한 학교시설에 대한 그린리모델링을 통해 에너지 비용을 절감하고 그린캠퍼스를 구현하였다.

② 단열·창호의 성능 향상, LED 조명 설치, 고효율 가스히트펌프를 적용하여 기계설비를 개선하였다.
③ 기타 PL창호 코킹공사 등을 진행하였다.
④ 성능 개선 : 공사비 1,216백만 원을 투입하여 냉난방 에너지 30.1% 절감 예상

리모델링 공사 - 전

리모델링 공사 - 후

(14) 서울세관

① 공공부문 그린리모델링 시범사업을 통해 에너지효율 개선
② 건물의 외벽 디자인 변경, 창호 및 외벽의 단열 및 기밀 성능을 획기적으로 개선시킴
③ 에너지효율등급 개선 : 3등급 → 1등급
④ 냉·난방에너지 : 31.85% 저감
⑤ 투자비 회수연수 : 약 8.1년

리모델링 공사 - 전

리모델링 공사 - 후

(15) 영주시 문수면사무소

① 공사 세부 내용

No.	우선순위별 적용 요소	세부 항목	세부 내용	비 고
건축 부문	단열	벽체	• 기존 1층과 2층 : 압출법 보온판 70mm • 증축 3층 : 압출법 보온판 135mm	외단열
		지붕	• 압출법 보온판 135mm 특호	내단열
		창호	• 고성능 창호 시스템(로이 복층유리) – 기밀성, 단열성능 높은 창호	
		출입문	• 기밀성 있는 창호 설치	
설비 부문	냉·난방		• 시스템 냉·난방기기	
	전기	조명	• 고효율 조명기기 – LED 조명 설치	
신재생	태양광		• 태양에너지 전력생산 시스템	주차장 캐노피 상부 (20kW 증설)

리모델링 공사 - 전

리모델링공사 - 후

주차장(캐노피에 태양광 패널 설치)

(16) 시울시 신청사

① 서울시 신청사는 지방자치단체 청사 가운데 유일하게 1등급을 받은 친환경 건물이다.

② 전체 에너지 소요량의 24.5%를 친환경·신재생 에너지로 자체 충당한다(국내 건축물로는 최대 규모).

③ 천장 태양광발전에서 최대 3억 7000만kcal를 비롯해 16억 1000만kcal에 해당하는 전기 에너지를 생산한다.

④ 조경 및 세정용수로 사용한 뒤 버려지는 빗물이나 허드렛물의 열원을 냉난방에 다시 이용하는 시스템도 있다.

⑤ 전면 남측 유리벽 내부에 또 하나의 벽을 설치하는 이중 외피(Double Skin) 시스템을 도입했다.

⑥ 메인 환기구조 : 하부 유입구를 통해 들어오는 공기가 더운 공기를 지붕으로 밀어내도록 만들었다. 단, 겨울철엔 하부 유입구 및 상부 배출구를 닫아 자연적으로 발생된 따뜻한 공기를 난방에 사용하게 했다.

⑦ 1층 에코플라자 내부 유리벽 맞은편 1~7층 높이의 수직벽엔 열대지방에서 자라는 스킨답서스, 아이비 등 7만여 포기의 식물들이 자란다. 1600m² 규모의 대형 벽면녹

화(Green Wall)는 세계 최대 규모이다. 이 식물들은 실내공기 정화는 물론 실내온도 조절, 공기 오염물질 제거 등의 역할을 하게 된다.

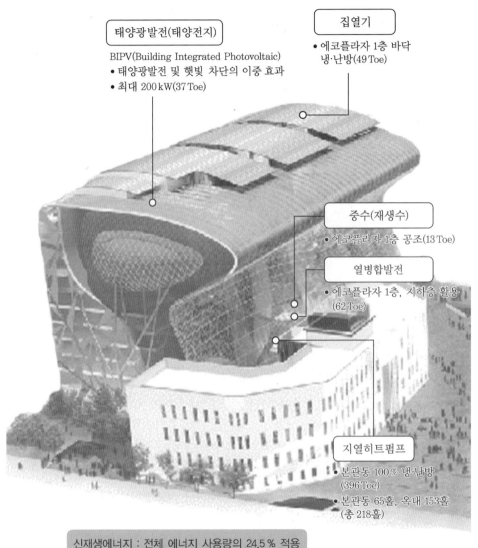

신재생에너지 : 전체 에너지 사용량의 24.5 % 적용

서울시 신청사 에너지 적용도

출처 : www.seoul.co.kr/news

(17) 롯데월드타워(제2롯데월드)

① 롯데건설이 준공한 롯데월드타워의 에비뉴엘동, 쇼핑동, 엔터동이 친환경 건축물 최우수 등급 인증을 받았다.

② 롯데월드타워 단지 내에 위치한 에비뉴엘동, 쇼핑동, 엔터동은 한국환경건축연구원의 본인증 절차를 거쳐 최우수 녹색건축 건축물(인증번호 KRI-14-189)로 최종 선정됐다.

③ 높이 555m, 123층 초고층 건물인 롯데월드타워는 세계적인 친환경 건축물 인증 제도인 'LEED(Leadership Environmental Energy Design)' 인증에서 '골드 등급'을 취득하였으며, 초고층 건물로서 이러한 등급을 취득한 것은 세계적으로도 드문 경우이다.

④ 본인증에서 롯데월드타워는 '에너지를 절감하는 친환경 복합단지'를 콘셉트로 설계된 부분과 신재생에너지 시스템을 적극 도입하고 최첨단 기술을 적용하여 에너지 분야에서 두루 높은 평가를 받았다.

⑤ 이 건물에는 다양한 친환경 및 신재생에너지 시스템이 적용되었으며, 송파대로를 통과하는 광역상수도 배관 내 흐르는 물의 수온 차와 건물 부지 지하 200m 깊이에 지중열을 통한 건물의 냉난방이 가능하다.

⑥ 건물 옥상에는 태양에너지를 이용하여 전력을 생산하는 태양광설비가 설치되었고 지하 에너지센터의 연료전지는 수소 또는 메탄올 등의 연료를 산화(酸化)시켜서 생기는 화학에너지를 직접 전기에너지로 변환시켜 800kW에 달하는 전력을 생산할 수 있다.

⑦ 이외에도 겨울철 열 손실과 여름철 열기를 차단하는 고단열 유리, LED 조명 등 건물 전체적으로 고효율 설비 및 기구를 사용하여 에너지 효율을 극대화하였다.

⑧ 이와 함께 롯데월드타워는 각종 수목과 잔디가 어우러진 잠실길 지하차도 상부의 에코파크와 단지 내의 월드파크의 녹지공간을 통해 석촌호수부터 롯데월드타워까지 잇는 풍부한 녹지축을 조성하기도 했다.

롯데월드타워(제2롯데월드)

(18) 해외사례1(CH2 : Council House 2, 호주 멜버른 시의회 제2청사)

① 멜버른 시의회 제2청사는 최고 기온 38도, 최저 기온 5도를 오르내리는 호주 멜버른에 있는 에어컨 없는 빌딩이다.

② 건축가 믹피어스가 설계한 멜버른 시의회 제2청사는 에어컨 없이 하루 종일 24도를 유지하는데도 같은 규모의 건물에 비해 냉방용 전력이 10%에도 미치지 않는다.

③ 흰개미들의 집 짓는 원리와 사람의 허파를 건축에 활용 : 산소를 들이마시고 이산화탄소를 내뿜는 인간의 폐와 자연환기 시스템을 구축한 흰개미집의 영감이 합쳐진 결과라고 할 수 있다.

④ CH2는 친환경건축물을 평가하는 등급 중 Six Green Star에 처음으로 등록된 건물로 Five Green Star 등급의 건축물보다 에너지 소비가 64%가 적다.

⑤ 이 건물은 태양에너지를 전력으로 사용하고, 빛과 공기를 냉난방에 활용하며 빗물을 재활용하는 등의 방법으로 이산화탄소 배출을 87%, 전력 사용을 82% 줄이는 성과를 내었다.

⑥ 그린 빌딩을 이루기 위해 건물 자재를 재활용 자재로 이용하고, 빌딩의 에너지 절약 체계를 구축하고 있다.

⑦ 건물 천장에 물이 순환할 수 있는 냉난방 기구를 설치해 실내의 온도를 조절하고 있다.

⑧ 시청의 창문은 온도를 자동으로 감지해서 여름의 경우 출근하기 전에 차가운 공기를 실내로 유입시켜 실내온도를 낮추고 겨울의 경우 반대로 작동을 한다.

⑨ 회의실의 경우도 천장이 뚫려 있는데 이는 냉난방을 위해 공기의 흐름을 좋게 하기 위해서 디자인한 것이다.

⑩ 사무실 내에 식물들이 많은데, 이는 에너지 효율과 관련이 있다. 공기청정, 숲이 주는 기능을 사무실에 제공하는 역할을 식물이 하기도 한다.

⑪ 빌딩의 창문 안쪽에 열커튼이 달려서 실내의 열 출입을 제어해 준다. 즉 열 손실이 많은 창문에 직접 냉난방을 함으로써 열 손실을 줄여 주는 역할을 한다.

⑫ 화장실의 경우 냉난방을 안 한다. 화장실에 머무는 시간 자체가 적기 때문에 냉난방을 하는 것은 비효율적이라고 생각한다.

⑬ 실내의 경우 페인트칠도 하지 않는다. 맨 벽을 그대로 노출시켜 이용한다. 이는 불필요한 페인트의 사용을 자제한다는 측면에서의 고려이다.

⑭ 카펫의 경우에는 재활용 자재를 활용하고 블록 단위로 맞추어져 있기 때문에 일정 부분에 문제가 생기면 그 부분만을 교체해서 사용한다.

⑮ 건물의 열은 바닥에서 나오도록 취출구가 배치되어 있는데, 이는 에너지 효율을 높이는 데 효과적이다.

(a) 시청 옥상의 풍력발전기   (b) 아래쪽 열 커튼   (c) 수랭식 냉난방기

(d) 나무 창벽의 안쪽   (e) 위쪽 열 커튼   (f) 블록화된 재활용 카펫

(g) 자동 온도 조절 창문   (h) 사무실 내 식물   (i) 사무실 내 공간 활용

호주 멜버른 시의회 제2청사(CH2 : Council House 2)

(19) 해외사례2(영국의 'Green Deal' 사업)

① 그린딜(Green Deal) 실무 기관이 영국 정부 핵심 에너지 효율 정책이 공식 발효된 이래 약 1,800건 이상의 주택 평가를 실시하였다.

② 그린딜은 일반 주택 및 기업이 초기 비용을 들이지 않고 에너지 효율 개선 작업을 실시할 수 있게 돕고, 그린딜을 통해 절약한 비용으로 투자 비용을 상환하도록 하는 금융 지원 제도인데, 우리나라의 'ESCO 사업'과 유사하다.

③ 영국 정부는 그린딜 제도의 조기 도입을 위해 수백 파운드의 캐시백 인센티브를 제공하고 있다.

④ 영국 노동당은 정부가 그린딜 제도를 도입하는 일반 가정 및 기업의 수에 대한 정확한 정보를 제공하고 있지 않다고 비난하면서, 그린딜 자금 조달에 부과되는 7% 추가 이자율을 재차 지적한 바 있다.

⑤ 최근 영국의 기후변화부(DECC)는 77개 그린딜 평가 기관과 619명 그린딜 자문가들이 그린딜 서비스 제공을 위해 인증받았다고 확인한 바 있다.

⑥ 영국 정부에 따르면 약 2,690만 파운드(한화 약 452억 원)에 달하는 계약 건이 에너
지회사의무(ECO, Energy Company Obligation) 중개 시스템을 통해 거래되었다.

⑦ ECO : 기업이 에너지 회사로부터 직접 자금을 지원받은 에너지 효율 개선 작업을 입
찰하는 제도이다.

(20) 해외사례3(EU ; 유럽연합)

① 이미 선진국에서는 20~30년 전부터 저에너지 주택 건설과 보급이 도입, 확산되어
왔다.

② 독일의 패시브하우스와 영국의 제로탄소주택이 대표적으로, 영국은 2020년부터 모
든 주택을 제로탄소주택으로 보급할 것을 선언했다.

외부차양 등 일사차단장치 설치로 냉방에너지를 절감하고 있는 유럽의 건물

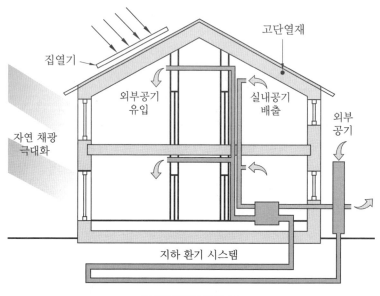

독일(패시브하우스)

③ 특히 독일 등 유럽 선진국은 건축 자재가 표준화되어 있고, 품목도 다종다양하게 다 변화되어 있어 일반 구매자가 손쉽게 자신이 원하는 재료를 선택, 구매하여 자신이 원하는 집을 지을 수 있다. 여성 혼자서도 얼마든지 자신이 원하는 콘셉트로 패시브 하우스를 지을 수 있다.

④ 영국, 독일, 프랑스 등 선진국의 경우 기금 조성 및 정부의 예산 지원을 통해 저에너 지 건축물에 무이자, 저리융자 및 보조금 형식으로 전폭 지원하고 있다. 우리도 국민 주택기금 및 전력기반 기금, 민간자금 등에서 펀드를 조성하여 저에너지 건축에 지원 책을 마련하고 있으며, 특히 2025년부터 신축되는 모든 건축물을 제로에너지 건축물 로 짓는다고 선언해 놓은 상태이다.

영국의 UPTON 주택가(제로탄소하우스)

사진출처 : http://www.zedtown.kr/en/zeroenergy/4

3-23 제로에너지하우스와 제로카본하우스

(1) 제로에너지하우스(Zero Energy House, Self-Sufficient Building, Green Home)

① 신재생에너지 및 고효율 단열 기술을 이용해 건물 유지에 에너지가 전혀 들어가지 않도록 설계된 건물을 보급하여 점차적으로 마을 단위의 그린빌리지(Green Village), 도시 단위의 그린시티(Green City) 혹은 에코시티(Echo City)를 건설하는 데 목적이 있다.

② 석유, 가스 등의 화석연료를 거의 안 쓰기 때문에 온실가스 배출이 거의 없고, 주로 신재생에너지(태양열, 지열, 바이오에너지, 풍력 등)만을 이용하여 난방, 급탕, 조명

등을 행한다.

③ 적용 기술

   ⑺ 건물 기본 부하의 경감 : 에너지 절약 기술(고기밀, 고단열 구조 채용)

   ⑻ 자연에너지의 이용 : 태양열 난방 및 급탕, 태양광발전, 자연채광(투명단열재, 단열코팅 등 적극 채용), 지열, 풍력, 소수력 등 이용

   ⑼ 미활용에너지의 이용 : 배열회수(폐열 회수형 환기유니트 채용), 폐온수 등 폐열의 회수, 바이오에너지 활용(분뇨메탄가스, 발효알콜 등)

   ⑽ 보조열원설비, 상용전원 등 백업시스템

   ⑾ 기타 이중외피구조, 하이브리드 환기 기술, 옥상녹화, 중수재활용 등도 많이 채택되고 있다.

   ⑿ 현실적인 한마디로 표현하면, 현존하는 모든 에너지 절감 기술을 총합하여 '제로에너지'에 도전하는 것이 제로에너지하우스(Zero Energy House)이다.

④ 기술 개념

   ⑺ 제로에너지하우스는 원래 단열, 기밀창호 등의 건축적 요소보다는 '에너지의 자급자족'이라는 설비적 관점에 주안점을 두고 있다.

   ⑻ 즉, 제로에너지하우스는 신재생에너지 설비를 이용해 에너지를 충당하는 '액티브하우스(Active House)' 개념에 가깝다.

   ⑼ 그러나 제로에너지하우스(Zero Energy House)를 실현하기 위해서는 단열, 기밀창호구조 등의 건축적 요소도 현실적으로 합쳐져야 하는 것이 일반적이다.

(2) 제로카본하우스(Zero Carbon House)

① '탄소 제로'를 실현하기 위해서는 다음과 같은 두 가지 기술이 접목되어야 한다.

   ⑺ 단열, 기밀창호 등의 건축적 기술 → 패시스하우스(PH : Passive House)의 기술

   ⑻ '에너지의 자급자족'이라는 설비적 기술 → 제로에너지하우스(Zero Energy House)의 기술

② 상기 두 가지 기술을 접목하여 '탄소 제로'를 실현한 것이 제로카본하우스(Zero Carbon House)라고 할 수 있다.

③ 따라서 '탄소 제로'라는 것은 결과적으로 상기 두 가지 기술을 접목하여 화석연료를 전혀 안 쓰기 때문에 온실가스 배출이 전혀 없다는 뜻이므로, 결과적으로는 '패시브하우스＋제로에너지하우스'의 접목된 기술이다.

④ 그러나 결과적으로 적용되는 기술이 거의 동일하다는 측면에서 제로에너지하우스(Zero Energy House)와 동일 용어로 사용되기도 한다.

(3) 기술의 평가

① 이러한 초에너지 절약형 건물들은 현존하는 모든 에너지 절감 기술을 총합하여야

가능하므로, 현실적으로는 패시브하우스, 저에너지하우스, 제로에너지하우스, 제로
카본하우스, 그린빌딩, 파워빌딩, 제로하우스 등이 모두 유사한 용어로 사용될 수밖
에 없다.

② 국내 그린홈에 대해 정의를 내려 보면,

'한국형 그린홈' = 패시브하우스 + 제로에너지하우스 = 제로카본하우스 = 제로이미션하
우스 = 제로하우스

③ 단열과 기밀창호 등의 건축적 요소와 신재생에너지 기술만으론 제로에너지하우스든
제로카본하우스든 그 필요충분조건을 만족시킬 수는 없다. 이는 초에너지 절약형 기
술이 여러 기술의 접목을 필요로 하며, 앞으로도 무척 많이 발전되어 나가야 함을 의
미하기도 한다.

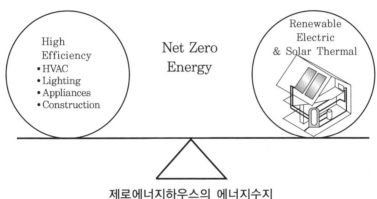

제로에너지하우스의 에너지수지

3-24 생태건축(친환경적 건축)

(1) 배경

① 경제성장과 과학기술에 대한 신뢰가 붕괴되면서 점차 생태학에 대한 관심이 높아지
고 있는 실정이다.

② 뉴튼식 사고방식을 전환시킨 현대 물리학과 생물학은 생태학의 근원적 사고 체계를
이루었으며, 이러한 생태학을 근거로 '생태건축'이 발전하게 되었다.

③ 생태건축(친환경적 건축)은 에너지 고갈과 환경오염의 결과, 그것을 해결하려는 시
도의 하나로서 이루어져 왔다.

(2) 생태건축(친환경적 건축)의 정의

① 생태건축은 크게는 친환경적 건축에 포함되는 개념이며, 독일 학자 에른스트 헤켈이
주창한 비오톱(Biotope ; 생태서식지)과 유사 개념으로 볼 수 있다.

② 자연에 주어져 있는 생체공학의 원리를 의식적으로 모방하여 건축에 이용하는 것으로서 자연의 형태 혹은 유기체의 조직을 건축에 도입시켜 자연과 인간을 결합시키려는 사고로 이해될 수 있다.

③ 재생 에너지의 사용과 친환경적인 재료의 사용, 자연을 건축에 직접 도입함으로써 건축이 갖는 인위성을 최소한으로 갖도록 고려한다.

④ 지구온난화, 오존층 파괴, 자원고갈 등으로부터의 지구환경 보존, 실내공기의 질 개선, 생태 보존, 에너지 절약, 폐기물 발생 억제, 자원의 재활용, 인위적 건축 요소 억제 등을 위한 일체의 건축 행위를 말한다.

(3) 설계 기법

① 구조적 측면

㈎ 친환경 재료의 사용

㈏ 장기 수명 추구(건축의 수명이 최소 100년 이상 되게 할 것)

㈐ 재활용 자재의 적극적인 사용

㈑ 태양열에너지, 지열 등 자연에너지 적극 활용 유도

㈒ 아트리움 등 열적 완충 공간을 적극 활용

㈓ 고단열, 고기밀, 고축열 등 추구

㈔ 예술과 문화를 반영한 최고의 건물 추구

㈕ 자연의 생태를 건축물에 최대한 도입(식재, 건물내 생태연못 등)

② 유지 관리적 측면

㈎ 유지 관리 비용을 최소화할 수 있게 설계

㈏ 에너지 측면 고효율 설계

㈐ 대기, 수질, 토양오염을 줄임

㈑ 환경부하(LCA) 평가 실시

㈒ 녹화 : 벽면 녹화, 옥상 녹화 등(에너지 절감)

㈓ 친환경적 DDC제어 등으로 에너지, 쾌적감 등 최적제어 실시

(4) 생태건축의 동향

① 우리나라의 경우 경제 발전으로 인한 환경 의식이 높아졌음에도 불구하고 생태건축에 대한 본질적인 접근을 하지 못한 채, 단편적인 적용만을 하고 있는 실정이다.

② 세계 선진국들이 21세기 밀레니엄시대를 환경의 시대로 파악하고 이에 대한 적극적인 대책을 세우고 있다.

③ 생태건축은 인류의 생존을 위해 앞으로 필연적으로 지향되어야 할 건축이라고 할 수 있다.

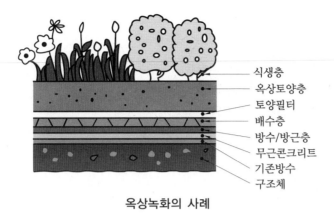

식생층
옥상토양층
토양필터
배수층
방수/방근층
무근콘크리트
기존방수
구조체

옥상녹화의 사례

3-25 생태연못

(1) 개념

① 습지란 일반적으로 개방수면의 서식처와 호수, 강, 강어귀, 담초지(Freshwater Marshes)와 같이 절기상 혹은 영구적으로 침수된 지역을 말한다.

② 생태연못은 이러한 습지의 한 유형으로, 도시화와 산업화 등으로 훼손되거나 사라진 자연적인 습지를 대신하여 다양한 종들이 서식할 수 있도록 조성한 공간이다.

(2) 생태연못 조성의 필요성

① 소실된 생물 서식처의 복원

② 도시 내 생물 다양성 증진

③ 환경교육의 장 제공

(3) 생태연못의 구성 요소

물, 토양, 미생물, 식생, 동물(곤충류, 어류, 양서류, 조류, 포유류 등)

(4) 사례

① 서울공고 내 생태연못

㈎ 물 공급 방식 : 상수 이용

㈏ 방수처리 방식 : 소일벤토나이트 방수

㈐ 호안처리 : 통나무 처리 및 자연석 처리

② 경동빌딩 옥상습지 : 건축물의 옥상이라는 제한된 인공적인 지반에 조성한 사례로서 생물다양성 증진을 목적으로 국내에서는 처음으로 조성된 곳

③ 삼성에버랜드 사옥 빗물 활용 습지(경기도 용인)

　빗물 관리 시스템에서의 빗물 흐름 : 강우 → 집수 → 정화(전처리) → 저류(저류연못) → 침투(침투연못) → 2차 저류(저류연못으로 피드백 및 관수용으로 재활용) → 배수

④ 기타

　㉠ 길동생태공원 : 습지와 관련된 생물들의 생태적인 안정과 생활을 돕기 위한 서식 환경 조성(수서곤충, 습지생물, 습지식물 등)

　㉡ 시화호 갈대습지공원 : 갈대와 수생식물을 볼 수 있는 대규모 인공 습지 등

　㉢ 여의도공원 생태연못 : 다람쥐 등의 야생동물 방사, 주변 생태공원과 잘 어우러지게 구성

　㉣ 여의도 샛강 여의못 생태연못 : 참붕어, 자라, 잉어 등 수생어종과 두루미, 황조롱이 등 조류 서식처, 수생식물과 수생곤충의 자연적인 변이 과정을 관찰 가능

여의도공원 생태연못

여의도 샛강 여의못 생태연못

3-26 글로벌 친환경건축물 평가제도

(1) LEED(Leadership in Energy and Environmental Design)

① LEED의 정의

　㉠ 미국 그린빌딩위원회(USGBC : The United States Green Building Council, 1993년 산업과 학계와 정부로부터 많은 협력자들에 의해 설립된 비정부기구이며, 회원제로 운영되는 비영리단체)가 만든 자연친화적 빌딩·건축물에 부여하는 친환경 인증제도다.

　㉡ 한국의 '녹색 건축물 인증제도'와 유사 개념이며 친환경건물의 디자인, 건축, 운영의 척도로 사용되는 친환경 건물 인증 시스템이다.

　㉢ LEED는 모든 건물 유형, 즉 주택, 단지개발, 상업용 인테리어, 신규 건축, 임대건물, 학교 및 의료기관, 상점 등에 적용 가능하며, 또한 건물의 라이프사이클, 즉

설계, 시공, 운영 등의 모든 단계에서 적용 가능한 건물인증제도이다.

② Green Building Rating System

배 점	취득점수	등급구분
총 110점 • 일반배점 : 100점 • 보너스점수 : 10점	총 취득점수 80점 이상	LEED 인증 백금 등급
	총 취득점수 60~79점	LEED 인증 금 등급
	총 취득점수 50~59점	LEED 인증 은 등급
	총 취득점수 40~49점	LEED 인증

③ Green Building 인증을 위한 기술적 조치 내용

(개) 지속 가능한 토지 : 26점

(내) 수자원 효율(물의 효율적 사용) : 10점

(대) 에너지 및 대기환경 : 35점

(래) 자재 및 자원 : 14점

(매) IAQ(실내환경) : 15점

(배) 창의적 디자인(설계) : +6점

(새) 지역적 특성 우선 : +4점

CERTIFIED   SILVER   GOLD   PLATINUM

④ LEED의 개발 배경

(개) 향후 친환경 건축물들이 건축 시장의 대세가 될 것이라는 예상을 기반으로 한다.

(내) 건축주들은 프로젝트 성공에 궁극적인 조정자가 될 것이다. 즉, 환경적 책임감에 대한 사회적 요구를 충족시킬 수 있고 공신력 있는 기구에 의해 발전됨으로써 건축 시장에서 더 좋은 건축물로 팔리게 된다는 것이다.

⑤ LEED의 평가구조

(개) LEED-EB : 기존 건축물

(내) LEED-CI : 상업적 내부 공간

(대) LEED-H : 집

(래) LEED-CS : Core and Shell 프로젝트

(매) LEED-ND : 인근 발달

⑥ LEED-NC

    ㈎ 상업 건축물을 위한 LEED-NC는 USBGC가 1994년부터 1998년까지 4년 동안 진행 개발하였다.

    ㈏ 1998년 첫 버전인 LEED 1.0을 시작으로, 2000년 LEED 2.0을 만들면서 기준의 변화를 가져왔다.

    ㈐ LEED-NC 2.0의 문제점 : 많은 시간과 노동을 필요로 한다. 예를 들어, 공사장 반경 500마일 이내에서 생산된 현지 자재를 사용한다는 증거를 제출(자재 목록, 생산지, 최종 조립 장소, 자재 비용)해야 하는 등의 번거로움이 있다.

    ㈑ LEED-NC 2.0 이후 현재 2.1(서류 요건의 완화)과 2.2(인터넷 이용) 등을 출시하여 사용 중이다.

(2) 영국의 BREEAM(the Building Research Establishment Environmental Assessment Method ; 건축 연구제정 환경평가 방식)

① BRE(Building Research Establishment Ltd)와 민간기업이 공동으로 제창한 친환경인증제도이다.

② 건물의 환경 질을 측정, 표현함으로써 건축 관련 분야 종사자들에게 시장성과 평가 도구로 활용된다.

③ 환경에 미치는 건물의 광범위한 영향을 포함하고 있으며, 환경개선효과 기술 초기에는 신축사무소 건물을 대상으로 하였으며, 현재에는 사무빌딩, 주택, 산업빌딩, 상가 건물, 학교건물 등 평가영역을 계속 확대하고 있으며. 캐나다를 포함한 여러 유럽과 동양국가에서도 사용되고 있다.

④ BREEAM의 평가방식

    ㈎ 관리 : 종합적인 관리 방침, 대지위임 관리, 그리고 생산적 문제

    ㈏ 에너지 사용 : 경영상의 에너지와 이산화탄소

    ㈐ 건강과 웰빙 : 실내와 외부의 건강과 웰빙에 영향을 주는 문제

    ㈑ 오염 : 공기와 물의 오염 문제

    ㈒ 운반 : CO_2와 관련된 운반과 장소 관련 요소

    ㈓ 대지 사용 : 미개발 지역과 상공업 지역

    ㈔ 생태학 : 생태학적 가치 보존과 사이트 향상

    ㈕ 재료 : 수면주기 효과를 포함한 건축 재료들의 환경적 함축

    ㈖ 물 : 소비와 물의 효능

⑤ 건축물은 ACCEPTABLE, PASS, GOOD, VERY GOOD, EXCELLENT, OUTSTANDING 과 같은 등급으로 나뉘어지며 장려의 목적으로 사용될 수 있는 인증서가 발부된다.

<10 %	Unclassified	−
>10 %	Acceptable	★☆☆☆☆
>25 %	Pass	★★☆☆☆
>40 %	Good	★★★☆☆
>55 %	Very good	★★★★☆
>70 %	Excellent	★★★★★☆
>80 %	Outstanding	★★★★★★

(3) 일본의 CASBEE(Comprehensive Assessment System for Building Environmental Efficiency)

① 일본에서 처음에 산·학·관 공동 프로젝트로서 발족한 것이다.

② CASBEE(카스비)의 목적

    ㈎ 건축물 라이프사이클에 지속 가능한 사회 실현

    ㈏ 정책 및 시장 쌍방의 수요를 모두 지원

③ CASBEE(카스비)의 특징

    ㈎ CASBEE는 프로세스상의 흐름에 평가제도를 반영한다.

    ㈏ CASBEE에서 가장 중요한 개념은 건물의 지속효율성을 표현하려는 노력인 환경적 효율건물, 즉 BEE이다.

    ㈐ BEE의 개념

        ㉮ Building Environmental Efficiency Value of Products or Servies 즉, 건물의 지속 효율성＝상품이나 서비스의 환경적 개념의 효율

        ㉯ BEE는 간단히 건물에 지속효율성을 적용하는 개념을 현대화시킨 것임

        ㉰ 다양한 과정, 계획, 디자인, 완성, 작업과 리노베이션으로 평가받고 있는 건물의 평가 도구

    ㈑ BEE의 평가방식

        ㉮ BEE 평가는 숫자로 되어 있으며 근본적으로 0.5에서 3의 서식범위로 부여한다. Built Environment Efficiency(BEE)＝Q(Built Environment Quality) / (Built Environment Load)

        ㉯ 즉, S부류(3.0이나 그보다 높은 BEE)로부터 A부류(1.5에서 3.0의 BEE), B＋(1.0에서 1.5의 BEE), B−(0.5에서 1.0의 BEE), 그리고 C부류(0.5 이하의 BEE)로 이루어져 있다.

CASBEE 인증마크

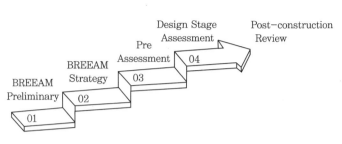

CASBEE 인증 프로세스

 일본의 '환경공생 주택'(주거용 환경평가 기준)

1. 환경부하 절감 및 쾌적한 생활환경 창출을 위해 태양에너지 등의 자연에너지 사용, 빗물의 활용, 인공연못 조성 등의 수준을 평가한다.
2. 환경성능을 자동으로 산출할 수 있게 프로그램화하여 LCE(Life Cycle Energy)라고 부른다.

(4) 호주의 Green Star

① 건물 시장에서 사용되는 개발의 직전 단계의 새로운 건물평가시스템으로 회사 건물 분야에 최초로 상품화된 제도이다.

② 건물 생태주기의 다양한 과정에 등급을 정하고 차별화된 건물의 등급을 포인트 매긴다.

③ Green Star 디자인 기술 분류

   (가) 관리(12포인트)

   (나) 실내 환경적 상태(27포인트)

   (다) 에너지(24포인트)

   (라) 운반(11포인트)

   (마) 용수(12포인트)

   (바) 재료(20포인트)

   (사) 대지 사용과 생태학(8포인트)

   (아) 방사(13포인트)

   (자) 신기술(5포인트)

④ 최대 132포인트까지 받을 수 있으며, 다량의 "별"을 부여한다.

⑤ 6개의 별이 가장 높은 수치이며 국제적으로 인식되고 보상받을 수 있다. 5개의 별은 호주의 지도자의 지위를 받으며, 4개의 별은 최고의 환경적 솔션의 모습을 보여 주는 것으로 인지한다.

(5) 캐나다의 BEPAC

① 캐나다에서는 영국의 BREEAM을 기본으로 한 건물의 환경수준을 평가하는 BEPAC(Building Environmental Performance Assessment Criteria)를 시행하고 있다.

② 이 평가기준은 신축 및 기존 사무소건물의 환경성능을 평가하는 것으로 다음의 분류체제로 구성되어 건축설계와 관리운영 측면에서 평가가 이루어진다.

  ㈎ 오존층 보호

  ㈏ 에너지 소비에 의한 환경에의 영향

  ㈐ 실내환경의 질

  ㈑ 자원 절약

  ㈒ 대지 및 교통

③ BEPAC의 활용수단

  ㈎ 환경에 미치는 영향을 평가하는 수단

  ㈏ 건축물을 유지 관리하는 수단

  ㈐ 건축물의 보수, 개수 등을 위한 계획수단

  ㈑ 건축물의 환경설계를 위한 수단

  ㈒ 건축주가 입주자들에게 건축물의 환경의 질을 설명할 수 있는 수단

  ㈓ 환경의 질이 높은 건축물로의 유도를 위한 수단

(6) GBTOOL

① 종합적이고 정교한 건물 평가시스템으로서 국제적인 Green Building Challenge (GBC ; 캐나다를 중심으로 세계적으로 많은 나라에서 참여하고 있는 민간 콘소시움)로 2년마다 한 번씩 개발되었고, 1998년 프랑스를 시작으로 유럽 주요 도시에서 2년에 한 번씩 주최된다.

② GBTOOL은 BREEAM으로 대표되는 1세대 환경성능평가방식이 직접적인 환경의 이슈만을 다룬 데 반하여 보다 넓은 일련의 고려 사항, 즉 적응성(Adaptability), 제어성(Controllability) 등과 같이 직접적 혹은 간접적으로 자원 소비 또는 환경부하에 영향을 주는 기타 중요한 성능 이슈를 포괄할 수 있도록 확대되었다.

③ GBTOOL은 사무소건물, 학교건물 및 공동주택 등 3가지 건물 유형을 대상으로 하며, Computer Program으로 개발되어 쉽게 사용할 수 있도록 보급되고 있다.

용어의 정리(3장)

(1) 기후변화협약(UNFCCC : United Nations Framework Convention on Climate Change)

① 1979년 G.우델과 G.맥도날드 등의 과학자들이 지구의 온난화를 경고한 뒤 국제적 논의를 계속한 결과 1992년 6월 브라질 리우에서 정식으로 체결한 국제협약이며, 이산화탄소 등을 비롯한 많은 온실가스의 방출을 제한하여 지구온난화를 방지함을 목적으로 한다.

② 지구온난화에 대한 범지구적 대책 마련과 각국의 능력, 사회, 경제 여건에 따른 온실가스 배출 감축 의무를 부여하였으며, 우리나라의 온실가스 배출량은 세계 약 11위 수준이며, 1993년 12월에 47번째로 가입하였다.

(2) LCCO$_2$

① LCCO$_2$는 'Life Cycle CO$_2$'의 약어이다.

② LCCO$_2$는 원래 ISO 14040의 LCA(Life Cycle Assessment)에서 기원된 말이다.

③ 제품의 전 과정, 즉 제품을 만들기 위한 원료를 채취하는 단계부터, 원료를 가공하고, 제품을 만들고, 사용하고 폐기하는 전체 과정에서 발생한 CO$_2$의 총량을 의미한다.

④ 건축, 건설, 제조 등의 분야에서 그 환경성을 평가하기 위해 전 과정(생애주기) 동안 배출된 CO$_2$량을 지수로써 활용하고 있다.

(3) ODP(Ozone Depletion Potential ; 오존층파괴지수)

① 어떤 물질이 오존 파괴에 미치는 영향을 R-11(CFC11)과 비교(중량 기준)하여 어느 정도인지를 나타내는 척도이다.

② GWP와는 별도의 개념이므로, ODP가 낮다고 해서 GWP도 반드시 낮은 것은 아니다.

③ 공식

$$ODP = \frac{\text{어떤 물질 1kg이 파괴하는 오존량}}{\text{CFC}-11 \ 1\text{kg이 파괴하는 오존량}}$$

(4) GWP(Global Warming Potential ; 지구온난화지수)

① 어떤 물질이 지구온난화에 미치는 영향을 CO$_2$와 비교(중량 기준)하여 어느 정도인지를 나타내는 척도이다.

② R134A, R410A, R407C 등의 HFC계열의 대체냉매는 ODP가 Zero이지만, 지구온난화지수(GWP)가 상당히 높아서 교토의정서의 6대 금지물질 중 하나이다.

③ 공식

$$GWP = \frac{\text{어떤 물질 1kg이 기여하는 지구온난화 정도}}{CO_2 \text{ 1kg이 기여하는 지구온난화 정도}}$$

(5) VOC(Volatile Organic Compounds ; 휘발성 유기화합물질)

① 대기 중에서 질소산화물과 공존하면 햇빛의 작용으로 광화학반응을 일으켜 오존 및 팬(PAN : 퍼옥시아세틸 나이트레이트) 등 광화학 산화성 물질을 생성시켜 광화학스모그를 유발하는 물질을 통틀어 일컫는 말이다.

② 대기오염물질이며 발암성을 가진 독성 화학물질이다.

③ 광화학산화물의 전구물질이기도 하며 지구온난화와 성층권 오존층 파괴의 원인물질이다.

> **✳ 주요 물질의 ODP / GWP / VOC**
>
> | | ODP | GWP | VOC |
> |---|---|---|---|
> | CFC 11 | 1 | 4000 | NO |
> | CFC 12 | 1 | 8500 | NO |
> | HCFC 141b | 0.1 | 630 | NO |
> | HCFC 22 | 0.05 | 1700 | NO |
> | HCFC 124 | 0.02 | 480 | NO |
> | HCFC 142b | 0.06 | 2000 | NO |
> | HFC 134a | 0 | 1300 | NO |
> | HFC 245fa | 0 | 790−1040 | NO |
> | Cyclopentane | 0 | 11 | YES |
> | Ecomate | 0 | 0 | NO |
>
> ※ 주 1. CFC, HCFC, HFC : 각종 에어컨, 냉동장치, 탈취제, 헤어 스프레이, 화장품, 세제, 소화제 등에 사용되는 냉매
> 　　 2. Cyclopentane(사이클로펜타인) : 석유에서 채취되는 무색·비(非)수용성 액체로 주로 용매(溶媒)로 많이 사용된다.
> 　　 3. Ecomate(에코메이트) : 각종 세척제, 클리너 등에 사용하는 물질

(6) HGWP(Halo−carbon Global Warming Potential)

① GWP와 개념은 동일하나, 비교의 기준 물질을 $CO_2 \rightarrow$ CFC−11로 바꾸어 놓은 지표이다.

② 공식

$$HGWP = \frac{\text{어떤 물질 1kg이 기여하는 지구온난화 정도}}{CFC-11 \text{ 1kg이 기여하는 지구온난화 정도}}$$

(7) TEWI(Total Equivalent Warming Impact)

① TEWI(Total Equivalent Warming Impact)는 우리말로 '총 등가 온난화 영향도' 혹은 '전 등가 온난화 지수(계수)'라고 불리며, GWP와 더불어 지구온난화 영향도를 평가하는 지표 중 하나이다.

② 냉동기, 보일러, 공조장치 등의 설비가 직접적으로 배출한 CO_2량에 간접적 CO_2 배출량(냉동기, 보일의 등의 연료 생산과정에서 배출한 CO_2량 등)을 합하여 계산한 총체적 CO_2 배출량을 의미한다. 보통 간접적 CO_2 배출량이 직접적 CO_2 배출량에 비해 훨씬 큰 것으로 알려져 있다.

③ TEWI는 지구온난화계수인 GWP와 더불어 COP의 역수의 합으로서 표시되기도 하는데, 냉매 측면에서는 지구온난화를 방지함에 있어서 작은 GWP와 큰 COP를 가지는 냉매를 선정하는 것이 유리하다고 하겠다.

(8) 엘니뇨 현상

① 정의

㈎ 무역풍이 약해지는 경우 차가운 페루 해류 속에 갑자기 이상 난류가 침입하여 해수 온도가 이상 급변하는 현상이다.

㈏ 스페인어로 '아기 예수' 또는 '남자아이'라는 뜻을 가진 말이다.

㈐ 동태평양 적도 해역의 월평균 해수온도가 평년보다 약 6개월 이상 0.5℃ 이상 높아지는 현상이다.

② 영향

㈎ 오징어의 떼죽음

㈏ 정어리 등의 어종이 사라지고, 해조(海鳥)들이 굶어 죽을 수 있다(높아진 수온으로 인한 영양염류와 용존산소의 감소에 기인함).

㈐ 심지어는 육상에 큰 홍수를 야기하기도 한다.

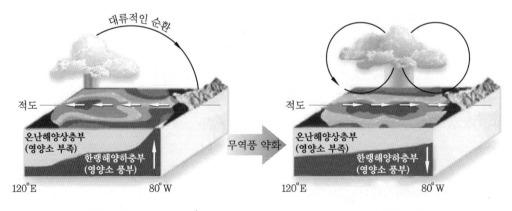

정상 시   엘니뇨 발생 시

출처 : www.climate.go.kr

(9) 라니냐 현상

① 정의

㉮ 엘니뇨의 반대적인 현상이며, 라니냐는 스페인어로 '여자아이'를 뜻하는 말이다.

㉯ 무역풍이 강해지는 경우 해수온도가 서늘하게 식는 현상이며, '반엘니뇨'라고 부르기도 한다.

㉰ 무역풍이 평소보다 강해져 동태평양 부근의 차가운 바닷물이 솟구쳐 발생한다.

㉱ 동태평양 적도 해역의 월평균 해수면 온도가 5개월 이상 지속적으로, 평년보다 0.5도 이상 낮아지는 현상이다.

② 영향

㉮ 원래 찬 동태평양의 바닷물이 더욱더 차가워져 서진하게 된다.

㉯ 인도네시아, 핀리핀 등의 동남아시아에는 격심한 장마가, 페루 등의 남아메리카에는 가뭄이, 북아메리카에는 강추위가 찾아올 수 있다.

(10) 푄 현상

① 정의 : 높새바람이라고도 하며, 산을 넘어 불어 내리는 돌풍적 건조한 바람

② 영향

㉮ 산의 바람받이 쪽에서는 기압 상승으로 인하여 수증기가 응결되어 비가 내린다.

㉯ 산의 바람의지(반대쪽) 쪽에서는 기압이 하강하고, 온도가 상승하여 건조해진다.

(11) 싸라기눈과 우박의 차이점

① 구름 속에서 만들어진 얼음의 결정이 내리는 것을 눈이라고 하고, 구름 속에서 눈의 결정끼리 충돌하여 수 mm로 성장한 것을 싸라기눈이라고 한다.

② 이 중 특히 5mm 이상 성장한 것을 우박이라고 하며, 우박 중에는 야구공 정도의 크기로 성장한 우박도 있다.

(12) 식품위해요소 중점관리점(HACCP)

① HACCP는 약자로 'has-sip'이라고 발음하며, 식품위해요소(Risks to Food Safety)를 예측 및 분석하는 방법이다.

② HACCP는 위해분석(HA)과 중요관리점(CCP)으로 구성되어 있는데, HA는 위해가능성이 있는 요소를 찾아 분석평가하는 것이며, CCP는 해당 위해요소를 방지 제거하고 안전성을 확보하기 위하여 중점적으로 다루어야 할 관리점을 말한다.

(13) 일사계

① 일사계란 태양광의 강도를 측정하는 장치로서, 지구에 도달하는 일사량을 측정하여 면적으로 나누어 표시하는 방식이다.

② 일사계의 종류로는 단위면적당의 전천(全天)의 일사량을 측정하는 전천일사계와 직

접 태양으로부터만 도달하는 일사량을 측정하는 직달일사계, 산란광을 측정하는 산란
일사계 등이 있다.

(14) 중수 설비시스템

① 중수 : 건물, 산업시설 등의 배수를 재이용하기 위하여 처리한 물을 일컬어 상수와
하수의 중간이라 하여 중수라고 흔히 부르지만, 정확한 어휘는 '재생수'이다.

② 중수도 설비시스템은 수자원의 절약(재활용)을 위해 한 번 사용한 상수를 처리하여
상수도보다 질이 낮은 저질수로써 생활용수 혹은 산업용수로 재사용하는 설비이다.

③ 그 종류는 크게 개방 순환 방식(자연 하류 방식, 유량 조정 방식)과 폐쇄 순환 방식
(개별 순환, 지구 순환, 광역 순환 방식) 등으로 나누어진다.

(15) 빗물 이용 시스템

① 빗물을 저장조에 일단 모은 후 상수가 아닌 잡용수로써 유용하게 이용하는 설비 시스
템을 말한다.

② 빗물 이용 설비에는 반드시 산성우 및 이물질(흙, 먼지, 낙엽 등)에 대한 대책 수립,
정수설비 등이 필요하다.

(16) 지속 가능한 건축(개발)

① 좁은 의미로서는 친환경 건축(개발)을 지속 가능한 건축(개발)으로 본다.

② 현재와 미래의 자연환경을 해치지 않고 생활수준의 저하 없이 모든 시민의 필요를
충족시키면서 그들의 복지를 향상시킬 수 있는 개발이다.

③ 후대에게 짐을 남기지 않고 생태, 문화, 정치, 제도, 사회 및 경제를 포함한 모든 분
야에서 도시 삶의 질을 향상시키는 것이다.

④ 요즘 대규모 건축물, 초고층 건축물, 대규모 신도시 개발 등이 많아졌기 때문에 지속
가능한 도시 개발 가능 여부는 과거 대비 훨씬 사회적, 환경적, 경제적 영향이 크다.

(17) 생태건축

생태건축은 생체공학의 원리를 의식적으로 모방하여 건축에 이용하는 것으로서 신재생
에너지의 사용과 친환경적인 재료의 사용, 자연을 건축에 직접 도입 등 일체의 친환경적
건축행위를 말한다.

(18) 기온역전층

① 기온이 고도에 따라 낮아지지 않고 오히려 높아지는 경우를 의미한다.

② 절대 안정층이라고도 하며, 공기의 수직운동을 막아 대기오염이 심해진다.

③ 대류가 원활하지 않아 생기는 대기층으로, 기온 역전층 위에는 층운형 구름이나 안개
가 주로 나타난다.

④ 기온역전층의 원인 : 온난전선, 복사냉각 등

⑤ 기온역전층의 현상 : 대기오염의 피해 가중, 매연과 연기 등의 침체, 스모그현상 등 이 발생

⑥ 기온역전층의 종류 : 역전층의 발생 위치에 따라 접지 역전층(지표면에 나타나는 역 전층), 공중 역전층(공중에서 나타나는 역전층) 등이 있다.

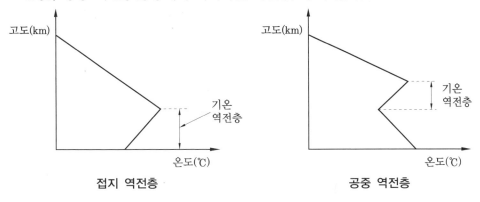

| 접지 역전층 | 공중 역전층 |

(19) 생태연못

① 생태연못이란 사라진 자연적인 습지를 대신하여 인공적으로 다양한 종들이 서식할 수 있도록 조성한 연못을 말한다.

② 일반적으로 개방수면의 서식처와 호수, 강, 강어귀, 담초지(Freshwater Marshes)와 같이 절기상 혹은 영구적으로 침수된 지역인 습지와 공존한다.

(20) 태양열 의존율(또는 태양열 절감률)

① 건물의 전체 열부하 중 태양열에 의해서 공급하는 비율을 말한다.

② 계산식

$$태양열\ 의존율 = \frac{태양열\ 사용량}{전체\ 열부하} \times 100(\%)$$

(21) LEED(Leadership in Energy and Environmental Design)

① 미국 그린빌딩위원회(USGBC : The United States Green Building Council, 1993 년 산업과 학계와 정부로부터 많은 협력자들에 의해 설립된 비정부기구이며, 회원제 로 운영되는 비영리단체)가 만든 자연친화적 빌딩·건축물에 부여하는 친환경 인증제 도다.

② 세계적으로 가장 영향력이 큰 친환경 건축물 인증제도이며, 국내에서도 신도시 지역 등에서 많은 건물들이 인증을 받고 있다.

PART 02

미세먼지 저감과
미래 에너지시스템

미래 청정에너지
기술

Chapter 4

신재생에너지 응용기술

4-1 태양에너지의 이용

(1) 태양에너지 이용 역사

① 212 B.C., Archimedes(아르키메데스)가 그리스 시라큐스를 공격하는 로마 함선을 향하여 동판으로 만든 거울로 태양광선을 모아 함선을 비추어 격침시킨 바가 있으며, 1973년 그리스 해군이 실제로 이를 다시 재현하여 50m 거리의 목선에 불을 내어 격침시켰다.

② 2009년 미국 M.I.T.의 데이빗 왈라스 교수가 80명의 학생들과 함께 15분 만에 목재에 불이 붙음을 재현하였다.

③ 1891년 미국 발티모어 발명가 클라렌스 켐프가 특허 등록하여 첫 번째 태양열 집열기 형태의 온수기가 등장하였다.

(2) 태양방사선의 특징

① "복사열"과 유사한 전자기 방사의 형태(전파, X-레이, 따뜻한 난로 등)이다.

② 태양 복사에너지의 약 절반은 인간의 눈으로 감지할 수 있는 파장 내에 있다.

③ 지구 대기권 밖 태양 방사선의 강도는 약 $1367W/m^2$(일반온돌패널 10배) 이상이다.

④ 오존층에 의해 단파장이 흡수되어 $0.2 \sim 0.3nm$ 영역에서는 대기 외부와 지표 측의 스펙트럼이 차이가 난다.

⑤ 스펙트럼 파장대 에너지밀도는 자외선 영역이 5%, 가시광선 영역이 46%, 근적외선 영역이 49% 수준이다.

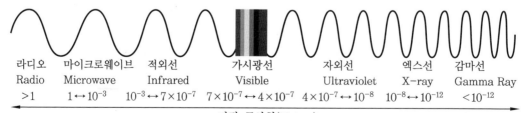

| 라디오
Radio
>1 | 마이크로웨이브
Microwave
$1 \leftrightarrow 10^{-3}$ | 적외선
Infrared
$10^{-3} \leftrightarrow 7 \times 10^{-7}$ | 가시광선
Visible
$7 \times 10^{-7} \leftrightarrow 4 \times 10^{-7}$ | 자외선
Ultraviolet
$4 \times 10^{-7} \leftrightarrow 10^{-8}$ | 엑스선
X-ray
$10^{-8} \leftrightarrow 10^{-12}$ | 감마선
Gamma Ray
$< 10^{-12}$ |

파장 근사치(Meters)

태양에너지의 스펙트럼

(3) 태양각의 중요성

① 태양열에너지 시스템의 성능에 큰 영향을 끼치는 중요한 요소이다.

② 태양열에너지 집열판 및 집광판의 설치 경사각이 태양각과 수직을 이루는 것이 가장 유리하다.

③ 연간 태양의 고도가 변함에 따른 태양각의 변동을 추적하는 것이 유리하다.

④ 혼합식(태양) 추적법 : 센서에 의한 감지식 추적법과 프로그램에 의한 추적법을 혼합하여 태양의 고도와 위치를 가장 정확하게 추적할 수 있는 방식이다.

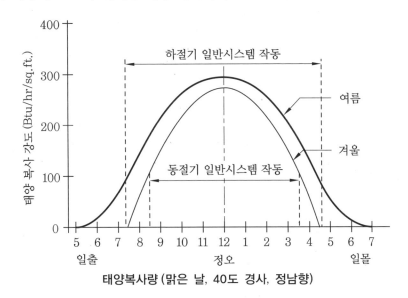

태양복사량 (맑은 날, 40도 경사, 정남향)

태양 고도의 변화 추이

(4) 태양에너지 적용 분야

① 발전 분야

㈎ 집광식 태양열발전

㉮ 태양추적장치, 집광렌즈, 반사경 등의 장치가 필요하다.

㉯ 고온의 증기를 만들어 터빈을 운전하여 발전을 행한다.

ⓒ 집광장치의 종류

    ⓐ PTC(Parabolic Trough Collector) : 구유형(홈통형) 집광장치

    ⓑ Dish Type Collector : 접시형(반구형) 집광장치

    ⓒ CPC(Compound Parabolic Collector) : 복합형 집광장치

    ⓓ SPT(Solar Power Tower) : 태양열발전탑

(나) 태양광발전

    ㉮ 소규모로는 전자계산기, 손목시계와 같은 일용품~인공위성, 대규모의 발전용 장치까지 널리 사용

    ㉯ 실리콘 등으로 제작된 태양전지(Solar Cell)를 이용하여 태양광을 직접 전기로 변환

② 생활 분야

  (가) 태양열 증류 : 고온의 태양열을 이용하여 탈수 및 건조 가능

  (나) 태양열 조리기기(Cooker 등) : 집광렌즈를 이용하여 조리, 요리 등 가능

③ 조명 및 공조·급탕 분야

  (가) 주광조명

    ㉮ 낮에도 어두워지는 지상 및 지하시설 등에 자연광 도입

    ㉯ 수직 기둥 속 렌즈를 이용하여 반사원리를 이용하여 태양광 도입

  (나) 난방 및 급탕

    ㉮ 태양열을 축열조를 이용하여 저장 후 난방, 급탕 등에 활용함

    ㉯ 태양열원 히트펌프(SSHP)의 열원으로 사용하여 난방 및 급탕이 가능함

  (다) 태양열 냉방시스템

    ㉮ 증기압축식 냉방 : 태양열을 증기터빈 가동에 사용

      → 증기터빈의 구동력을 다시 냉동시스템의 압축기 축동력으로 전달함

    ㉯ 흡수식 냉방 : 태양열을 저온 재생기 가열에 보조적으로 사용하는 시스템

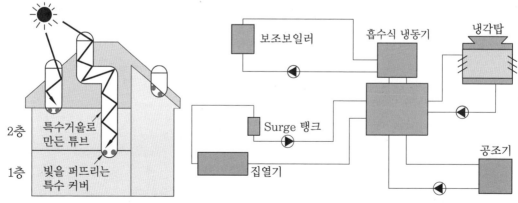

주광조명   **태양열 흡수식 냉방시스템 계통**

    ㉰ 흡착식 냉방 : 흡착제의 탈착(재생) 과정에 사용
    ㉱ 제습냉방(Desiccant Cooling System) : 제습기 휠의 재생열원 등에도 사용

칼럼 🔍 태양열 급탕이 타 태양열 이용 시스템 대비 유리한 점

1. 태양열발전, 태양광발전 등처럼 많은 에너지를 필요로 하지 않는다.
2. 비교적 저온(약 40∼80℃ 정도)이어서 열 손실이 적다.
3. 연중 계속적인 축열의 활용이 가능하다.
4. 소규모 제작이 용이하고, 보조가열원의 용량이 작아도 된다.
5. 급탕부하는 부하의 변동폭이 적다.
6. 급탕부하는 비교적 열량이 불규칙해도 사용 가능하다.
7. 가격이 비교적 저렴한 평판형 집열기로도 사용 가능하다.
8. 구름이 많거나 흐린 날에도 사용 가능하다.

4-2 신재생에너지와 신재생에너지 설비

(1) 신재생에너지의 정의

  신에너지 및 재생에너지(신재생에너지)라 함은 기존의 화석연료를 변환시켜 이용하거나 햇빛·물·지열·강수·생물유기체 등을 포함하는 재생 가능한 에너지를 변환시켜 이용하는 에너지를 말한다.

(2) 신재생에너지의 종류

① 석유, 석탄, 원자력, 천연가스가 아닌 에너지로서 11개 분야를 지정
② 신에너지 : 3종[수소, 연료전지, 석탄액화·가스화 및 중질잔사유(重質殘渣油)가스화 에너지]
③ 재생에너지 : 8종(태양에너지, 풍력, 수력, 지열, 해양, 바이오에너지, 폐기물, 수열 에너지)

(3) 신재생에너지 설비의 종류

① 수소에너지 설비 : 물이나 그 밖의 연료를 변환시켜 수소를 생산하거나 이용하는 설비
② 연료전지 설비 : 수소와 산소의 전기화학 반응을 통하여 전기 또는 열을 생산하는 설비
③ 석탄을 액화·가스화한 에너지 및 중질잔사유(重質殘渣油)를 가스화한 에너지 설비 : 석탄 및 중질잔사유의 저급 연료를 액화 또는 가스화시켜 전기 또는 열을 생산하는 설비
④ 태양에너지 설비
    ㉮ 태양열 설비 : 태양의 열에너지를 변환시켜 전기를 생산하거나 에너지원으로 이용하는 설비

㉴ 태양광 설비 : 태양의 빛에너지를 변환시켜 전기를 생산하거나 채광(採光)에 이용하는 설비

⑤ 풍력 설비 : 바람의 에너지를 변환시켜 전기를 생산하는 설비

⑥ 수력 설비 : 물의 유동(流動) 에너지를 변환시켜 전기를 생산하는 설비

⑦ 해양에너지 설비 : 해양의 조수, 파도, 해류, 온도 차 등을 변환시켜 전기 또는 열을 생산하는 설비

⑧ 지열에너지 설비 : 물, 지하수 및 지하의 열 등의 온도 차를 변환시켜 에너지를 생산하는 설비

⑨ 바이오에너지 설비 : 「신에너지 및 재생에너지 개발·이용·보급 촉진법 시행령」(이하 "영"이라 한다) 별표 1의 바이오에너지를 생산하거나 이를 에너지원으로 이용하는 설비

⑩ 폐기물에너지 설비 : 폐기물을 변환시켜 연료 및 에너지를 생산하는 설비

⑪ 수열에너지 설비 : 물의 표층의 열을 변환시켜 에너지를 생산하는 설비

⑫ 전력 저장 설비 : 신에너지 및 재생에너지를 이용하여 전기를 생산하는 설비와 연계된 전력 저장 설비

4-3 신에너지 및 재생에너지 개발·이용·보급 촉진법

(1) 개요

① 이 법은 과거 「대체에너지 개발 및 이용·보급촉진법」을 명칭 변경한 것이다(환경친화적이고 지속 가능한 의미를 내포할 수 있도록 '신재생에너지'로 용어를 변경함).

② 신재생에너지 설비에 대한 소비자의 신뢰 확보와 보급 확대를 목적으로 국내 생산 또는 수입되는 태양열, 태양광, 소형풍력 등의 분야에 대한 설비 인증을 2003년 10월부터 최초 시행하고, 이를 위해 신재생에너지설비 인증에 관한 규정을 제정하였다.

(2) 신재생에너지 공급의무비율(공공 및 공공 투자건물)

해당 연도	2011~2012	2013	2014	2015	2016	2017	2018	2019	2020 이후
공급의무 비율(%)	10	11	12	15	18	21	24	27	30

(3) 신재생에너지 의무공급량(RPS)

의무공급량의 연도별 합계는 공급의무자의 다음 계산식에 따른 총전력생산량에 다음 표에 따른 비율을 곱한 발전량 이상으로 한다.

해당 연도	비율(%)	해당 연도	비율(%)
2012	2.0	2018	5.0
2013	2.5	2019	6.0
2014	3.0	2020	7.0
2015	3.0	2021	8.0
2016	3.5	2022	9.0
2017	4.0	2033년 이후	10.0

(4) 태양광 별도 의무량

① 태양광 산업의 집중육성 측면에서 시행 초기 5년간 할당물량 집중 배분

② 2016년부터는 별도 신규 할당 없이 타 신재생에너지원과 경쟁 유도

해당 연도	의무공급량(단위 : GWh)
2012년	276
2013년	723
2014년	1,156
2015년 이후	1,577

※ 개별 공급의무자별 태양광 의무할당량은 고시로 정함

4-4　태양열에너지

태양광선의 열에너지를 모아 이용하는 기술로서 집열부, 축열부, 이용부, 제어부 등으로 구성된다.

(1) 태양열에너지의 장점

① 무공해, 무제한　　　　　　　② 청정에너지원

③ 지역적인 편중이 적음　　　　④ 다양한 적용 및 이용성

⑤ 경제성이 우수함

(2) 태양열에너지의 단점

① 열 밀도가 낮고, 이용이 간헐적임

② 초기 설치비가 많음

③ 일사량 조건이 좋지 않은 겨울은 불리

(3) 평판형 집열기와 진공관형 집열기

① 평판형 집열기는 집열면이 평면을 이루고, 태양에너지 흡수 면적이 태양에너지의 입사 면적과 동일한 집열기이며, 태양열 난방 및 급탕 시스템 등 저온 이용 분야에 사용되는 기본적인 태양열 기기이다.

② 평판형 집열기 vs. 진공관형 집열기

구 분	평판형 집열기	진공관형 집열기
장점	• 실제 설치 후 장기간 사용 결과 안정적인 집열기로 판명됨 • 구조적으로 단순하며 취급이 간편 • 단위면적당 가격이 저렴(동일획득열량 대비 40% 이상 저렴) • 하자 발생 우려가 적으며 시스템이 안정적	• 겨울철 효율이 높음 • 고온에서 평판형보다 효율이 높으므로 100℃ 이상이 필요한 냉방 및 산업공정열 적용에 유리함
단점	집열효율이 진공관형에 비해 다소 떨어짐	• 가격이 비싸며, 개별가구 설치 시 경제성을 신중히 고려해야 함 • 유리관 파손, 진공파괴에 대한 우려 보수비 증대 • 하절기 과열에 대한 대책 필요

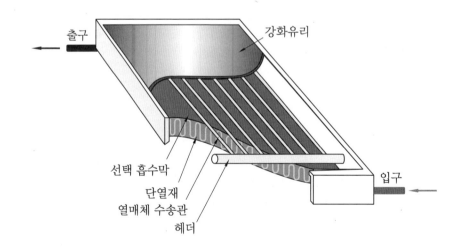

평판형 집열기

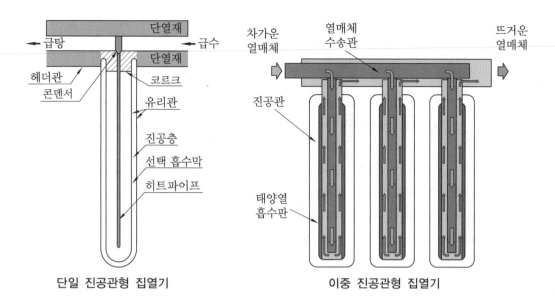

단일 진공관형 집열기   이중 진공관형 집열기

(4) 집중형 태양열발전(CSP : Concentrating Solar Power)

① 종류

㈎ 홈통형 집열기(PTC : Parabolic Trough Collector) : 태양에너지는 포물선형 곡
선과 홈통 형상의 반사판 위에 곡면의 내부를 따라 놓여 있는 리시버(Receiver)관
에 집중

㈏ 반구형 집열기(Dish Type Collector) : 태양으로부터 직접 입사되는 태양에너지
를 획득하여 작은 면적에 집중, 태양광선을 열 리시버로 반사하기 위하여 태양을
연속적으로 추적, 스털링엔진(햇빛과 같은 외부열원으로부터 제공되는 열로 피스
톤을 움직여 자동차의 내연기관과 비슷하게 기계적인 출력을 생산, 엔진 크랭크축
의 회전 형태인 기계적 일은 발전기를 구동하고 전기를 생산)에 사용 가능

㈐ CPC형 집열기(Compound Parabolic Collector) : 양쪽의 반사판을 이용하여 태
양광을 반사하여 가운데의 유리관에 집중시킴, 외부유리관은 없는 타입도 있음

② 특징

㈎ 다양한 거울 형상의 반사원리를 이용하여 태양에너지를 고온의 열로 변환

㈏ 태양에너지를 모아서 열로 변환시키는 부분에 더하여 열에너지를 전기로 재차 변
환할 수도 있음

㈐ 상대적으로 저비용으로 첨두부하(Peak Demand) 시 전력을 공급할 수 있어 분산
에너지원으로 주요한 역할을 할 수 있음

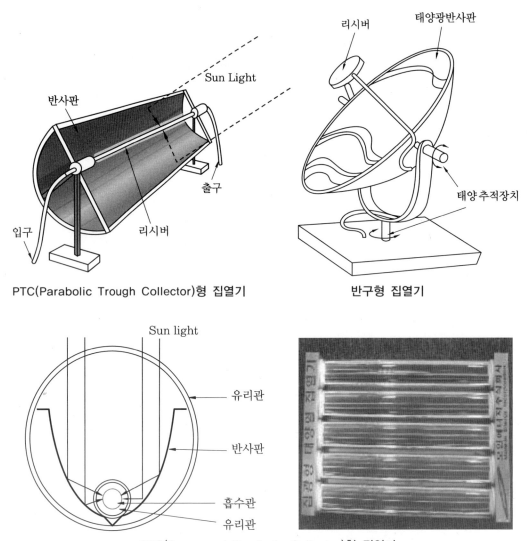

PTC(Parabolic Trough Collector)형 집열기 · 반구형 집열기

CPC(Compound Parabolic Collector)형 집열기

(5) 전력타워 혹은 태양열발전탑(Solar Power Tower)

① 특징

(개) 태양열을 이용하여 기존 전력망에 전기를 공급하기 위하여 햇빛을 청정전기로 변환하는 장치로서, 대형의 헬리오스탯(Heliostats)이라는 태양 추적 거울(Sun-tracking Mirrors)을 대량으로 설치하여 타워 상부에 위치한 리시버에 햇빛을 집중 → 리시버에서 가열된 열전달유체는 열교환기를 이용하여 고온 증기를 발생 → 고온 증기는 터빈발전기를 구동하여 전기를 생산

(나) 현재 증기 대신 열전달과 에너지 저장 능력이 좋은 용융 질산염(Molten Nitrate Salt) 등의 물질도 사용함

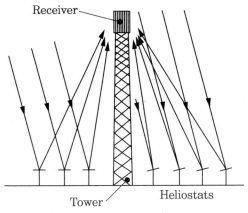

SPT(Solar Power Tower)의 반사원리

(6) 태양열 난방 및 급탕시스템

① 태양열에너지 적용 분야 : 온수, 급탕, 공간의 냉·난방
② 건물은 햇볕의 장점을 최대로 획득할 수 있도록 설계 : 특히 경제성 측면에서 투자비 회수 기간이 짧아야 한다.
③ 태양열시스템은 건물의 신축, 재축, 증축, 리모델링 등 다양한 건축 행위 시에 활용 가능하다.
④ 건물의 공간난방 등을 위하여 팬코일 유닛이나 공조기 등을 통하여 공기를 직접 가열하거나, 필요처에 온수를 공급할 수 있다.

겨울철 태양으로부터 많은 열을 획득하기 위하여 남측에 대형 판유리를 설치한 Colorado주 Golden시에 위치한 Sponslor-miller 주택

4개의 태양에너지 시스템을 설치한 가정 (1.4 kW × 4개 ; 태양전지 시스템, 능동적 /수동적 태양열 난방, 온수시스템)

(7) 자연형 및 설비형 태양열 시스템 비교

구 분	자연형	설비형		
	저온용	중온용	고온용	
활용 온도	60℃ 이하	100℃ 이하	300℃ 이하	300℃ 이상
집열부	자연형 시스템 공기식 집열기	평판형 집열기	• PTC형 집열기 • CPC형 집열기, 진공관형집열기	Dish형 집열기, Power Tower
축열부	Tromb Wall (자갈, 현열)	저온축열 (현열, 잠열)	중온축열 (잠열, 화학)	고온축열 (화학)
이용 분야	건물공간난방	냉난방·급탕, 농수산 (건조, 난방)	건물 및 농수산 분야 냉·난방, 담수화, 산업공정열, 열발전	산업공정열, 열발전, 우주용, 광촉매폐수처리, 광화학, 신물질제도

(8) 태양열 난방시스템의 구성

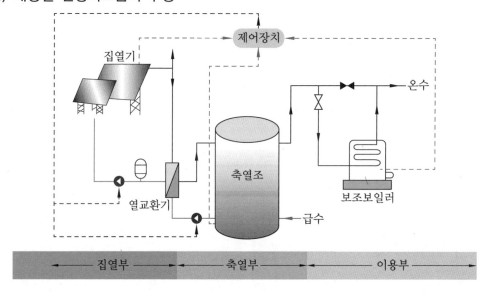

① 집열부 : 태양열 집열이 이루어지는 부분으로, 집열온도는 집열기의 열 손실률과 집광장치의 유무에 따라 결정됨
② 축열부 : 열 취득 시점과 집열량 이용 시점이 일치하지 않기 때문에 필요한 일종의 버퍼(Buffer) 역할을 할 수 있는 열저장 탱크
③ 이용부 : 태양열 축열조에 저장된 태양열을 효과적으로 공급하고 부족할 경우 보조열원에 의해 공급
④ 제어장치 : 태양열을 효과적으로 집열 및 축열하고 공급, 태양열 시스템의 성능 및 신뢰성 등에 중요한 역할을 해 주는 장치

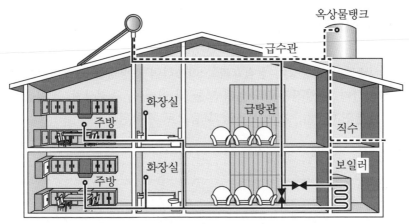

태양열 온수난방 설치 사례

(9) 태양굴뚝(Solar Chimney, Solar Tower)

① 의의 : 태양열의 온실효과로 거대한 인공바람을 만들어 전기를 생산하는 방식이다.

② 원리

  ⑦ 마치 가마솥 뚜껑 형태로, 탑의 아래쪽에 매우 큰 넓이의 온실을 만들어 공기를
가열시킴

  ⑭ 중앙에 500~1천 미터 정도의 탑을 세우고 발전기를 설치함

  ⑭ 하부의 온실에서 데워진 공기가 길목(중앙의 탑)을 빠져나감으로써 하부에 설치
된 발전용 터빈을 회전시켜 발전 가능(초속 약 15m/s 정도의 강풍임)

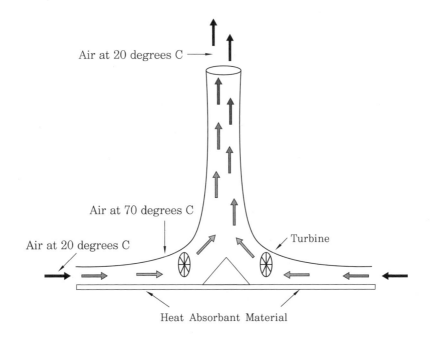

4-5 태양광에너지(Photovoltaics)

태양광발전 시스템은 태양광의 광전효과를 이용하여 태양광을 직접 전기에너지로 변환 및 이용하는 장치이며, 태양전지로 구성된 모듈 및 어레이, 축전장치, 제어장치, 전력변환 장치(인버터), 계통연계장치, 기타 보호장치 등으로 구성된다.

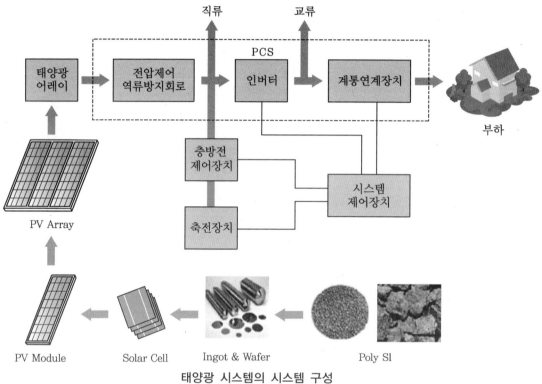

태양광 시스템의 시스템 구성

(1) 태양광에너지의 장점

① 무공해, 무제한
② 청정에너지원
③ 부지 부족 시에는 건물일체형으로도 구현 가능
④ 유지보수 용이
⑤ 무인화 가능
⑥ 장기 수명(약 20년 이상)
⑦ 안정적인 계통연계형으로도 구현 가능

(2) 태양광에너지의 단점

① 전력생산량이 지역별, 시간별, 계절별, 기후별 차이가 많이 발생한다.

② 시스템 초기 설치비용이 크고, 발전단가가 높다.

(3) 태양전지의 역사

① 1839년 : E.Becquerel(프랑스)이 최초로 광전효과(Photovoltaic Effect)를 발견

② 1870년대 : H. Hertz의 Se의 광전효과연구 이후 효율 1~2%의 Se cell이 개발되어 사진기의 노출계에 사용

③ 1940년대~1950년대 초 : 초고순도 단결정실리콘을 제조할 수 있는 Czochralski Process가 개발됨

④ 1949년 : Schockely(쇼클리)가 p–n 접합이론 발표

⑤ 1954년 : Bell Lab.에서 효율 4%의 실리콘 태양전지를 개발

⑥ 1958년 : 미국의 Vanguard 위성에 최초로 태양전지를 탑재한 이후 모든 위성에 태양전지를 사용

⑦ 1970년대 : Oil Shock 이후 태양전지의 연구 개발 및 상업화에 수십억 달러가 투자되면서 태양전지의 상업화가 급진전

⑧ 현재 : 태양전지효율 7~20%, 수명 20년 이상, 발전단가 $0.2~0.3/kWh

(4) 태양광 계통

① 독립형 : 계통(한전전력망)과 단절된 상태, 비상전력용으로도 사용 가능한 구조

② 계통연계형 : 한전망과 연결된 상태로 작동하며 주택 내 부하 측에 전력을 공급하고 여분의 전기는 계통을 통해 한전으로 역전송하며 역으로 태양광발전기로부터 공급되는 전력의 양이 주택 내 부하가 사용하기에 모자랄 경우 계통으로부터 부족한 양만큼 전력을 공급받는 방식, 계통 측 전기가 단전상태에서는 태양광발전기로부터 발전되는 전력도 자동 차단됨

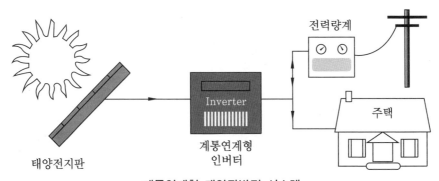

계통연계형 태양광발전 시스템

③ 방재형 시스템 : 정전 시에 연계를 자립으로 대체하여 특정부하에 공급하는 축전 지 정용 시스템

④ 하이브리드 시스템 : 독립형 시스템과 다른 발전설비와 연계하여 사용하는 형태

(5) 태양광발전과 태양열발전의 차이

① 태양광발전 : 태양빛 → 직접 전기 생산

② 태양열발전 : 태양빛 → 기계적 에너지로 바꾼 후 → 재차 전기를 생산

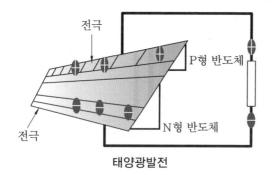

태양광발전

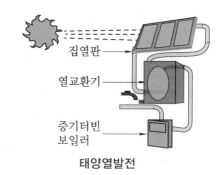

태양열발전

(6) 광전효과와 광기전력효과

① 광전효과 : 아인슈타인이 빛의 입자성을 이용하여 설명한 현상으로 금속 등의 물질에 일정한 진동수 이상의 빛을 비추었을 때, 물질의 표면에서 전자가 튀어나오는 현상으로, 단파장 조사 시 외부에 자유전자가 방출되는 외부광전효과(광전관, 빛의 검출/측정 등에 사용)와 내부광전효과(전자 및 정공이 발생)로 나누어진다.

② 광기전력효과 : 어떤 종류의 반도체에 빛을 조사하면 조사된 부분과 조사되지 않은 부분 사이에 전위차(광기전력)를 발생시킨다.

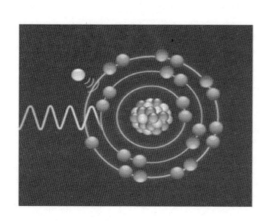

(7) 태양전지의 원리

① 빛이 부딪치면, 플러스와 마이너스를 갖는 입자(정공과 전자)가 생성된다.
- (전자)는 n형 실리콘 측으로 모이고,
+ (전공)는 p형 실리콘 측으로 모인다.
② 다음 그림과 같이 전극에 전구를 연결하면 전류가 흐르게 된다.

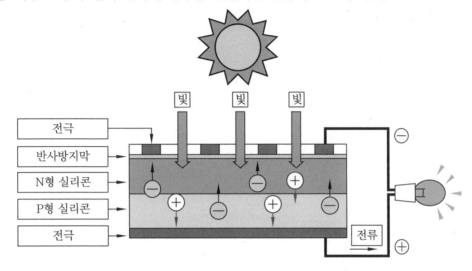

(8) 실리콘계 태양전지

① 결정계(단결정, 다결정)
   ㈎ 변환효율이 높다(약 12~20% 정도).
   ㈏ 실적에 의한 신뢰성이 보장된다.
   ㈐ 현재 태양광발전 시스템에 일반적으로 사용되는 방식이다.
   ㈑ 변환효율은 단결정이 유리하고, 가격은 다결정이 유리하다.
   ㈒ 방사조도의 변화에 따라 전류가 매우 급격히 변화하고, 모듈 표면온도 증감에 대해서 전압의 변동이 크다.
   ㈓ 결정계는 온도가 상승함에 따라 출력이 약 0.45%/℃ 감소한다.
   ㈔ 실리콘계 태양전지의 발전을 위한 태양광 파장 영역은 약 300~1,200nm이다.
② 아몰포스계(비결정계 ; Amorphous)
   ㈎ 구부러지는(왜곡되는) 것을 말한다.
   ㈏ 변환효율 : 약 7~10% 정도
   ㈐ 생산단가가 가장 낮은 편이며, 소형시계, 계산기 등에도 많이 적용된다.
   ㈑ 결정계 대비하여 고전압 및 저전류의 특성을 지니고 있다.
   ㈒ 온도가 상승함에 따라 출력이 약 0.25%/℃ 감소한다(온도가 높은 지역이나 사막지역 등에 적용하기에는 결정계보다 유리하다).

    (ᄇ) 결정계 대비 초기 열화에 의한 변환효율 저하가 심한 편이다.

  ③ 박막형 태양전지(2세대 태양전지 ; 단가를 낮추는 기술에 초점)

    (개) 실리콘을 얇게 만들어 태양전지 생산단가를 절약할 수 있도록 하는 기술이다.

    (내) 결정계 대비 효율이 낮은 단점이 있으나, 탠덤 배치구조 등으로 극복을 위한 많은 노력이 전개되고 있다.

(9) 화합물 태양전지

  ① Ⅱ-Ⅵ족

    (개) CdTe : 대표적 박막 화합물 태양전지(두께 약 $2\mu m$), 우수한 광 흡수율(직접 천이형), 밴드갭 에너지는 1.45eV, 단일 물질로 pn반도체 동종 성질을 나타냄, 후면 전극은 금/은/니켈 등 사용, 고온환경의 박막태양전지로 많이 응용

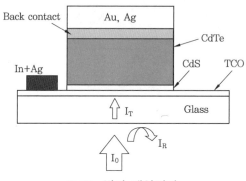

CdTe 박막 태양전지

    (내) CIGS : CuInGaSSe와 같이 In의 일부를 Ga로, Se의 일부를 S으로 대체한 오원화합물을 일컬음(CIS로도 표기), 우수한 광 흡수율(직접 천이형), 밴드갭 에너지는 2.42eV, ZnO 위에 Al/Ni 재질의 금속전극 사용, 우수한 내방사선 특성(장기간 사용해도 효율의 변화 적음), 변환효율 약 19% 이상으로 평가되고 있음

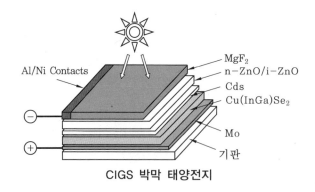

CIGS 박막 태양전지

② Ⅲ-Ⅴ족

  ⑦ GaAs(갈륨비소) : 에너지 밴드갭이 1.4eV(전자볼트)로서 단일 전지로는 최대효율, 우수한 광 흡수율(직접천이형), 주로 우주용 및 군사용으로 사용, 높은 에너지 밴드갭을 가지는 물질부터 낮은 에너지 밴드갭을 가지는 물질까지 차례로 적층하여(Tandem 직렬 적층형) 40% 이상의 효율 가능

  ⑭ InP : 밴드갭 에너지는 1.35eV, GaAs(갈륨비소)에 버금가는 특성, 단결정 판의 가격이 실리콘 대비 비싸고 표면 재결합 속도가 크기 때문에 아직 고효율 생산에 어려움(이론적 효율은 우수)

③ Ⅰ-Ⅲ-Ⅵ족

  ⑦ $CuInSe_2$: 밴드갭 에너지는 1.04eV, 우수한 광 흡수율(직접천이형), 두께 약 1~2μm의 박막으로도 고효율 태양전지 제작 가능

  ⑭ Cu(In, Ga)Se_2 : 상기 $CuInSe_2$와 특성 유사, 같은 족의 물질 상호 간에 치환이 가능하여 밴드갭 에너지를 증가시켜 광이용 효율을 증가 가능

④ 화합물 태양전지의 일반적 특징

  ⑦ 온도계수(θ)가 작아서 고온에서도 출력 감소가 적다.

  ⑭ 실리콘계 반도체는 간접천이를 하지만 화합물 반도체는 직접천이를 하여 광 특성이 우수하다.

  ⑮ 화합물 태양전지는 큰 에너지갭으로 인해 보다 긴 파장대역보다는 파장이 짧은 대역의 빛을 흡수하는 데 유리하다.

  ⑯ 실리콘 공급 문제의 영향은 받지 않으나 희소한 원소인 인듐(In) 등을 사용하고 있기 때문에 생산비가 고가이다.

  ⑰ 다양한 흡수대역을 가지는 태양전지를 적층하기 용이하여 단일접합(Single Junction) 구조 대신 한 단계 진보된 다중접합(Multi-junction) 탠덤(Tandem) 구조의 태양전지를 만들 수 있다(서로 다른 밴드갭을 갖는 물질을 적층하여 태양광의 대부분의 스펙트럼을 효율적으로 사용하는 것이 가능하기 때문에 향후 50% 이상의 초고효율 태양전지를 개발할 수 있는 가능성을 가지고 있다).

칼럼 🔍 **밴드갭 에너지**

1. 밴드갭(에너지) : 반도체에서 전자가 위치해 있는 원자가띠(Valence Band)를 벗어나서 전도띠(Conduction Band)에 도달하기 위한 최소한의 에너지

2. 직접천이형 반도체(Direct Band Gap Semiconductor)
   ① 전도대에서 가전자대로 전자가 천이(여기)할 때 전자와 정공의 재결합(Recombination)이 발생한다. 이때, 재결합 전후로 에너지가 보존됨과 동시에 운동량도 보존되는데 빛의 파동수가 작기 때문에 재결합에 참여하는 전자와 정공은 그 운동량의 차이가 매우 작아야 한다.
   ② 직접천이형 반도체는 재결합 시 전자와 정공의 운동량 차이가 거의 없는 반도체를 지칭한다.

③ 일반적으로 직접천이형 반도체가 전자–정공 재결합 시 발광 효율이 더 우수하므로 현재 실용화되고 있는 고효율 LED등의 기본 재료는 모두 직접 천이형 밴드구조를 갖는다.

3. 간접천이형 반도체(Indirect Band Gap Semiconductor)

① 반도체. 절연체의 밴드갭 간의 천이에 있어서 광자가 전자뿐만이 아니라 격자 진동과 상호 작용에 의해 직접 천이에 비해서 천이 확률이 작다.

② 간접천이형은 열과 진동으로 수평천이가 포함되어 있어서 효율이 좋지 못한 편이다.

4. 반도체의 전도대(Conduction Band)

① 전자들이 거의 비어 있고 일부 전자를 가질 수 있다. 자유전자가 자유롭게 이동한다.

② 전자들이 거의 비어 있는 밴드들 중 최하위에 속해 있는 밴드이다.

③ 반도체의 금지대(Forbidden Band) : 반도체의 경우 0.2~2 eV 정도

5. 반도체의 가전자대(Valence Band)

① 전자가 거의 채워져 있고, 일부 정공을 가질 수 있다. 정공이 자유롭게 이동한다.

② 전자들로 거의 채워지는 밴드들 중 최상위에 속해 있는 밴드(자유전자가 아님)이다.

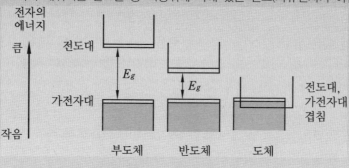

(10) 차세대 태양전지(3세대 태양전지 ; 단가를 낮추면서도 효율을 올리는 기술)

① 염료 감응형 태양전지(Dye Sensitized Solar Cell)

(가) 산화티타늄(TiO_2) 표면에 특수한 염료(루테늄 염료, 유기 염료 등) 흡착 → 광전기 화학적 반응 → 전기 생산

(나) 변환효율은 실리콘계(단결정)와 유사하나, 단가는 상당히 낮은 편이다.

(다) 흐려도 발전 가능하고, 빛의 조사각도가 10도만 되어도 발전 가능한 특징이 있다.

(라) 투명·반투명·무늬형으로 제작하기가 쉬워 건물 일체형 태양광발전(BIPV)에 많이 사용한다.

② 유기물 박막 태양전지(OPV : Organic PhotoVoltaics)

(가) 플라스틱 필름 형태의 얇은 태양전지이다.

(나) 아직 효율이 낮은 것이 단점이지만, 가볍고 성형성이 좋다.

(11) 태양전지 모듈의 뒷면에 표시해야 할 사항

① 제조업자명 또는 그 약호

② 제조연월일 및 제조번호

③ 내풍압성의 등급

④ 최대 시스템전압

⑤ 어레이의 조립 형태

⑥ 공칭 최대출력

⑦ 공칭 개방전압

⑧ 공칭 단락전류

⑨ 공칭 최대출력 동작전압
⑩ 공칭 최대출력 동작전류
⑪ 역내전압(V) : 바이패스 다이오드의 유무(아몰퍼스계만 해당)
⑫ 공칭중량(kg) 등

칼럼 태양전지 소자 고효율화 기술

1. **표면의 조직화** : 태양전지의 표면을 피라미드 혹은 요철구조로 만들어 광흡수율을 높여 효율을 개선하는 기술
2. **표면 패시베이션(Passivation)** : 광전효과로 생성된 소수 캐리어의 재결합을 줄임으로써 효율을 높이는 방법으로, 단락전류와 개방전압을 동시에 높이는 기술
3. **양면 수광형** : 태양전지를 n-type 기반의 양면 수광형으로 만들어 태양전지의 효율을 높이는 방식

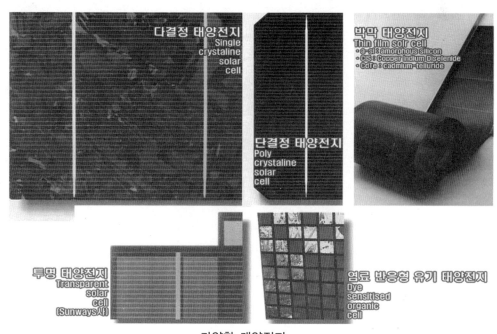

다양한 태양전지

---

(12) 건물 일체형 태양전지(BIPV : Building Integrated PhotoVoltaics)

① BIPV의 개요

㈎ BIPV는 '건물 일체형 태양광발전 시스템'이라고 하며, PV모듈을 건물 외부 마감 재로 대체하여 건축물 외피와 태양열 설비를 통합한 방식이므로, 통합에 따른 설 치비가 절감되고 태양광 설비를 위한 별도의 부지 확보가 불필요한 방식이다.

㈏ 커튼월, 지붕, 차양, 타일, 창호, 창유리 등 다양하게 사용 가능하다.

② BIPV의 특징

  ㈎ 건물의 외피(외장재)와 태양전지를 겸할 수 있어 설치비가 절감될 수 있다.

  ㈏ 설치 부지 확보 비용이 거의 들지 않는다.

  ㈐ 커튼월, 지붕, 차양, 타일, 창호, 창유리 등 다양하게 사용 가능하다.

  ㈑ 건물의 외장재 대신 그대로 적용이 가능하므로 태양전지 설치 면적이 부족한 나라 등에서는 엄청난 파급효과가 있다.

  ㈒ 설치 지지대(가대, 기초 등)의 설치 비용이 들지 않는다.

  ㈓ 전기부하가 발생하는 지점에서 바로 발전이 가능하여 송전손실이 거의 없다.

  ㈔ 건축 디자인 측면에서도 우수하게 적용할 수 있다.

  ㈕ 환경친화적이고 효율적인 건물 설계가 가능하다.

  ㈖ 미래 지향적인 투자가 가능하다.

BIPV의 다양한 적용 사례

③ 기타의 적용 사례

  ㈎ 복합 신재생에너지 보트 : 풍력＋태양광＋바이오 디젤 등을 혼합으로 운행하여 고출력을 낼 수 있음

  ㈏ 태양광폰(ECO Friendly Phone) : 핸드폰 배터리 커버에 태양전지 장착 가능 구조로 약 10분 충전하면 3분 이상 통화 가능

복합 신재생에너지 보트

태양광폰

(13) 그리드 패리티(Grid Parity)

① 화석연료 발전단가와 신재생에너지 발전단가가 같아지는 시기를 말한다.

② 현재 신재생에너지 발전단가가 대체로 화석연료보다 많이 높지만, 각국 정부의 신재생에너지 육성 정책과 기술 발전에 따라 비용이 낮아지게 되면 언젠가는 등가(Parity) 시점이 올 것이라는 전망이다.

③ 그리드 패리티는 단순한 신재생에너지원의 생산원가 하락 현상에 그치지 않고 에너지를 중심으로 한 기존 세계 패권 구도와 산업지형의 대변혁을 몰고 올 핵심변수로 받아들여지고 있다.

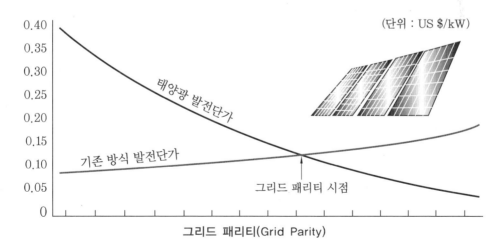

그리드 패리티(Grid Parity)

4-6 일조와 음영 분석

(1) 일사량

① 일사량은 일정 기간의 일조강도(에너지)를 적산한 것을 의미한다($kWh/m^2 \cdot day$, $kWh/m^2 \cdot year$, $MJ/m^2 \cdot year$ 등)

② 일사량은 대기가 없다고 가정했을 때의 약 70%에 해당된다.

③ 일사량은 하루 중 남중시에 최대가 되고, 일 년 중에는 하지경이 최대가 된다.

④ 보통 해안 지역이 산악 지역보다 일사량이 많다.

(2) 일조량

① 일조량도 일사량과 유사한 의미로 사용되고 있다.

② 일조강도(일사강도, 복사강도)는 단위면적당 일률 개념으로 표현하며, W/m^2의 단위를 사용한다.

③ 태양상수 : 일조강도의 평균값으로서 $1,367W/m^2$이다.

④ 일조량의 구분

　㈎ 직달 일조량 : 지표면에 직접 도달하는 일사강도를 적산한 것

　㈏ 산란 일조량 : 햇빛이 대기 중을 지날 때 공기분자, 구름, 연무, 안개 등에 의해 산란된 일조 강도량

　㈐ 총일조량(경사면 일조량) : 경사면이 받는 직달 일사량과 산란 일조량의 적산값을 합한 것

　㈑ 전일조량(수평면 일조량) : 지표면에 직접 도달한 직달 일조량과 산란 일조량의 적산값을 합한 것

(3) 일조율

$$일조율 = \frac{일조시간}{가조시간} \times 100\%$$

여기서, • 일조시간 : 구름, 먼지, 안개 등의 방해 없이 지표면에 태양이 비친 시간
　　　　• 가조시간 [可照時間, Possible Duration of Sunshine] : 태양에서 오는 직사광선, 즉 일조(日照)를 기대할 수 있는 시간 또는 해 뜨는 시각부터 해 지는 시각까지의 시간

(4) 태양복사에너지 결정 요소

① 천문학적 요소 : 태양과 지구의 거리, 태양의 천정각, 관측 지점의 고도, 알베도(일사가 대기나 지표에 반사되는 비율, 약 30%)

② 대기 요소 : 구름, 먼지, 안개, 수증기, 에어로졸 등

(5) 태양의 남중 고도각

① 하지 시 : 90° − (위도−23.5°)

② 동지 시 : 90° − (위도+23.5°)

③ 춘·추분 시 : 90° − 위도

※ 태양의 적위 : 태양이 지구의 적도면과 이루는 각을 말하며, 춘분과 추분일 때 0°, 하지일 때 +23.5°, 동지일 때 −23.5°임

(6) 음영각

① 수직음영각 : 태양의 고도각이며, 지면의 그림자 끝 지점과 장애물의 상부를 이은선 의 지면과의 이루는 각도

② 수평면상 하루 동안(일출~일몰)의 그림자가 이동한 각도

③ 연중 입사각이 가장 작은 동지의 오전 9시부터 오후 3시까지 태양광 어레이에 그늘 이 생기지 않도록 할 것

(7) 대지 이용률

① 어레이 경사각이 작을수록 대지 이용률 증가

② 경사면을 이용할 경우 대지 이용률 증가

② 어레이 간 이격거리가 증가할수록 대지 이용률 감소

(8) 신태양궤적도

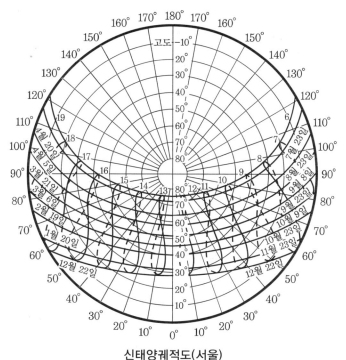

신태양궤적도(서울)

① 종래의 태양궤적도는 균시차를 고려하여 진태양시의 환산 작업이 필요하므로 사용 상 번거롭고 많은 오차가 있을 수 있었다.

② 따라서 균시차를 고려한 신태양궤적도를 사용하는 것이 편리하다.

(9) 신월드램 태양궤적도

① 신월드램 태양궤적도는 관측자가 천구상의 태양경로를 수직 평면상의 직교좌표로 나타낸 것이다.

② 태양의 궤적을 입면상에 그릴 수 있기 때문에 매우 이해하기 쉽고 편리하다.

③ 실용 면에서 태양열 획득을 위한 건물의 향, 외부공간 계획, 내부의 실 배치, 창 및 차양장치, 식생 및 태양열 집열기의 설계 등에 특히 많이 사용된다.

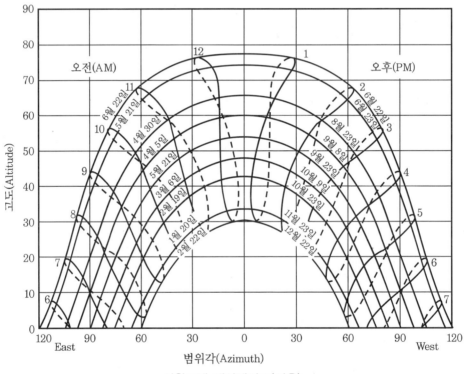

신월드램 태양궤적도(서울)

(10) 핫스팟(Hotspot) 현상

① 병렬 어레이에서의 Hotspot 현상 : 특정 태양전지 전압량이 어레이출력 전압량보다 적은 경우 발생하는 출력 전압량이 적은 셀의 발열 현상

② 직렬 어레이에서의 Hotspot 현상 : 특정 태양전지의 전류량이 어레이출력 전류량보다 적은 경우 발생하는 출력 전류량이 적은 셀의 발열 현상

③ 결정질 태양광모듈의 열화 원인

　(가) 태양광모듈의 출력특성 저하 : 출력 불균일 셀 사용으로 전체 모듈의 출력 저하, 얼룩, 그림자 등의 장시간 노출에 의한 출력 불균일

　(나) 제조공정 결함이 사용 중에 나타남 : Tabbing 혹은 String 공정 및 Lamination 공정 중의 미세 균열 등

　(다) 사용 과정에서의 자연열화 : 설치 후 자연환경에 의한 열화

④ 결정질 태양광모듈의 열화의 형태

　(가) EVA Sheet 변색＝빛 투과율 저하(자외선)

　(나) 태양전지와 EVA Sheet 사이 공기 침투＝백화현상(박리)

　(다) 물리적인 영향에 의한 습기 침투＝전극부식(저항 변화＝출력 감소)

(11) 전류-전압(I-V) 특성곡선

① '표준시험조건'에서 시험한 태양전지 모듈의 'I-V 특성곡선'은 다음과 같다.

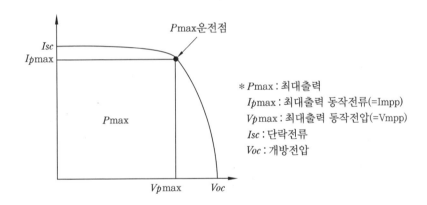

$*$ Pmax : 최대출력
$I_p$max : 최대출력 동작전류(=Impp)
$V_p$max : 최대출력 동작전압(=Vmpp)
I_{sc} : 단락전류
V_{oc} : 개방전압

② 표준온도(25℃)가 아닌 경우의 최대출력(P'max)

$$P'\text{max} = P\text{max} \times (1 + \gamma \cdot \theta)$$

　여기서, γ : Pmax온도계수
　　　　θ : STC조건 온도편차

 **태양전지의 시험조건**

1. 표준시험조건(STC ; Standard Test Conditions)
　① 태양광 발전소자 접합온도＝25℃
　② AM1.5
　　여기서, AM(Air Mass)1.5 ; '대기질량'이라고 부르며, 직달 태양광이 지구 대기를 48.2°경사로 통과할 때의 일사강도를 말한다(일사강도＝1kW/m²).

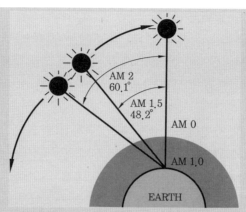

③ 광 조사강도＝1kW/m²
④ 최대출력 결정 시험에서 시료는 9매를 기준으로 한다.
⑤ 모듈의 시리즈 인증 : 기본모델 정격출력의 10% 이내의 모델에 대해서 적용한다.
⑥ 충진율(Fill Factor) : 개방전압과 단락전류의 곱에 대한 최대출력의 비율을 말하며 I–V 특
    성곡선의 질을 나타내는 지표이다(내부의 직·병렬저항과 다이오드 성능지수에 따라 달라
    진다).

2. 표준운전조건(SOC : Standard Operating Conditions) : 일조강도 1000W/m², 대기 질량 1.5, 어
    레이 대표 온도가 공칭 태양전지 동작온도(Nominal Operating Cell Temperature, NOCT)인 동작
    조건을 말한다.

3. 공칭 태양광 발전전지 동작온도(NOCT : Nominal Operating photovoltaic Cell Temperature) : 다
    음 조건에서의 모듈을 개방회로로 하였을 때 모듈을 이루는 태양전지의 동작온도. 즉, 모듈이
    표준 기준 환경(Standard Reference Environment, SRE)에 있는 조건에서 전기적으로 회로 개방
    상태이고 햇빛이 연직으로 입사되는 개방형 선반식 가대(Open Rack)에 설치되어 있는 모듈
    내부 태양전지의 평균 평형온도(접합부의 온도)를 말한다. (단위 : ℃)
    ① 표면의 일조강도＝800W/m²
    ② 공기의 온도(Tair) : 20℃
    ③ 풍속(V) : 1m/s
    ④ 모듈 지지상태 : 후면 개방(Open Back Side)

4. 셀온도 보정 산식

$$T_{cell} = T_{air} + \frac{NOCT - 20}{800} \times S$$

여기서, S : 기준 일사강도＝1,000W/m²

5. 모듈의 출력 계산
    ① 표준온도(25℃)에서의 최대출력(P_{max})
        $$P_{max} = V_{mpp} \times I_{mpp}$$
    ② 표준온도(25℃)가 아닌 경우의 최대출력(P'_{max}) :
        $$P'_{max} = P_{max} \times (1 + \gamma \cdot \theta)$$
        여기서, γ : 최대출력(P_{max}) 온도계수
            θ : STC조건 온도편차($T_{cell} - 25℃$)

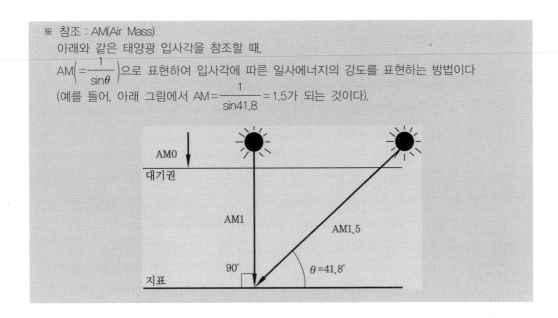

※ 참조 : AM(Air Mass)
아래와 같은 태양광 입사각을 참조할 때,
$AM\left(=\dfrac{1}{\sin\theta}\right)$으로 표현하여 입사각에 따른 일사에너지의 강도를 표현하는 방법이다
(예를 들어, 아래 그림에서 $AM=\dfrac{1}{\sin 41.8}=1.5$가 되는 것이다).

(12) 태양전지의 온도특성

모듈 표면 온도 상승→ 전압 급감소→ 전력 급감소

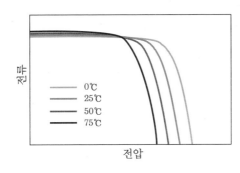

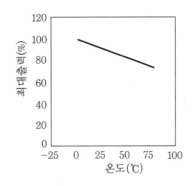

(13) 일조량 특성

일사량 감소→ 전류 급감소→ 전력 급감소

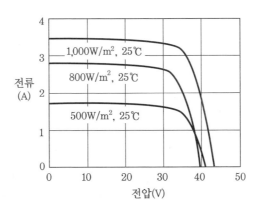

4-7 복사와 일사

(1) 복사(Radiation)와 복사수지(Radiation Budget)

① 복사는 물체로부터 방출되는 전자기파의 총칭으로 적외선, 가시광선, 자외선, X선 등을 말한다.

② 절대온도가 0이 아닌 모든 물체는 복사에너지를 흡수하고, 그 물체 스스로 복사에너지를 전자기파의 형태로 방출한다.

③ 태양복사(일사, 단파복사 ; Solar Radiation)

   (가) 태양으로부터 복사되는 전자파의 총칭(파장 범위 ; $0.3 \sim 4 \mu m$)

   (나) 태양에너지가 지구의 대기권 밖에 도달할 때 가지는 일정한 에너지를 태양상수라고 하며, 태양상수는 약 $1,367 W/m^2$(약 $1.96 cal/cm^2 \cdot min$) 수준이다.

   (다) 일사수지(복사수지) : 태양의 복사에너지가 대기권을 통과하면서 약 25~30% 정도는 구름, 대기 중의 입자 등에 의해 손실 및 반사되고, 약 20~25%는 대기로 흡수되며, 약 50%만 지표에 도달·흡수된다(가시광선 ; 45%, 적외선 ; 45%, 자외선 ; 10%)

   (라) 이렇게 지표에 도달하는 약 50%의 태양광을 분석해 보면 아래와 같은 수준이다.

      ㉮ 직사광(23%) : 태양으로부터 직접 도달하는 광선

      ㉯ 운광(16%) : 구름을 통과하거나, 구름에 반사되는 광선(천공복사)

      ㉰ 천공(산란)광(11%) : 천공에서 산란되어 도달하는 광선(천공복사)

④ 지구복사(장파복사 ; Earth Radiation) : 지구 표면 및 대기로부터 복사되는 전체 적외복사(파장 범위 ; $4 \mu m \sim$), 태양상수의 약 70%에 상당한다.

(2) 일사의 분류

   (가) 전천일사(Global Solar Radiation) : 수평면에 입사하는 직달일사 및 하늘(산란, 천공)복사를 말하며, 수평면일사(전일사)라고도 한다. 반면, 경사면이 받는 직달일사량과 산란일사량의 적산값을 합한 것을 총일사(경사면 일사)라고 한다.

   (나) 직달일사(Direct Solar Radiation) : 태양면 및 그 주위에 구름이 없고 일사의 대부분이 직사광일 때, 직사광선에 직각인 면에 입사하는 직사광과 산란광을 말한다.

   (다) 산란일사(천공복사 ; Scattered Radiation) : 천공의 티끌(먼지)이나 오존 등에 부딪친 태양광선이 반사하여 지상에 도달하는 것이나, 태양광선이 지표에 도달하는 도중 대기 속에 포함되어 있는 수증기나 연기, 진애 등의 미세 입자에 의해 산란되어 간접적으로 도달하는 일사를 말하며, 전천일사 측정 시 수광부에 쬐이는 직사광선을 차광장치로 가려서 측정한다(구름이 없을 경우 전천일사량의 1/10 이

하 수준).

    ㈐ 반사일사(Reflected Radiation) : 전천일사계를 지상 1~2m 높이에 태양광에 대해 반대 방향(지면쪽)을 향하도록 설치하여 측정한다.

(3) 일사량과 일사계

① 일사량(Quantity of Solar Radiation)

    ㈎ 일사량은 일정 기간의 일사강도(에너지)를 적산한 것을 의미한다($kWh/m^2 \cdot day$, $kWh/m^2 \cdot year$, $MJ/m^2 \cdot year$ 등)

    ㈏ 일사량은 대기가 없다고 가정했을 때의 약 70%에 해당된다.

    ㈐ 일사량은 하루 중 남중시에 최대가 되고, 일 년 중에는 하지경이 최대가 된다.

    ㈑ 보통 해안 지역이 산악 지역보다 일사량이 많다.

    ㈒ 국내에서 일사량을 계측 중인 장소는 22개로서 20년 이상의 평균치로 기상청이 보유·공개하고 있다.

    ㈓ 일사강도(일조강도, 복사강도)는 단위면적당 일률 개념으로 표현하며, W/m^2의 단위를 사용한다.

② 일사계(Solarimeter) : 태양으로부터의 일사량을 측정하는 계측기이며 아래와 같은 종류가 주로 사용된다.

    ㈎ 전천일사계 : 가장 널리 사용되는 것은 일사계로서, 보통 1시간이나 1일 동안의 적산값(積算値 ; kWh/m^2, $cal/min \cdot cm^2$)을 측정하며, 열전쌍(熱電雙)을 이용한 에플리일사계(Eppley Solarimeter ; 태양고도의 영향이 적고 추종성이 좋음)와 바이메탈을 이용한 로비치일사계(Robitzsch Solarimeter) 등이 있다.

    ㈏ 직달일사계 : 직달일사계는 기다란 원통 내부의 한끝에 붙은 수감부 쪽으로 태양광선이 직접 들어오도록 조절하여 태양복사를 측정하는 방식이며, 측정값은 보통 1분 동안에 단위면적(cm^2)에서 받는 cal로 표시하거나 또는 m^2당 kWh로 나타내기도 한다(kWh/m^2, $cal/min \cdot m^2$).

    ㈐ 산란일사계 : 차폐판에 의하여 태양 직달광을 차단시켜 대기 중의 산란광만 측정하기 위한 장비로서 보통 센서의 구조는 전천일사계와 동일하다.

(4) 일조시간

① 태양광선이 구름이나 안개, 장애물 등에 의해 가려지지 않고 땅 위를 비치는 시간을 말한다.

② 일조시간은 보통 1일이나 한 달 동안에 비친 총 시간 수로 나타낸다.

③ 만약 지평선까지 장애물이 없는 지방에서 종일 구름이나 안개 등 전혀 장애가 없다면 그 지방의 일조시간, 즉 태양이 동쪽 지평선에서 떠서 서쪽 지평선으로 질 때까지의 시간과 가조시간은 일치하게 된다. 그러나 대부분 지형 등의 영향으로 가조시간과

일조시간은 일치하지 않는다.

(5) 일조계(Sunshine Recorder)

① 일조시간을 측정하는 계기를 말한다.

② 태양으로부터 지표면에 도달하는 열에너지인 일광의 가시부(可視部)나 자외부의 화학작용 등을 이용한 것이다.

③ 종류

   ㈎ Cambell-Stokes 일조계 : 태양열을 직접적으로 이용하는 것(자기지 위에 초점을 맞추어 불탄 자국의 길이로 측정)

   ㈏ Jordan 일조계 : 태양 빛의 청사진용 감광지에 대한 감광작용을 이용한 것(햇빛에 의해 청색으로 감광된 흔적의 길이로부터 일조시간을 구함)

   ㈐ 회전식 일사계 : 일사량을 관측하여 일조시간을 환산하는 것으로, 정확도가 가장 높은 편이지만 경제적인 부담으로 널리 보급되어 있지는 않음

   ㈑ 바이메탈 일조계 : 바이메탈 일사계의 원리를 이용한 장비이며, 흰색과 검은색의 바이메탈을 같은 받침대에 고정시키고, 맨 끝에 전기접점을 설치하여 일정량 이상의 일사가 되면 접점이 닫히게 되는 원리임

4-8   태양광 발전설비

(1) 태양전지 Module을 필요매수, 직렬접속한 것을, 그 위에 병렬접속으로 조합하여 필요한 발전전력을 얻어 내도록 하는 것을 태양전지 Array라고 부른다.

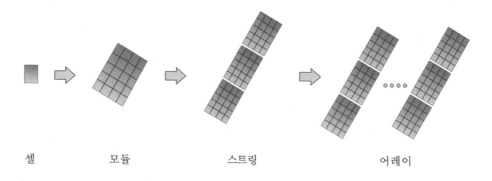

셀   모듈   스트링   어레이

(2) 모듈의 최적 직렬 수 계산

① 최대 직렬 수 $= \dfrac{\text{PCS 입력전압 변동범위의 최고값(최대입력전압)}}{\text{모듈 표면온도가 최저인 상태의 개방전압} \times (1-\text{전압강하율})}$

② 최저 직렬 수= $\dfrac{\text{PCS 입력전압 변동범위의 최저값}}{\text{모듈표면온도가 최고인 상태의 최대출력 동작전압}\times(1-\text{전압강하율})}$

단, a. 모듈 표면온도가 최저인 상태의 개방전압(Voc')

= 표준 상태(25℃)에서의 $Voc\times(1+$개방전압 온도계수$\times$표면온도 차)

b. 모듈 표면온도가 최고인 상태의 최대 출력 동작전압($Vmpp'$)

= 표준 상태(25℃)에서의 $Vmpp\times\left(1+\dfrac{Vmpp}{Voc}\times$개방전압 온도계수$\times$표면 온도 차$\right)$

(3) '최저 직렬 수<최적 직렬 수<최대 직렬 수'

통상 '최적 직렬 수'를 기준으로 직렬매수를 결정한다.

칼럼 **태양광발전 설계 주요 용어**

1. **가조시간** : 해 뜨는 시각부터 해 지는 시각까지의 시간
2. **일조시간** : 구름의 방해 없이 지표면에 태양이 비치는 시간
3. **일조율** : 가조시간에 대한 일조시간의 비
4. **방위각** : 어레이와 정남향이 이루는 각(발전시간 내 음영 발생 없을 것)
5. **경사각** : 어레이와 지면이 이루는 각(적설 고려, 경사각 이격거리 확보)

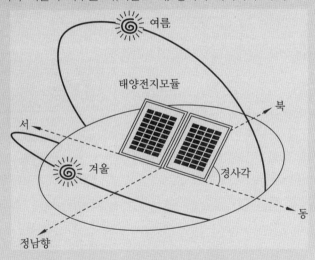

6. **남중고도** : 하루 중 태양의 고도가 가장 높을 때의 고도
   ① 동지 시 태양의 남중 고도각 : 90° − Latitude − 23.5°
   ② 하지 시 태양의 남중 고도각 : 90° − Latitude + 23.5°
   ③ 춘추분 시 태양의 남중 고도각 : 90° − Latitude
7. **이격거리**
   ① 이격거리 계산 공식

   이격거리 $D=\dfrac{\sin(180°-\alpha-\beta)}{\sin\beta}\times L$

   ② 이격거리 계산 기준 : 동지 시 발전 가능 시간대에서의 고도를 기준으로 고려한다.

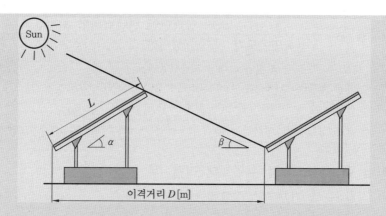

8. 기준 등가 가동시간과 어레이 등가 가동시간

① 기준 등가 가동시간 혹은 등가 1일 일조시간(Reference Yield) : 일조강도가 기준 일조강도라고 할 경우, 실제로 태양광발전 어레이가 받는 일조량과 같은 크기의 일조량을 받는 데 필요한 일조시간

② 어레이 등가 가동시간(Array Yield) : 태양광발전 어레이가 단위 정격용량당 발전한 출력에너지를 시간으로 나타낸 것

9. 태양광발전 시스템 효율

① 모듈변환효율 $= \dfrac{\text{모듈출력(W)}}{\text{모듈면적(m}^2) \times 1,000(\text{W/m}^2)} \times 100(\%)$

→ 태양광모듈 설치용량은 사업계획서상에 제시된 설계용량과 동일해야 하는 것이 원칙이며, 설계용량의 110%를 초과하지 않아야 한다.

② 일평균 발전시간 $= \dfrac{\text{1년간 발전전력량(kWh)}}{\text{시스템용량(kW)} \times \text{운전일수}}$

③ 시스템 이용률

   시스템 이용률 $= \dfrac{\text{일평균 발전시간}}{24}$ 혹은

   시스템 이용률 $= \dfrac{\text{태양광발전 시스템의 출력(kWh)}}{\text{어레이의 정격출력(kW)} \times \text{가동시간(h)}}$

④ 어레이 기여율(= 태양 에너지 의존율) : 종합시스템 입력 전력량에서 태양광발전 어레이 출력이 차지하는 비율

→ 태양열에너지 사용 측면에서의 태양의존율 또는 태양열 절감률(전체 열부하 중 태양열에 의해서 공급하는 비율)과 구별에 주의를 요한다.

⑤ 태양광 어레이의 필요 출력(P_{AD} ; kW)

$$P_{AD} = \dfrac{E_L \times D \times R}{(H_A / G_S) \times K}$$

여기서, H_A : 태양광 어레이면 일사량(kW/m²·기간)

   G_S : 표준상태에서의 일사강도(kW/m²)

   E_L : 부하소비전력량(kWh/기간)

   D : 부하의 태양광발전 시스템에 대한 의존율

   R : 설계여유계수(설계치와 실제값과의 차이의 위험에 대한 보정값 ; > 1.0)

   K : 종합설계지수(태양전지 모듈 출력의 불균형 보정, 회로 손실, 기기에 의한 손실 등을 포함 ; < 1.0)

⑥ 태양광발전소 월 발전량(P_{AM} ; kWh/m²)

$$P_{AM} = P_{AS} \times \frac{H_A}{G_S} \times K$$

여기서, P_{AS} : 표준상태에서의 태양광 어레이의 생산출력(kW/m²)
H_A : 태양광 어레이면 일사량(kWh/m²)
G_S : 표준상태에서의 일사강도(kW/m²)
K : 종합설계지수(태양전지 모듈 출력의 불균형 보정, 회로 손실, 기기에 의한 손실 등을 포함 ; < 1.0)

(4) 인버터 선정

① 인버터의 선정

㈎ 종합적 체크 사항 : 연계하는 한전 측과 전기방식 일치, 인증 여부, 설치의 용이성, 비상시 자립운전 여부, 축전지 운전연계 가능, 수명, 신뢰성, 보호장치 설정/시험 용이, 발전량 확인 용이, 서비스 네트워크 구축 등

㈏ 태양광의 유효 이용 관련 체크 사항 : 전력변환효율이 높고, 최대전력 추종제어(MPPT)가 용이할 것, 대기손실 및 저부하 손실이 적을 것

㈐ 전력의 품질 및 공급의 안정성 측면의 체크 사항 : 잡음 및 직류 유출, 고조파 발생이 적을 것, 기동·정지가 안정적일 것

㈑ 기타의 확인 사항

   ㉮ 제어 방식 : 전압형 전류제어 방식

   ㉯ 출력 기본파 역률 : 95% 이상

   ㉰ 전류의 왜형률 : 종합 5% 이하, 각 차수마다 3% 이하

   ㉱ 최고효율 및 유로피언 효율이 높을 것

② 인버터 설치 상태 : 옥내, 옥외용을 구분하여 설치하여야 한다. 단 옥내용을 옥외에 설치하는 경우는 5kW 이상 용량일 경우에만 가능하며, 이 경우 빗물 침투를 방지할 수 있도록 옥내에 준하는 수준으로 외함 등을 설치하여야 한다.

③ 인버터 설치용량 : 인버터의 설치용량은 설계용량 이상이여야 하고, 인버터에 연결된 모듈의 설치용량은 인버터의 설치용량의 105% 이내여야 한다.

④ 인버터 표시 사항 : 입력단(모듈출력) 전압, 전류, 전력과 출력단(인버터출력)의 전압, 전류, 전력, 역률, 주파수, 누적발전량, 최대출력량(Peak)이 표시되어야 한다.

⑤ 인버터 효율

㈎ 최대 효율

   ㉮ 전부하 영역 중에서 가장 효율이 높은 값(보통 75~80% 부하에서 가장 효율이 높음)

   ㉯ 태양광발전은 일사량, 온도 등의 기상조건이 시시각각으로 변화하기 때문에 일

정한 부하에서 최댓값을 나타내는 최대 효율은 큰 의미가 없다고도 할 수 있다.

(나) European 효율

㉮ 낮은 부분 부하 영역에서부터 전부하 영역까지 운전하는 것을 고려하여 산정

㉯ 5%, 10%, 20%, 30%, 50%, 100% 부하에서 각각 효율을 측정하고 각각의 효율에 가중치를 부여한 다음 합산하여 산정한다.

㉰ European 효율 계산식

$$\text{European 효율}(\eta_{euro}) = 0.03 \times \eta_{5\%} + 0.06 \times \eta_{10\%} + 0.13 \times \eta_{20\%} + 0.1 \times \eta_{30\%} + 0.48 \times \eta_{50\%} + 0.2 \times \eta_{100\%}$$

(다) CEC(California Energy Commission) 효율

㉮ 미주 지역에서 주로 사용하며 '캘리포니아 효율'이라고도 한다.

㉯ 미국 업체와 상담 시에는 주로 European 효율 대신 CEC효율값이 요구된다.

㉰ CEC 효율 계산식

$$\text{CEC 효율}(\eta_{CEC}) = 0.04 \times \eta_{10\%} + 0.05 \times \eta_{20\%} + 0.12 \times \eta_{30\%} + 0.21 \times \eta_{50\%} + 0.53 \times \eta_{75\%} + 0.05 \times \eta_{100\%}$$

(5) 축전지 설계

① 축전지 선정 시 고려 사항

(가) 경제성

(나) 자기 방전율이 낮을 것

(다) 수명이 길 것

(라) 방전 전압 및 전류가 안정적일 것

(마) 과충전, 과방전에 강할 것

(바) 중량 대비 효율이 높을 것

(사) 환경 변화에 안정적일 것

(아) 에너지 저장 밀도가 높을 것

(자) 유지 보수가 용이할 것

② 축전지 용량 및 직렬연결 개수

(가) 계통연계 시스템용 축전지 용량 산출(방재대응형, 부하 평준화형 포함)

$$\text{축전지 용량 } C = \frac{K \cdot I}{L}[\text{Ah}]$$

여기서, C : 온도 25℃에서 정격 방전율 환산용량(축전지 표시용량)

K : 방전(유지)시간, 축전지(최저동작) 온도, 허용 최저전압(방전 종기 전압 ; V/Cell) 으로 결정되는 용량 환산시간(알려고 하는 방전시간에 해당하는 K값 = 어떤 방전 시간에 해당하는 K값 + 방전시간의 차이)

I : 평균 방전전류(PCS 직류 입력전류) = $\dfrac{1000P}{(Vi + Vd) \cdot Ef}$

L : 보수율(수명 말기의 용량 감소율 고려하여 보통 0.8)

P : 평균 부하용량(kW)

V_i : 파워컨디셔너 최저 동작 직류 입력전압(V)

V_d : 축전지-파워컨디셔너 간 전압강하(V)

E_f : 파워컨디셔너의 효율

(나) 축전지 직렬연결 개수 산출

축전지 직렬연결 개수 $N = \dfrac{V_i + V_d}{L_c}$

여기서, V_c : 축전지 방전 종지전압(V/Cell)

(다) 독립형 전원시스템용 축전지 용량 산출

$$C = \dfrac{L_d \times D_r \times 1000}{L \times V_b \times N \times DOD}[\text{Ah}]$$

여기서, L_d : 1일 적산 부하전력량(kWh)

　　　　D_r : 불일조 일수

　　　　L : 보수율

　　　　V_b : 공칭 축전지 전압(V)

　　　　　→ 보통 납축전지는 2V, 알칼리 축전지는 1.2V

　　　　N : 축전기 개수

　　　　DOD : 방전심도(일조가 없는 날의 마지막 날을 기준으로 결정)

③ MSE형 축전지 용량환산시간(K값)

방전시간	온도(℃)	허용 최저전압(V/Cell)			
		1.9V	1.8V	1.7V	1.6V
1시간	25	2.40	1.90	1.65	1.55
	5	3.10	2.05	1.80	1.70
	−5	3.50	2.26	1.95	1.80
1.5시간 (90분)	25	3.10	2.50	2.21	2.10
	5	3.80	2.70	2.42	2.25
	−5	4.35	3.00	2.57	2.42
2시간	25	3.7	3.05	2.75	2.60
	5	4.50	3.30	3.00	2.80
	−5	5.10	3.70	3.15	3.00
3시간	25	4.80	4.10	3.72	3.50
	5	5.80	4.40	4.05	3.80
	−5	6.50	5.00	4.50	4.10
4시간	25	5.90	5.00	4.60	4.40
	5	7.00	5.40	5.00	4.75
	−5	7.70	6.10	5.40	5.10
5시간	25	7.00	5.95	5.50	5.20
	5	8.00	6.30	6.00	5.60
	−5	9.00	7.20	6.40	6.10

	25	8.00	6.80	6.30	6.00
6시간	5	9.00	7.20	6.80	6.40
	-5	10.00	8.30	7.40	7.00
	25	8.90	7.60	7.10	6.70
7시간	5	10.00	8.00	7.60	7.30
	-5	11.00	9.40	8.40	8.00
	25	9.90	8.40	7.90	7.50
8시간	5	11.00	8.90	8.40	8.10
	-5	12.00	10.30	9.30	9.00
	25	10.80	9.20	8.70	8.20
9시간	5	11.80	9.70	9.20	8.90
	-5	13.00	11.10	10.00	9.80
	25	11.50	10.00	9.40	8.90
10시간	5	12.70	10.50	10.00	9.70
	-5	14.00	12.00	11.00	10.60

④ 축전지 설비의 이격거리

대 상	이격거리(m)
큐비클 이외의 발전설비와의 사이	1.0
큐비클 이외의 변전설비와의 사이	1.0
옥외에 설치할 경우 건물과의 사이	2.0
전면 또는 조작면	1.0
점검면	0.6
환기면(환기구 설치면)	0.2

(6) 태양광 어레이의 분류

① 설치 방식에 따른 분류
  (가) 고정형 어레이   (나) 경사가변형 어레이
  (다) 추적식 어레이   (라) BIPV(건물통합형)
② 추적 방식에 따른 분류
  (가) 감지식 추적법   (나) 프로그램식 추적법
  (다) 혼합 추적식
③ 추적 방향에 따른 분류
  (가) 단방향 추적식   (나) 양방향 추적식

④ 건물 설치 시 지지대에 따른 분류

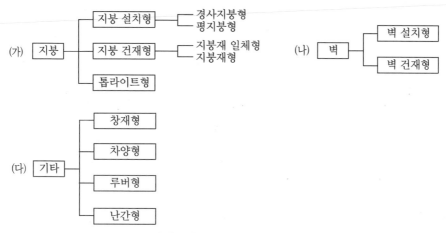

태양광발전 시스템의 지지대

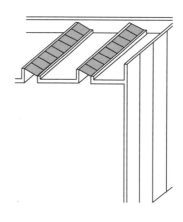

톱라이트형

칼럼 🔍 **태양광 어레이의 설치 장소 및 방식과 효율**

1. 설치 장소에 따른 분류로는 평지, 경사지, 건물 설치형 등이 있다.
2. **발전효율** : 양방향 추적 > 단방향 추적 > 고정식
3. 단축식은 태양의 고도에 맞게 동쪽과 서쪽으로 태양을 추적하는 방식으로서, 동서 및 남북으로 태양을 추적하는 양축식에 비해 발전효율이 떨어진다.
4. 연중 5~6월은 태양의 고도가 가장 높고 외기의 온도가 비교적 선선하여 출력 또한 가장 높다.
5. 연중 7~8월은 일사량이 많지만 태양전지의 온도 상승에 의한 손실이 커서 출력감소율도 제일 크다.

(7) 주요 태양광 어레이의 장단점 비교

구 분	고정형 어레이	경사가변형 어레이	추적식 어레이
장점	• 설치비가 제일 낮다. • 간단하고 고장 우려가 가장 적다. • 토지이용률이 높다.	• 설치비가 추적식 대비 낮다. • 고장 우려가 적다. • 고정형 대비 효율이 높다.	발전효율이 가장 높은 편이다.
단점	효율이 낮은 편이다.	• 추적식 대비 효율이 낮다. • 연중 약 2회 경사각 변동 시 인건비가 발생한다.	• 투자비가 많이 든다. • 구동축 운전으로 인한 동력비가 발생한다. • 토지이용률이 낮다. • 유지 보수비가 증가한다.

(8) 태양광발전 시스템 품질

① 태양광발전 시스템의 성능 평가를 위한 측정 요소

  ㈎ 구성 요소의 성능 및 신뢰성   ㈏ 사이트

  ㈐ 발전성능   ㈑ 신뢰성

  ㈒ 설치가격(경제성)

② 태양광발전 시스템의 성능 분석

  ㈎ 태양광 어레이 발전효율(PV Array Conversion Efficiency)

$$= \frac{\text{태양광 어레이 출력(kW)}}{\text{경사면 일사강도(kW/m}^2)\times\text{태양광 어레이 면적(m}^2)}$$

  ㈏ 태양광 시스템 발전효율(PV System Conversion Efficiency)

$$= \frac{\text{태양광 시스템 발전전력량(kWh)}}{\text{경사면일사량(kWh/m}^2)\times\text{태양광 어레이 면적(m}^2)}$$

  ㈐ 태양에너지 의존율(Dependency on Solar Energy)

$$= \frac{\text{태양광 시스템 평균 발전전력(kW)}}{\text{부하 소비전력(kW)}}$$

$$= \frac{\text{태양광 시스템 평균 발전전력량(kWh)}}{\text{부하 소비전력량(kWh)}}$$

  ㈑ 태양광 시스템 이용률(PV System Capacity Factor)

$$= \frac{\text{일 평균 발전시간}}{24} = \frac{\text{태양광 시스템 발전전력량(kWh)}}{24\times\text{운전일수}\times\text{PV설계용량(kW)}}$$

  ㈒ 태양광 시스템 가동률(PV System Availability)

$$= \frac{\text{시스템 동작시간}}{24\times\text{운전일수}}$$

㈐ 태양광 시스템 일조가동률(PV System Availability per Sunshine Hour)

$$= \frac{시스템\ 동작시간}{가조시간}$$

칼럼 🔍 **가조시간(可照時間 ; Possible Duration of Sunshine)**

태양에서 오는 직사광선, 즉 일조(日照)를 기대할 수 있는 시간 또는 해 뜨는 시각부터 해 지는 시각까지의 시간을 말한다

③ 신뢰성 평가 분석

㈎ 시스템 트러블 : 시스템의 정지, 인버터의 정지, 트립, 지락 등

㈏ 계측 관련 트러블 : 컴퓨터의 OFF 혹은 조작 오류, 기타의 계측 관련 트러블 등

㈐ 운전데이터의 결측

㈑ 계획 정지 : 계획 정전, 정기점검, 개수정전, 계통정전 등

(9) 태양광 경제성 검토

① 공사비 원가 계산서(공사비 내역서의 각 항목을 집계한 '공사비 집계표'를 기준)

㈎ 순공사원가＝재료비＋직·간접 노무비＋직·간접 경비

㈏ 공급가액＝총원가(순공사원가＋일반관리비＋이윤)＋손해보험료(총원가×손해보험요율)

㈐ 총공사비＝총원가(순공사원가＋일반관리비＋이윤)＋손해보험료＋부가가치세(공급가액×1.1)

② 재료 할증률(표준품셈)

종 류	할증률(%)	철거손실률(%)
옥외전선	5	2.5
옥내전선	10	–
Cable(옥외)	3	1.5
Cable(옥내)	5	–
전선관배관	10	–
Trolley 선	1	–
동대, 동봉	3	1.5
애자류 100개 미만	5	2.5
100개 이상	4	2
200개 이상	3	1.5
500개 이상	1.5	0.75
1000개 이상	1	0.5

전선로 철물류 100개 미만	3	6
100개 이상	2.5	5
200개 이상	2	4
500개 이상	1.5	3
1,000개 이상	1	2
조가선(철·강)	4	4
합성수지파형전선관(파상형 경질 폴리에틸렌 전선관)	3	–

※ 1. 재료의 할증률 : 시방 및 도면 등에 의해 산출된 재료의 정미량에 재료의 운반, 절단, 가공 및 시공 중에 발생되는 손실량을 가산해 주는 비율(%)

2. 철거손실률 : 전기설비공사에서 철거작업 시 발생하는 폐자재를 환입할 때 재료의 파손, 망실 및 일부 부식 등에 의한 손실률

③ 발전원가 계산

$$발전원가 = \frac{초기투자비용/설비수명연한 + 연간\ 유지관리비}{연간\ 총발전량(kWh/ann)}$$

4-9 지열에너지

(1) 지열에너지의 특징

① 태양열의 약 50~51%를 지표면과 해수면에서 흡수(인류사용 에너지량의 약 500배)

② 지하 20~200m의 지중온도는 일정한 온도(15℃)를 유지한다.

③ 지하 200m 이하로 내려가면 약 2.5℃/100m씩 상승한다.

④ 지열냉난방 시스템은 주로 천부지열온도(15℃)를 이용한다.

⑤ 해수, 하천, 지하수, 호수의 에너지도 지열에 포함된다.

⑥ 지열은 거의 무한정 사용이 가능한 재생에너지이다.

⑦ 피폭에 대해 안전하다.

(2) 지열에너지의 단점

① 초기 시공 및 설치비가 많이 소요된다.

② 설치 전 반드시 해당 지역의 중장기적인 지하 이용 계획을 확인해야 한다.

③ 지중 매설 시 타 전기케이블, 토목구조물 등과의 간섭을 피하여야 한다.

④ 지하수 오염 우려가 있다.

칼럼 **천부지열과 심부지열**

1. 천부지열 : 지중의 중저온(10∼70℃)을 냉난방에 활용
2. 심부지열 : 지중의 80℃ 이상의 고온수나 증기를 활용하여 전기 생산

(3) 천부지열 이용 방법(지열히트펌프 시스템)

수직 밀폐형		• 수직으로 지중 열교환기를 설치 • 비교적 큰 용량의 건축물에 적용 • 전 세계적으로 90 %의 지열시스템에 적용
개방형 (단일정형, 양정형)		• 우물공으로부터 지하수 취수, 열교환 • 지하수량이 풍부한 경우 적용 • 우물 붕괴, 침식의 가능성이 없는 지역에 설치
연못 폐회로형		• 지중 열교환기를 하천이나 연못에 설치 • 주변에 하천, 호수가 있을 경우 적용
복합형		• 냉난방부하 불균형이 발생할 경우 열원을 지열 외 냉각탑 또는 보조 보일러를 설치하여 얻는 방식 • 주로 대형 건물의 냉난방 시스템에 적용

※ 1. 상기 테이블의 개방형 중에서 '단일정형(單一井形)'은 보통 SCW(Standing Column Well)라고 부른다. 또한 '양정형(兩井形)'은 우물이 두 개인 형태를 말한다.
2. 이 분야에는 상기의 공법 외에도 수평 밀폐형, 게오힐 공법(충진식 개방형 공법) 등이 있다.

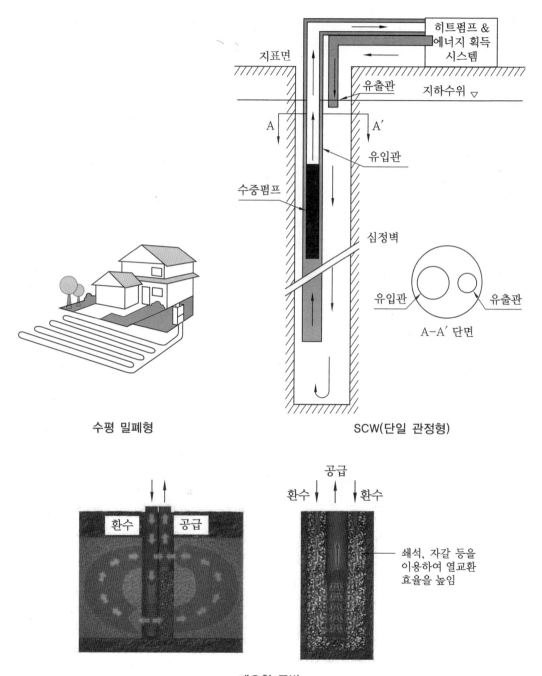

수평 밀폐형

SCW(단일 관정형)

게오힐 공법

(4) 지열원 히트펌프

구 분	냉 방	난 방	연평균 시스템 COP(추정치)
에어컨+ 보일러			• 에어컨 : 2.5 • 보일러 : 0.8
공기열원 히트펌프			• 여름 : 2.5 • 겨울 : 1.5 (연중 기후, 장배관, 고낙차 등 설치 조건에 따른 영향 큼)
지열원 히트펌프			• 여름 : 4.5 • 겨울 : 3.5 (연중 안정적인 성능 구현)

(5) 지열발전

① 땅속을 수km 이상 파고들어 가면 지중온도가 100℃를 훨씬 넘을 수 있고, 이를 이용하여 증기를 발생시키고 터빈을 돌려 전기를 생산할 수 있다.

② 국내에는 경상북도 포항, 전라남도 광주 등에서 지열발전 관련 시범 사이트를 진행 중에 있다.

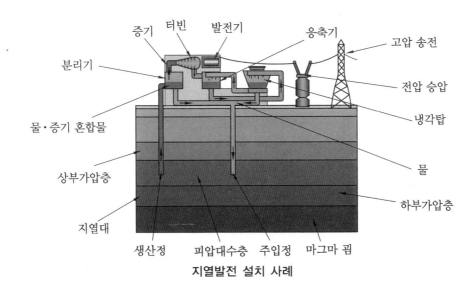

지열발전 설치 사례

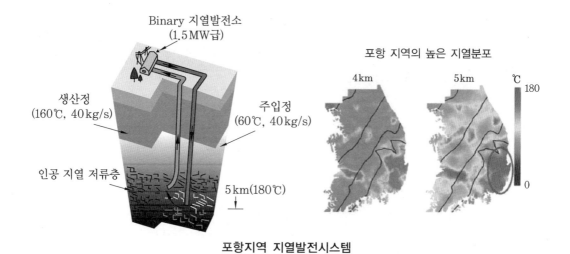

생산정
(160℃, 40kg/s)

주입정
(60℃, 40kg/s)

인공 지열 저류층

5km(180℃)

포항지역 지열발전시스템

칼럼 🔍 **바이너리(Binary) 지열발전**

1. 일반적으로 바이너리 발전이란 '바이너리 사이클'을 이용한 발전시스템을 일컫는다.
2. 열원이 되는 1차 매체에서 열을 2차 매체로 이동시켜 2차 매체의 사이클을 통해 발전하는 시스템을 통틀어 일컫는 말이다.
3. 바이너리란 '두 개'란 의미로 두 개의 열매체를 사용한 발전 사이클이기 때문에 불리는 발전시스템으로 지열발전에 국한된 발전시스템은 아니다.

---

(6) 열응답 테스트(열전도도 테스트)

① 지중 열전도도 시험 수행 : 공인 인증기관에서 진행

② 현장당 한 개 이상의 보어홀을 굴착하여 시험 진행

③ 그라우팅 완료 후 72시간 이후 측정

④ 최소 48시간 이상 열량을 투입하여 지중 온도변화 관측

⑤ 열전도도(k) 측정

열전도도 $k = \dfrac{Q}{4 \times \pi \times L \times a}$ [W/(m·K)]

• 평균온도 $T_{avg} = \dfrac{T_{in} + T_{out}}{2}$ [℃]

• 기울기 $a = \dfrac{T_2 - T_1}{LN(t_2) - LN(t_1)}$

• 열전달률 $Q = m \times C_p \times (T_{in} - T_{out})$ [W]

• 시험공 깊이 L [m], 유량 m [L/min]

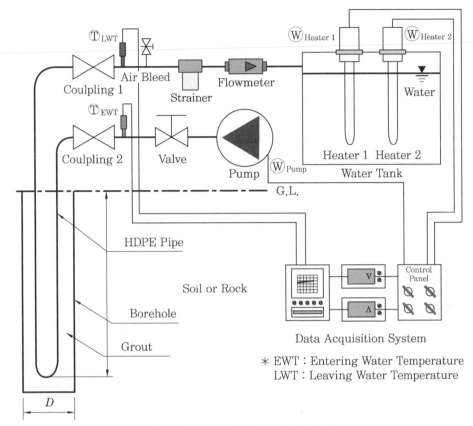

지중 열응답 테스트 장치 설치 사례

(7) 시공 절차

지중 열교환기(배관) 설치 및 기계실 공사는 아래와 같이 진행된다.

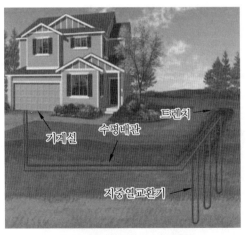

지열 히트펌프의 설치 형태

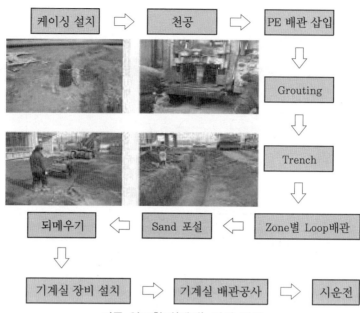

지중 열교환기(배관) 설치 절차

(8) 그라우팅(Grouting)의 목적

① 오염물질 침투 방지

② 지하수 유출 방지

③ 천공 붕괴 방지

④ 지중열교환기 파이프와 지중 암반의 밀착

⑤ 열전달 성능 향상

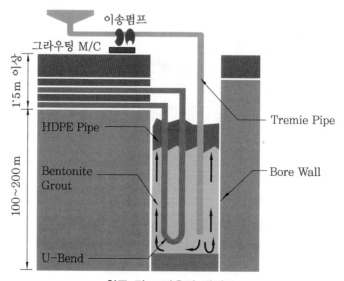

천공 및 그라우팅 단면도

4-10 지열의 다양한 이용 방법

(1) 땅속의 뜨거운 물 이용 발전(제1세대 지열발전 ; 주로 화산지대)

① 지열을 이용해서 전기를 생산하기에 적합한 곳은 뜨거운 증기나 뜨거운 물이 나오는 곳이다.

② 증기가 솟아 나오는 곳에서는 이 증기로 직접 터빈을 돌려서 발전을 한다.

③ 뜨거운 물이 나오는 곳은 보조가열기를 사용하여 승온 및 증기를 만들어 터빈을 가동하는 방법 혹은 끓는점이 낮은 액체를 열교환시켜 증기로 만들어 터빈을 가동하는 방법 등이 있다(미국, 동남아시아, 북동유럽, 아프리카, 일본 등이 주도국임).

④ 지질조사 : 지열 징후나 지질구조에서 지열저류층의 면적·두께·온도를 유추하고, 거기에 공극률(空隙率)이나 회수율의 적당한 값을 곱해서 채취 가능 자원량을 산출하고 있다. 발전량을 예측하려면 다시 기계효율·발전효율을 곱한다.

⑤ 이와 같은 산출법에 이용되는 각 인자의 값은 어느 것이나 확실한 것은 아니므로 결과는 대략 그런 값을 부여하는 데 불과하며 정확성이 결여될 가능성도 많다.

(2) 땅속의 암반 이용 발전

① 땅속에 뜨거운 물이 없고 뜨거운 암석층만 있어도 발전이 가능하다.

② 암석층에 구멍을 뚫고 물을 흘려보내서 가열시킨 다음 끌어 올려서 그 열로 끓는점이 낮은 액체를 증기로 만들어 발전기를 돌리고, 이때 식힌 물은 다시 땅속으로 보내 가열시켰다가 끌어 올리기를 반복하면 된다.

③ 뜨거운 암석층은 거의 식지 않는다는 점을 이용하여 연속적인 발전이 가능하다.

④ 이 방법 역시 무엇보다 지질조사(암반층 탐사, 지열탐사 등)가 잘 선행되어야 성공할 수 있다는 점이 중요하다.

⑤ 제2세대 지열발전(EGS : Enhanced Geothermal System) : 원하는 온도의 심도까지 2공 이상을 시추하여 폐회로인 인공 파쇄대를 형성하여 열을 획득하는 시스템이다(독일, 스위스, 호주, 미국 등이 주도국임).

⑥ 제3세대 지열발전(SWGS : Single Well Geothermal System) : 제2세대 발전 방식 대비 천공비 및 공기를 많이 줄일 수 있는 방법의 일환으로 개발되었으며 원하는 온도의 심도까지 시추하여 인공 파쇄대 없이 1공으로 주입 및 생산이 이루어지는 시스템이다(독일, 스위스 등이 주도국임).

※ 국내의 지열발전 : 국내에는 경상북도 포항, 전라남도 광주 등 진행(제2세대 발전)

(3) 급탕·난방용 열 공급

① 땅속 암석층에 의해서 뜨거워진 물은 전기 생산뿐만 아니라 급탕용 혹은 난방용 열

을 공급하는 데 직접 이용될 수도 있다.

② 건물 급탕설비의 급탕탱크용 가열원으로 활용 가능하다.

③ 열교환기를 통하거나(간접방식), 직접적으로 난방용 방열기를 가동할 수 있다.

④ 암반층의 뜨거운 물을 건물의 바닥코일로 돌려 바닥 복사난방에 활용할 수 있다.

(4) 직접 냉·난방

① 다음 그림에서 보듯이, 땅속에 긴 공기 흡입관을 묻고 이 관을 통과한 공기를 건물에 공급해서 난방과 냉방을 하는 지열 이용 방식도 가능하다.

② 이 경우 겨울에는 공기가 관을 통과하면서 지열을 받아 데워져서 난방 혹은 난방 예열용으로 활용 가능하다.

③ 여름에는 뜨거운 바깥 공기가 시원한 땅속 관을 통과하면서 식은 후 공급됨으로써 냉방 혹은 냉방 예냉용으로 활용 가능하다.

④ 상기와 같이 행함으로써 난방과 냉방을 위한 에너지가 절약되고, 쾌적하고 신선한 외기의 도입도 가능해진다.

⑤ 이러한 시스템을 흔히 'Cool Tube System'이라고 부른다. 또한, 지하 공동구 등을 동일한 목적으로 이용하여 예냉·예열을 행하는 'Cool PIT (혹은 Cool Heat Trench)', 구불구불한 미로와 같은 통로를 이용하여 예냉·예열을 행하는 'Thermal Labyrinth' 등의 방식도 사용될 수 있다.

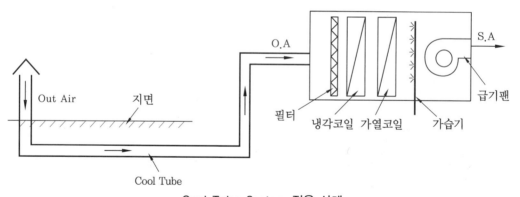

Cool Tube System 적용 사례

(5) 지열 이용 히트펌프 방식에서 열원으로 활용

① 물/Brine과 땅속 암반의 열교환을 통하여 히트펌프를 가동함

② 땅속 관내 압력강하량이 증가하여 펌프동력 증가 가능성 있음

③ 지중 매설공사의 어려움

④ 가격이 고가임(초기투자비 측면)

⑤ 배관 등 설비의 부식 우려 있음

⑥ 효율적이면서도 무제상(無除霜)이 가능하여 이상적인 히트펌프 시스템을 구축할 수 있음

⑦ 흡수식 냉온수기 대비 장점 : 에너지 효율(COP) 매우 높음, 운전 유지비 절감, 친환경 무공해 시스템, 물–공기시스템 형태로도 설치 가능(개별 제어성 우수), 냉·난방·급탕 동시운전 구현 가능, 대형 냉각탑 불필요, 연료의 연소 과정이 없으므로 수명이 길다.

(6) 기타 지열 이용 방법

① 도로 융설

㈎ 한랭 적설지에서는 지열을 이용한 도로 융설의 용도로 사용할 수 있다.

㈏ 지열 이용 도로 융설은 노반에 파이프를 매설하고 도로면과 지하 간에 통수시켜 도로를 가열하여 눈을 녹이는 방식이다.

② 농업 분야 : 지열의 농업에의 이용은 세계 각지에서 그 예를 볼 수 있는데, 가장 활발한 곳이 헝가리로서, 거의 전 지역에 산재하고 있는 심층 열수를 최대한 이용하여 대규모의 시설원예를 시행하고 있다.

③ 2차산업 분야 : 지열을 농림수산물의 건조가공, 제염, 화학약품의 추출 등에도 이용 가능하나 그 규모는 아직 매우 작은 편이다.

4-11 풍력발전

무한한 바람의 힘을 회전력으로 전환시켜 유도전기를 발생시켜 전력 계통이나 수요자에게 공급하는 방식이다.

(1) 풍력발전의 장점

① 무공해의 친환경 에너지

② 도로변, 해안, 제방, 해상 등 국토 이용의 높은 효율성

③ 우주항공, 기계, 전기 등의 분야에 높은 기술 파급력

(2) 풍력발전의 단점

① 제작비용 등 초기 투자비용 높음

② 풍황 등 에너지원의 조건이 중요

③ 발전량이 지역별, 계절별 차이가 큼

④ 풍속특성이 발전단가에 가장 큰 영향

⑤ 일반적으로 소형 시스템일수록 발전단가와 소음에 불리

덴마크 Middelgrunden 해양단지   제주 풍력단지

(3) 풍력발전의 원리

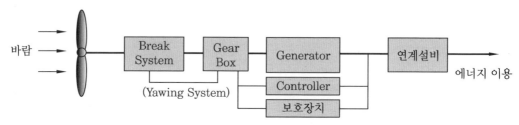

(4) 풍력발전기 주요 구성품

① 기계장치부 : 날개, 기어박스, 브레이크 등

② 전기장치부 : 발전기, 안전장치 등

③ 제어장치부 : 무인제어 기능, 감시제어 기능 등

(5) 벳츠의 법칙

① '벳츠의 한계'라고도 부른다.

② 풍력발전의 이론상 최대치는 약 59.3%이다. 그러나 실용상 약 20~40%만 사용 가능하다(날개의 형상, 마찰손실, 발전기효율 등의 문제로 인한 손실 고려).

③ 계산식

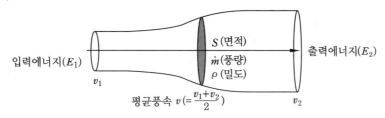

$$E_1 = \frac{1}{2} \cdot \dot{m} \cdot v_1^2 = \frac{1}{2} \cdot \rho \cdot S \cdot v_1^3, \ \ E_2 = \frac{1}{2} \cdot \dot{m} \cdot v_2^2$$

$$\dot{E} = E_1 - E_2 = \frac{1}{2} \cdot \dot{m} \cdot \left(v_1^2 - v_2^2\right)$$

$$= \frac{1}{2} \cdot \rho \cdot S \cdot v \cdot \left(v_1^2 - v_2^2\right)$$

$$= \frac{1}{4} \cdot \rho \cdot S \cdot \left(v_1 + v_2\right) \cdot \left(v_1^2 - v_2^2\right)$$

$$= \frac{1}{4} \cdot \rho \cdot S \cdot v_1^3 \cdot \left\{1 - \left(\frac{v_2}{v_1}\right)^2 + \left(\frac{v_2}{v_1}\right) - \left(\frac{v_2}{v_1}\right)^3\right\} = \frac{1}{2} \cdot \rho \cdot S \cdot v_1^3 \times 0.593$$

$$\left(\because E \text{가 최대가 되려면 } \frac{v_2}{v_1} \fallingdotseq \frac{1}{3}\right)$$

따라서 $\dot{E} = \frac{1}{2} \cdot \rho \cdot S \cdot v_1^3 \times 0.593 = E_1 \times 0.593 \rightarrow$ 풍력발전의 이론적 최고 효율 $= 59.3\%$

(6) 회전축 방향에 따른 구분

① 수평축 방식

(가) 구조가 간단

(나) 바람 방향의 영향을 많이 받음

(다) 효율이 비교적 높은 편이며, 가장 일반적인 형태임

(라) 중·대형급으로 적합한 형태

② 수직축 방식

(가) 바람 방향에 구애받지 않음

(나) 사막이나 평원에서 많이 사용

(다) 효율이 다소 낮은 편이며, 제작 비용이 많이 듦

(라) 보통 100kW 이하의 소형에 적합한 형태

수평축 발전기

수직축 발전기

(7) 운전 방식에 따른 구분

① 기어(Gear)형

㈎ 저렴한 제작 비용

㈏ 어느 지역에서도 설계, 제작 가능

㈐ 유도전동기의 높은 회전수(RPM)를 위해 기어박스로 증속시킴

㈑ 유지 보수 용이

㈒ 동력 전달 체계 : 회전자 → 증속기 → 유도발전기 → 한전 계통

② 기어리스(Gearless)형

㈎ 회전자와 발전기가 직접 연결

㈏ 발전효율이 높음

㈐ 간단한 구조, 저소음

㈑ 동력 전달 체계 : 회전자(직결) → 다극형 동기발전기 → 인버터 → 한전 계통

기어형

기어리스형

| 육상풍력
(On Shore) | 해상풍력
(Off Shore) | 소형풍력
(건물일체형) |

설치 위치에 따른 풍력발전 사례

점점 대형화 추세로 날개가 커지고(회전속도가 느려짐), 이에 따라 소음도 크게 줄어들기 때문에, 풍력 발전기에 가까이 다가가도 시끄럽게 돌아가는 소리는 거의 들리지 않는다.

덴마크의 호른스 레브 해상 풍력단지

항공 사진. 세계 최대 규모인 이 풍력단지는 2002년 12월 육지에서 17Km 떨어진 지역에 160MW로 조성됐다. 2MW급 풍력발전기 80대가 560m 간격으로 설치돼 연간 600GWh 전력을 생산하고 있다.

4-12 수력에너지

(1) 수력발전(水力發電, Hydroelectric Power Generation)의 원리 및 특징

① 높은 곳에 위치하고 있는 하천이나 저수지의 물을 수압관로를 통하여 낮은 곳에 있는 수차로 보내어 그 물의 힘으로 수차를 돌리는 형식이다.

② 그것을 동력으로 하여 수차에 직결된 발전기를 회전시켜 전기를 발생시킨다.

③ 즉 물이 가지는 위치에너지를 수차를 이용하여 기계에너지로 변환시키고, 이 기계에너지로 발전기를 구동시켜 전기에너지를 얻게 되는 것이다.

④ 수력발전은 공해가 없고 연료의 공급이 없이도 오래 사용할 수 있다는 장점이 있지만, 건설하는 데 경비가 많이 들고, 댐을 건설할 수 있는 지역이 한정되어 있다는 단점이 있다.

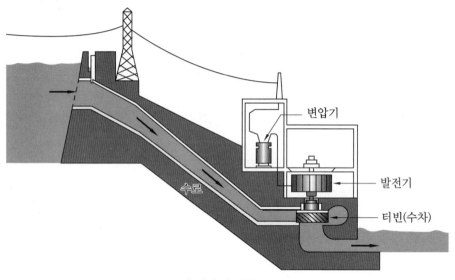

수력발전 계통도

(2) 수력발전의 공급절차

(3) 수차의 종류 및 특징

수차의 종류			특 징
충동수차	펠톤(Pelton)수차, 튜고(Turgo)수차, 오스버그(Ossberger)수차		• 수차가 물에 완전히 잠기지 않는다. • 물은 수차의 일부 방향에서만 공급되며, 운동에너지만을 전환한다.
반동수차	프란시스(Francis)수차		수차가 물에 완전히 잠긴다.
	프로펠러수차	카플란(Kaplan)수차, 튜브라(Tubular)수차, 벌브(Bulb)수차, 림(Rim)수차	• 수차의 원주방향에서 물이 공급된다. • 동압(Dynamic Pressure) 및 정압(Static Pressure)이 전환된다.

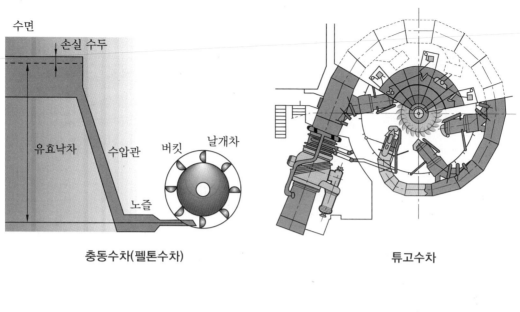

충동수차(펠톤수차)

튜고수차

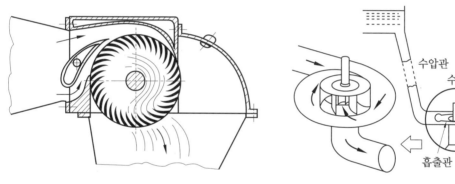

오스버그수차(횡류 ; Cross Flow)

반동수차(프란시스수차)

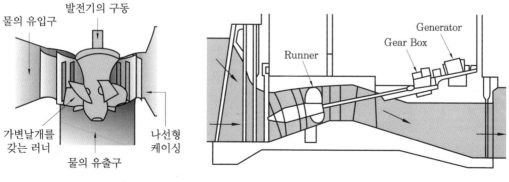

프로펠러수차(카플란수차)

프로펠러수차(튜브라수차)

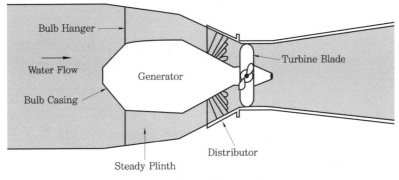

프로펠러수차(벌브수차)

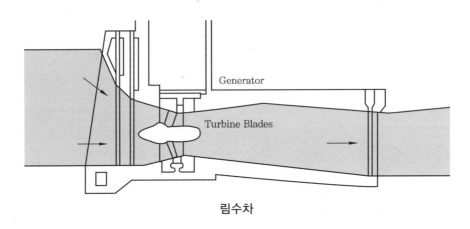

림수차

(4) 소수력발전의 분류

분류			비 고
설비용량	Micro Hydropower	100kW 미만	국내의 경우 소수력발전은 저낙차, 터널식 및 댐식으로 이용(예 : 방우리, 금강 등)
	Mini Hydropower	100~1,000kW	
	Small Hydropower	1,000~10,000kW	
낙차	저낙차(Low Head)	2~20m	
	중낙차(Medium Head)	20~150m	
	고낙차(High Head)	150m 이상	
발전 방식	수로식(Run-of-river Type)	하천경사가 급한 중·상류 지역	
	댐식(Storage Type)	하천경사가 작고 유량이 큰 지점	
	터널식(Tunnel Type) 혹은 댐수로식	하천의 형태가 오메가(Ω)인 지점	

(5) 양수발전

① 일반 수력발전은 자연적으로 흐르는 물을 이용하여 발전을 하지만, 양수발전은 흔히 위쪽과 아래쪽에 각각 저수지를 만들고 밤 시간의 남은 전력을 이용하여 아래쪽 저수지의 물을 위쪽으로 끌어 올려 모아 놓았다가 전력 사용이 많은 낮 시간이나 전력 공급이 부족할 때 이 물을 다시 아래쪽 저수지로 떨어뜨려 발전하는 방식이다.

② 우리나라에는 청평, 무주, 삼랑진, 산청, 청송양수발전소가 여기에 해당된다.

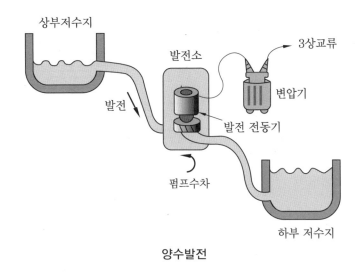

양수발전

(6) 수력발전소의 출력

① 유량이 $Q[\text{m}^3/\text{s}]$인 물이 유효낙차 $H[\text{m}]$에 의해 유입된 경우, 이론출력은 $P_O = 9.8QH[\text{kW}]$로 정의된다.

② 유효낙차란 취수구 수위와 방수구 수위의 차(총 낙차)에서 이 사이의 수로·수압관로 등에서의 손실수두(水頭)를 뺀 것으로서, 수차에 유효하게 사용되는 낙차이다.

③ 이때, 발전기 출력은

$$P_G = P_O \cdot \eta_T \cdot \eta_G \cdot N = 9.8QH \cdot \eta_T \cdot \eta_G \cdot N$$

여기에서, η_T= 수차의 효율

η_G= 발전기의 효율

N= 발전기 대수

④ 하천의 유량은 유역 내의 비나 눈에 의존되고, 계절적으로 변동되므로 발전소의 최대 사용 수량은 연간을 통하여 발전이 가장 경제적으로 될 수 있도록 결정된다.

⑤ 또 댐식의 경우, 수위는 하천의 흐르는 상황과 발전소의 사용 수량에 의해 상하로 변동되므로, 발전소의 운용을 검토하여 수위의 변동 범위를 정하고, 그 사이의 변동에 대해 발전소의 운전에 지장이 없도록 설계된다.

(7) 화석연료-신재생에너지의 이산화탄소 배출량 비교표(발전원별)

구 분	이산화탄소 배출량(g/kWh)
석탄 화력	975.2
석유 화력	742.1
LNG 화력	607.6
LNG	518.8
원자력	28.4
태양광	53.4
풍력	29.5
지열	15
수력	11.3

4-13　바이오에너지

(1) 바이오에너지의 특징

① 식물은 광합성을 통해 태양에너지를 몸속에 축적한다.

② 지구온난화가 세계적인 걱정거리가 된 지금, 생물체와 땅속에 들어 있는 에너지는 온난화를 막을 수 있는 유용한 재생 가능 에너지원으로 여겨지고 있다.

③ 생물자원은 흔히 바이오매스(Biomass)라고 부르는데, 19세기까지도 인류는 대부분의 에너지를 생물자원으로부터 얻었다.

④ 생물자원은 나무, 곡물, 풀, 농작물 찌꺼기, 축산분뇨, 음식 쓰레기 등 생물로부터 나온 유기물을 말하는데, 이것들은 모두 직접 또는 가공을 거쳐서 에너지원으로 이용될 수 있다.

⑤ 지구온난화 관련 : 생물자원은 공기 중의 이산화탄소가 생물이 성장하는 가운데 그 속에 축적되어서 만들어진 것이다. 그러므로 에너지로 사용되는 동안 이산화탄소를 방출한다 해도 성장기부터 흡수한 이산화탄소를 고려하면 이산화탄소 방출이 없다고도 할 수 있다.

(2) 생물자원의 응용 사례

생물자원 중에서 나무 부스러기나 짚은 대부분 직접 태워서 이용하지만, 곡물이나 식물은 액체나 기체로 가공해서 연료를 만든다.

① 유채 기름, 콩기름, 폐기된 식물성 기름 등을 디젤유와 비슷한 형태로 가공해서 디젤 자동차의 연료나 난방용 연료 등으로 이용하는 방법이 많이 개발되고 있다.

② 생물자원을 미생물을 이용해서 분해하거나 발효시키면 메탄이 절반 이상 함유된 가스가 얻어진다. 이것을 정제하면 LNG와 같은 성분을 갖게 되어, 열이나 전기를 생산하는 연료로 이용할 수 있다.

③ 현재 대규모 축사로부터 나온 가축 분뇨가 강과 토양을 크게 오염시키고, 음식 찌꺼기는 악취로 인해 도시와 쓰레기 매립지 주변의 주거 환경을 해치고 있는데, 이것들을 분해하면 에너지와 질 좋은 퇴비를 얻는 일석이조의 효과를 거둘 수 있다.

(3) 각국 현황

① 지금도 가난한 나라에서는 에너지의 많은 부분을 생물자원으로 충당한다.

② 그러나 선진국 중에도 생물자원을 개발해서 상당한 양의 에너지를 얻는 나라가 있는데, 대표적인 나라는 덴마크, 오스트리아, 스웨덴 등이다.

③ 덴마크에서는 짚과 나무 부스러기에서 전체 에너지의 5% 이상을 얻고 있고, 오스트리아와 스웨덴은 주로 나무 부스러기를 에너지원으로 이용해서 전체 에너지의 10% 이상을 얻고 있다.

④ 브라질 등에서 석유 대신 자동차 연료로 이용하는 '알코올'은 사탕수수를 발효시켜서 만든다.

(4) 바이오에너지 사용 절차

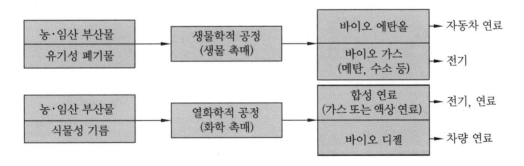

4-14 폐기물에너지

사업장 또는 가정에서 발생되는 가연성 폐기물 중 에너지 함량이 높은 폐기물을 이용하여 재생에너지 회수 가능하며, 또한 열분해에 의한 오일화, 성형고체연료 제조, 가스화에 의한 가연성가스 제조, 소각에 의한 열 회수 등을 통하여 수요처에 유효한 에너지를 공급할 수 있다.

(1) 폐기물에너지의 특징

① 비교적 단기간 내에 상용화 가능

② 기술 개발을 통한 상용화 기반 조성

③ 타 재생에너지에 비하여 경제성이 높고, 조기 보급 가능

④ 폐기물의 청정 처리 및 자원으로의 재활용 가능

⑤ 인류 생존권을 위협하는 폐기물 환경문제의 경감

(2) 폐기물 신재생에너지의 종류

① 성형고체연료(RDF) : 종이, 나무, 플라스틱 등의 가연성 폐기물을 파쇄, 분리, 건조, 성형 등의 공정을 거쳐 제조된 고체연료이다.

※ RDF(Refuse Derived Fuel) : 생활폐기물을 파쇄·건조·선별 분쇄·압축 성형 등의 공정을 거쳐 만든 지름 약 1.5cm, 길이 5cm의 펠릿(Pellet) 형태로 많이 만들어지며, 연료로 보관과 운반이 용이한 데다 연소성도 우수하다.

② 폐유 정제유 : 자동차 폐윤활유 등의 폐유를 이온정제법, 열분해 정제법, 감압증류법 등의 공정으로 정제하여 생산된 재생유이다.

③ 플라스틱 열분해 연료유 : 플라스틱, 합성수지, 고무, 타이어 등의 고분자 폐기물을 열분해하여 생산되는 청정 연료유이다.

④ 폐기물 소각열 : 가연성 폐기물 소각열 회수에 의한 스팀 생산 및 발전, 시멘트킬른 및 철광석소성로 등의 열원으로의 이용 등의 예가 있다.

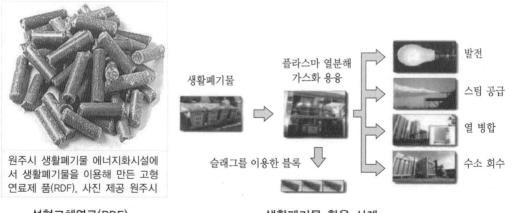

원주시 생활폐기물 에너지화시설에서 생활폐기물을 이용해 만든 고형연료제품(RDF), 사진 제공 원주시

성형고체연료(RDF)

생활폐기물 활용 사례

4-15 해양에너지

(1) 해양에너지의 특징

① 해양에너지는 해양의 조수·파도·해류·온도차 등을 변환시켜 전기 또는 열을 생산하는 기술이다.

② 특히 전기를 생산하는 방식은 조력·파력·조류·온도차발전 등 다양한 방식들이 개발되고 있다.

(2) 해양에너지의 종류

① 조력발전(OTE, Ocean Tide Energy) : 조석간만의 차를 동력원으로 해수면의 상승하강운동을 이용하여 전기를 생산하는 기술

② 파력발전(OWE, Ocean Wave Energy) : 연안 또는 심해의 파랑에너지를 이용하여 전기를 생산, 입사하는 파랑에너지를 기계적 에너지로 변환하는 기술

③ 조류발전(OTCE, Ocean Tidal Current Energy) : 조차에 의해 발생하는 물의 빠른 흐름 자체를 이용하는 방식, 해수의 유동에 의한 운동에너지를 이용하여 전기를 생산하는 발전기술

④ 온도차발전(OTEC, Ocean Thermal Energy Conversion) : 해양 표면층의 온수(예 : 25~30℃)와 심해 500~1000m 정도의 냉수(예 : 5~7℃)와의 온도차를 이용하여 열에너지를 기계적 에너지로 변환시켜 발전하는 기술

⑤ 해류발전(OCE, Ocean Current Energy) : 해류를 이용하여 대규모의 프로펠러식 터빈을 돌려 전기를 일으키는 방식

⑥ 염도차 혹은 염분차 발전(SGE, Salinity Gradient Energy)

   ⑦ 삼투압 방식 : 바닷물과 강물 사이에 반투과성 분리막을 두면 삼투압에 의해 물의 농도가 높은 바닷물 쪽으로 이동함, 바닷물의 압력이 늘어나고 수위가 높아지면 그 윗부분의 물을 낙하시켜 터빈을 돌림으로써 전기를 얻게 됨

   ⑧ 이온교환막 방식 : 이온교환막을 통해 바닷물 속 나트륨 이온과 염소 이온을 분리하는 방식, 양이온과 음이온을 분리해 한 곳에 모으고 이온 사이에 미는 힘을 이용해서 전기를 만들어 내는 방식

⑦ 해양 생물자원의 에너지화 발전 : 해양 생물자원으로 발전용 연료를 만들어 발전하는 방식

⑧ 해수열원 히트펌프 : 해수의 온도차 에너지 형태로 활용하는 방식이며, 히트펌프를 구동하여 냉·난방 및 급탕 등에 적용

칼럼 **해수열원 히트펌프의 대표적 설치 사례(노르웨이 오슬로)**

해수 이용 히트펌프 시스템 설치 사례로는 노르웨이 오슬로시가 대표적이다. 고위도인 북위 63도 지역 오슬로시 오레슨 마을 지역난방은 12MW(2646RT급) 해수열 히트펌프 시스템이 책임지고 있다. 해안면으로 130m 지점, 수심 40m에서 500mm 플라스틱 관으로 5도 이상인 해수를 취수해 공급하고 있으며, 열교환기로는 티타늄이 사용됐다. 이 시스템은 초기 투자비가 커 설치 초기에는 연간 12GWH로 수요가 많지 않아 적자 운영했지만, 연간 32GWH 운전 시 투자비 회수 기간이 4~5년으로 짧아 경제성이 양호한 것으로 나타났다.

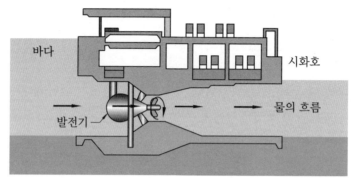

시화발전소 발전기 10대 가동

(a) 밀물 때

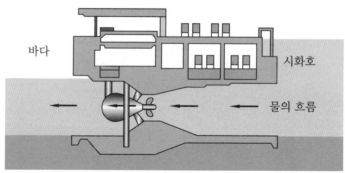

발전은 하지 않고 물만 내보냄

(b) 썰물 때

시화호 조력발전

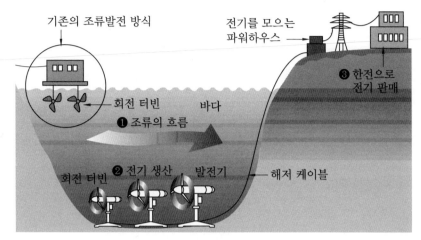

조류발전

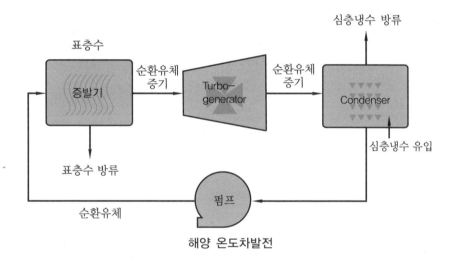

해양 온도차발전

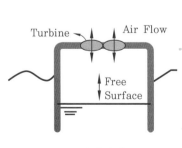

파력발전

해류발전

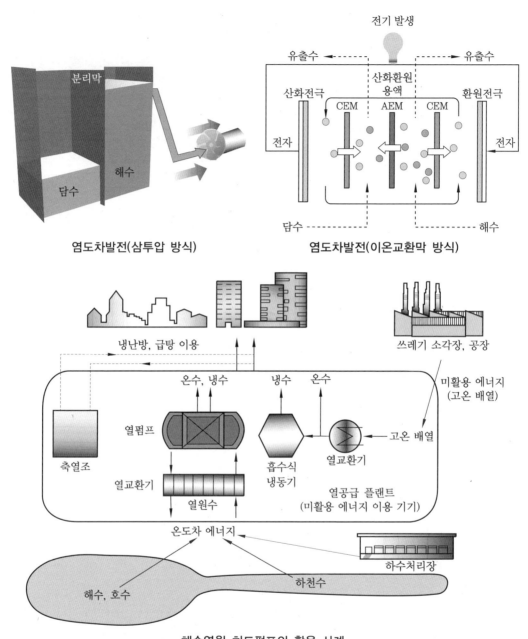

염도차발전(삼투압 방식)

염도차발전(이온교환막 방식)

해수열원 히트펌프의 활용 사례

4-16 수소에너지

(1) 수소에너지의 특징

① 수소에너지는 가정(전기, 열), 산업(반도체, 전자, 철강 등), 수송(자동차, 배, 비행

기) 등에 광범위하게 사용될 수 있다.

② 사회적으로 수소의 제조, 저장 기술 등의 인프라 구축과 안전성 확보 등이 필요하다.

(2) 수소에너지 제조상의 문제점

① 지구상의 수소는 화석연료나 물과 같은 화합물의 한 조성 성분으로 존재하기 때문에 이를 제조하기 위하여는 이들 원료를 분해해야 하며, 이때 많은 에너지가 필요하다.

② 현재 우리나라를 비롯하여 전 세계적으로 수소는 대부분 화석연료의 개질에 의하여 제조되며, 이때 이산화탄소가 동시에 생성되므로 이산화탄소 포집 장치, 산업용·농 업용으로 재활용 시스템 등의 구축이 필요하다.

③ 물론 현재 수소는 연료로서가 아니라 화학제품의 환원제로 주로 사용되기는 하지만, 수소가 꿈의 연료라는 명성을 차지하기 위하여는 역시 화석연료의 개질이 아닌 물의 분해에 의하여 제조되어야 할 것이다.

④ 물의 분해는 전기에너지 혹은 태양에너지 등에 의하여 가능하나 전자는 고가이며, 후자는 변환효율이 너무 낮은 것이 단점이다.

⑤ 원자로에서 950℃ 이상의 물을 끓여 수소를 분리하여 연료전지 등에 이용 가능(아 래 그림 참조)하다.

(3) 수소에너지의 극복 과제

① 산업 인프라 구축 : 수소를 안전하게 보관 및 저장하는 수소 스테이션(충전소) 등 사 회적 인프라가 필요하다.

② 용기 부피 : 수소의 비등점은 대단히 낮기 때문에 초저온, 또는 초고압으로 보관해야 자동차 같은 작은 플랫폼에도 싣고 다닐 만큼 부피를 줄일 수 있다.

③ 폭발성 높은 수소가 잘못 인화되거나 폭발했을 시 생기는 사고는 상상만 해도 끔찍 하므로 안전하게 보관하는 데 필요한 2중, 3중 이상의 안전장치를 구비하여야 한다.

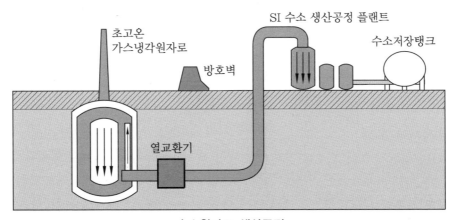

수소원자로 생산공정

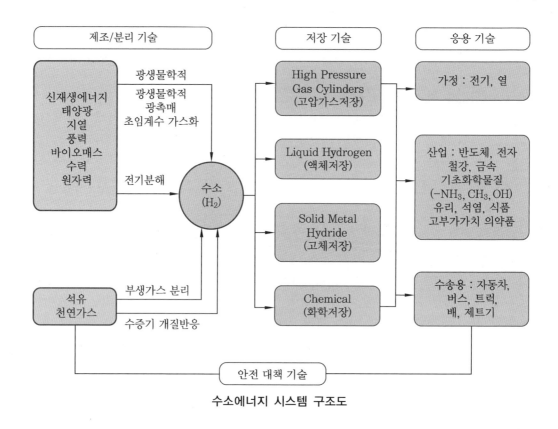

수소에너지 시스템 구조도

4-17 연료전지(Fuel Cell)

(1) 개요

① 대부분의 화력발전소나 원자력발전소는 규모가 크고, 그곳에서 집까지 전기가 들어
오려면 복잡한 과정을 거쳐야 한다.

② 일반적으로 이들 발전소에서 전기가 만들어질 때 나오는 열은 모두 버려진다.

③ 반면에, 화력발전소나 원자력발전소 대비 작은 규모로 집 안이나 소규모 장소에 설
치할 수 있고, 거기에서 나오는 전기는 물론 열까지도 쓸 수 있는 장치가 바로 연료전
지와 소형 열병합발전기이다.

(2) 연료전지의 특성

① 연료전지는 수소와 산소를 반응하게 해서 전기와 열을 만들어 내는 장치로 재생 가
능 에너지는 아니다.

② 현재 사용되는 연료전지용 수소는 거의 대부분 천연가스를 분해해서 생산한다.

③ 천연가스 분해 과정에서 이산화탄소가 배출되기 때문에 연료전지는 현재로서는 지

구온난화를 완전히 억제할 수 있는 기술은 아니다(이산화탄소 포집 및 농업·공업 분야에의 활용 기술 필요).

④ 연료전지는 한번 쓰고 버리는 보통의 전지와 달리 연료(수소)가 공급되면 계속해서 전기와 열이 나오는 반영구적인 장치이다.

⑤ 연료전지의 규모 : 연료전지는 규모를 크게 만들 수도 있고, 가정용의 소형으로 작게 만들 수도 있다(규모의 제약을 별로 받지 않음).

⑥ 연료전지는 거의 모든 곳의 동력원과 열원으로 기능할 수 있다는 이점을 가지고 있지만, 연료전지에 사용되는 수소는 폭발성이 강한 물질이고 섭씨 −253도에서 액체로 변환되기 때문에 다루기에 어려운 점이 있다.

(3) 연료전지의 원리 : 물의 전기분해 과정과 반대 과정

① 연료전지는 다른 전지와 마찬가지로 양극(+)과 음극(−)으로 이루어져 있는데, 음극으로는 수소가 공급되고, 양극으로는 산소가 공급된다.

② 음극에서 수소는 전자와 양성자로 분리되는데, 전자는 회로를 흐르면서 전류를 만들어 낸다.

③ 전자들은 양극에서 산소와 만나 물을 생성하기 때문에 연료전지의 부산물은 물이다(즉 연료전지에서는 물이 수소와 산소로 전기분해되는 것과 정반대의 반응이 일어나는 것이다).

④ 연료전지에서 만들어지는 전기는 자동차의 내연기관을 대신해서 동력을 제공할 수 있고(자전거에 부착하면 전기 자전거가 됨), 전기가 생길 때 부산물로 발생하는 열은 난방용으로 이용될 수 있다.

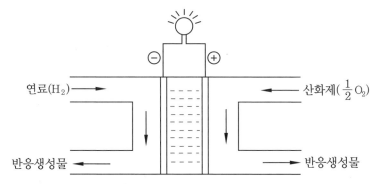

1. 음극 측 : $H_2 \rightarrow 2H^+ + 2e^-$
2. 양극 측 : $\frac{1}{2}O_2 + 2H^+ + 2e^- \rightarrow H_2O$
3. 전반응 : $H_2 + \frac{1}{2}O_2 \rightarrow H_2O$

⑤ 연료전지로 들어가는 수소는 수소 탱크로부터 직접 올 수도 있고, 천연가스 분해 장

치를 거쳐 올 수도 있다. 수소 탱크의 수소는 석유 분해 과정에서 나온 것일 수도 있다. 그러나 어떤 경우든 배출 물질은 물이기 때문에, 수소의 원료가 무엇인지 따지지 않으면 연료전지를 매우 깨끗한 에너지 생산 장치로 볼 수 있다.

(4) 연료전지의 시스템 구성

① 개질기(Reformer)

㈎ 화석연료(천연가스, 메탄올, 석유 등)로부터 수소를 발생시키는 장치

㈏ 시스템에 악영향을 주는 황(10ppb 이하), 일산화탄소(10ppm 이하) 제어 및 시스템 효율 향상을 위한 집적화(Compact)가 핵심 기술

② 스택(Stack)

㈎ 원하는 전기 출력을 얻기 위해 단위전지를 수십 장, 수백 장 직렬로 쌓아 올린 본체

㈏ 단위전지 제조, 단위전지 적층 및 밀봉, 수소 공급과 열 회수를 위한 분리판 설계·제작 등이 핵심 기술

③ 전력변환기(Inverter)

연료전지에서 나오는 직류전기(DC)를 우리가 많이 사용하는 교류(AC)로 변환시키는 장치

④ 주변 보조기기(BOP : Balance of Plant)

연료, 공기, 열 회수 등을 위한 펌프류, Blower, 센서 등을 말하며, 연료전지의 특성에 맞는 기술이 필요함

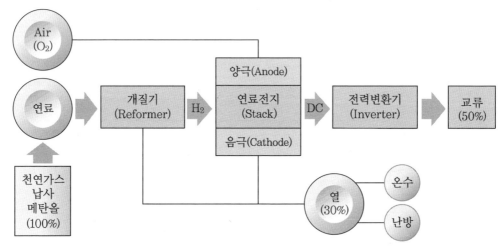

연료전지의 시스템 구성

(5) 연료전지 발전 현황

① 알칼리형 연료전지(AFC : Alkaline Fuel Cell)

㈎ 1960년대 군사용(우주선 : 아폴로 11호)으로 개발

(내) 순 수소 및 순 산소를 사용

② 인산형 연료전지(PAFC : Phosphoric Acid Fuel Cell)

(개) 1970년대 민간 차원에서 처음으로 기술 개발된 1세대 연료전지로 병원, 호텔, 건물 등 분산형 전원으로 이용

(내) 현재 가장 앞선 기술로 미국, 일본 등에서 많이 적용 중임

③ 용융탄산염형 연료전지(MCFC : Molten Carbonate Fuel Cell)

(개) 1980년대에 기술 개발된 2세대 연료전지로 대형 발전소, 아파트 단지, 대형 건물의 분산형 전원으로 이용

(내) 미국, 일본 등에서 최초 상용화하여 많이 적용되고 있음

④ 고체산화물형 연료전지(SOFC : Solid Oxide Fuel Cell)

(개) 1980년대에 본격적으로 기술 개발된 3세대로서, MCFC보다 효율이 우수한 연료전지, 대형 발전소, 아파트 단지 및 대형 건물의 분산형 전원으로 이용

(내) 최근 선진국에서는 가정용, 자동차용 등으로도 사용하고 있으나 우리나라는 다른 연료전지에 비해 기술력이 가장 낮음

⑤ 고분자전해질형 연료전지(PEMFC : Polymer Electrolyte Membrane Fuel Cell)

(개) 1990년대에 기술 개발된 4세대 연료전지로 가정용, 자동차용, 이동용 전원으로 이용

(내) 가장 활발하게 연구되는 분야이며, 실용화 및 상용화도 타 연료전지보다 빠르게 진행되고 있음

⑥ 직접메탄올 연료전지(DMFC : Direct Methanol Fuel Cell)

(개) 1990년대 말부터 기술 개발된 연료전지로 이동용(핸드폰, 노트북 등) 전원으로 이용

(내) 고분자전해질형 연료전지와 함께 가장 활발하게 연구되는 분야임

(6) 연료전지의 응용

① 전기자동차의 수송용 동력을 제공할 수 있다.

② 전기를 생산함과 동시에 열도 생산하기 때문에 소규모의 것은 주택의 지하실에 설치해서 난방과 전기 생산을 동시에 할 수 있다.

③ 큰 건물(빌딩, 상가건물 등)의 전기와 난방을 담당할 수 있다.

④ 대규모로 설치하면 도시 공급용 전기와 난방열을 생산할 수 있다.

(7) 연료전지 기술 개발

① 연료전지는 전기 생산과 난방, 급탕을 동시에 하는 장치로 쉽게 설치할 수 있고, 무공해 및 친환경적 기술이므로 앞으로 급속히 보급될 것으로 전망된다.

② 일부 에너지 연구자들은 인류가 앞으로 화석연료를 사용하는 경제구조로부터 수소

를 사용하는 구조로 나아갈 것으로 전망하는데, 이때는 연료전지가 그 핵심 역할을
할 것으로 본다.

③ 수소는 폭발성이 강한 물질이므로, 향후 수소의 유통 과정 및 취급 전반에 걸친 안전
성을 확보하는 것이 무엇보다 중요하다.

④ 수소의 제조상의 CO_2 등의 배출 문제, 연료전지의 원료가 되는 수소를 생산하기 위
한 원료가 되는 석유/천연가스 등의 자원의 유한성 등을 해결해 나가야 한다.

> **칼럼** 🔍 **천연가스로 수소 제조 방법**
>
> 1. 천연가스를 이용하여 수소를 생산하는 방법으로는 아래의 수증기개질법(Steam Reforming)이
>   가장 일반적으로 사용된다(스팀을 700~1,100℃로 메탄과 혼합하여 니켈 촉매반응기에서 압
>   력 약 3~25bar로 아래와 같이 반응시킴).
> 2. 반응식
>   1차(강한 흡열반응)   : $CH_4 + H_2O = CO + 3H_2$, $\Delta H = +49.7kcal/mol$
>   2차(온화한 발열반응) : $CO + H_2O = CO_2 + H_2$, $\Delta H = -10kcal/mol$

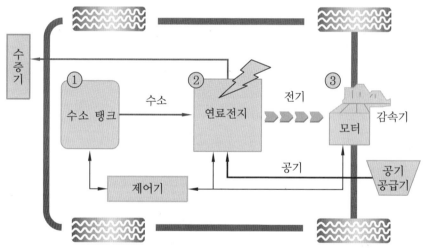

연료전지 자동차 동력 계통도

(8) 연료전지 시스템의 효율

① 발전효율(Generation Efficiency) : 연료전지로 공급된 연료의 열량에 대한 순발전량
의 비율(%)

$$발전효율 = \frac{연료진지의\ 발전량(kWh) - 연료전지의\ 수전량(kWh)}{연료전지로\ 공급된\ 연료의\ 열량(kWh)} \times 100(\%)$$

연료전지의 수전량(kWh)

펌프, 송풍기, 전기 구동부 및 제어장치 등 발전소 내 전기 사용량을 말한다.

② 열효율(Thermal Efficiency) : 연료전지로 공급된 연료의 열량에 대한 회수된 열량의 비율(%)

$$열효율 = \frac{연료진지의\ 열\ 회수량(kWh)}{연료전지로\ 공급된\ 연료의\ 열량(kWh)} \times 100(\%)$$

③ 종합효율(Overall Efficiency)

종합효율(%) = 발전효율(%) + 열효율(%)

4-18 석탄액화·가스화 및 중질잔사유(重質殘渣油) 가스화 에너지

(1) 기술개발 역사

① 석탄가스화 기술은 200여 년 전인 1792년 영국의 윌리엄 머독에 의해 발명되어 가정용 및 가로등 등에 석탄가스를 연료로 사용하면서 시작되었다.

② 근대적인 석탄가스화 장치는 석탄 매장량이 풍부한 독일에서 본격적으로 개발되어 1920년 이후 대기압에서 운전되는 소규모 고정층형, 유동층형 가스화 기기가 상업화되었다.

③ 1950~1960년대 미국 및 중동에서 저렴한 천연가스 및 다량의 석유가 발견되어 개발이 다소 주춤하기도 했으나 1973년 1차 석유파동 이후 다시 관심이 모아지면서 선진국에서 많은 연구비를 투입, 기술 개발한 결과 대형 석탄가스화 플랜트가 상업화되었다.

④ 1980년대 말부터는 전력 생산을 목적으로 고온 고압에서 운전되는 미분탄 분류층 석탄가스화 기술을 개발하기 시작해 현재 상업용 복합발전에 적용하고 있다.

(2) 기술의 개요

① 석탄(중질잔사유) 가스화 : 대표적인 가스화 복합발전기술(IGCC : Integrated Gasification Combined Cycle)은 석탄, 중질잔사유 등의 저급원료를 고온·고압의 가스화기에서 수증기와 함께 한정된 산소로 불완전연소 및 가스화시켜 일산화탄소와 수소가 주성분인 합성가스를 만들어 정제 공정을 거친 후 가스터빈 및 증기터빈 등을 동시에 구동하여 발전하는 신기술이다.

② 석탄액화 : 고체 연료인 석탄을 휘발유 및 디젤유 등의 액체 연료로 전환시키는 기술

로 고온 고압의 상태에서 용매를 사용하여 전환시키는 직접액화 방식과, 석탄가스화 후 촉매상에서 액체 연료로 전환시키는 간접액화 기술이 있다.

(3) 기술의 장점

① 복합 용도 : 석탄, 중질잔사유 등의 저급 원료로부터 전기뿐 아니라 수소 및 액화석유까지 별도 분리 및 제조 가능하므로 연료전지 분야, 일반 산업 분야 등에 다목적으로 사용할 수 있다(기술적으로 원유에서 추출하는 물질의 대부분을 추출 가능).

② 연료 수급의 안전성 : 화력발전소에서는 회(灰) 부착 문제로 인해 회융점이 낮은 석탄을 사용하기 어려웠으나 IGCC에서는 사용이 가능하므로 연료 수급의 안정성 확보와 이용 탄종의 확대에 기여할 수 있다.

③ 친환경 발전기술 : 합성가스에 포함된 분진(Dust), 황산화물 등의 유해물질을 대부분 제거하기 때문에 공해가 적어 환경친화적이다(석탄 직접 발전에 비해 대략 황산화물 90% 이상, 질소산화물 75% 이상, 이산화탄소 25%까지 저감 가능).

④ 고효율 : 저급의 연료를 고급의 연료로 바꾸어 사용하므로 발전효율이 매우 높다.

(4) 기술의 단점

① 소요 면적을 넓게 차지하는 대형 장치 산업이다.

② 시스템 비용이 고가이므로 초기 투자비용이 높다.

③ 복합설비로 전체 설비의 구성과 제어가 매우 복잡한 편이다.

④ 연계 시스템의 구성, 시스템 고효율화, 운영 안정화 및 저비용화 등의 최적화가 어렵다.

(5) IGCC(가스화 복합발전)공정 흐름도

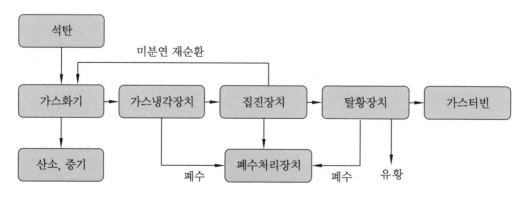

IGCC(가스화 복합발전)공정 흐름

(6) IGCC 장치의 구성도(사례)

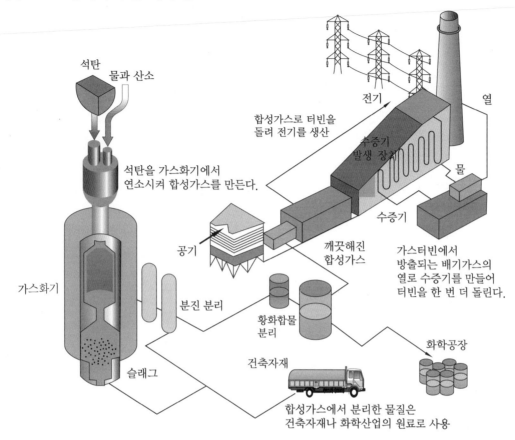

4-19 태양열원 히트펌프(SSHP : Solar Source Heat Pump) 기술

(1) 개요

① 태양열의 세기는 기상 조건에 따라 많이 좌우되므로 축열조를 만들어 일사가 풍부할 시 축열운전을 진행하고, 축열된 에너지는 필요 시 언제라도 사용할 수 있게 하는 것이 좋다.

② 흐린 날, 장마철 등 일사가 부족할 시 비상운전을 위해 보일러 등의 대체 열원이 필요할 수도 있다.

(2) 집열기의 분류 및 특징

① 평판형 집열기(Flat Plate Collector)

㈎ 집광장치가 없는 평판형의 집열기로 가격이 저렴하여 일반적으로 사용된다.

㈏ 집열매체는 공기 또는 액체로 주로 부동액을 이용한 액체식이 보통이다.

㈐ 열교환기의 구조에 따라 관-판, 관-핀, 히트파이프식 집열기 등이 있다.

㈜ 지붕의 경사면(40~60도) 이용, 구조가 간단하여 가정 등에서 많이 적용한다.

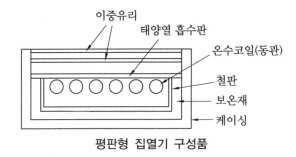

평판형 집열기 구성품

② 진공관형 집열기 : 보온병같이 생긴 진공관식 유리튜브에 집열판과 온수 파이프를 넣어서 만든 것으로, 단위 모듈의 크기(용량)가 작아서, 적절한 열량을 얻기 위해서는 단위 모듈을 여러 개 연결하여 사용한다.

㈎ 단일 진공관형 집열기 : 히트파이프, 흡수판 및 콘덴서를 이용한 열전달

㈏ 이중 진공관형 집열기 : 진공관 내부를 열매체가 직접 왕복하면서 열교환을 이룬 후 열매체 수송관으로 빠져나감

③ 집광형 집열기(Concentrating Solar Collector)

㈎ 반사경, 렌즈 혹은 그 밖의 광학기구를 이용하여 집열기 전체 면적(Collector Aperture)에 입사되는 태양광을 그보다 적은 수열부면적(Absorber Surface)에 집광이 되도록 고안된 장치임

㈏ 직달일사를 이용하며 고온을 얻을 수 있음(태양열 추적장치 필요)

(3) 태양열원 히트펌프의 특징

① 일종의 설비형(능동형) 태양열 시스템이다(↔ 자연형 태양열 시스템).

② 보통 보조 열원이 필요(장시간 흐린 날씨 대비)하다.

③ 선택흡수막 : 흡수열량 증가를 위한 Selective Coating(장파장에 대한 방사율을 줄여준다)

(4) 장치도

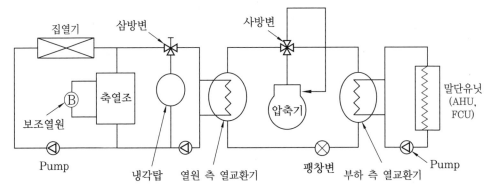

(5) 작동 원리

① 여름철 냉방 시에는 태양열 및 응축기의 열로 축열조를 데운 후 급탕 등에 사용 가능
하고, 남는 열은 냉각탑을 이용하여 배출 가능하다.

② 겨울철 난방 시에는 열원 측 열교환기(증발기)의 열원으로 태양열 사용이 가능하다.

③ 보조열원 : 장마철, 흐린 날, 기타 열악한 기후 조건에서는 태양열원이 약하기 때문에
보일러 등의 보조열원이 시스템상에 필요한 경우가 많다.

4-20 지열원 히트펌프(GSHP : Ground Source Heat Pump) 기술

(1) 개요

① 지중 열원을 사용함으로써 무한한 땅속 에너지를 사용할 수 있고, 태양열 대비 열원
온도가 일정하여(연중 약 15℃) 기후의 영향을 적게 받기 때문에 보조열원이 거의 필
요하지 않은 무제상 히트펌프의 일종이다.

② 지중 열교환 파이프상의 압력손실 증가로 반송동력 비용 증가 가능성이 있고, 보어
홀의 천공 등 초기 설치의 까다로움으로 투자비가 증대된다.

③ 지열원 히트펌프는 폐회로 방식(수평형, 수직형)과 개방회로 방식 등이 있다.

(2) 지열(히트펌프) 시스템의 종류

① 폐회로(Closed Loop) 방식(밀폐형 방식)

㈎ 일반적으로 적용되는 폐회로 방식은 파이프가 폐회로로 구성되어 있는데, 파이프
내에는 지열을 회수(열교환)하기 위한 열매가 순환되며, 파이프의 재질은 주로
HDPE(고밀도폴리에틸렌) 등이 사용된다.

㈏ 폐회로 시스템(폐쇄형)은 루프의 형태에 따라 수직, 수평루프 시스템으로 구분되
는데 수직 시스템으로 약 100~300m, 수평 시스템으로는 약 1.2~2.5m 정도 깊이
로 묻히게 되며, 수평루프 시스템은 상대적으로 냉난방부하가 적은 곳에 쓰인다.

㈐ 수평루프 시스템은 관(지열 열교환기)의 설치 형태에 따라 1단 매설 방식, 2단 매
설 방식, 3단 매설 방식, 4단 매설 방식, 슬리킹 매설 방식(지열 열교환기를 코일스
프링처럼 둥글게 둘둘 말아서 땅속에 매설하는 방식) 등으로 나누어진다.

설치 형태	지열 열교환기 호칭경	설치 깊이(m)	USRT당 필요 길이(m)	USRT당 필요 굴토 길이(m)
1단 매설 방식	30~50A	1.2~1.8	110~150	110~150
2단 매설 방식	30~50A	1.2~1.8	130~185	65~95
3단 매설 방식	20~25A	1.8기준	140~220	50~80
4단 매설 방식	20~25A	1.8기준	150~250	35~65

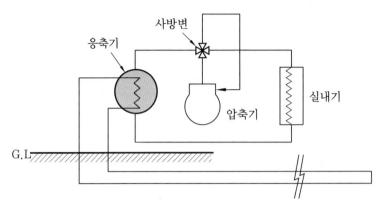

폐회로 수평루프 시스템

(라) 수직루프 시스템은 관(지열 열교환기)의 설치 형태에 따라 병렬매설 방식, 직렬매
　　설 방식 등으로 나누어진다.

설치 형태	지열 열교환기 호칭경	USRT당 필요 길이(m)	USRT당 보어홀 필요 굴토 길이(m)
병렬매설 방식	25~50A	70~140	35~70
직렬매설 방식	25~50A	100~120	50~60

(마) 연못 폐회로 방식 : 연못, 호수 등에 폐회로의 열교환용 코일을 집어넣어 열교환
　　시키는 방식이다.

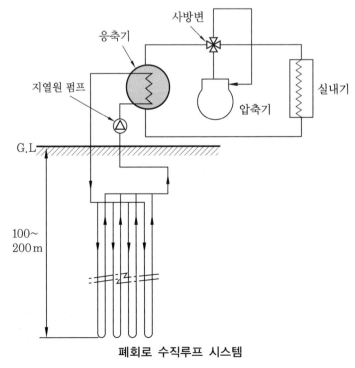

폐회로 수직루프 시스템

② 개방회로(Open Loop) 방식(설비 및 장치에 의해 더워지거나 차가워진 물은 수원에 다시 버려짐)

    ㈎ 개방회로는 수원지, 호수, 강, 우물(복수정, 단일정) 등에서 공급받은 물을 운반하는 파이프가 개방되어 있는 것으로 풍부한 수원지가 있는 곳에서 주로 적용될 수 있다.

    ㈏ 폐회로 방식이 파이프 내의 열매(물 또는 부동액)와 지열 Source가 간접적으로 열교환되는 것에 비해, 개방회로 방식은 파이프 내로 직접 지열 Source가 회수되므로 열전달 효과가 높고 설치 비용이 비교적 저렴한 장점이 있다.

    ㈐ 폐회로 방식에 비해 수질, 장치 등에 대한 보수 및 관리가 많이 필요한 단점이 있다.

③ 간접식 방식

    ㈎ 폐회로(Closed Loop) 방식과 개방회로(Open Loop) 방식의 장점을 접목한 형태이다.

    ㈏ 원칙적으로 개방회로(Open Loop) 방식의 시스템을 취하지만, 중간에 열교환기를 두어 수원 측의 흙, 암석가루 등의 이물질이 포함된 물이 히트펌프 내부로 직접 들어가지 않게 하고 중간 열교환기에서 열교환을 하여 열만 전달하게 하는 방식이다.

④ 지열 하이브리드 방식

    ㈎ 히트펌프의 열원으로 지열과 기존의 냉각탑, 보일러 혹은 태양열집열기 등을 유기적으로 결합시켜 상호 보완하는 방식이다.

    ㈏ 몇 가지의 열원을 복합적으로 접목시켜 하나의 열원이 부족할 때 또 다른 열원이 보조할 수 있도록 하는 방식이다.

(3) 지열(히트펌프) 시스템의 장점

① 연중 땅속의 일정한 열원을 확보 가능하다.

② 기후의 영향을 적게 받기 때문에 보조열원이 거의 필요하지 않은 무제상 히트펌프의 구현이 가능하다.

③ COP가 매우 높은 고효율 히트펌프 운전이 가능하다.

④ 냉각탑이나 연소 과정이 필요 없는 무공해 시스템이다.

⑤ 지중 열교환기는 수명이 매우 길다(건물의 수명 이상).

⑥ 물-물, 물-공기 등 부하 측의 열매체 변경이 용이하다.

(4) 지열(히트펌프) 시스템의 단점

① 지중 천공 비용이 많이 들어 초기투자비가 크다.

② 장기적으로 땅속 자원의 활용에 제한을 줄 수 있다(재건축, 재개발 등)

③ 천공 중 혹은 하자 발생 시 지하수 오염 등의 가능성이 있다.

④ 지중 열교환 파이프상의 압력 손실 증가로 반송동력 비용 증가 가능성이 있고, 초기 설치가 까다로운 편이다.

용어의 정리(4장)

(1) 차세대 태양전지

① 태양전지는 흔히 실리콘계인 결정계(단결정, 다결정) 및 아몰퍼스계(비결정계)의 기본 형태를 '1세대 태양전지'라고 부르고, 박막형으로 만들어 원가절감을 이룬 태양전지를 '2세대 태양전지'라고 부르며, 염료감응형 및 유기물 박막 태양전지 등처럼 고효율화와 초저가화를 동시에 이루는 태양전지를 '3세대 태양전지' 혹은 '차세대 태양전지'라고 부른다.

② 차세대 태양전지로 기술이 전진되면서 점점 고효율화 및 Cost Down의 방향으로 발달되고 있다.

③ 향후 언젠가는 태양전지 가격이 화석연료와 유사한 수준인 Grid Parity 수준에 도달할 수 있을 것으로 예상된다.

(2) 태양열발전

① 태양열 에너지를 이용한 발전 방식으로서 태양전지를 사용하여 직접 전기를 생산하는 방법 외에 태양열로 물을 가열하여 증기로 만든 후 터빈을 가동하여 발전하는 방식을 말한다.

② 이를 흔히 전력타워 혹은 태양열발전탑(Solar Power Tower)이라고 한다.

③ 기계적 터빈을 가동해야 하는 방식이므로 태양전지 대비 대용량 발전에 적합한 방식이다.

(3) 태양굴뚝(Solar Chimney)

① '발전용 태양굴뚝'은 하부에 대형 온실을 만들어 태양열을 흡수하여 더워진 공기가 굴뚝효과에 의해 상부로 급속히 이동하면서 팬을 회전시켜 발전하는 방식을 말한다.

② 건물의 태양굴뚝

㈎ 건물의 자연환기 유도용 태양굴뚝을 말하며, 다양한 건축물에서 무동력 자연환기를 유도하기 위해서 도입할 수 있는 방식이다.

㈏ 태양열에 의해 굴뚝 내부의 공기가 가열되게 되면 가열된 공기가 상승하여 건물 내 자연환기가 자연스럽게 유도될 수 있는 방식이다.

(4) 바이너리 사이클(Binary Cycle)

① 심부지열로 발전을 하는 경우에 증기를 발생시키기 위해 시스템에서 목표로 하는 온도에 미도달 시 저온의 물이 증발성의 2차유체를 한 차례 더 가열시켜 터빈을 회전시키는 형태의 발전 방식이다.

② 바이너리(Binary)란 영어로 '두 개'란 의미로서, 두 개의 열매체를 사용한 발전 사이클을 말하며, 지열발전에 국한된 발전시스템은 아니다.

(5) 바이오매스(Biomass)

① 생물자원을 총체적으로 흔히 바이오매스(Biomass)라고 부른다.

② 생물자원은 주로 나무, 곡물, 풀, 농작물 찌꺼기, 축산분뇨, 음식 쓰레기 등 생물로부터 나온 유기물을 말하는데, 이것들은 모두 직접 또는 가공을 거쳐서 에너지원으로 이용될 수 있다.

(6) 어레이 방위각과 경사각

① 방위각 : 어레이가 정남향과 이루는 각(발전시간 내 음영 발생 없을 것)

② 경사각 : 어레이와 지면이 이루는 각(적설강도 고려, 경사각 이격거리 확보 필요)

(7) 남중고도(각)

① 남중고도란 하루 중 태양의 고도가 가장 높을 때의 고도(각)를 말한다.

② 대표적 남중고도각

  ㉮ 동지 시 태양의 남중고도각 : $90° - Latitude(위도) - 23.5°$

  ㉯ 하지 시 태양의 남중고도각 : $90° - Latitude(위도) + 23.5°$

  ㉰ 춘추분 시 태양의 남중 고도각 : $90° - Latitude(위도)$

(8) 기준 등가 가동시간과 어레이 등가 가동시간

① 기준 등가 가동시간 혹은 등가 1일 일조시간(Reference Yield) : 일조강도가 기준 일조강도라고 할 경우, 실제로 태양광발전 어레이가 받는 일조량과 같은 크기의 일조량을 받는 데 필요한 일조시간

② 어레이 등가 가동시간(Array Yield) : 태양광발전 어레이가 단위 정격용량당 발전한 출력에너지를 시간으로 나타낸 것

(9) IGCC(가스화 복합발전기술)

① IGCC(가스화 복합발전기술 ; Integrated Gasification Combined Cycle)는 비교적 저급연료에 해당하는 석탄 혹은 중질잔사유를 가스로 만들어 고급의 발전연료로 활용하는 방식이다.

② 석탄, 중질잔사유 등을 고온·고압의 가스화기에서 수증기와 함께 한정된 산소로 불완전연소 및 가스화시켜 일산화탄소와 수소가 주성분인 합성가스를 만들어 정제 공정을 거친 후 가스터빈, 증기터빈 등을 구동하는 발전 방식이다.

(10) 어레이 기여율

① 어레이 기여율은 다른 말로 '태양에너지 의존율'이라고도 부른다.

② 어레이 기여율은 종합시스템 입력 전력량에서 태양광발전 어레이 출력이 차지하는 비율을 말한다.

Chapter

5

에너지 절약기술

5-1 에너지 절약 및 폐열 회수

(1) 의의

① 우리나라는 1차에너지 소비량 기준 약 97%를 수입에 의존하며 이는 전 세계 약 8위로 세계 에너지 소비의 약 2%에 해당한다(석유 수입량은 세계 5위권이다).

② 세계 두바이유 가격은 대세 상승으로 매년 급격한 상승과 변동을 반복하며, 에너지 주권을 위협하고 있는 실정이다.

③ 이러한 에너지의 수입의존도를 낮추기 위해서는 국내·외 새로운 에너지원의 개발 외 에너지 절약과 버려지는 폐열을 회수하는 기술이 절대적으로 필요하다고 하겠다.

(2) 에너지 절약 방법

① Passive적 방법(에너지 요구량을 줄일 수 있는 기술)

㈎ 건축물의 단열, 기밀구조 등을 철저히 시공하여 열 손실 최소화

㈏ 단열창, 2중창, Air Curtain 설치 등 고려함

㈐ 환기의 방법으로는 자연환기, 국소환기, 하이브리드 환기 등을 적극 고려하고, 환기량 계산 시 너무 과잉 설계하지 않음

㈑ 건물의 각 용도별 Zoning을 잘 실시하면 에너지의 낭비를 막을 수 있음

㈒ 극간풍 차단을 철저히 함

㈓ 건축 구조적 측면에서 자연친화적 및 에너지 절약적 설계를 고려

㈔ 자연채광 등 자연에너지의 활용을 강화

② Active적 방법(에너지 소요량을 줄일 수 있는 기술)

㈎ 고효율 기기 사용

㈏ 장비 선정 시 'TAC초과 위험확률'을 잘 고려하여 설계

㈐ 각 '폐열 회수 장치' 적극 고려함

㈑ 전동설비에 대한 인버터제어 실시

㈒ 고효율조명, 디밍제어 등을 적극 고려

    ⒃ BEMS, ICT기술 등을 접목한 최적제어를 실시하여 에너지를 절감

    ⒄ 지열 히트펌프, 태양열 난방/급탕 설비, 풍력장치 등의 신재생에너지 활용을 적극 고려

(3) 폐열 회수 기술

① 직접 이용 방법

    ㉮ 혼합공기 이용법 : 천장 내 유인 유닛(천장 FCU, 천장 IDU) – 조명열을 2차공기로 유인하여 난방 혹은 재열에 사용하는 방법

    ㉯ 배기열 냉각탑 이용법 : 냉각탑에 냉방 시의 실내 배열을 이용(여름철의 냉방 배열을 냉각탑 흡입공기 측으로 유도 활용)

② 간접 이용 방법

    ㉮ Run Around 열교환기 방식 : 배기 측 및 외기 측에 코일을 설치하여 부동액을 순환시켜 배기의 열을 회수하는 방식, 즉 배기의 열을 회수하여 도입 외기 측으로 전달함(아래 그림 참조)

    ㉯ 열교환 이용법

      ㉮ 전열교환기, 현열교환기 : 외기와 배기의 열교환

      ㉯ Heat Pipe : 히트파이프의 열전달 효율을 이용한 배열회수

    ㉰ 수랭 조명기구 : 조명열을 회수하여 히트펌프의 열원, 외기의 예열 등에 사용함 (Chilled Beam System이라고도 함)

    ㉱ 증발냉각 : Air Washer를 이용하여 열교환된 냉수를 FCU 등에 공급함

③ 승온 이용 방법

    ㉮ 2중 응축기(응축부 Double Bundle) : 병렬로 설치된 응축기 및 축열조를 이용하여 재열 혹은 난방을 실시함

    ㉯ 응축기 재열 : 항온항습기의 응축기 열을 재열 등에 사용

    ㉰ 소형 열펌프 : 소형 열펌프를 여러 개 병렬로 설치하여 냉방 흡수열을 난방에 활용 가능

    ㉱ Cascade 방식 : 열펌프 2대를 직렬로 조합하여 저온 측 히트펌프의 응축기를 고온 측 히트펌프의 증발기로 열전달시켜, 저온 외기 상황에서도 난방 혹은 급탕용 온수(50~60℃)를 취득 가능

④ TES(Total Energy System) : 종합 효율을 도모(이용)하는 방식

    ㉮ 증기보일러(또는 지역난방 이용) + 흡수식 냉동기(냉방)

    ㉯ 응축수 회수탱크에서 재증발 증기 이용 등

    ㉰ 열병합발전 : 가스터빈 + 배열 보일러 등

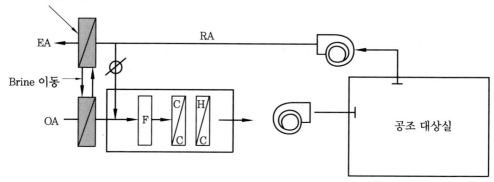

Run Around 열교환기 방식

---

(1) 온도차 에너지의 개념

① 온도차 에너지는 일종의 미활용 에너지(Unused Energy)라고 할 수 있다.

② 우리 생활 중 사용하지 않고 버려지는 아까운 에너지로서 공장용수, 해수, 하천수 등을 말한다.

(2) 온도차 에너지 이용법

① 직접 이용 : 냉각탑의 냉각수로 직접 활용하는 경우

② 간접 이용 : 냉각탑의 냉각수와 열교환하여 냉각수의 온도를 낮춤

③ 냉매 열교환 방식(매설 방식) : 응축관 매설 방식

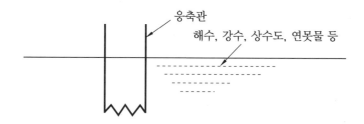

(3) 결론

① 미활용 에너지 중 고온에 해당되는 소각열, 공장배열 등은 주로 난방, 급탕 등에 응용 가능하며, 경우에 따라서는 흡수식 냉동기의 열원으로도 사용될 수 있다.

→ 60℃ 미만의 급탕, 난방을 위해 고온의 화석연료를 직접 사용한다는 것은 불합리하게 생각해야 한다.

② 그러나 온도차 에너지는 미활용 에너지 중 주로 저온에 해당되므로, 난방보다는 냉방에 활용될 가능성이 더 많다(냉각수, 냉수 등으로 활용).

③ 미활용 에너지의 문제점 : 이물질 혼입, 열 밀도가 낮고 불안정, 계절별 온도의 변동 많음, 수질(BOD, COD) 및 부식의 문제, 열원배관의 광역적 네트워크 구축의 어려움 등

④ UN 기후변화협약 및 교토의정서, 파리협정의 지구온난화물질 규제 관련 CO_2 감량을 위해 온도차 에너지 및 고온의 미활용 에너지를 적극 회수할 필요가 있다.

(4) 지하수의 활용 방안

① '중수'로 활용 : 청소용수, 소화용수 등으로 활용 가능하다.

② 냉각탑의 보급수로 활용 혹은 냉각수와 열교환용으로 사용 가능하다. 지하의 수온은 연중 거의 일정하고, 무궁무진하므로 아주 효과가 크다(순환수량의 약 30%까지 절감 가능하다).

③ 직접 냉방에 활용 : 직접 열교환기에 순환시켜 냉매로 활용 가능하다.

④ 산업용수로 활용

㈎ 각종 산업 및 건설현장의 용수로 활용 가능하다.

㈏ 정수 처리 후 특정한 용도로 사용 가능하다.

⑤ 농업용수로 활용

㈎ 농업용수 확보를 위해 지표수 개발과 지하수 개발이 있을 수 있으나, 지표수 개발은 지나치게 많은 시간과 재원이 필요할 수 있다.

㈏ 지하수 개발은 단시간에 막대한 양의 농업용수를 확보할 수 있는 방법이다.

⑥ 식수로 활용

㈎ 현재 상수도 보급이 안 되고 있는 일부 농·어촌과 물 부족 마을에서 활용 가능하다.

㈏ 식수로 본격적으로 활용하기 위해서는 수질 개선, 오염 처리 방법 등에 좀 더 투자가 필요하다.

5-3 초에너지 절약형 건물

(1) 개요

① 건축물의 에너지 절약은 건축 부문의 에너지 절약과 기계 및 전기 부문의 에너지 절약을 동시에 고려해야 한다.

② 건축 부문의 에너지 절약은 대부분은 외부 부하 억제(단열, 차양, 다중창 등)의 방법이며, 내부 부하 억제 및 Zoning의 합리화 등의 방법도 있다.

③ 설비 부문의 에너지 절약 방법은 고효율 기기의 채용, 태양열/지열 등의 신재생에너지 이용, 최적 제어기법, 폐열 회수 등이 주축을 이룬다.

(2) 건축 분야의 에너지 절약기술

① Double Skin : 빌딩 외벽을 2중벽으로 만들어 자연환기를 쉽게 하고, 일사를 차단하거나(여름철), 적극 도입하여(겨울철) 에너지를 절감할 수 있는 건물
② 건물 외벽 단열 강화 : 건물 외벽의 단열을 강화함(외단열, 중단열 등 이용)
③ 지중 공간 활용 : 지중 공간은 연간 온도가 비교적 일정하므로, 에너지 소모가 적음
④ 층고 감소, 저층화 및 기밀 : 실(室)의 내체적을 감소시켜 에너지 소모를 줄이고, 저층화 및 기밀구조로 각종 동력을 절감
⑤ 방풍실 출입구 : 출입구에 방풍실을 만들고 가압하여 연돌효과 방지
⑥ 색채 혹은 식목 : 건물 외벽이나 지붕 등에 색채 혹은 식목으로 에너지 절감
⑦ 기타 : 선진 창문틀(기밀성 유지), 창 면적 감소, 건물 방위 최적화, 옥상면 일사차폐, 특수 복층유리, Louver에 의한 일사차폐 등
⑧ 내부 부하 억제 : 조명열 제거, 중부하존 별도 설정 등
⑨ 합리적인 Zoning : 실내 온·습도 조건, 실(室)의 방위, 실사용 시간대, 실부하 구성, 실(室)로의 열운송 경로 등에 따른 Zoning 설정

(3) 기계설비 분야의 에너지 절약기술

① 태양열, 지열, 풍력 등 신재생에너지 이용 : 냉난방 및 급탕용, 자가발전 등
② 조명에너지 절약 방식 : 자연채광 이용한 조명에너지 절감
③ 중간기 : 외기냉방 및 외기 냉수냉방 시스템 도입
④ 외기량 : CO_2센서를 이용한 최소 외기량 도입
⑤ VAV 방식 : 부분 부하 시의 송풍동력 감소
⑥ 배관계 : 배관경, 길이, 낙차 등 조정하여 배관계 저항 감소시킴
⑦ 온도차 에너지 이용 : 배열, 배수 등의 에너지 회수
⑧ 절수 : 전자식 절수 기구 사용, 중수도 등 활용
⑨ 환기 : 전열교환기, 하이브리드 환기시스템 등 적용
⑩ 자동제어 : BEMS, ICT기술 등을 활용하여 공조 및 각종 설비에 대한 최적제어 실시
⑪ 기타 : 국소환기, 펌프 대수제어, 회전수제어, 축열방식(심야전력) 이용, 급수압 저감, Cool Tube System 등 적용

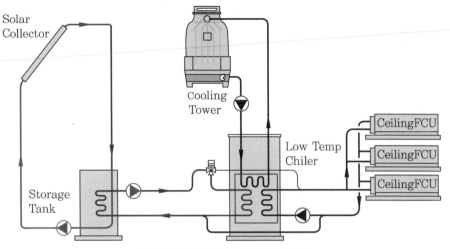

태양열 이용 저온 흡수식 냉동기

태양열을 사우나의 온수 가열에 이용하여 에너지를 절감하는 사례

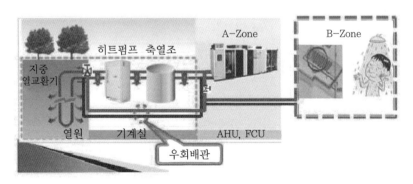

우회배관을 활용한 지열 폐열 회수 시스템

- 냉방 시에 지중으로 버려지는 온열을 회수하여 급탕, 수영장, 바닥 복사난방 등에 활용 가능하고, 난방 시에 지중으로 버려지는 냉열을 회수하여 온실의 복사축열 제거, 데이터센터, 전산실, 기타 건물 내부존 등에 사용 가능하다.

- 이를 실현하기 위해 열원 측과 부하 측을 직접 연결하는 우회배관을 구성하여 열원으로 버려지던 냉열 혹은 온열을 반대 부하 수요처에 공급해 줄 수 있게 된다(예를 들어, 그림에서 A-Zone은 냉방으로, B-Zone은 급탕으로 동시에 폐열 회수 운전을 행하는 방식 등으로 적용 가능).

(4) 전기설비 분야의 에너지 절약기술

① 저손실형 변압기 채용 및 역률개선 : 변압기는 상시 운전되는 특징을 가지고 있고, 전기기기 중 손실이 가장 큰 기기에 속하므로 고효율형 변압기 선택이 중요하다. 또 역률을 개선하기 위해서 필요 시 역률개선용 콘덴서를 설치하는 것이 좋다.

② 변압기 설계 : 변압기 용량의 적정 설계, 용도에 따른 대수제어, 중앙감시 제어 등 필요

③ 동력설비 : 고효율의 전동기 혹은 용량가변형 전동기 채택, 대수제어, 심야전력의 최대한 이용 등

④ 조명설비 : 고효율의 LED 채용, 고조도 반사갓(반사율 95% 이상) 채용, 타이머장치와 조명 레벨제어(조도 조절장치 추가), 센서 제어, 마이크로 칩이 내장된 자동 조명장치의 채용 등이 필요하다.

구 분	백열전구	안정기내장형 램프	LED램프
에너지 효율	10~15 lm/W	50~80 lm/W	60~80 lm/W
제품 수명	1,000시간	5,000~15,000시간	25,000시간
제품 가격	약 1,000원	약 3,000~5,000원	약 10,000~20,000원
교체 기준	30 W	10 W	4 W
	60 W	20 W	8 W
	100 W	30 W	12 W
제품 사진			

고효율 조명 비교 사례

⑤ 기타

㈎ 태양광 가로등 설비 : 태양전지를 이용한 가로등 점등

㈏ 모니터 절전기 : 모니터 작동 중에 인체를 감지하여 사용하지 않을 경우 모니터 전원을 차단하는 장치

㈐ 대기전력 차단 제어 : 각종 기기의 비사용 시 대기전력을 차단

㈑ 옥외등 자동 점멸장치 : 광센서에 의해 옥외등을 자동으로 점멸하는 장치

㈒ 지하주차장 : 계통 분리, 그룹별 디밍제어 등

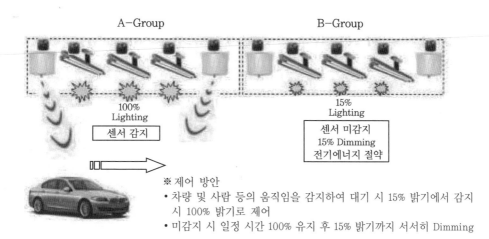

지하주차장의 그룹별 디밍제어 사례

(5) 초에너지 절약형 건물

① 국내 최초로 1998년 준공한 한국에너지기술연구원의 초에너지 절약형 건물

   (가) 이 건물은 기존의 사무용 건물에 비해 에너지의 소모가 20% 정도로서 획기적인 에너지 절약형 건물이다.

   (나) 이 실험용 건물의 $1m^2$ 공간당 연간 에너지 소비량은 약 74Mcal로서 당시의 가장 우수하다고 자랑하는 일본의 대림조(大林組 ; 오바야시구미)기술연구소 본관빌딩의 94Mcal보다 훨씬 우수하게 평가된 바 있다.

   (다) 특히 국내의 보통 사무용 빌딩이 $1m^2$당 3백~3백 50Mcal를 쓰고 있는 것과 비교해 볼 때 20%를 조금 넘는 수준이며, 청정한 자연에너지를 활용함으로써 건물 부문에서의 이산화탄소(CO_2) 배출 억제에도 기여하는 등 국내 빌딩 건축의 역사에 큰 자리매김을 하게 되었다.

   (라) 이 건물의 내부 구조는 전시 및 회의실, 연구실로 되어 있으며, 용도는 적용된 기술들에 대한 연구 실험 결과의 도출 및 실용화로서 건축 관련 전문가들의 기술에 대한 적용 사례 등을 관찰할 수 있는 홍보용으로도 활용하고 있다.

② 서울 강서구 마곡지구 내 공공청사 등의 초에너지 절약형 건물

   (가) 세계 최고 수준의 수소 연료전지 발전 시설 건설

   (나) 화석연료(온실가스) 자제로 친환경 미래형 도시 지향

   (다) 신재생에너지(태양광, 지열) 사용으로 자체에너지 공급능력 늘림(신재생에너지를 60% 이상 공급 계획)

   (라) 하수처리 등의 열 회수

   (마) 가로등, 신호등 : LED조명 사용 등

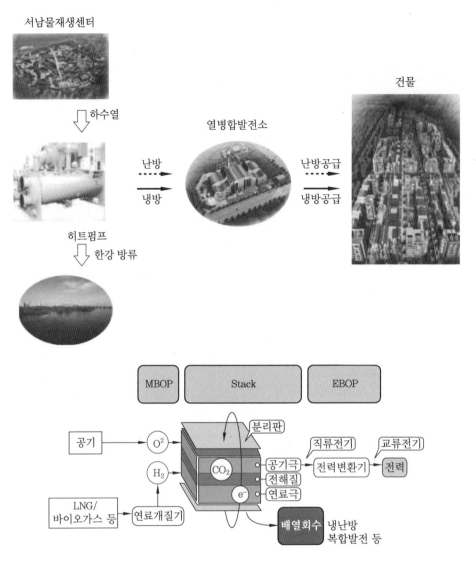

마곡지구 하수열 히트펌프(上) 및 열병합발전(下) 원리도

5-4 낭비운전 및 과잉운전 제어

(1) 건물이나 산업 분야에 사용되는 여러 에너지를 사용하는 설비들의 낭비운전과 과잉
운전에 대한 효과적인 대응 방법으로는 아래와 같은 사항들을 들 수 있다.

(2) 전력관리 측면

① 효과적인 전력관리를 하기 위해서는 우선 부하(기기)의 종류와 그들 기기가 어떻게 사용되고 있는가를 함께 검토하여야 한다.

② 전기기기의 효율 향상, 역률의 개선 등이 필요하다.

③ 변압기의 효율 저하의 개선이나 무부하 시의 손실 저감, 전동기의 공회전에 의한 낭비 시간의 전력 소모의 방지, 불필요한 시간대 및 부서의 조명의 소등 등

④ 더욱이 전력관리를 진척시키기 위해서는 BEMS 등을 이용하여 부하 상태의 감시 및 파악이 필요하다(즉 부하설비의 종류와 용량, 정격, 부하설비의 가동 상황은 어떠한 상태인가 등에 대한 감시가 필요하다).

(3) 첨두부하 제어 기술

① 첨두부하 억제 : 어떤 시간대에 집중된 부하가동을 다른 시간대로 이동하기가 곤란한 경우, 사용전력이 목표전력을 초과하지 않도록 일부 부하의 차단을 하는 것으로, 실질적으로 생산량은 감소된다.

② 첨두부하 이동 : 어떤 시간대에 첨두부하가 집중하는 것을 막기 위하여 그 시간대의 부하가동의 공정을 고쳐 보아서 일부의 부하기기의 운전을 다른 시간대로 이동시키더라도 생산라인에 영향을 미치지 않는가를 확인하여 부하이동을 시행한다(대규모인 전력부하 이동 실시의 한 예로, 빌딩 등의 공조용 냉동기의 축열운전이 있다).

③ 자가용 발전설비의 가동 : 전력회사의 전력으로 생산을 하기에는 부족하거나, 최대전력부하의 억제나 최대전력부하의 이동이 어렵고, 또한 목표전력의 증가는 경비나 설비 면에서 고부담으로 실시하기가 곤란한 경우에 자가용 발전설비를 설치할 수 있다.

(4) 기타 대처 방법

① 환기량 제어 : 환기량에 대한 기준 완화, CO_2 센서 이용 제어 등

② Task/Ambient, 개별공조, 바닥취출공조 : 비거주역에 대한 낭비를 줄임

③ 외기냉방(엔탈피 제어) : 중간기 엔탈피 제어 등으로 낭비를 줄임

④ 각종 폐열 회수 : 배열 회수, 조명열 회수, 폐수열(배수열) 회수 등

⑤ 승온 이용 : 응축기 재열, 이중응축기 등 이용

⑥ 단열 : 공기 순환형 창, Double Skin, 기밀 유지, 연돌효과 방지, 배관 및 덕트보온 등 필요

⑦ 기타 : 시스템의 열교환 효율을 개선하고, 장비의 유지 관리를 위해 부식 방지 조치, 스케일방지기 설치, 공기비 개선 등

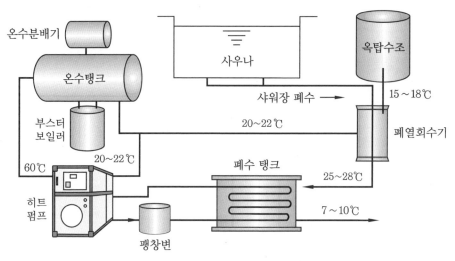

폐수열 회수 히트펌프의 설치 사례

사우나, 목욕탕 등에서 버려지는 폐수를 폐열 회수기에서 한 차례 열 회수를 하여 온수탱크의 급수 가열에 사용하고, 이후 폐수 Tank에서 한 차례 더 열교환시켜 히트펌프의 증발기 가열원으로 사용한다.

(a) 감압배관(밸브-감압변) 미보온

(b) 감압배관(밸브-감압변) 미보온 열화상

(c) 기수분리기

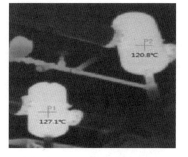

(d) 기수분리기 미보온 열화상

소형밸브류 및 배관의 보온이 미비하여 고온의 표면온도 110~130℃로 방열하여 열 손실이 발생되고 있는 장면

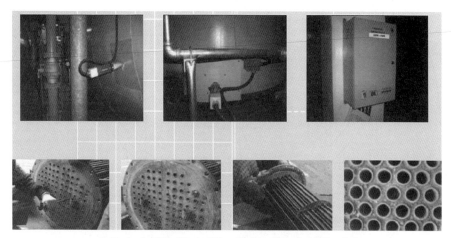

초음파 스케일 방지기를 이용한 에너지 절약 사례

가청주파수 영역(20Hz~20kHz) 위의 초음파를 액체 중에 발사하면 물의 수축과 팽창의 반복으로 파동이 액체 속에 전달되어 스케일이 제거되고 열교환 효율이 상승하는 원리이다.

5-5 증기 재이용 공정시스템

(1) 산업 현장에서 공정상 발생하는 저압증기를 재가압하여 한 번 더 재이용할 수 있는 시스템으로, 많이 사용되는 대표적인 장치 시스템은 아래와 같이 MVR, TVR, 팽창기 등이 있다.

(2) MVR(Mechanical Vapor Recompression)
  ① 저압 증기를 전기 등 기계적 구동 압축기를 이용하여 압축하는 방식으로 필요한 온도와 압력의 증기로 재생산하는 시스템이다.
  ② 시스템 구성이 매우 간단하고, 장비운전에 상대적 소량의 전기에너지만 필요로 한다.
  ③ 간단하고 신뢰성 있으며, 유지 보수도 용이하다.

(3) TVR(Thermal Vapor Recompression)
  ① 저압증기를 스팀이젝터(Steam Ejector)를 이용하여 필요한 온도와 압력의 증기 생산을 가능하게 하는 시스템이다.
  ② 매우 고속의 스팀 속도를 이용하여 압축하는 방식으로 구동부(Moving Parts)가 없다.
  ③ 구조가 작고 단순하며 비용이 적게 든다.

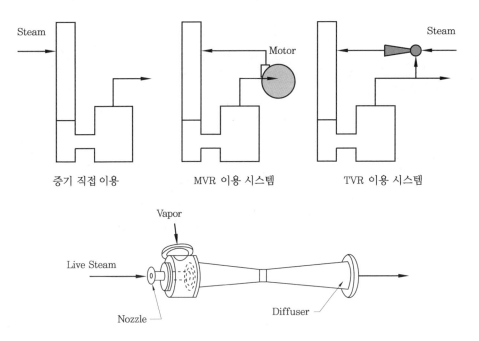

증기 직접 이용　　　　MVR 이용 시스템　　　　TVR 이용 시스템

TVR(Thermal Vapor Recompression)용 이젝터

(4) 팽창기(폐압회수터빈 ; Energy Recovery Turbine, Expansion Device)

① 기존 공정의 감압밸브 대신 팽창기(폐압회수터빈)로 대체하여 증기 사용처에 증기 공급과 더불어 전기를 생산할 수 있다.

② 열역학적으로 볼 때 기존 팽창밸브의 등엔탈피 과정은 비가역 과정으로 비가역성에 의한 손실이 많이 발생하지만, 팽창기(폐압회수터빈)를 적용하면 등엔트로피의 가역 과정이 구현되어 손실이 가장 적다.

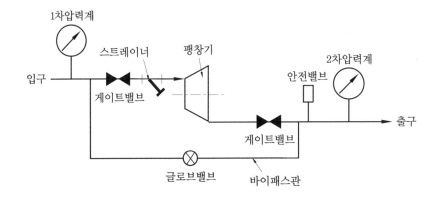

증기라인에 팽창기(폐압회수터빈) 적용 계통도

5-6 초순수(Ultra Pure Water) 전환 기술

(1) 개요

① 일반적으로 물의 전기 비저항(Resistivity)이 약 $0.2M\Omega/cm$(상온 $25℃$ 기준) 이상의 것을 '순수'라고 하고, $10\sim15M\Omega/cm$(상온 $25℃$ 기준) 이상이 되면 '초순수'라고 말한다.

② 그러나 요즘은 관련 산업 기술의 요구에 따라, 전기 비저항(Resistivity)이 약 $17\sim18M\Omega/cm$(상온 $25℃$ 기준) 이상이 되어야 '초순수'라고 말할 수 있을 정도이다.

③ 이렇게 물을 다양한 전기비저항을 가진 단계별 초순수로 만들어 다양한 산업 분야에 사용이 가능하다.

(2) 제조 장치

① 전처리 UNIT : Clarifier, Press Filter, Fe Remover, Activated Carbon Filter, Safety Filter 등을 사용한다.

② Ro UNIT(역삼 투압 장치 ; Reverse Osmosis Unit) : 사용 목적과 수질(BOD, COD), 수량에 따라 선택한다.

③ Final Polishing Unit(FPU)

㉮ UV(자외선 살균장치) : 세균의 살균과 번식을 방지하기 위하여 설치

㉯ CP(비재생용 순수장치 ; Chemically Pure Grade) : 초순수장치에서 최종적으로 완전 제거를 목적으로 설치(보통 Resin을 Cartridge 등에 충진하여 일정 기간 사용 후 교체하는 방식)

㉰ UF(한외여과장치 ; Ultra-filtration) : Use Point(최종 사용처)에 공급하는 초순수 중의 미립자를 최종적으로 제거하기 위한 목적으로 설치, 반투막을 이용하여 고분자와 저분자 물질을 분리하는 막분리법

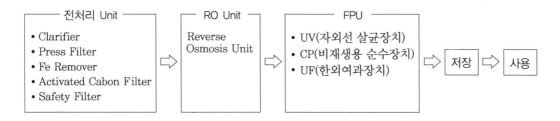

(3) 저장

① 정교한 System에 의해 처리된 초순수는 주위 환경 및 조건에 의해 민감한 변화를 가져올 수 있으므로 이의 저장에 있어서 많은 주의가 요구된다.

② Storage Tank로 CO_2 유입, 저장 시간 및 면적에 따른 오염 가능성, 공기 중의 미생물 침투현상 등을 방지해야 하며, 이러한 조건들을 충족시키기 위해서는 특수 제작된 Storage Tank의 사용이 바람직하다.

(4) 응용 분야

① 기초(순수)과학 : 원자의 결합 측정 연구, 각종 생물학 및 물리학 시험 등
② 유전공학 분야 : 유전공학, 동물실험 등
③ 의료용 : 의료용 기계, 제약공장 등
④ 산업 분야 : 반도체(Semiconductor), 화학(Chemical), 정밀공업, 기타 High Technology 산업, 화장품공장 등
⑤ 기타 : 'SMIF 고청정 시스템'에서의 Air Washer에 사용 등

5-7 물절약 기술

(1) 절수형 위생기구의 적극적 활용

절수형 양변기부속(2단사이폰식), 절수형 대변기용 밸브(Flush Valve), 양변기세척음 전자음장치, 전자감지식 소변기 세척밸브, 절수형 소변기 밸브(Flush Valve), 절수형 디스크(Disc), 포말장치(Aerator), 감압판(Restrictor), Single Lever식 혼합수전, 자폐식 Thermostat 혼합꼭지, Self Closing Faucet(수전) 등 다양하게 개발되어 있다.

(2) 정책/기술적 절수대책(에너지 절감)

① 정책적인 대책 : 요금 정책, 홍보, 상수도 교체, 절수설비 개발, 세제 지원 등
② 기술적인 대책
  (가) 압력 조절
    ㉮ 급수조닝에 의한 사용수두압을 0.1~0.5MPa 내로 제한함
    ㉯ 층별식, 중계식, 압력조정 펌프식, 감압밸브식 등 적용
  (나) 정유량 밸브 적용
    ㉮ 절수, 에너지 절약, 수도 비용절감, 온수온도 일정 유지, 수격 방지 및 소음 방지 등을 위해 정유량 밸브 설치
    ㉯ 오리피스(Orifice)에 의해 저압 시 통과면적이 커지고, 고압 시 적어지게 하여 일정 유량을 공급하는 정유량 방식 적용
  (다) IT기술 및 ICT기술 접목
    ㉮ 전자감응식 등 첨단 자동수전의 적극적 개발
    ㉯ 누수 자동 감지기 등을 설치하여 누수 방지

㉰ 누수, 유량, 밸브 개폐 등에 대한 중앙제어 및 감시(Monitoring)제어 적용

(3) 미활용 에너지의 활용

① 중수도 이용
② 온도차 에너지 활용
③ 빗물의 적극적인 활용
④ 배수열, 하수열 등을 적극 활용

(4) 생활습관의 개선

생활상 주방/화장실/샤워실 등에서의 물절약 습관 등

칼럼 🔍 절수용 기구

1. **절수형 수도꼭지 부속(절수형 디스크)** : 주방용, 세면기용, 샤워기용 수도꼭지 내 특수 제작된 디스크를 삽입하여 수압 변화 없이 토출량을 줄임
2. **절수형 분무기** : 주방 수도꼭지에 부착 사용 가능, 물을 분사하므로 그릇 세척 시 물과 접하는 표면적이 넓어지므로 효과적인 세척이 가능하여 약 10~20% 절수 가능
3. **전자감지식 수도꼭지** : 전자눈의 일정거리(약 15cm) 내에 물체가 접근하면 물이 나오고 멀어지면 그치는 원리를 이용
4. **절수형 샤워헤드** : 누름장치를 누르고 있는 동안만 물이 나옴, 샤워기를 바닥에 놓으면 그침
5. **자폐식 샤워기** : 한 번 누를 때마다 약 20~30초 동안 물이 나옴
6. **자폐식 수도꼭지** : 누름장치를 누르고 있는 동안만 물이 나옴
7. **절수형 양변기 부품** : 양변기 물탱크 내 고무 덮개를 부력 및 무게를 이용해 빨리 닫히게 함
8. **싱글 레버식 온·냉수 혼합꼭지** : 레버 1개로서 유량, 온도 조절
9. **전자감지식 소변기** : 노약자, 신체장애자 등 사용 편리, 위생적 사용이 요구되는 병원 등에 사용할 때 효과적임(전자 감지 센서에 의해 동작)
10. **대변기 세척밸브** : 기존 세척기에 별도의 버튼 부착으로 대·소변 분리 세척, 특히 학교 등 대형건물 설치 시 효과 탁월
11. **절수형 2단 양변기 부품** : 대·소변을 구분하여 2단 레버로 배출량 조정, 기존 용구 부품만 교체로 가능

5-8 수영장 관리기술

(1) 개요

① Pool의 오염물질은 섬유, 땀, 침, 가래, 피부, 비듬, 때, 지방, 머리카락, 털 등이다.
② 수영장 소독 부문에서는 과거에 염소소독법이 대종을 이루었으나 요즘에는 오존살균법을 많이 응용하여 염소소독법의 문제점을 보완하고 있다.

(2) 수영장의 여과

① 규조토 여과기(20μm)

㈎ 응집기가 필요 없음

㈏ 규조토를 교반하여 바름

㈐ 1일 2회 30분 이상 역세

㈑ 유지 관리 곤란

㈒ 상수도 보호구역 설치 금지

㈓ 규조토 피막을 여과포에 입히는 등의 형태로 개량

② 모래여과기(70μm)

㈎ 응집기 필요

㈏ 시설비 고가

㈐ 1일 1회 5분 이상 역세

(3) 염소살균법

① 일반세균은 살균이 잘 되나, 바이러스 등은 살균이 잘 안된다.

② 염소는 유기물(땀, 때, 오줌 등)과 화합하여 염소화합물을 생성한다.

③ 이러한 염소화합물은 발암물질(트리할로메탄)의 일종이고, 안구 충혈, 피부 염증, 피부 탈색 등도 일으킨다고 보고되어 있다.

염소 + 유기질 → 트리할로메탄(THM ; Trihalomethane)

④ 소독 시간 : 약 2시간

⑤ 잔류염소 : 0.4~0.6ppm

⑥ 휴식 시간 이용 또는 정량펌프 사용

(4) 오존살균법

① 반응조에서 약 1~2분 이상 반응 후 활성탄 여과기를 거쳐 투입된다(소독 시간이 아주 빠르다).

② 살균 Process : 헤어트랩 → 펌프 → 응집기 → 오존믹서기 → 반응조 → 샌드 → 염소 주입기 → 수영장

③ 잔류염소 : 0.1~0.2ppm

④ 장점

㈎ Virus도 거의 100% 제거

㈏ 유기질, NH_3 제거

㈐ Fe, Mn 산화

⑤ 단점

㈎ 큰 설치면적

㈏ 지하공간 설치 금지(오존량 증가에 따라 지하공간에서 치명적일 수도 있다)

(5) 설치 사례

① 염소살균+규조토 여과기 : 재래식, 수동, 설치비 저렴, 유지 관리 곤란(에어 발생)

② 염소살균+모래 여과 : 시설비 고가(약 20% 상승), 주로 실내 수영장에 적용

③ 오존살균+모래 여과 : 시설비 고가(약 30% 상승), 주로 옥외 수영장에 적용

(4) 수영장 설치 사례(독일 표준)

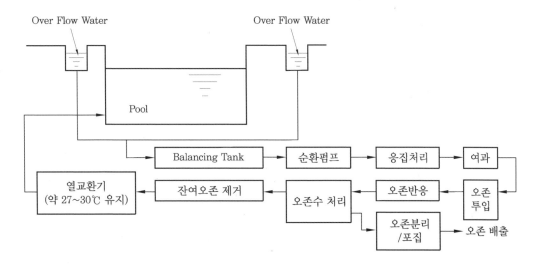

> **칼럼** **Balancing Tank(수위조절탱크)**
>
> Balancing Tank(수위조절탱크)란 수영장에서 지속적으로 오버플로 되는 물과 수영객 입욕 시 넘치는 물을 모아서 여과처리 및 살균처리를 할 수 있도록 하는 물탱크로서, 버리는 물을 억제하므로 에너지 절약적 설비라고 할 수 있다.

5-9 수소이온농도지수(pH)

(1) 개요 및 정의

① 1909년 덴마크의 쇠렌센(P. L. Sørensen)은 수소이온농도를 보다 다루기 쉬운 숫자의 범위로 표시하기 위해 pH를 제안하였다.

② '수소이온농도'를 보기 편하게 표기할 수 있도록 한 숫자이다.

③ 용액 속에 수소 이온이 얼마나 있는지를 알 수 있게 하는 척도이다.

④ pH의 정의 : 물(H_2O)속에는 H^+ 이온과 OH^- 이온이 미량 존재하는데, H^+와 H_2O는 다시 결합하여 H_3O^+로 된다. 이러한 H_3O^+의 양을 −대수 (−log)로 나타내는 값을 pH라고 한다(10^{-7}mol/L 이상이면 산성, 이하이면 알칼리성이라고 함).

(2) pH의 특성

① 같은 용액 속에 수소이온이 많을수록, 즉 수소이온농도가 높을수록 산성이 강해진다.

② 수소이온농도를 나타내는 척도가 되는 수소이온지수(pH)로, 그 함수식은 로그함수로 표기된다.

③ pH가 낮을수록 산성의 세기가 세고, 반대로 pH가 높을수록 산성의 세기가 약해진다.

④ pH는 로그함수이므로 다음과 같은 특성이 있음

㉮ pH가 1 작아지면 수소이온농도는 10^1배, 즉 열 배 커진다.

㉯ pH가 2 작아지면 수소이온농도는 10^2배, 즉 백 배 커진다.

㉰ pH가 3 작아지면 수소이온농도는 10^3배, 즉 천 배 커진다.

(3) pH의 응용

① 예를 들면, pH 4인 용액은 pH 6인 용액보다 산성의 세기가 100배 세며, pH 11인 용액은 pH 10인 용액보다 산성의 세기가 10배 약하다.

② 순수한 물에서의 pH는 7이며 이때를 중성이라고 하고, pH가 7보다 작으면 산성, 7보다 크면 알칼리성(염기성)이 된다. pH의 범위는 보통 0∼14까지로 나타낸다.

5-10 배관의 부식 문제

(1) 부식(Corrosion)의 개요

① 부식이란 어떤 금속이 주위 환경과 반응하여 화합물로 변화(산화반응)되면서 금속 자체가 소모되어 가는 현상을 말한다(유체와 금속의 불균일 상태로 인한 국부전지 형성). 철의 경우 아래와 같이 부식과정이 이루어진다.

- 양극부 : $4Fe \rightarrow 4Fe^{2+} + 8e^-$
- 음극부 : $2O_2 + 4H_2O + 8e^- \rightarrow 8(OH)^-$

$$4Fe^{2+} + 8(OH)^- \rightarrow 4Fe(OH)_2 : 수산화철 생성$$

$$4Fe(OH)_2 + O_2 \rightarrow 2Fe_2O_3 \cdot H_2O + 2H_2O : 녹(Fe_2O_3 \cdot H_2O) 발생$$

② 부식은 관 재질, 유체온도, 화학적 성질, 금속 이온화, 이종금속 접촉, 전식, 용존 산소 등에 의해 주로 발생한다.

(2) 부식의 종류

① 습식과 건식

㉮ 습식부식 : 금속 표면이 접하는 환경 중에 습기의 작용에 의한 부식

㉯ 건식부식 : 습기가 없는 환경 중에서 200℃ 이상 가열된 상태에서 발생하는 부식

② 전면부식과 국부부식

㉮ 전면부식 : 동일한 환경 중에서 어떤 금속의 표면이 균일하게 부식이 발생하는 현상, 방지책으로 재료의 부식여유 두께를 계산하여 설계, 도장공법 등 사용

㉯ 국부부식 : 금속의 재료 자체의 조직, 잔류응력의 여부, 접하고 있는 주위 환경 중의 부식물질의 농도, 온도와 유체의 성분, 유속 및 용존산소의 농도 등에 의하여 금속 표면에 국부적으로 부식이 발생하는 현상

㉠ 접촉부식(이종금속의 접촉) : 재료가 각각 전극, 전위차에 의하여 전지를 형성하고 그 양극이 되는 금속이 국부적으로 부식하는 일종의 전식 현상

㉡ 전식 : 외부 전원에서 누설된 전류에 의해서 전위차가 발생. 전지를 형성하여 부식되는 현상

㉢ 틈새부식 : 재료 사이의 틈새에서 전해질의 수용액이 침투하여 전위차를 구성하고 틈새에서 급격히 일어나는 부식

㉣ 입계부식 : 금속의 결정입자 경계에서 잔류응력에 의해 부식이 발생

㉤ 선택부식 : 재료의 합금성분 중 일부 성분은 용해하고 부식이 힘든 성분은 남아서 강도가 약한 다공상의 재질을 형성하는 부식

③ 저온부식

㉮ NO_x나 HCl(염화수소), SO_x 등의 가스는 순수 상태인 경우는 부식에 거의 영향을 미치지 않는다.

㉯ 그러나 저온에서는 대기 중의 수증기가 쉽게 응축되므로 이로 인해 습한 상태가 되면 국부적으로 강산이 되어 여러 재료에 심각한 부식을 초래하게 된다.

지붕의 굴뚝 근처의 저온부식 모습

㈐ 보일러에서는 연소가스 중 무수 황산, 즉 황산 증기가 응축되는 온도가 산노점(酸
露点 ; Dew Point)이며 평균온도가 노점 이하로 내려가면 부식이 급격히 증가한다.

$$S + O_2 \rightarrow SO_2(\text{아황산가스})$$

$$SO_2 + \frac{1}{2}O_2 \rightarrow SO_3(\text{무수황산가스})$$

$$H_2O + SO_3 \rightarrow H_2SO_3(\text{황산}) \rightarrow \text{저온부식 초래}$$

(3) 부식의 원인

① 내적 원인

㈎ 금속 조직의 영향 : 금속을 형성하는 결정상태면에 따라 다르다.

㈏ 가공의 영향 : 냉간가공은 금속의 결정구조를 변형시킨다.

㈐ 열처리 영향 : 잔류응력을 제거하여 안정시켜 내식성을 향상시킬 수 있다.

② 외적 원인

㈎ 온도

㉮ 일반적으로 부식 속도는 수온이 상승함에 따라 증대한다.

㉯ 그러나 수온이 80℃ 이상의 개방계에서는 수온이 상승하면 용존산소의 감소로
부식 속도가 오히려 급격히 감소된다.

㈏ 수질 : 경수, pH, 용존산소, BOD 및 COD('용어의 정리' 참고)

㈐ 이온화 경향 차에 의한 부식

㈑ 유속에 의한 부식

㉮ 유속 상승에 의한 부식 증가 : 유속이 증대하면 금속 표면에 용존산소의 공급량
이 증대하기 때문에 부식량이 증대한다.

㉯ 그러나 방식제 사용 시에는 방식제의 공급량이 많아져야 하므로 유속이 어느
정도 있는 것이 좋다.

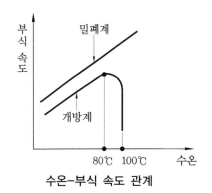

수온-부식 속도 관계

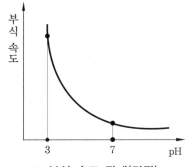

pH-부식 속도 관계(강관)

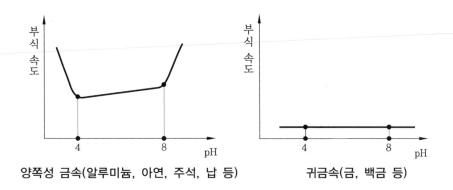

양쪽성 금속(알루미늄, 아연, 주석, 납 등)　　　귀금속(금, 백금 등)

③ 기타 원인

　㈎ 용해성분 영향 : 가수분해하여 산성이 되는 염기류에 의하여 부식

　㈏ 아연에 의한 철부식 : 50~95℃의 온수 중에서 아연은 급격히 용해

　㈐ 동이온에 의한 부식 : 동이온이 용출하여 이온화 현상에 의하여 부식

　㈑ 이종금속 접촉부식 : 용존가스, 염소이온이 함유된 온수의 활성화로 국부전지를
　　형성하여 부식

　㈒ 밸브의 부식 : 밸브의 STEM과 DISC의 접촉 부분에서 부식

　㈓ 응력에 의한 부식 : 내·외부응력에 의하여 갈라짐 현상으로 발생

　㈔ 온도 차에 의한 부식 : 국부적 온도 차에 의하여 주로 고온 측이 부식

(4) 부식의 방지 대책

① 재질의 선정 : 배관의 재질을 가능한 한 내식성 재질로 선정, 라이닝재 선정 및 적용

② pH 조절 : 산성, 특히 강산성을 피함(pH 6~10 권장)

　(일반수질 : pH 5.8~pH 8.6 범위 사용)

③ 연결 배관재의 선정 : 가급적 동일계의 배관재 선정

④ 라이닝재의 사용 : 열팽창에 의한 재료의 박리에 주의

⑤ 온수의 온도 조절 : 50℃ 이상에서 부식이 촉진(개방계에서는 80℃ 부근에서 최대로
　부식이 이루어짐)

⑥ 유속의 제어 : 1.5m/s 이하로 제어

⑦ 용존산소 제어 : 약제 투입으로 용존산소 제어, 에어벤트 설치

⑧ 희생양극재 : 지하 매설의 경우 Mg 등 희생양극재를 배관에 설치

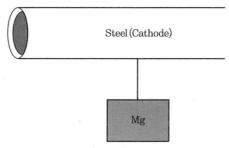

희생양극재 설치도

⑨ 방식제 투입 : 규산인산계, 크롬산염, 아질산염, 2가금속염 등의 방식제(부식 억제제) 이용

⑩ 급수의 수처리 : 물리적 방법과 화학적 방법 등

(5) 건축설비의 부식 사례

① 난방 입상관 최하단 관 내부 부식

② 파이프 덕트 내 배관 연결부 부식

③ 매립용 슬리브관 부식 등

(6) 설계 개선 사항

① 약품투입장치의 자동화

② 탈기설비 설치 및 수질(BOD, COD) 개선

③ 급수본관 여과장치 설치

④ 동관용접 방법 개선

⑤ 저탕조, 배관 등에 부식 방지용 희생양극 설치

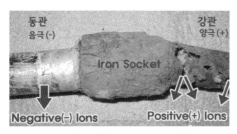

접촉부식(이종금속의 접촉)

틈새부식(연결부)

칼럼 🔍 **금속의 이온화 경향**

1. **이온화 경향** : 금속이 전자를 잃고 (+)이온이 되어 녹아 들어가는 성질의 정도
2. **이온화 서열** : 이온화 경향이 큰 원소로부터 차차 작은 원소의 순으로 나열한 것

$$K > Ca > Na > Mg > Al > Zn > Fe > Ni > Sn > Pb > (H) > Cu > Hg > Ag > Pt > Au$$

[이온화 경향이 크다.
전자를 잃기 쉽다.
양이온이 되기 쉽다.
산화(부식)가 쉽다.] ←——→ [이온화 경향이 작다.
전자를 잃기 어렵다.
음이온이 되기 쉽다.
산화(부식)가 어렵다.]

5-11 배관의 스케일(Scale) 문제

(1) 개요

① 물에는 광물질 및 금속의 이온 등이 녹아 있다. 이 이온 등의 화학적 결합물($CaCO_3$)이 침전하여 배관이나 장비의 벽에 부착되는데, 이를 Scale이라고 한다.

② Scale 생성 방지를 위해 물속의 Ca^{++} 이온을 제거해야 하며 주로 사용되는 방법은 경수연화법, 물리적 방지법 등이다.

(2) 스케일 종류

$CaCO_3$(탄산염계), $CaSO_4$(황산염계), $CaSiO_4$(규산염계)

(3) 스케일 생성식

$2(HCO_3^-) + Ca^{++} \rightarrow CaCO_3 \downarrow + CO_2 + H_2O$ (요건 ; 온도, Ca이온, CO_3이온)

(4) 스케일 생성 원인

① 온도
  ㈎ 온도가 높으면 Scale 촉진
  ㈏ 급수관보다 급탕관에 Scale이 많음
② Ca이온 농도
  ㈎ Ca이온 농도가 높으면 Scale 생성 촉진
  ㈏ 경수가 Scale 생성이 많음
③ CO_3이온 농도가 높으면 Scale 생성 촉진

(5) 스케일에 의한 피해

관, 장비류의 벽에 붙어서 단열 기능을 하며, 다음과 같은 현상을 초래한다.

① 열전달률 감소 : 에너지 소비 증가, 열효율 저하

② Boiler 노내 온도 상승

　㈎ 과열로 인한 사고

　㈏ 가열면 온도 증가→ 고온 부식 초래

③ 냉각 System의 냉각 효율 저하

④ 배관의 단면적 축소로 인한 마찰손실 증가→ 반송동력 증가

⑤ 각종 V/V 및 자동제어기기 작동 불량

　㈎ 스케일 등의 이물질이 원인이 되어 각종 밸브류나 자동제어기기의 작동불량 초래 가능

　㈏ 각종 기기 고장의 원인 제공

(6) 스케일 방지 대책

① 화학적 스케일 방지책

　㈎ 인산염 이용법 : 인산염은 $CaCO_3$ 침전물 생성을 억제하며, 원리는 Ca^{++} 이온을 중화시키는 것이다.

　㈏ 경수 연화장치

　　㉮ 내처리법

　　　ⓐ 일시경도(탄산경도) 제거

　　　　• 소량의 물 : 끓임

　　　　　$2(HCO_3^-) + Ca^{++} \rightarrow CO_2 + H_2O + CaCO_3 \downarrow$ (침전 제거)

　　　　• 대량의 물 : 석회수를 공급하여 처리

　　　　　$Ca(OH)_2 + CO_2 \rightarrow H_2O + CaCO_3 \downarrow$ (침전 제거)

　　　　　$Ca(HCO_3)_2 + Ca(OH)_2 \rightarrow 2H_2O + 2CaCO_3 \downarrow$ (침전 제거)

　　　ⓑ 영구경도(비탄산경도) 제거 : 물속에 탄산나트륨 공급→ 황산칼슘 반응→ 황산나트륨(무해한 용액) 생성

　　　　　$Na_2CO_3 + CaSO_4 \rightarrow Na_2SO_4 + CaCO_3 \downarrow$ (침전 제거)

　　㉯ 외처리법[이온(염기) 교환 방법]

　　　ⓐ 제올라이트 내부로 물을 통과시킴

　　　ⓑ 일시경도 및 영구경도 동시 제거 가능(일시경도 + 영구경도 = 총경도)

　㈐ 순수장치

　　㉮ 모든 전해질을 제거하는 장치

　　㉯ 부식도 감소

② 물리적 스케일 방지책 : 물리적인 에너지를 공급하여 스케일이 벽면에 부착하지 못하고 흘러나오게 하는 방법

　㈎ 전류 이용법 : 전기적 작용에 AC(교류) 응용

(내) 라디오파 이용법 : 배관 계통에 코일을 두고 라디오파를 형성하여 이온결합에 영향을 준다.

(대) 자장 이용법

㉮ 영구자석을 관 외벽에 부착하여 자장 생성

㉯ 자장 속에 전하를 띤 이온에 영향을 주어 스케일 방지

(라) 전기장 이용법 : 전기장의 크기와 방향이 가지는 벡터량에 음이온과 양이온이 서로 반대 방향으로 힘을 받게 되어 스케일 방지

(마) 초음파 이용법(초음파 스케일방지기)

㉮ 초음파를 액체 중에 방사하면 액체의 수축과 팽창이 교대로 발생하여, 미세한 진동이 물속으로 전파되어 나간다.

㉯ 액체 분자 간의 응집력이 약해서 일종의 공동현상이 발생한다.

㉰ 공동이 폭발하면서 충격에너지가 발생하여 관 벽의 스케일이 분리되고, 분리된 입자는 더 작은 입자로 쪼개진다.

㉱ 발진기(고주파의 전기신호 발생), 변환기(초음파 진동 발생) 등으로 구성된다.

전류 이용법

초음파 스케일방지기가 설치된 보일러 동체

5-12 폐열 회수형 냉·난방 동시운전 멀티(HR : Heat Recovery) 기술

(1) 개요

① 일명 '냉·난방 동시운전 멀티'라고도 하며, 한 대의 실외기에 연결된 다수의 실내기의 냉·난방 선택운전이 자유로워 냉·난방 동시운전이 가능하다.

② 냉방운전 시 실외에 버려지는 폐열(응축열)을 회수하여 난방하는 데 사용할 수 있다(겨울철 난방 시에는 실외에 버려지는 증발열을 회수하여 냉방을 하는 데 사용할 수 있다).

③ 이 기술에서는 한 대의 실외기에 하나의 냉매Cycle로 연결된 다수의 실내기에 대해 냉방 혹은 난방을 자유롭게 선택·운전 가능하다는 점 외에, 버려지는 폐열의 회수가 가능하다는 점이 가장 중요한 기술이다.

(2) 냉방 혹은 냉난방 동시운전 시의 원리(3관식의 사례)

다음 그림과 같이 실내기 측 및 실외기 측을 서로 연결하는 배관이 3개로 되어 있는 경우이므로 3관식이라고 이름한다.

① 냉방운전 시

(가) 압축기에서 나오는 고온 고압의 가스는 실외 H/EX(응축기)로 흘러들어 가 방열을 실시한다.

(나) 실외 H/EX(응축기)에서 방열을 실시한 후 수액기 및 팽창변 A, B, C를 거쳐 각 실내기 A, B, C의 각 H/EX(증발기)로 흡입되어 냉방을 실시한다(이때 실외기 측의 난방용 팽창변은 완전히 열리게 하여 팽창변 역할을 하지 못하게 한다).

(다) 각 실내기 측 증발기에서 나온 냉매는 냉난방 선택밸브(3방변)의 하부로 흘러나와 사방변을 거쳐 액분리기를 통과한 후 압축기로 다시 흡입된다.

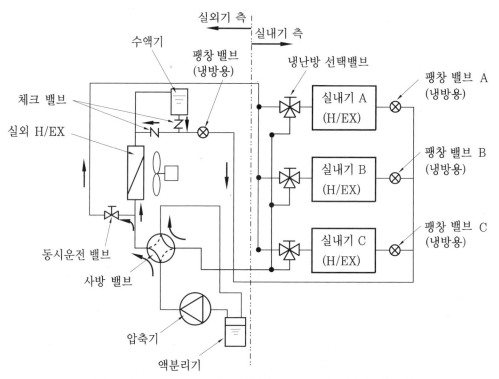

그림1 HR(Heat Recovery)의 냉방운전 혹은 냉·난방 동시운전

② 냉·난방 동시 운전 시

(가) 실내기 A가 냉방운전을 하고, 실내기 B, C가 난방운전을 할 경우 실내기 A는 상기 ①번의 Cycle로 일반적인 냉방운전을 실시한다.

(나) 그러나 실내기 B, C가 난방운전을 하기 위해서 그림 좌측의 '동시운전 밸브'가 열리면 압축기에서 나오는 고온 고압의 냉매가스 중 일부가 실내기 측으로 넘어가서

실내기 B, C 전단의 냉난방 선택밸브의 상부로 수평 방향으로 흘러 실내기 B, C가 난방운전을 실시한다. 이후 팽창변 B, C를 거쳐 합류한 후 팽창변 A를 거쳐 실내기 A로 흘러들어 가 냉방을 실시한 후 냉난방 선택밸브의 하부로 흘러나와 사방변을 거쳐 액분리기를 통과한 후 압축기로 다시 흡입된다(이때 실외기 측의 난방용 팽창변과 실내기 측 팽창변 B, C는 완전히 열리게 하여 팽창변 역할을 하지 못하게 한다).

(3) 난방운전 시의 원리(3관식의 사례)

① 실내기 A, B, C 중 냉방운전의 선택이 없고 오직 난방운전만 1~3대 실시될 경우 상기 '그림1' 대비하여 좌측 하부에 있는 사병변 주변의 냉매의 흐름이 완전히 반대임을 알 수 있다(그림2 참조).

② 즉, 실내기 A, B, C 모두 난방운전으로 선택되는 경우, 사방변(4Way Valve)이 절환하여 압축기에서 나오는 고온 고압의 가스냉매가 냉난방 선택밸브의 하부로 흘러들어 가고 각 실내기 A, B, C로 공급되어 실내기가 난방을 실시하게 해 준다.

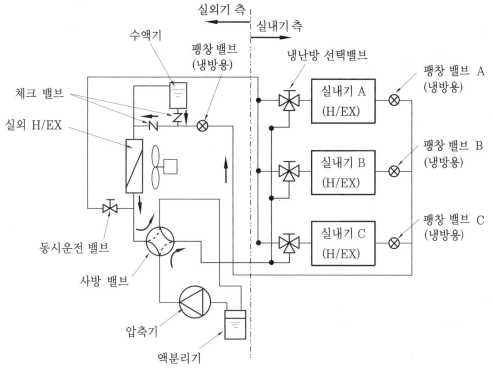

그림2 HR(Heat Recovery)의 난방운전

③ 이후 팽창변 각각 A, B, C(완전히 열리게 하여 팽창변 역할을 하지 못하게 한다)를 거쳐 난방용 팽창변에서 교축되고 이후 실외 H/EX(증발기)로 인입되어 열교환 후 사방변과 액분리기를 거쳐 다시 압축기로 복귀하게 된다.

5-13 열원별 히트펌프 시스템 비교

(1) 비교 Table

열원별 히트펌프(공기열원형, 수열원형, 지열원형)의 환경적·에너지 절약적·경제적 측면(초기투자비 측면)에 대해 다음과 같이 평가를 해 볼 수 있다(단, 절대적 기준의 평가는 아님).

구 분	환경적 측면	에너지 절약 측면	경제적(초기투자비) 측면
공기열원형	2	3	1
수열원형	2	2	2
지열원형	1	1	3

※ 1 ; 가장 우수, 2 ; 중간 수준, 3 ; 가장 부족

(2) 열원별 히트펌프의 특성 분석

① 환경적 측면

(가) 환경적인 측면에서는 무공해인 지열원이 가장 유리하다. 더군다나 지열원은 에너지효율이 높아 그만큼 CO_2 방출량이 적어 지구온난화 문제나 환경문제 해결에도 기여한다고 할 수 있다.

(나) 수열원형은 수질오염(레지오넬라균, 부식, 스케일, 백연현상 등)의 우려가 있고, 공기열원은 공기오염(응축열 무단 방출, 분진 등)의 우려가 있다.

② 에너지 절약 측면

(가) 에너지 절약적 측면에서는 역시 지열원이 가장 유리하다. 연중 일정한 온도를 얻을 수 있어, 아주 효율적이다.

(나) 수열원은 냉각탑과 펌프 등에 동력이 많이 투입되고, 공기열원 방식은 혹한기 난방이나, 혹서기 냉방 시에 압축비의 증가로 압축기 동력 소비가 매우 크다.

③ 경제적 측면(초기투자비) : 초기투자비 측면에서는 공기열원방식이 가장 유리하다. 수랭식처럼 냉각탑 및 냉각수 배관공사가 불필요하고, 지열원형처럼 천공 및 파이프 매설을 위한 초기 투자가 과잉해지지 않는다.

④ 기타 고려 사항

(가) 최종적인 결정은 LCC평가, 회수기간 평가, 정부지원금, 신재생에너지 관련 법규 등을 잘 따져 보고 결정하는 것이 좋다.

(나) 상기 공기열원형, 수열원형, 지열원형 등은 각각의 장점과 단점을 가지고 있으므로, 적용 현장에 따라 판단이 달라질 수 있다.

용어의 정리(5장)

(1) 온도차 에너지

① 우리 생활 중 사용하지 않고 버려지는 아까운 에너지로서 공장용수, 해수, 하천수 등을 말하며, 에너지 하베스팅 기술의 대상이 되는 에너지원이다.

② 미활용 에너지(Unused Energy) 중 고온에 해당되는 소각열, 공장배열 등은 주로 난방, 급탕 등에 응용 가능하며, 저온에 해당하는 온도차 에너지는 난방보다는 냉방에 활용될 가능성이 더 많다(주로 냉각수, 냉수 등으로 활용).

(2) B.O.D(생물화학적 산소요구량, Biochemical Oxygen Demand)

① 수질오염도 측정 지표(단위 : ppm)이다.

② 수중의 유기물질을 간접적으로 측정하는 방법이다.

③ 호기성 박테리아가 유기질을 분해할 때 감소하는 산소량(DO)을 말한다.

④ 오수 중의 오염물질(유기물)이 미생물(호기성균)에 의해 분해되고 안정된 물질(무기물, 가스)로 변할 때 얼마만큼 오수 중의 산소량이 소비되는지를 나타내는 값이다.

⑤ 20℃에서 5일간 방치한 다음 소비된 산소량을 측정하여 mg/L 단위로 나타내는 수치를 말한다.

⑥ 이것은 호기성 미생물에 의한 산화분해 초기의 산소 소비량을 나타내는 것으로 오수의 오염도(유기화합물의 양)가 높으면 높은 만큼 용존산소를 많이 소비하기 때문에 수치가 크다.

(3) BOD량

① BOD량은 BOD부하라고 말하며, 하루에 오수정화조로 유입되는 오염물질의 양이나 유출하는 오수가 하천의 수질오탁에 미치는 영향 등을 알기 위하여 필요한 수치로 다음 식과 같이 나타낸다.

② $BOD량(BOD 부하) = \dfrac{유입수\ BOD(kg/day)}{폭기조의\ 용량(m^3)}$

(4) BOD제거율

① 분뇨정화조, 오수처리시설 등에서 정화한 BOD를 유입수의 BOD로 나눈 것이다(백분율로 표시).

② $BOD제거율 = \dfrac{유입수BOD - 유출수BOD}{유입수BOD} \times 100\%$

(5) C.O.D(화학적 산소요구량, Chemical Oxygen Demand)

① 용존 유기물을 화학적으로 산화(산화제 이용)시키는 데 필요한 산소량이다.

② 공장폐수 등은 무기물을 많이 함유하고 있어 B.O.D 측정이 불가능하여 C.O.D로 측정한다.

③ B.O.D에 비하여 수질오염 분석(즉시 측정)이 쉬우므로 효과적인 측정을 할 수 있다.

④ 물속의 오탁물질을 호기성균 대신 산화제를 사용하여, 화학적으로 산화할 때에 소비된 산소량[mg/L]으로 나타낸다.

⑤ 산화제 : 중크롬산칼륨, 과망간산칼륨 등

※시험 방법 : 물속에 과망간산칼륨 등의 산화제를 넣어 30분간 100℃로 끓여 소비된 산소량을 측정한다.

(6) B.O.D 시험법

① 시료를 약 20℃가 되도록 조정하고, 공기로 폭기하여 시료의 용존기체 함량을 포화농도에 가깝게 증가시키거나 감소시킨다.

② 다음, 두 개 이상의 BOD병에 이 시료를 채운다.

③ 최소한 하나는 즉시 용존산소의 양을 측정하고, 나머지들은 20℃에서 5일 동안 배양한다.

④ 5일이 지난 후, 배양된 시료 속에 남아 있는 용존산소의 양을 측정하고, 5일 된 때의 용존산소값에서 최초, 즉 배양기에 넣기 전의 용존산소의 값을 빼어 5일 BOD를 계산한다.

⑤ BOD의 직접 측정법은 시료를 변형시키지 않으므로, 자연환경에 가장 가까운 조건에서의 결과가 얻어진다.

(7) D.O(용존산소, Dissolved Oxygen)

① 물속에 용해되어 있는 산소를 ppm으로 나타낸 것이다.

② 깨끗한 물은 7 ~ 14ppm의 산소가 용존되어 있다.

③ 수질 오탁의 지표가 되지는 않지만, 물속의 일반생물이나 유기 오탁물을 정화하는 미생물의 생활에 필요한 것이다.

④ 그러므로 DO량이 큰 물만 정화 능력이 있으며, 오염이 적은 물이라고 말할 수 있다.

(8) S.S(부유물질, Suspended Solids)

① 탁도의 정도로 입경 2mm 이하의 불용성의 뜨는 물질을 mg/L으로 표시한 것이다.

② 또 SS는 전증발 잔유물에서 용해성 잔유물을 제외한 것을 말하기도 한다.

(9) S.V(활성 오니용량, Sludge Volume)

정화조의 활성 오니 1L를 30분간 가라앉힌 상태의 침전오니량을 말한다.

(10) 잔류염소(Residual Chlorine)

① 유리잔류염소라고도며 물을 염소로 소독했을 때, 하이포아염소산과 하이포아염소산 이온의 형태로 존재하는 염소를 말한다[클로라민(Chloramine)과 같은 결합잔류염소를 포함해서 말하는 경우도 있다].

② 염소를 투입하여 30분 후에 잔류하는 염소의 양을 ppm으로 표시한다.

③ 잔류염소는 살균력이 강하지만 대부분 배수관에서 빠르게 소멸한다(그 살균효과에 영향을 미치는 인자로는 반응시간, 온도, pH, 염소를 소비하는 물질의 양 등을 들 수 있다).

④ 수인성 전염병을 예방할 수 있는 것이 가장 큰 장점이다.

⑤ 잔류염소가 과량으로 존재할 때에는 염소 냄새가 강하고, 금속 등을 부식시키며, 발암물질이 생성되는 것으로 알려져 있다.

⑥ 방류수에 염소가 0.2ppm 이상 검출되어야 3,000개/mg 이하의 대장균 수를 유지할 수 있다.

(11) Flow Over

'Over Flow'라고도 하며, 정수/배수 처리에서 침전조에 침전된 고형물 위로 월류하여 다음 공정으로 넘어가는 물을 말한다.

(12) MLSS(Mixed Liquor Suspended Solid)

① 활성오니법에서 폭기조 내의 혼합액 중의 부유물 농도를 말하며 [mg/L]로 나타낸다.

② 혼합액 부유물질이라고도 하며, 생물량을 나타낸다.

③ 유기물질과 무기물질로 구성되어 있다.

(13) MLVSS(Mixed Liquor Volatile Suspended Solid)

① MLSS 내의 유기물질의 함량이다.

② 활성오니법에서 '폭기조 혼합액 휘발성 부유물질'이라고 일컫는다.

③ MLVSS = MLSS－SS

(14) ABS(Alkyl Benzene Suspended)

① 중성세제를 뜻하며, 하드인 것은 활성오니법 등으로 분해되기 어렵다.

② 활성탄 여과장치 등에 의해서는 흡착·제거 가능하다.

(15) VS(Volatile Suspended)

① 휘산물질을 말하며, 가열하면 연소하는 물질이다.

② VOC(휘발성 유기화합물질)와는 다른 용어이다(용어 구분에 주의 필요).

(16) 초순수(Ultra Pure Water)

① 일반적으로 물의 전기 비저항(Resistivity)이 약 $0.2M\Omega/cm$(상온 25℃ 기준) 이상의 것을 '순수'라고 하고, $10\sim15M\Omega/cm$(상온 25℃ 기준) 이상이 되면 '초순수'라고 말한다.

② 그러나 요즘은 관련 산업기술의 요구에 따라, 전기 비저항(Resistivity)이 약 $17\sim18M\Omega/cm$(상온 25℃ 기준) 이상이 되어야 '초순수'라고 말할 수 있다.

③ 이렇게 물을 다양한 전기비저항을 가진 단계별 초순수로 만들어 다양한 산업 분야에 사용이 가능하다.

(17) 폐열 회수형 냉·난방 동시운전 멀티(HR : Heat Recovery)

① 일명 '냉·난방 동시운전 멀티'라고도 하며, 한 대의 실외기에 연결된 다수의 실내기의 냉·난방 선택운전이 자유로워 냉·난방 동시운전이 가능한 냉난방 히트펌프 시스템이다.

② 이 장치의 가장 큰 특징은 여름철 냉방운전 시 실외에 버려지는 폐열(응축열)을 회수하여 난방운전에 활용할 수 있고, 겨울철 난방운전 시에는 실외에 버려지는 증발열을 회수하여 냉방운전에 활용할 수 있다는 데 있다.

③ 한 대의 실외기에 하나의 냉매Cycle로 연결된 다수의 실내기에 대해 냉방 혹은 난방을 자유롭게 선택·운전 가능하다는 점 외에, 버려지는 폐열의 회수가 가능하다는 점이 가장 중요한 기술이다.

Chapter 6

냉·난방 에너지시스템 기술

6-1 다양한 건물 공조방식

(1) 공조방식(공기조화방식)의 의의

① 공조방식(空調方式)이라 함은 공기조화의 4요소(온도, 습도, 기류, 청정도)를 적절하게 조절함으로써 실내의 공기를 재실자가 원하는 상태로 조절할 수 있도록 고안된 공조용 기계설비의 제 방식을 의미한다.

② 공조방식(空調方式)은 크게 중앙공조와 개별공조로 대별될 수도 있겠으나 요즘은 그 종류가 세분화되면서, 중앙공조와 개별공조 각각의 장점을 혼합시킨 혼합공조방식, 각종 열매체의 복사열로 냉·난방을 행할 수 있는 복사냉난방 방식도 보급이 확대되고 있기 때문에 명확하고 단일한 체계의 분류를 하기에는 다소 어려움이 있다. 그러나 이 책에서는 내용상 체계적인 설명과 이론상 정립을 위해 아래와 같은 체계로 그 종류를 대별해 보기로 한다.

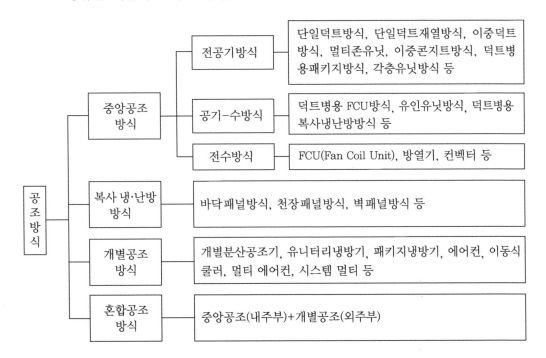

(2) 전공기방식

전공기방식은 중앙기계실의 열원기기에서 생산된 열매가 공조기로 인입되어 공조기(공기조화기 ; Air Handling Unit)에서 냉풍 혹은 온풍을 생산하여 덕트 및 디퓨저를 통해 각 실(室) 혹은 존(Zone)으로 보내는 방식으로 사용처 주변에 물배관을 사용하는 팬코일유닛 등의 배관설비가 없어 물에 의한 피해가 거의 없으며 환기량과 공기의 질을 충분히 제고할 수 있다는 장점이 있으나, 덕트시스템이 광범위하게 사용처까지 설치되어야 하므로 설비비가 많이 소요되며 덕트 내부에 오염, 결로, 소음 등이 발생하기 쉽기 때문에 항상 청소, 보수 등에 소홀하지 않도록 관리해야 하는 등의 단점 혹은 주의 사항도 많은 방식이다. 다음과 같은 다양한 종류들로 분류될 수 있다.

① 단일덕트방식

㉮ 냉방 시는 냉풍, 난방 시는 온풍 단일 상태로 공조기에서 각 실(室)로 공조된 공기가 전달된다.

㉯ 냉풍 및 온풍의 혼합에 의한 에너지 손실이 없고, 단일덕트 시스템이므로 천장 내 공간 절약 및 투자비 절감 가능, 송풍량도 충분한 편이다.

㉰ 전공기방식 중 가장 보편적인 방식이다.

② 단일덕트재열방식

㉮ 냉풍 시 지나친 Cold Draft 방지 및 습도제어를 위한 재열 필요 시 재열기를 추가로 설치한다.

㉯ 말단 혹은 존별 재열기를 설치(단일덕트방식의 단점인 재열기능을 보완한 것임)한다.

③ 이중덕트방식

㉮ 냉방 시 및 난방 시 냉풍과 온풍을 동시에 취입, 혼합상자(Blender)에서 혼합하여 적절한 온·습도를 맞추어 각 존 혹은 실(室)로 공급한다.

㉯ 부하가 각기 다른 다양한 공조 공간에 여러 가지 조건의 공기를 공급할 수 있다는 장점이 있다.

㉰ 냉풍 및 온풍의 혼합에 의한 에너지 손실이 크므로(에너지 소모적), 건물 내 부하가 아주 복잡하거나 세밀한 경우 혹은 실의 용도 변경(부하 변경)이 아주 잦은 경우에 한정적으로 사용된다.

④ 멀티존유닛

㉮ 혼합 댐퍼를 이용하여 미리 일정 비율로 혼합 후 각 존 혹은 실(室)에 공급한다.

㉯ 비교적 소규모에 적합하며, 정풍량장치가 없다.

⑤ 이중콘지트방식(Dual Conduit System)

㉮ 부하의 크기가 많이 변동하는 멀티조운 건물을 경제적으로 운용하기에 적합한 방식이다.

㉯ 1차공조기 및 2차공조기가 유기적으로 병행운전하는 방식이다.

(다) 야간 및 주말에는 소형의 1차 공조기만을 운전하여 경제적인 운전이 가능한 시스템이다.

⑥ 덕트병용패키지방식

(가) 중앙공조기의 덕트와 분산형공조기(패키지)가 실의 용도별로 유기적으로 결합된 형태이다.

(나) 소규모에 적합하며, 공기정화 및 습도조절 등이 충분하지 못하여 공기의 질 저하가 우려된다.

(다) 일종의 패키지형 냉동기를 사용하는 방식(보통 직팽코일 사용, 난방열원은 보일러 혹은 전기히터 사용)이며, 덕트와 결합하여 사용하는 방식이다.

⑦ 각층유닛방식

(가) 1차공기(기계실) 및 2차공기(각 층)를 혼합하여 공급하는 공조방식이다.

(나) 각 층에는 패키지 혹은 공조기 유닛이 있으며, 중앙공조기가 있는 형태와 없는 형태의 두 가지가 있다.

⑧ 기타 : 바닥 취출 공조(UFAC, 샘공조방식), 저속 치환 공기조화 등

(3) 공기-水방식

① 덕트병용 FCU방식

(가) 외기(Outdoor Air)는 덕트를 이용하고, 환기(Return Air)는 FCU를 이용한 방식이다.

(나) 덕트방식에 팬코일유닛(Fan Coil Unit)을 병용하는 방식이다.

② 유인유닛방식 : 1차 신선공기는 중앙유닛에서 냉각 감습되고 덕트에 의하여 각 실에 마련된 유인유닛에 보내어 2차공기 혼합 후 공급하는 방식이다.

(4) 全水방식

① 실내에 설치된 Unit(FCU, 방열기, 컨벡터 등)에 냉온수를 순환시켜 냉난방하는 방식이다.

② 덕트 스페이스가 필요 없으나, 각 실에 수배관이 필요하며 유닛이 실내에 설치되므로 실내 유효면적이 감소되고, 환기가 부족해질 수 있다.

(5) 복사 냉·난방방식

① 바닥, 천장, 벽체 등에 복사면을 구성하여 공조한다.

② 난방은 바닥으로부터, 냉방은 천장으로부터(패널 설치, 파이프 매설 등을 행함) 하는 경우가 많다.

③ 환기량이 부족해지기 쉽다.

④ 종류

　㈎ 패널의 종류에 따라 바닥패널방식, 천장패널방식, 벽패널방식 등

　㈏ 열매체에 따라 온수식, 증기식, 전기식, 온풍식, 연소가스식, 특수열매식 등

　㈐ 패널의 구조에 따라 파이프 매입식, 특수 패널식, 적외선 패널식, 덕트식 등

(6) 개별공조방식

① 개별 편리 제어, 부하 대응성 우수, 투자비 절감 등이 주목적이다.

② 개별분산공조기, 유니터리냉방기, 패키지공조기, 창문형 에어컨(WRAC : Window Type Room Air Conditioner), 벽걸이형 에어컨(Wall Mounted Air Conditioner), 스탠드형 에어컨(Stand Type Air Conditioner) 혹은 패키지형 에어컨(Package Type Air Conditioner), 이동식 쿨러, 멀티 에어컨, 시스템 멀티(EHP), 가스구동 히트펌프(GHP) 등이 대표적이다.

③ 기타 : Task/Ambient 공조시스템, 윗목/아랫목 시스템 등

(7) 혼합공조방식

① 내주부의 열부하 처리 : 부하의 종류가 다양하고 환기량이 많이 필요하므로, 주로 중앙공조방식이 채택된다.

② 외주부의 열부하 처리 : 방위별 조닝 실시 후 주로 개별공조방식(시간대별 혹은 기간별 부하의 변동이 심한 곳에도 적합하고, 설치가 간편하고 저렴하여 신축건물뿐만 아니라 리모델링 등에도 쉽게 설치시공이 가능함)을 채용한다.

③ 보통 외주부에는 자연환기가 대부분 가능하여, 개별공조기를 설치하더라도 환기량 부족 등의 클레임이 적다. 혹은 전문 환기장치인 전열교환기, 현열교환기 등을 접목시킬 수도 있다.

④ 적용 방법(사례)

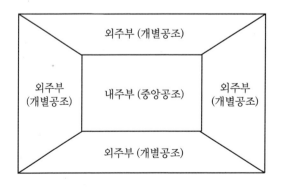

※ 혼합공조(사례)
- 내주부 : 중앙공조 설치
  (전공기방식, 공기-수방식 등)
- 외주부 : 개별공조 설치
  (EHP, GHP 등)

PAL과 CEC

1. PAL[Perimeter Annual Load Factor ; 외피 연간부하(Mcal/year·m²)]
    ① 정의
      외주부의 열적 단열성능을 평가할 수 있는 지표로서 외주부의 연간 총 발생부하를 그 외주부의 바닥면적으로 나누어 계산한다.
    ② 계산식

$$PAL = \frac{\text{외주부의 연간 총 발생부하(Mcal/year)}}{\text{외주부의 바닥면적의 합계(m}^2)}$$

    ③ 계산 결과 규정 수치 상회 시 외피설계 재검토가 필요하다.
    ④ 단위 : Mcal/year·m², J/m², kJ/m², MJ/m², GJ/m² 등
2. CEC[Coefficient of Energy Consumption ; 에너지 소비계수(무차원)]
    ① 정의 : 어떤 건물이 '에너지를 얼마나 합리적으로 사용하는가'를 나타내는 지표이다.
    ②「에너지이용 합리화법」상 에너지의 효율적 이용에 대한 판단기준이다.
    ③ 계산식(무차원)

$$CEC = \frac{\text{연간 총 에너지 소모량(Mcal/year)}}{\text{연간 가상 공조부하(Mcal/year)}}$$

    ④ 법적 기준치(일본 고시 기준) : 사무실 – 1.6 이하, 점포 – 1.8 이하일 것

6-2 복사냉방·난방 방식

(1) 개요
  ① 대류가 아닌 복사열전달 원리에 의한 냉방 및 난방을 행하는 방식이다.
  ② 천장, 바닥, 벽 등에 온수, 냉수나 증기 등을 통하는 관을 매설하여 방열면으로 사용하는 방법이다.

(2) 특징
  ① 장점
    ㈎ 실내의 온도 분포가 균등하여 쾌감도가 높다.
    ㈏ 방을 개방 상태로 하여도 난방의 효과가 있다.
    ㈐ 방열기가 없으므로 방의 바닥 면적의 이용도가 높아진다.
    ㈑ 실내공기의 대류가 적기 때문에 바닥면의 먼지가 상승하지 않는다.
    ㈒ 방의 상·하 온도 차가 적어 방 높이에 의한 실온의 변화가 적으며, 고온복사 난방 시 천장이 높은 방의 난방도 가능하다.
    ㈓ 저온복사난방(35~50℃ 온수) 시 비교적 실온이 낮아도 난방효과가 있다.
    ㈔ 실내 평균온도가 낮기 때문에 같은 방열량에 대하여 손실열량이 적다.

     ㈔ 덕트 스페이스가 절약된다.
  ② 단점
     ㉮ 외기 온도 급변에 따른 방열량 조절이 어렵다.
     ㉯ 증기난방 방식이나 온수난방 방식에 비해 설비비가 비싸다.
     ㉰ 구조체를 따뜻하게 하므로 예열 시간이 길고 일시적 난방에는 효과가 적다.
     ㉱ 매입배관이므로 시공이 어렵고, 고장 시 발견이 어려우며 수리가 곤란하다.
     ㉲ 열 손실을 막기 위해 단열층이 필요하다.
     ㉳ 실내에 결로가 생길 우려가 있다.
     ㉴ 중간기에도 냉동기의 운전이 필요하다.
     ㉵ 바닥패널식의 경우 중량이 커지므로 건축구조체가 커진다.
     ㉶ 천장이 높은 방, 조명일사가 특히 많은 방, 겨울철 윗면이 차가워지는 방에서 채택하면 효과적이다.

(3) 분류 및 방식
  ① 패널의 종류에 따라
     ㉮ 바닥패널방식 : 시공이 용이, 가열면의 온도는 보통 30도 내외로 한다 (약 27~35℃ 유지).
     ㉯ 천장패널방식 : 시공이 어려우나 50~100℃ 정도까지 가능하다.
     ㉰ 벽패널방식 : 창틀 부근에 설치하며 열 손실이 클 수 있다.
  ② 열매체에 따라 : 온수식, 증기식, 전기식, 온풍식, 연소가스식, 특수열매식 등
  ③ 패널의 구조에 따라 : 파이프 매입식, 특수 패널식, 적외선 패널식, 덕트식 등
  ④ 패널의 표면온도에 따라
     ㉮ 저온방식 : 패널의 표면온도는 보통 45℃ 이하이고, 패널 내에 배관코일을 매설하여 여기에 온수 등의 열매를 통하게 한다.
     ㉯ 고온방식 : 강판에 파이프를 용접 부착한 것으로, 열매는 고온수나 증기를 사용하며, 패널 표면온도는 100℃를 넘는 경우도 있다, 천장이 높고 실내온도가 낮은 대형기계공장 등에 사용된다.
  ⑤ 기타 : 복사 가열에 필요한 복사 가열기, 가열 용량의 여분을 위한 보조 전기 가열기, 복사 가열의 에너지원인 램프열원, 고온의 전기장치, 세라믹 열원, 유리판 가열기 등

(4) 방열 패널의 배관 방식
  ① 강관, 동관을 주로 사용하되, 내식성으로 볼 때 동관이 우수하다.
  ② 콘크리트 속에 강관을 매설할 경우 부식에 대한 대책을 배려해야 한다.
  ③ 코일 배관 방법
     ㉮ 그리드식 : 온도 차가 균일한 반면 유량분배가 균일하지 못하다.

(나) 밴드식 : 유량이 균일한 반면 온도 차가 커진다. (a~c)

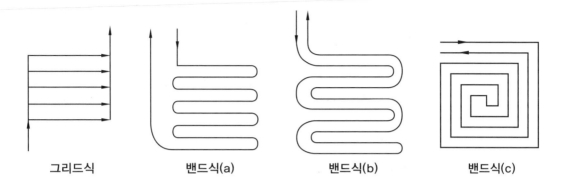

그리드식   밴드식(a)   밴드식(b)   밴드식(c)

④ 코일 매설 깊이는 코일 직경의 약 $1.5 \sim 2.0d$이다.

⑤ 코일배관 Pitch : 25A는 약 300mm, 20A는 약 250mm

⑥ 배관 길이 : 30~50m마다 분기 Head 설치

(5) 유량 밸런싱용 시스템분배기

① 현재 난방시스템에서는 높은 안정성 및 에너지 소비량의 절감이 주요한 인자이다. 이를 위해 난방시스템의 모든 작동조건에서 정확한 유량을 공급하여 그 시스템의 완벽한 밸런싱을 이루어야 하는 것이 가장 중요한 해결 과제였다.

② 이것을 해결하기 위해 정유량조절밸브, 가변유량밸브, 시스템분배기(열동식밸브 채용) 등이 개발되어 공급 측과 환수 측의 다양한 차압 변화에 따른 유량을 항상 일정하게 유지시켜 주는 역할을 한다.

③ 정의

   (가) 기존 온수분배기에서의 취약한 유량분배와 유수에 의한 소음으로 인한 민원을 해결하고, 에너지 절감을 이룰 수 있게 하는 것이 근본 목적이다.

   (나) 유량조절성능을 최대한 발휘할 수 있는 저소음의 미세유량조절로 설계유량을 적절하게 공급할 수 있게 하는 방식이다.

④ 특징

   (가) 정확한 유량분배 기능(세대별 및 실별)

   (나) 실별 온도조절 기능 및 에너지 절약 가능

   (다) 저소음형 자동유량조절밸브 부착

   (라) 아파트(지역난방, 개별난방), 오피스텔 및 일반상업용 공간 등 난방이 필요한 모든곳에 적용 가능한 방식

   (마) 각 실별로 최적의 난방온도로 제어 가능하다.

   (바) 실별 적정유량 및 열량 공급이 가능하여 코일 길이의 제한이 해소(보통 최대 난방 길이는 최대 150~200m 수준임)

　　(사) 코일 길이 제한 해소로 분배구 및 분배기의 수가 대폭 감소되어 경제적인 시공이
　　　　가능하다.

　　(아) 에너지 비용 절감 : 온수분배상태를 세분화하여 불필요한 열량을 제어시켜 에너
　　　　지비용 절감 효과(35~40%)를 극대화시킨다.

　　(자) 유량조절기 내장 : 보통 공급관에 소켓별 유량조절기(자동 이방변 등)를 내장시켜
　　　　각 실(방)별로 수치화된 유량조절이 가능하도록 하고, 환수 측 온수분배기 측에 열
　　　　동식 조절밸브 혹은 미세유량 조절밸브를 부착한다.

　　(차) 유량조절밸브가 부착된 공급 측 온수분배기 : 유량조절은 슬라이드방식, 로터리
　　　　방식, 디지털방식 등으로 전면에서 쉽게 설정할 수 있게 한다.

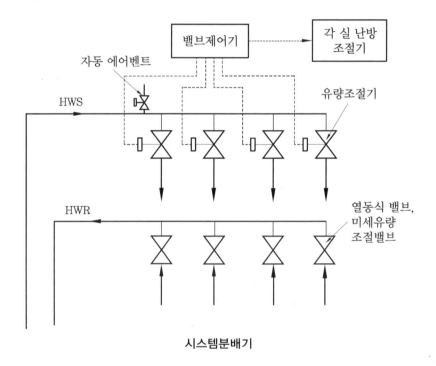

시스템분배기

(6) 건물 외벽 창가에 방열기를 설치하는 이유

　① Cold Draft 방지 : 체온 손실을 냉기복사로부터 막아 줌

　② 외기침입 방지 : 에어커튼 효과로 인하여 틈새바람의 침입을 막아 줌

　③ 코안다효과로 실내 대류 원활 : 기류가 멀리 도달할 수 있음

　④ 층류화(Stratification) 방지 : 室의 아래쪽에서 공기가 취출되게 하여 공기의 밀도 차에
　　　의한 층류화를 방지하고 대류를 원활하게 해 줌

　⑤ 연돌효과 완화 : 창 측을 가압해 줌으로써 연돌효과를 어느 정도 완화

　⑥ 취기 및 오염 인입 방지 : 외부로부터의 오염된 공기나 냄새의 침투를 방지

(7) 현장 설치 사례

① 건물 1층 로비 등의 공용부, 은행의 1층 영업장 등에 대한 공조 : 사람의 빈번한 출입, 높은 층고, 높은 환기부하, FCU 설치의 제약 등의 이유로 다음과 같이 'AHU + 바닥패널히팅' 등을 적용하는 것이 효과적임

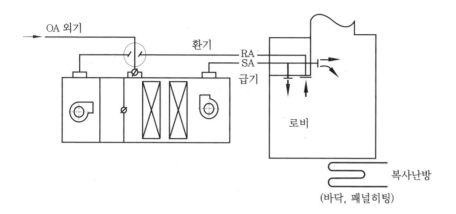

(8) 복사냉방 시스템

① 복사냉방은 인체와 차가운 복사냉방 시스템의 표면과의 복사열전달을 통하여 냉방을 하는 방식이다. 인체는 보통 복사를 통해서 42~43%, 대류를 통해서 32~35%, 증발을 통해서 21~26%의 열 발산을 한다.

② 복사냉방은 인체와 직접 복사열교환을 하기 때문에 대류냉방방식에 비해 쾌적감이 우수하고, 대류열교환이 적기 때문에 실내에서의 드래프트 및 소음으로 인한 불쾌감이 적다.

③ 또한, 에너지 사용 측면에서 대부분의 복사냉방 시스템은 복사 표면의 냉각매개체로 물을 사용하고 있다. 단위 중량에 대한 열용량을 비교하여 볼 때, 물이 공기에 비해 열용량이 4배 이상 높기 때문에, 유량이 감소되어 냉방에 필요한 냉각매개체의 전달에 사용되는 에너지를 줄일 수 있다는 장점이 있다.

④ 복사냉방의 구조 및 원리

  ⑺ Capillary Tube System

    ㉮ 냉수관의 간격을 조밀하게 하여 석고나 집성보드에 매몰하거나 천장면에 부착하여 사용하는 방식이다.

    ㉯ 플라스틱관의 유연성 때문에 개보수 시 사용하기에 적합한 시스템이다.

  ⑻ Suspended Ceiling Panel System

    ㉮ 가장 널리 알려져 있는 방식이며, 알루미늄 패널에 인접한 금속관으로 냉수를 순환시켜 냉방하는 방식이다.

    ㉯ 열전도율이 좋은 재료를 사용하면, 실부하의 변화에 빠르게 대응할 수 있는 시

스템을 만들 수 있다.

(다) Concrete Core System

㉮ 이 시스템은 바닥난방시스템과 동시에 사용이 가능한 방식이다.

㉯ 축열체인 콘크리트에 의한 축열냉방을 한다.

㉰ 구조체 축열로 인한 지연효과(Time-lag)에 의하여, 실부하의 변화에 빠르게 대응하기 위한 제어가 어렵다는 단점이 있다.

6-3 바닥취출 공조시스템(UFAC, Free Access Floor System)

(1) 개요

① IBS(Intelligent Building System)화에 따른 OA기기의 배선용 2중바닥 구조를 이용하여 바닥에서 기류를 취출하게 만든 공조방법이다.

② 출현 배경 : 1980년대 북유럽 천장 및 바닥취출 냉방방식 발전

③ IB, 전산실, 항온항습실 등은 뜬바닥 구조를 많이 이용하며, 이는 OA기기의 배선용 바닥의 목적 외 소음, 진동 전달 방지 등의 효과도 있다.

(2) 바닥취출 공조방식의 장점

① 에너지 절약

(가) 거주역(Task) 위주 공조 가능(공조대상 공간이 작아 에너지 절감 가능)하다.

(나) 기기 발열, 조명열 등은 곧바로 천장으로 배기되므로 거주역 부하가 되지 않는다.

(다) 흡입/취출 온도 차가 작으므로 냉동기 효율이 좋다.

② 실내 공기질

(가) 비혼합형 공조로 환기효율이 좋다.

(나) 발생오염물질이 곧바로 천장으로 배기되므로 거주공간에 미치는 영향이 적다.

(다) '저속치환공조'로 응용 가능하여 실내의 청정도를 높일 수도 있다(단, 바닥 분진 주의).

③ 실내 환경제어성

(가) OA기기 등의 내부 발생 열부하 처리가 쉽다.

(나) 급기구의 위치 변동 및 제어로 개인(개별) 공조(Personal Air-conditioning)가 가능하다.

(다) 난방 시에도 바닥에서 저속으로 취출하므로 온도와 기류 분포가 양호하다(난방 시 공기의 밀도 차에 의한 성층화 방지 가능).

(라) 바닥구조체에 의한 복사냉난방의 효과로 실내 쾌적도가 향상된다.

④ 리모델링 등 장래확장성

  ㈎ Free Access Floor 개념(급기구의 자유로운 위치 변경) 도입으로 Layout 변경에 대한 Flexibility(유연성)가 좋다.

  ㈏ 이중바닥(Access Floor)의 급기공간이 넓어 급기구를 늘릴수 있어 장래 부하증가에 대응할 수 있다.

⑤ 경제성

  ㈎ 덕트 설치비용 절감이 가능하다.

  ㈏ 층고가 낮아지고 공기가 단축되므로 초기투자비가 절감된다.

  ㈐ 냉동기 효율이 좋고 반송동력이 작아 유지비가 절감된다.

⑥ 유지 보수

  ㈎ 바닥 작업으로 보수 관리가 용이하다.

  ㈏ 통합제어(BAS)의 적용으로 제어 및 관리가 유리하다.

(3) 바닥취출 공조방식의 단점

① 바닥에서 거주역으로 바로 토출되므로 Cold Draft가 우려된다.

② 바닥면에 퇴적되기 쉬운 분진의 유해성 등 검토가 필요하다.

③ 바닥면의 강도가 약할 수 있으니 적극적인 대처가 요구된다.

  → 이러한 바닥취출 공조의 단점을 보완하기 위해서는 CR(클린룸)의 방식에서와 같이 '천장취출 하부바닥 리턴 방식'도 고려해 볼 필요가 있다.

(4) 종류별 특징

① 덕트형

  ㈎ 가압형 : 급기덕트로 급기

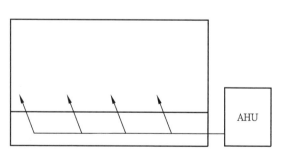

  ㈏ 등압형 : 급기덕트 및 급기팬으로 급기

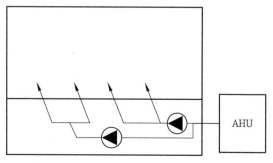

② 덕트리스형

㈎ 가압형 : 덕트 없고, 팬 없는 취출구방식

㈏ 등압형 : 덕트 없고, 팬 부착 취출구방식(급기팬으로 급기)

③ 바닥벽 공조 : 바닥벽 급기형 샘공조방식

④ 의자 밑 SAM공조 : 의자취출구 공조방식 등

⑤ 각 종류별 비교 Table

비교 항목	덕트 방식 (가압형 / 등압형)	무덕트 방식	
		가압 체임버	등압 체임버
급기 길이	40m 이하	18m 이하	30m 이하
이중바닥	350mm 이상	300mm 이상	250mm 이상
급기온도 차	9℃	9℃	9℃
취출구	팬 있음/없음	팬 없음	팬 있음

(5) 바닥 취출구(吹出口)

① 토출공기온도 : 18℃ 정도 (드래프트에 주의)

② 바닥 취출구 : 원형선회형, 원형비선회형, 다공패널형, 급기팬 내장형 등

바닥 취출구(원형선회형)

바닥 취출구(원형비선회형)

바닥 취출구(급기팬 내장형)

6-4 저속 치환공조

(1) 공조방식 중 냉·난방에너지를 절감하고 실내의 공기의 질을 향상하기 위한 아주 효과적인 방법 중 하나이다.

(2) 저속 치환공조의 원리

① 실의 바닥 근처에 저속으로 급기하여, 급기가 데워지면 상승효과(대류)가 나타난다.
② 밀도 차에 의해 거주역의 오염공기를 위로 밀어내어 거주역의 공기의 질을 향상시킨다.
③ Shift Zone(치환구역)이 재실자 위로 형성되게 하는 것이 유리하다(압력＝0).

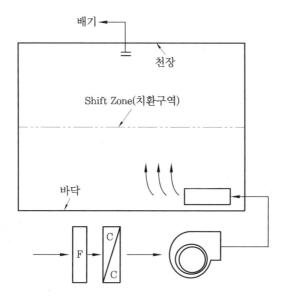

(3) 저속 치환공조의 특징

① 일반적으로 덕트 치수 및 디퓨저 면적이 크고, 풍속이 적다.
② 팬동력이 적고, 취출공기 온도가 적어도 되므로 에너지 효율이 좋고, 지하수 냉방 등을 고려해 볼 수도 있다.
③ 공기의 질을 획기적으로 제고할 수 있는 방법이다.
④ 유럽 등에서 많이 발전되어 온 방식이다.
⑤ 국소냉방(Spot Cooling) 및 Air Pocket(공기 정체구역) 부위의 해결 방법으로도 사용되고 있다.
⑥ Down Flow 방식(하부 취출방식)으로 적용된 항온항습기나 패키지형 공조기 등에도 적용한다(IT센터, 전산실, 기타의 중부하존 등).

6-5 거주역/비거주역(Task/Ambient) 공조 시스템

(1) 거주역/비거주역 공조의 목적

① 국소냉방이 확장된 개념으로서 에너지 절약을 위한 공조 방법의 일종이다.

② 개별제어가 용이하여 사용이 편리하다.

(2) 거주역/비거주역 공조의 종류

① 바닥 취출 공조, 바닥벽 취출 공조, 격벽 취출 공조방식

② 개별 분산 공조방식

③ 이동식 공조기 사용

④ 기타의 개별공조 : Desk 공조 등

(3) 거주역/비거주역 공조의 장점

① 흡입온도와 취출온도의 차이를 줄일 수 있어 경제적인 시스템 운영이 가능하다(에너지 소비효율 증가).

② 기기 발열, 조명열 등은 천장 등으로 바로 배기 가능하다.

③ 공조 대상공간을 거주역으로 한정 지음으로써 에너지 절감이 가능하다.

④ 천장 안 덕트공간을 절약 가능하다.

⑤ 개별제어가 용이하여 사용이 편리하고 합리적이다.

⑥ Layout 변경으로 인한 Flexibility(유연성)가 좋다.

(4) 거주역/비거주역 공조의 단점

① 재실자 주변으로 바로 기류가 흐르기 쉬워, 냉방 시 Cold Draft, 난방 시 불쾌감 등이 우려된다.

② 집진 필터링, 가습, 환기 등이 부족하기 쉬워 공기의 질이 떨어질 우려가 있다.

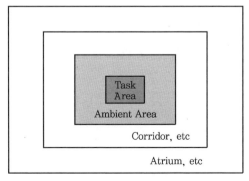

거주역/비거주역(Task/Ambient) 공조 영역

6-6 윗목/아랫목 시스템

(1) 윗목/아랫목 시스템의 장점

① 사용 공간/비사용 공간을 각기 구분하여 난방을 적용하므로, 에너지 절약적인 방법이다.

② 난방 부분에서의 개별공조(필요 부분만 공조)를 실현하여 사용의 편리성을 추구하는 공조방식이다.

(2) 윗목/아랫목 시스템의 단점

① 타 공조방식 대비 Layout 변경이 제한적이다(보통 Task/Ambient 공조는 Layout 변경이 용이함).

② 바닥의 각 부분별 온도 차에 의하여 바닥균열, 결로 등의 우려가 있다.

(3) 기타 윗목/아랫목 코일 도입상의 주의점

① 바닥 온도의 불균일로 활동의 자유도가 감소할 수 있다.

② 일종의 바닥 복사난방의 거주역/비거주역 공조라고 할 수 있다(국소 복사난방의 개념).

(4) 응용

① 윗목/아랫목 공조는 거주역/비거주역 공조의 난방 부분에서의 대응 방안 중 하나이다(거주역 위주의 복사난방 실현 → 에너지 절감 가능).

② 기존의 온돌난방은 침대, 가구, 소파 등이 있는 자리까지 난방하여 비효율적인 난방이 될 뿐 아니라, 가구 등의 뒤틀림, 손상 등을 초래 가능 → 이러한 문제를 해결하기 위하여 아랫목의 코일은 촘촘히, 윗목의 코일의 간격은 넓게 하여 어느 정도 해결 가능하다.

③ 차등난방시스템

  ㈎ 기존의 균등난방시스템과 달리 윗목 및 아랫목의 공급배관을 이원화하여 별도 제어하는 방식이다.

  ㈏ 필요에 따라서는 윗목, 아랫목을 서로 바꿀 수도 있으며, 심지어는 균등난방까지도 가능해진다(즉 윗목/아랫목 각각의 원하는 온도를 언제든 맞출 수 있는 지능적 공조방식이다).

6-7   방향공조(향기공조)

(1) 방향(芳香)공조는 향기가 인후의 통증이나 두통 등을 완화시키는 효과가 있다는 점을 이용한 공조방식의 한 유형이다(프랑스에서 최초 개발 보고됨).

(2) 방향(향기)은 사람의 심리, 생리적 효과 등에 많은 좋은 작용을 할 수 있다.

(3) 방향공조 방식(사례)

　① 공조에 삼림 등의 향기를 첨가하여 실내 거주자에게 평온함과 상쾌감을 부여해서 작업능률을 향상시킨다.

　② 향료로 레몬, 라벤더, 장미 등의 식물성 향료가 사용 가능하다.

　③ 이들 향료의 선택, 공급 스케줄의 각 제어는 다음 그림과 같이 이루어질 수 있다.

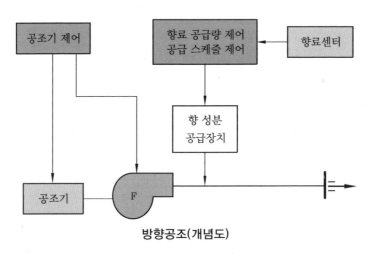

방향공조(개념도)

6-8   1/f 흔들림 공조

(1) 기류나 음(音)의 주파수와 강도 사이에는 어떤 관계가 있다. 즉, 기류나 음의 강도가 주파수에 반비례하면(해변의 파도, 소슬바람 등) 쾌적하다는 분석이 있다.

(2) 보통의 공조는 일정 풍속으로 제어되지만, 1/f 속도(가변속)로 공기속도를 만들어 내면 인간의 쾌적감 유지에 더 유리하다는 이론에 바탕을 둔다.

　① 1/f 속도(가변속)로 공기속도를 만들어 선풍기, 공기청정기, 에어컨 등에 적용한 사례가 많다.

② 공조기의 취출기류 → 기분 좋은 자연풍을 실내에서 인공적으로 재현하도록 풍속과 풍향을 제어한다.

③ 온화한 해변의 소슬바람처럼 바람의 강도를 주파수에 반비례한 관계로 '자연풍 모드'를 만들어 낸다.

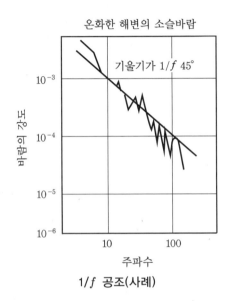

1/f 공조(사례)

6-9 퍼지(Fuzzy)제어

(1) 퍼지제어는 실내공기의 온도가 바뀌면 수시로 열원이 On-Off 되도록 되어 있는 On-Off 컨트롤의 공조에 상대되는 개념으로 등장한 공조의 한 방식이다.

(2) On-Off 컨트롤 방식의 공조에서 열원의 On과 Off가 반복되어 에너지가 과다 소비되고, 쾌적한 실내온도를 보장받기 어려운 점을 보완한 방식이다.

(3) 이런 단점을 극복하고자 퍼지이론 적용 → "이 정도의 온도 차이가 나면 열매의 온도/풍량 등을 높여라(또는 낮춰라)."는 명령이 프로그램상 입력되어 있어서 열원을 On-Off 하지 않고 실내에 항상 적절한 온도, 습도 및 풍속 등을 제공받을 수 있다.

(4) 신경망(Neuro-network)과 퍼지(Fuzzy)의 장점만을 따서 결합시킨 것이다(인간의 신경조직과 비슷하게 기능하도록 한 자동센서가 적절한 온도, 습도와 풍향 등을 스스로 판단해 실내환경을 최적의 상태로 이끈다는 것).

(5) 퍼지제어 방법

① 여러 센서들을 이용하여 센싱 후 자동연산 처리하고, 이것의 결과물을 출력해 내는 방식이다.

② 보통 공조시스템상 액정무선리모컨, 시간예약 기능, 항균 필터(抗菌 Air Filter) 등 다양한 기능이 첨가될 수 있다.

③ 퍼지 자동제어 개념도(사례)

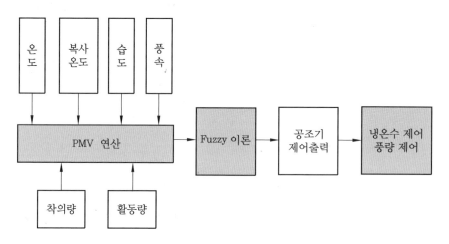

6-10 초고층 건축물의 공조와 에너지

(1) 초고층의 열환경 특징

① '초고층 건축물'이란 층수가 50층 이상이거나 높이가 200미터 이상인 건축물을 말한다.

② 에너지 다소비형 건물이므로 '에너지 절약 대책'이 특별히 중요하다.

③ 초고층 건물일수록 SVR(Surface area to Volume Ratio)이 커서 열 손실이 크고 건물의 에너지 절약 측면에서 좋지 못하다. 단, 지붕 면적은 작아 지붕으로 침투되는 일사량의 비율은 줄어들지만 여전히 '옥상녹화'는 추천된다.

④ 고층부에 풍속이 커서 대부분 기밀성이 높은 건축구조이며, 자연환기가 어려운 구조이다.

⑤ 연돌효과가 매우 크고, 여름철 일사부하가 상당히 크며, 겨울철 강한 풍속으로 인한 열 손실이 큰 부하특성을 가진다.

⑥ 건물 외피 부분의 시간대별 부하특성이 매우 변동이 심하므로, 내주존, 외주존을 분리하여 공조장치를 적용하는 방법도 검토 필요하다.

⑦ 기타 초고층 용도로서의 각종 설비의 내압·내진 신뢰성이 강조되며, 화재 시의 방재 등 안전에 대한 고려가 무엇보다 중요하다.

(2) 급수관 수압/소음 문제(수송 동력 절감 및 기기 내압에 특히 주의)

① 급수관 분할방식, 감압밸브 사용

② 배관재 : 고압용 탄소강관(수압이 약 1MPa 넘으면 고압용 탄소강관 사용)

③ 입상관 : 3층마다 방진

④ 입상배관 유수음 대책 : 이중관 및 스핀관 등 시공

(3) 연돌효과 (굴뚝효과)

① Air Curtain, 2중문, 회전문 등으로 외기 차단

② 2중문 사이 Convector 혹은 FCU 설치

③ 방풍실 설치, 가압으로 외기 차단

④ 각 층별 밀실 시공

⑤ 층간 구획으로 공기흐름 차단

(4) 에너지 절약 대책

초고층건물은 에너지 다소비형 건물이므로 '에너지 절약 대책'이 상당히 중요하다.

① 전열교환기 : 환기 시 폐열 회수 가능

② 이중외피(Double Skin 방식) 구조 : 자연환기 실시 가능

③ 중간기에는 외기냉방 실시(엔탈피 제어 등 동반 필요)

④ VAV방식 채용하여 반송동력비 절감

⑤ 신재생에너지 적용 검토 등(가능한 기저부하는 신재생에너지로 처리)

(5) 설비 선정 시 고려 사항

① 초고층 건물은 저층 건물에 비해 복사, 바람, 일사 등으로부터 냉·난방 부하에 더 많은 영향을 받기 때문에 열원장비의 용량이 재래의 건물과 비교하여 증가하게 된다.

② 창문의 개폐가 어려우므로 자연환경의 이용보다는 공조설비에 의한 의존도가 크게 된다.

③ 건물 방위별로 부하의 차가 크며, 냉·난방이 동시에 필요하므로 냉열원과 온열원이 동시에 요구되며, 연간냉방 및 중간기 공조가 필요하다.

④ 사무자동화의 일반화로 OA기기로 인한 내부 발열이 크기 때문에 열원설비의 용량이 증가하게 된다.

⑤ 열원시스템은 건물 규모, 열부하의 중간기 특성, 에너지 단가 측면에서의 경제성, 정부 시책 등을 바탕으로 고효율, 고성능, 유지 관리비의 최소에 따른 에너지 절약을 고려하여 그 종류 및 배치 계획을 종합적으로 분석한 후 결정한다.

⑥ 시스템의 안정성과 연료 공급의 안전성을 고려하여 연료의 다원화와 비상열원이 필요하다.

⑦ 추후 부하변동에 유연성 있게 대응할 수 있도록 준비되어야 한다.

(6) 열원 시스템

① 중앙공조

(개) 장비 : 흡수식 및 터보 냉동기 등 활용/각 Zone별 혹은 층별 공조기 사용

(내) 저층부 : 열원장비에서 생산된 냉수를 직접 공조기코일에 공급(냉수온도 약 7℃)하거나 직팽 코일방식 사용 가능

(대) 고층부 : 판형 열교환기를 설치하여 공조기코일에 냉수 공급(냉수온도 약 8℃)

(래) 냉각탑 : 무동력형(고층이므로 원활한 풍속 확보) 적용 가능성 확인 필요

② 개별공조

(개) 개별조작 및 편리성이 강조된 EHP(빌딩멀티, 시스템멀티) 채용 검토

(내) 도시가스 등을 이용한 GHP 채용 검토

(대) 전열교환기, 현열교환기 등의 환기 방식 선정

③ 혼합공조

(개) 주로 외주부는 개별공조, 내주부는 중앙공조를 채용하여 혼용하는 방식

(내) 층별 및 Zone별 특성을 살려 쾌적지수 향상, 에너지 절감 등 도모 가능

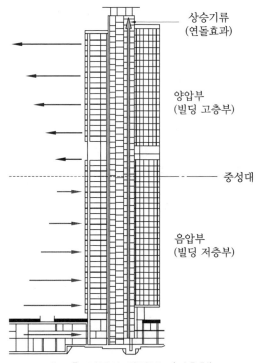

초고층 건물의 압력분포(겨울철)

6-11 대공간 건물의 공조와 에너지

(1) 개요

① 대공간이라 함은 체육관이나 극장, 강당 등과 같이 하나의 실로 구성되며 천장 높이
가 4~6m 이상, 체적이 10,000m³(바닥면적 약 2000제곱미터) 이상인 것을 말한다
(대공간에서의 공조 System 선정과 공기분배 방식은 매우 중요하다).

② 대공간 온열환경 고려 요소 : 천장 높이, 실공간 용적, 실사용 공간 분석, 외벽 면적
비 등

(2) 대공간 건물(大空間 建物)의 기류특성

① 냉방 시에는 천장 디퓨저에 어떤 공기분배 방식을 사용하여도 기류가 하향하게 되나
난방 시에는 온풍을 아래까지 도달시키기 어렵다(이는 공기의 밀도 차에 의한 원리로
가열된 공기는 상승, 냉각된 공기는 하강하려는 성질이 있기 때문이다).

② 연돌효과, Cold Draft(냉기류) 등으로 인해 기류제어가 대단히 어렵다.

③ 공간의 상하 간 온도 차에 의한 불필요한 에너지 소모가 많다(거주역만 냉·난방 제
어하기가 어려움).

④ 구조체의 열용량, 단열성능 약화로 인해 냉·난방 부하가 증가된다.

⑤ 동절기 결로 혹은 Cold Bridge 현상 등이 우려된다.

⑥ 상대적으로 외피면적이 큰 편이므로 복사온도의 개념이 매우 유효하고, MRT(평균
복사온도)를 잘 활용하도록 한다.

(3) 대공간 공조계획

① 건축 측면 : 대공간의 특수성에 의한 건축계획 측면의 환기 계획, 외피구조 계획 등
필요

② 기계설비(냉난방 방식) : 대류/복사열 부하, 경계층 열 이동, 열원(열매)방식, 사용에
너지 등 고려 필요

③ 공조방식 : 단일덕트방식이 좋음(Zone 수가 많지 않으므로)

④ 기타 : 건물 내·외부의 환경 변화 고려(일사와 구조체, 실내 발생열, 투입열량, 기류
조건 등)

⑤ 실내기류의 최적치 : 난방의 경우 0.25~0.3m/s, 냉방의 경우 0.1~0.25m/s

(4) 공기 취출 방식

① 수평 대향노즐(횡형 대향노즐)

　㉮ 이 방법의 특징은 냉방 시 도달거리를 크게 할 수 있으므로 대공간을 소수의 노즐로 처리 가능하고, 덕트가 적으므로 설비비 면에서 유리하다.

　㉯ 반면에 온풍(난방) 취출 시에는 별도의 온풍 공급 방식을 채택하거나 보조적 난방 장치가 필요하다.

② 천장(하향) 취출방식

　㉮ 극장의 객석 등에 응용 예가 많다.

　㉯ 온풍과 냉풍의 도달거리가 상이하므로 덕트를 2계통으로 나누어 온풍 시에는 N1개를 사용하고 냉풍 시에는(N1＋N2)개를 사용하면 온풍의 토출속도를 빠르게 하여 도달거리를 크게 할 수 있다.

　㉰ 가변선회형 취출방식 : 경사진 블레이드를 통과한 기류가 강력한 선회류(Swirl)를 발생시키고, 기류 확산이 매우 신속하게 이루어지는 형태이다.

　㉱ 노즐디퓨저 사용방식 : 공기 도달거리 확보에 용이한 형태이다.

③ 상향 취출방식(샘공조 방식)

　㉮ 좌석 하부나 지지대에서 취출하는 방식이다.

　㉯ 하부에 노즐장치를 설치하여,

　　㉠ 1석당 1차공기 약 $25m^3/h$를 토출하고 2차공기를 $50m^3/h$를 흡인한다.

　　㉡ 쾌적감 측면 토출 온도 차를 약 3~4℃ 정도로 한다.

　　㉢ 토출 풍속 : 약 1~5m/s(평균 2.5m/s)로 한다.

(5) 에너지 절약 대책

① 환기 : CO_2센서를 설치하여 환기량제어를 실시하여 에너지 절감을 기한다.

② 급기구 위치는 가급적 거주 공간에 가깝게 배치하여 반송동력을 절감한다(도달거리를 크게 하기 위해 풍속을 크게 하면 정압이 상승한다).

③ 급기구는 유인비가 큰 성능의 것을 선택함으로써 환기 기능을 좋게 한다.

④ 중간기 외기냉방을 할 수 있도록 한다.

⑤ 천장 쪽에서의 Heat Gain(열 취득)은 배기팬을 이용하여 기류를 이동시킨다.

⑥ 난방 시 온풍에 의한 방법보다 상패널 히팅(바닥패널 방식)으로 하고, 공기는 등온 취출하는 것이 좋다(공기 하부 취출이 유리).

⑦ 일사차단막을 설치하여 일사량에 대한 조절이 필요하다(전면이 유리로 된 대형 건물의 외주부에서는 더욱 중요 사항임).

수평 대향노즐(마드리드 바라하스공항)

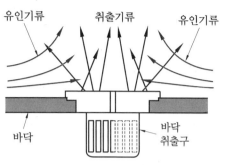

상향 취출방식(샘공조 방식)

6-12 호텔(Hotel) 건물의 공조와 에너지

(1) 개요

① 호텔 열부하는 일반 건물 대비 종류가 많고 대단히 복잡하다.

② 객실은 방위의 영향, Public부는 내부부하, 인체, 조명, 발열부하의 비율이 높으므로 용도, 시간대별 조닝이 필요하다.

(2) 각 실별(室別) 공조방식

① 열부하 특성이 아주 다양하고 복잡하다.

② 객실 : 전망 때문에 대개 창문이 크고 외기에 접함(방위별로 조닝이 필요하다)

  ㈎ 주로 'FCU + 덕트' 방식임

  ㈏ 창문 아래 FCU 설치하여 Cold Draft 방지

  ㈐ FCU 소음 주의

  ㈑ 침대 근처 FCU 송풍 금지

  ㈒ 개별제어 : 고객 취향에 따라 개별 온도제어 가능할 것

  ㈓ 주로 야간에 가동되므로 열원계통 분리 필요

③ 현관, 로비, 라운지 : 연돌효과 방지 필요

④ 대연회장, 회의실 : 잠열부하 및 환기량 처리가 중요, 전공기 방식이 유리

⑤ 음식부, 화장실 : 부압 유지 필요

⑥ 관리실 : 작은 방이 많아 개별제어 필요

⑦ 최상층 레스토랑

  ㈎ Cold Draft 방지 대책 필요

  ㈏ 바닥패널 고려, 영업시간 고려, 단독계통이 유리

⑧ 실내공기의 질(質) : 호텔은 고급건물로 카펫 등의 먼지 발생이 많아 실내 공기청정에 유의하고, 특히 환기방식 및 필터 선정에 각별한 주의가 필요하다(특히 카펫은 작게 제작하여, 조립식으로 설치하는 것이 청소 및 유지 관리에 유리하다).

(3) 열원장비(熱源裝備) 선정

① 객실 계통, Public 계통 분리(부하특성 많이 다름)
② 보통 지하에 설치하나, 옥상 설치 시에는 소음, 진동, 흡음재 특별 고려
③ 부분부하 효율이 특히 좋을 것
④ 초고층의 경우 소음, 진동, 수두압 고려하여 설비 분산 검토
⑤ 부분부하와 특성이 다른 부하가 많아, 부분부하효율을 고려한 장비 선정, 대수분할은 3대 이상 고려함이 유리
⑥ 추천 열원장비 방식

　(개) 중앙공조

　　㉮ 장비 : 흡수식 및 터보 냉동기 등 활용/각 Zone별 혹은 층별 공조기 사용
　　㉯ 저층부 : 열원장비에서 생산된 냉수를 직접 공조기코일에 공급(냉수온도 약 7℃)하거나 직팽 코일방식 사용 가능
　　㉰ 고층부 : 판형 열교환기를 설치하여 공조기코일에 냉수 공급(냉수온도 약 8℃)
　　㉱ 냉각탑 : 무동력형(고층이므로 원활한 풍속 확보 가능) 가능성 타진

　(나) 개별공조

　　㉮ 개별조작 및 편리성이 강조된 EHP(빌딩멀티, 시스템멀티, HR방식 등) 채용 검토
　　㉯ 도시가스 등을 이용한 GHP 채용 검토
　　㉰ 전열교환기, 현열교환기 등의 환기방식 선정
　　㉱ 경비실, 주차장관리실 등 24시간 관리가 필요한 경우 혹은 사용 용도상 별도로 구획된 룸이 있을 경우 패키지에어컨, 싱글에어컨 등 개별제어성이 뛰어난 열원방식 채택

6-13 병원건물의 공조와 에너지

(1) 개요

① 환자와 의료진의 건강상 실내공기 오염 확산 방지를 위해 각 실 청정도 및 양압 혹은 부압 유지가 필요하다.
② 각 실(室)의 용도, 기능, 온습도 조건, 사용 시간대, 부하특성 등에 의해 공조방식을 결정한다.

③ 병원설비 고도화, 복잡화로 증설 대비한 설비용량 확보, 원내 감염 방지, 비상시 안정성, 신뢰성 등을 모두 갖추어야 한다.

(2) 공조방식

① 병실부 및 외래진료부 : 외주부(FCU＋단일덕트), 내주부(단일덕트)
② 방사선 치료부, 핵의학과, 전염병 치료병동, 화장실 : 전공기 단일덕트, (−)부압(음압)
③ 중환자실, 수술실, 응급실, 무균실 : 전공기 단일덕트(정풍량) 혹은 전외기식, (＋)정압
④ 응급실 : 전공기 단일덕트, 24시간 운전계통
⑤ 분만실, 신생아실 : 전공기 정풍량, 100% 외기도입(전외기방식), 온습도 유지 위한 재가열코일, 재가습, HEPA필터 채용, 실내 정압(＋) 유지 등
⑥ 기타 특별히 고청정을 필요로 하거나 습도조절이 필요한 室은 가급적 전외기방식, 혹은 항온항습 시스템을 채용하는 것이 유리하다.
⑦ 2015년 국내 메르스(MERS) 사태 시 음압 병동의 부족으로 큰 홍역을 치른 바 있다.

(3) 열원방식

① 긴급 시 및 부분부하 시를 대비하여 열원기기를 복수로 설치하면 효과적(→ 응급실 등은 24시간 공조 필요하므로, 복수 열원기기 꼭 필요)이다.
② 온열원
　㉮ 증기보일러 : 의료기기, 급탕가열, 주방기기, 가습 등 고려
　㉯ 온수보일러 : 병원의 난방은 열용량이 크고, 소음이 적으며, 관부식이 적은 '온수난방'을 주로 많이 선호
③ 냉열원 : 흡수식냉동기, 터보냉동기, 지열시스템 또는 축열시스템 등

6-14 백화점건물의 공조와 에너지

(1) 백화점 열환경의 특징

① 백화점은 일반 건물에 비해 냉방부하가 크고, 공조시간이 길어 에너지의 소비가 많으므로 설비방식 계획 시 건축환경, 에너지 절약에 중점 계획이 필요하다.
② 내부에 많은 인원을 수용해야 하므로 잠열부하 및 환기부하가 상당히 많다. 따라서 가습부하가 거의 없고, 실외온도 15℃ 이하에서는 외기냉방의 고려가 필요하다.
③ 각 층별 상품코너별 공조부하 특성이 많이 다르므로 공조방식으로는 '각층유닛' 등이 적당하다.

(2) 백화점 공조계획 시 고려 사항

① 실내부하 패턴의 최적 자동제어, 에너지 절약의 안정성, 장래의 용도변경, 매장의 확장 등 영업 측면 고려

② 중앙기계실(구조적 안정성), 공조실(한 층 약 2개소), 천장공간(최소 1m 이상), 수직 Shaft(코아 인접, 판매 동선과 분리), 출입구(Air Curtain), 지하주차장(급·배기팬실 분산), 옥탑(소음, 진동, 미관 고려) 등에 주의

③ 출입구, 에스컬레이터, 계단실 : 연돌효과 방지 필요

④ 내주부/외주부 : Zoning 필요(외벽면에 유리 면적이 큼), 외주부 결로 주의

⑤ 식당, 매장 : 냄새 전파 방지를 위해 부압 유지가 필요하고, 악취 제거를 위해 전외기 방식, 단독 덕트계통, 활성탄필터의 채용 등의 고려가 필요하다.

⑥ 천장공간 : 조명, 소방 등으로 1m 이상(1~2m) 확보 필요

⑦ 방재, 방화시설 : 배연덕트, 화재감지기 등 방재/방화 시설 강화 필요, 화재 시 배연덕트 전환장치 설치 검토

⑧ 필터 : 순환 공기에 섬유질, 머리카락 등의 먼지가 많으므로 청소 및 유지 보수가 용이한 필터 채용

(3) 열원설비

내부조명, 조밀 인원밀도로 일반 사무소 건물에 비해 냉방부하가 2.5~3배, 냉방은 전기간 6개월로 2배, 제어특성 좋은 장비로 최소 3대 이상 분할 설치가 필요하다.

① 가스 냉방방식

㈎ 매장 : 가스직화식 냉온수유닛

㈏ 스포츠센터 : 보일러 + 흡수식냉동기

㈐ 축열방식 대비 초기투자비 저렴, 방식 단순, 신뢰성, 운전관리 유리, 수전설비 용량 축소

② 축열방식 : 싼 심야전력으로 운전비 절감 가능, 부하 대응성 유리

(4) 공조 설계

① TAC 2.5%(전산실 TAC 1% 적용)

② 일반 건물(0.1~0.2인/m²) 대비 큰 인체부하(1인/m²), 큰 조명부하(100W/m²) 감안 필요함

③ 많은 외기도입 필요함 : 많은 인원(보통 29m³/h·인 이상)

④ 전공기 단일덕트 정풍량 공조(주로 냉방부하) : '각층유닛 방식'이 유리

(5) 에너지 절약 대책

① 배기량 많으므로 전열교환기, 폐열 회수장치 등이 효과적임

② 외기냉방, 외기 냉수냉방 적극 응용 필요

③ 기타 VAV시스템, 열원기기 부분부하 운전 등 응용

6-15 IB(Intelligent Building ; 인텔리전트 빌딩)의 공조와 에너지

(1) 배경

① IB라는 용어는 미국의 UTBS(United Technologies Building System)사가 미국의 코네티컷주 하트포트에 건설하여 1984년 1월에 완성한 시티 플레이스(City Place)에서 그 특징을 선전하는 의미로 처음 사용되었다.

② 미국에서는 스마트 빌딩(Smart Building)과 IB가 거의 동의어로 사용되고 있다.

(2) 정의

BA, OA, TC의 첨단기술이 건축환경이라는 매체 안에서 유기적으로 통합되어 쾌적화, 효율화, 환경을 창조하고, 생산성을 극대화시키며 향후 '정보화 사회'에 부응할 수 있는 완전한 형태의 건축물을 의미한다.

(3) 5대 요소

① OA(Office Automation) : 사무자동화, 정보처리, 문서처리 등

② TC(Tele Communication) : 원격통신, 전자메일, 화상회의 등

③ BAS(Building Automation System) 혹은 BA(Building Automation)

  ⑦ 공조, 보안, 방재, 관리 등 빌딩의 자동화 시스템을 말한다.

  ⑭ 크게 빌딩 관리 시스템(BMS : Building Management System), 에너지 절약 시스템(BEMS), 시큐리티(Security) 시스템 등의 세 가지 요소로 대별하기도 한다.

④ 건축(Amenity) : 쾌적과 즐거움을 주는 곳으로서의 건물

  ⑦ 업무환경 : 컴퓨터 단말기 작업에 적합한 사무환경 및 인간공학에 입각한 의자, 작업대의 선택 등

  ⑭ Refresh 환경 : 아트리움, 휴게실, 식당, 카페테리아, 티라운지, 화장실

  ⑮ 건강유지 환경 : 헬스클럽, 클리닉

  ⑯ 보조시스템 : 각종 시스템에 연결되는 배관 덕트 배선 등을 건물 구조 속에 아름답게 정리되도록 하는 보조적인 시스템

⑤ CA(Communication Automation) : TC(Tele Communication)와 OA(Office Automation)가 통합화된 개념

⑥ 보통은 상기 CA를 **빼고**, IB의 4대 요소(OA, TC, BAS, 건축)로 많이 부른다.

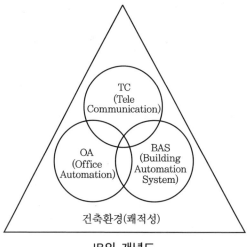

IB의 개념도

(4) IB 공조 설계상 특징

① IB 공조 설계에는 쾌적성, 변경성(유연성), 편리성, 안정성, 효율성, 독창성 및 생산성이 고려되어야 한다.

② IB 공조는 OA기기 증가로 예측이 어렵고, 대부분 OA기기 발열에 의한 냉방부하로 일반사무실 부하와 달라 유의해야 한다.

③ VAV방식으로 대응 시 환기부하(저부하 시)에 유의하고, 동시 냉난방 발생 시 대비책이 필요하다.

④ 온열기류 유의점 : 내부 발열이 클 경우에는 연중냉방 필요

⑤ 내부 발열량 변동, 내부 발열 시간대, 기류분포 등을 고려한다.

⑥ 기기 용량 산정 시 단계적 증설 가능성도 고려한다.

⑦ 제어시스템 : 운전관리제어, 이산화탄소 농도 제어, 대수제어, 냉각수 수질제어, 공기반송 시스템 제어 및 조명제어 등 고려

⑧ 절전제어(Computer Software에 의한 제어) : 최적 기동제어, 전력제어, 절전 운전제어, 역률제어 및 외기 취입 제어(예열 예냉 제어, 외기 엔탈피제어, 야간외기취입 제어) 등 고려

⑨ 기타 사항

㉮ 온도 : (10~15℃)~(32~35℃) 등으로 Zone별 특성에 맞게 나누어 공조

㉯ 습도 : 40~70%(중앙공조 기준) 등으로 Zone별 특성에 맞게 나누어 공조

㉰ 주의 사항(특히 온·습도 사용 범위에 주의)

㉮ 보통 5℃ 이하에서는 자기디스크 Reading 불가, 제본의 아교가 상하는 현상 등을 초래할 수 있다.

④ 저습 시 종이의 지질 약화 및 정전기 우려

※ 정전기 방지 대책 : 접지, 공기 이온화 장치, 전도성 물질 도장 등

㉱ 고습 시 곰팡이, 결로, 녹 발생 등 우려

(5) 냉방시스템 구성(사례)

① IBS 건물의 Data 센터실은 보통 24시간 운전되고 있다. 냉방부하(최대부하) 용량이 1,000RT일 경우 Back up 운전 50%, 100% 고려 시의 냉방시스템(열원) 구성

㉮ 백업 50% 고려 시 : 500RT 3대를 설치하여 1대는 Stand-by 상태

㉯ 백업 100% 고려 시 : 500RT 4대를 설치하고 2대는 Stand-by 상태

6-16 클린룸(Clean Room)의 공조와 에너지

(1) 개요

① 클린룸이란 공기 중의 부유 미립자가 규정된 청정도 이하로 관리되고, 또한 그 공간에 공급되는 재료, 약품, 물 등에 대해서도 요구되는 청정도가 유지되며, 필요에 따라서 온도/습도/압력 등의 환경조건에 대해서도 관리가 행하여지는 공간을 말한다.

② 실내 기류 형상과 속도/유해가스/진동/실내 조도 등도 관리항목으로 요구되고 있다.

③ 바이오 클린룸은 상기 클린룸에서 실내공기 중의 생물 및 미생물 미립자를 추가로 제어하는 공간을 말한다.

(2) 분류

① ICR(Industrial Clean Room ; 산업용 클린룸) : 공장 등에서 분진을 방지하여 정밀도 향상, 불량 방지 등을 위함

② BCR(Bio Clean Room ; 바이오 클린룸) : 생물학적 입자(생체입자)와 비생체입자를 제어(청정도)하기 위함

③ BHZ(Bio HaZard) : 직접 또는 환경을 통해서 사람, 동물 및 식물 등이 위험한 박테리아나 병원 미생물 등에 오염되거나 또는 감염되는 것을 방지하는 기술이다[실(室)의 내부로부터 외부를 보호].

(3) ICR(Industrial Clean Room ; 산업용 클린룸)

① 개요

㉮ 전자공업, 정밀기계공업 등 첨단산업의 발달로 인하여 그 생산 제품에는 정밀화, 미소화, 고품질화 및 고신뢰성이 요구되고 있다.

㉯ 전자부품 공장, Film 공장 또는 정밀기계공장 등에서는 실내 부유 미립자가 제조

중인 제품에 부착되면 제품의 불량을 초래하고, 사용 목적에 적합한 제품의 생산에 저해요소가 되어 제품의 신뢰성과 수율(생산원가)에 막대한 영향을 미치므로 공장 전체 또는 중요한 작업이 이루어지는 부분에 대해서는 필요에 대응하는 청정한 환경이 유지되도록 하여야 한다.

② 목적 : 공장 내부 등에서 분진을 방지하여 정밀도 향상, 불량 방지 등을 위함(외부로부터 내부 보호)

③ 청정의 대상 : 부유먼지의 미립자

④ 적용 : 반도체공장, 정밀측정실, 필름공업 등

⑤ 산업용 클린룸의 방식

　㈎ 층류방식 Clean Room(Laminar Flow, 단일방향 기류)

　　실내의 기류를 층류(유체 역학적인 층류가 아니고 Piston Flow를 의미함)로 해서 오염원의 확산을 방지하고 그 배출을 용이하게 하는 방식

　　㋐ 수직 층류형 Clean Room(Vertical Laminar Flow)

　　　ⓐ 기류가 천장면에서 바닥으로 흐르도록 하는 방식으로 청정도 Class 100 이하의 고청정 공간을 얻을 수 있다.

　　　ⓑ 취출풍속은 0.25~0.5m/s이다.

　　㋑ 수평 층류형 Clean Room(Horizontal Laminar Flow)

　　　ⓐ 기류가 한쪽 벽면에서 마주 보는 벽면으로 흐르도록 하는 방식으로 이 방식의 특징은 상류 측의 작업의 영향으로 하류 측에서는 청정도가 저하되는 것이다.

　　　ⓑ 상류 측에서는 Class 100 이하, 하류 측에서는 상류 측의 작업 내용에 따라 Class 1,000 정도의 청정도를 얻을 수 있다.

　　　ⓒ 취출풍속은 0.45m/s 이상이다.

　㈏ 난류방식 Clean Room(Turbulent Flow, 비단일방향 기류)

　　㋐ 기본적으로 일반 공조의 취출구에 HEPA Filter를 취부한 방식으로 청정한 취출공기에 의해 실내오염원을 희석하여 청정도를 상승시키는 희석법이다.

　　㋑ 청정도는 Class 1,000~100,000 정도를 얻을 수 있다.

　　㋒ 환기횟수는 20~80회/h 정도이고, HEPA Box 또는 BFU(Blower Filter Unit)를 사용하여 공조기로부터 Make Up된 공기를 취출하고 청정 유지에 필요한 풍량을 순환시킨다.

　　㋓ 특징

　　　ⓐ 구조가 간단하고, 설비비가 저렴하다.

　　　ⓑ 실내의 구조 및 장비 배치에 따라 천장에 Return Box를 설치하거나 실내에 Return 풍도를 설치하여 공기를 순환시킨다.

　　　ⓒ Room의 확장이 비교적 용이하다(단, AHU 용량 범위 안에서).

　　　ⓓ Clean Bench 등을 이용하여 국부적인 고청정도를 형성할 수 있다.

ⓔ 와류나 기류의 혼란이 생기기 쉽고 오염입자가 실내에서 순환하는 경우가 있다.
(다) 국소 고청정 시스템(SMIF & FIMS System ; Standard Mechanical InterFace & Front-opening Interface Mechanical Standard System)

㉮ 전체 클린룸 설비 가운데 노광 및 에칭 등 초청정 환경이 요구되는 일부 공간만을 클래스 1 이하의 초청정 상태로 유지함으로써 전체 클린룸 설비의 사용효율을 극대화하는 차세대 클린룸 설비로 각각의 핵심 반도체 장비에 부착되는 초소형 클린룸 장치(수직 하강 층류 이용)이다.

㉯ 밀폐형 웨이퍼 용기(Pod/FOUP), 밀폐형 웨이퍼 용기 개폐 장치(Indexer/Opener), 그리고 웨이퍼 이송용 로봇 시스템 등으로 구성하여, 웨이퍼 공정진행 공간만을 최소화하여 국부적 고청정도를 유지시킴으로써 외부 환경에 따른 오염 발생을 근본적으로 차단시킨다.

㉰ 효과
ⓐ 반도체 CR 설비의 운전유지비(Running Cost) 절감
ⓑ 반도체 수율 및 품질 향상 가능
ⓒ 국부적 공간만을 고청정으로 유지 → 외부로부터의 오염 침투를 근본적으로 방지
ⓓ 국부적 공간 내 정밀한 기류 분포 및 균일성 가능

> 칼럼 **Clean Room의 4대 원칙**
> 1. 먼지, 균(미생물) 등의 유입 및 침투 방지 : 室 외부로부터 침투되지 않게 관리
> 2. 먼지, 균(미생물) 등의 발생 방지 : 室의 내부에서 발생하지 않게 관리
> 3. 먼지, 균(미생물) 등의 집적 방지 : 室의 바닥에 쌓이지 않게 관리
> 4. 먼지, 균(미생물) 등의 신속 배제 : 일단 발생된 먼지는 신속히 배제

(4) BCR(Bio Clean Room ; 바이오 클린룸)

① 정의
(가) 제약공장, 식품공장, 병원의 수술실 등에서는 제품의 오염 방지, 변질 방지 및 환자의 감염 방지를 위해 무균에 가까운 상태가 요구된다.
(나) 일반 박테리아는 고성능 Filter에 잡혀 제거되지만, 바이러스는 박테리아에 비해 대단히 작기 때문에 그 자체만으로는 제거가 곤란하다. 그러나 대부분의 박테리아나 바이러스는 공기 중의 부유 미립자에 부착해서 존재하므로 공기 중의 미립자를 제거함으로써 세균류의 제거도 동시에 가능하다.
(다) 살균 방법 : 오존 살균, 자외선 살균, 플라스마 살균 등 활용
② 목적
(가) 무균실의 환경을 유지하기 위한 목적임(외부로부터 내부 보호)

㈏ 어떤 목적을 위해 특정 규격을 만족하도록 생물학적 입자(생체입자)와 비생체입
자를 제어(청정도)할 수 있는 동시에 실내온도, 습도 및 압력을 필요에 따라 제어

③ 청정의 대상 : 세균, 곰팡이, 박테리아, 바이러스 등의 생물입자

④ 적용 분야

㈎ 의약품 제조공장 : 약품의 오염 방지

㈏ 병원

㉮ 공기 중 세균을 감소시켜 환자에게 감염 방지

㉯ 무균 병실, 신생아실, 수술실 등이 주요 대상임

㉰ 환자에게 쾌적한 온도, 습도, 청정도 유지

㈐ 시험동물 사육시설 : 장시간 일정한 조건(온도, 습도, 청정도, 기류 등에서 사육해
야 Data의 신뢰성 보장 가능

㈑ 식품 제조공장

㉮ 식중독, 세균 감염 등 방지

㉯ GMP(우수의약품 제조기준) 및 HACCP(식품위해요소 중점관리기준)에 따라 위
생관리 철저 가능

㈒ 기타 : 병원(병실, 수술실, 신생아실 등), 무균실, GLP(Good Laboratory
Practice) 등에 사용(정압 유지)

⑤ 풍속과 기류 분포(기류 이동방식)

㈎ 재래식 : 비층류형(Conventional Flow)

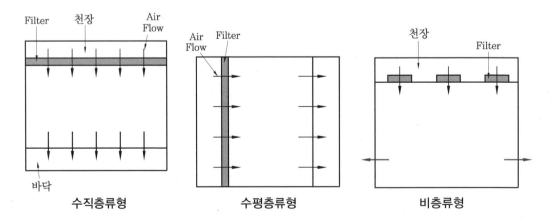

수직층류형　　　　수평층류형　　　　비층류형

㈏ 층류식 : 수평 층류형(Cross Flow Type), 수직 층류형(Down Air Flow)

㈐ 병용식 : 경제적인 비층류형과 고청정을 얻을 수 있는 층류형을 혼용한 형태

⑥ 바이오 클린룸의 방식

㈎ 병원용 BCR : 병원용 BCR의 주목적은 공기 중의 세균을 감소시켜 공기 감염을 방
지하고 실내 환경을 환자들의 체내 대사에 적합한 온·습도로 유지시키는 것이다.

　　　(나) 동물실험시설

　　　　　⑦ 동물실험시설은 실험동물의 사육 또는 보관, 실험 등을 위한 시설로서 G.L.P (Good Laboratory Practice) 기준에 따른다.

　　　　　⑭ GLP라 함은 의약품의 안전성을 확인하기 위하여 이루어지는 비임상 독성시험의 신뢰성을 확보하기 위한 기준으로 시험 기관의 조직, 시설 및 장비, 시험 계획 및 실시, 시험 물질 및 대조 물질, 시험의 운영 및 보고서 작성. 보관 등 시험 과정에 관련되는 모든 사항을 체계적으로 관리할 수 있는 규정을 말한다.

　　　(다) 약품 및 식품 공장 : 약품 및 식품은 인체에 직접 영향을 주는 것으로 균, 곰팡이 등의 오염물질이 혼입되지 않도록 해야 하며, 이를 위한 설비는 GMP 규정에 따른다. GMP(Good Manufacturing Practice)는 품질이 보증된 우수의약품을 제조하기 위한 기준으로서 제조소의 구조 설비를 비롯하여 원료의 구입으로부터 제조, 포장, 출하에 이르기까지의 전 공정에 걸쳐 제조와 품질의 관리에 관한 조직적이고 체계적인 규정을 말한다.

칼럼 🔍 **Clean Room의 청정도**

1. Clean Room의 청정도 표시규격
　① 미 연방규격(U.S FEDERAL STANDARD 209E)
　　㉠ 영국 단위 : 1 ft^3 중 $0.5\mu m$ 이상의 미립자 수를 Class로 표현한다.
　　㉡ 미터 단위 : 1m^3 중 $0.5\mu m$ 이상의 미립자 수를 10^x으로 표현하고, 이때의 청정도를 'Class M X'라고 표시한다(즉, 1m^3 중 $0.5\mu m$ 이상의 미립자 수가 100개이면 100은 10^2 이므로 'Class M 2'로 표현함).
　② ISO, KS, JIS 규격 : 1m^3 중 $0.1\mu m$ 이상의 미립자 수를 10^x으로 표현하고, 이때의 청정도를 'Class X'라고 표시한다(즉, 1m^3 중 $0.1\mu m$ 이상의 미립자 수가 100개이면 100은 10^2이므로 'Class 2'로 표현함)
　③ 대상이 아닌 입자 크기에 대한 상한 농도는 다음 식으로 구한다.
　　　$Ne = N \times$ (기준 입자 크기/D)$^{2.1}$
　여기서, Ne : 임의의 입자 크기 이상의 상한 농도
　　　　　N : 기준 입자 크기의 농도 혹은 Class 등급
　　　　　D : 임의의 입자 크기(μm)
2. Class 10~100 : HEPA (주 대상 분진 ; 0.3~$0.5\mu m$) 적용. 포집률이 99.97% 이상일 것
3. Class 10 이하 : ULPA (주 대상 분진 ; 0.1~$0.3\mu m$) 적용. 포집률이 99.9997% 이상일 것
　※ HEPA : High Efficiency Particulate Air Filter
　　ULPA : Ultra Low Penetration Air Filter

---

(5) BHZ(Bio HaZard)

　① 정의

　　　(가) 위험한 병원 미생물이나 미지의 유전자를 취급하는 분야에서 발생하는 위험성을 생물학적 위험(Bio HaZard)이라 한다.

㈏ 생물학적인 박테리아와 위험물 보호의 두 개 단어의 조합이다.

㈐ 직접 또는 환경을 통해서 사람, 동물 및 식물이 막대한, 위험한 박테리아 또는 잠재적으로 위험한 박테리아에 오염되거나 감염되는 것을 방지하는 기술이다.

㈑ 실험실 내 감염을 방지하고, 외부로 전파되는 것을 방지하며, 안정성 확보를 위해 취급이나 실험수단을 제한하고 실험설비 등의 안전기준을 정하고 이 위험성으로부터 격리하는 것이 생물학적 위험 대책이다.

② 목적

㈎ 취급하는 병원체의 확산을 방지함(내부로부터 외부를 보호하는 방)

㈏ 음압 유지 및 배기에 대한 소독을 실시하여 세균 감염 방지

㈐ 실험실, 박테리아, 미생물 등이 주요 대상

③ 청정의 대상 : 정규적 병원균, 박테리아, 바이러스, 암바이러스, 메르스(MERS), 재조합 유전자 등

④ 적용 : 박테리아 시험실, DNA 연구개발실 등(부압 유지)

⑤ BHZ(Bio HaZard)의 등급 구분

㈎ P1 Level : 대학교 실험실 정도의 수준

㈏ P2 Level : 약간의 복장, 장갑도 끼고 작업함

㈐ P3 Level : 전체 복장을 하고 Air Shower도 함

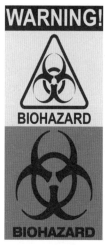

BHZ(Bio HaZard) 심벌

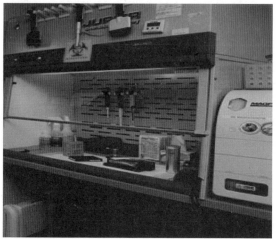

2015년 8월 살아 있는 탄저균 배달사고의 진상 규명을 위해 한미합동실무단이 공동조사를 진행한 경기도 평택 주한미군 오산기지 내 '생물식별검사실' 내부 모습

㈑ P4 Level : 부압 유지 등의 기본적인 공조시스템은 상기와 동일하나, 안전도를 가장 높임(가장 위험한 생체물질을 격리하기 위한 것으로 인터록문 추가, 샤워실 추가, 배기용 필터 소독 가능 구조 혹은 2중 배기시스템 적용)

Clean Room의 에너지 절감 대책

1. 냉방부하
   외기 냉방, 외기냉수 냉방, 배기량 조절[제조장치 비사용 시의 배기량(환기량) 저감 등]
2. 반송(운송)동력
   ① 송풍량 절감 : 부하에 알맞게 풍량을 선정하고 부분부하 시 회전수 제어를 적용한다.
   ② 압력손실 적은 필터 채용, 고효율 모터 사용, 덕트상의 저항과 마찰손실 줄임 등
3. 제조장치로부터 발생하는 폐열을 회수하여 재열/난방 등에 활용
4. 부분적으로 '국소 고청정 시스템' 등 채용
5. 기타
   ① 질소가스 증발잠열 이용
   ② 지하수를 이용한 외기예냉 및 가습
   ③ 히트파이프를 이용한 배열 회수
   ④ 지하수(냉각수)의 옥상 살포
   ⑤ 고효율 히트펌프 시스템 적용
   ⑥ 태양열/지열 등의 신재생에너지 활용

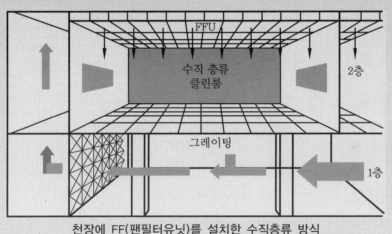

천장에 FF(팬필터유닛)를 설치한 수직층류 방식

클린룸의 전산유체역학(CFD)과 편류

1. 전산유체역학(CFD)
   ① 전산유체역학(CFD)은 매우 다양한 열유체역학 문제(대류/복사 분석, 실내 기류 및 편류에 대한 분석 등)를 자동화 프로그래밍을 통해 효과적으로 분석하는 방식이다.
   ② 편미분방정식의 형태로 표시할 수 있는 유체의 유동현상을 컴퓨터가 이해할 수 있도록 대수방정식으로 변환하여 컴퓨터를 사용하여 근사해를 구하고, 그 결과를 분석하는 방법이다.
2. 클린룸의 편류
   ① 클린룸의 FFU(팬필터 유닛) 등에서 토출된 기류가 수직방향으로부터 벌어진 각도(편향각)로 벗어나 흐르는 기류를 의미한다.
   ② 실내에서 수직하향 기류 유동을 교란하여 난류화하는 요인이 존재하게 되면, 수직층류가 쉽게 파괴되어 제한적인 오염 영역에 입자들의 상대적인 잔존시간이 길게 되고, 확산에 의해서 그 오염 영역이 확장된다.
   ③ 클린룸 내부의 정압이 균일치 못하면 편류가 발생/심화될 수 있다.

6-17 공동주택의 에너지·환경 신기술

(1) 개요

① 공동주택 건설현장 신기술 및 신공법 분야는 현재 많은 새로운 기술들이 소개되고 있으므로, 항상 열린 마음으로 신기술 습득과 보급에 신경 써야 한다.

② 공동주택 신기술 분야는 다음과 같이 환기 분야, 에너지 절감, 소음 방지 및 환경 분야로 대별할 수 있다.

(2) 환기 분야

① 주방 레인지 후드 작동 방법을 감지기에 의한 자동 운전

② 지하주차장 배기를 무덕트 시스템으로 시공

③ 주방 및 화장실 악취 확산 방지를 위해 코안다형 배기시스템 적용

④ 자연환기방식, 지열환기방식 혹은 하이브리드 환기방식 채택 등

(3) 공조 및 설비 분야

① 전열교환기 설치

② 급수방식은 부스터 펌프 방식 도입

③ 각 실별 룸 온도 제어(바닥난방 방식에는 시스템분배기 설치 필요)

④ 각 세대 감압밸브 및 정유량밸브 설치

⑤ 절수 위생기기 설치(양변기, 소변기, 샤워기 등)

⑥ 선진창틀 및 2중 유리 혹은 3중 유리, 로이 코팅유리 적용

⑦ 고효율 및 개별제어가 용이한 공조방식의 채택

⑧ 신재생에너지 응용 설비 도입 등

(4) 소음공해 방지 분야

① 배수배관을 스핀 이중관 혹은 스핀 삼중관으로 설치

② 수격 방지를 위한 Water Hammer Arrester(수격 방지기) 설치

③ 층간 소음 방지를 위한 충분한 차음재 시공

④ 2중 엘보, 3중 엘보 등을 적용(배수 배관) 등

(5) 환경 분야

① 상수도 수질 개선을 위한 중앙 정수처리 장치 설치

② 싱크대에 음식물 탈수기 설치

③ 이동식 청소기의 비산먼지 발생 방지를 위한 중앙 진공청소 장치 설치

④ 쓰레기 자동수송 시스템 설비 도입

⑤ 소음 방지를 위한 분리형 주방 배기시스템 도입 등

도심 지하에 구축된 '쓰레기 자동수송 시스템 사례'

6-18 덕트의 취출구 및 흡입구

(1) 개요

① 조화된 공기를 실내에 공급하는 개구부를 취출구(토출구)라고 하고, 그것의 설치 위치, 형식에 따라 실내로의 기류 방향과 온도 분포, 환기 성능 등이 변한다.

② 취출구(토출구)는 크게 축류와 복류, 선형과 면형으로 분류된다.

(2) 취출구(吹出口)

① 복류형

㈎ 아네모스탯(Anemostat)

㉮ 확산형, 유인성능이 좋아 아주 널리 사용된다.

㉯ 외곽 형상에 따라 원형과 각형이 있다.

㈏ 팬형(Pan Type) : 상하로 움직이는 둥근 Pan 이용 풍향, 풍속 조절 가능

㈐ 웨이형(Way Type) : 한 방향~네 방향까지 특정 방향으로 고정되어 취출됨

아네모스탯(Anemostat)   팬형(Pan Type)

② 면형 : 다공판형(多孔板形 ; Multi Vent Type) – 다수의 원형 홈을 만들어 제작

③ 선형(라인형)

   ㉮ Line Diffuser : Breeze Line, Calm Line, T-Line 등

   ㉯ Light-troffer : 형광등의 등기구에 숨겨 토출됨

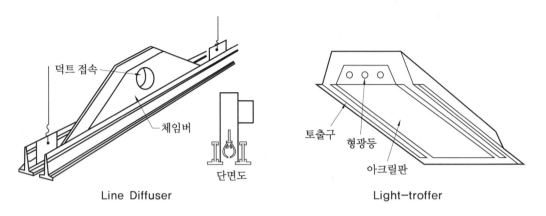

Line Diffuser   Light-troffer

④ 축류형

   ㉮ 노즐형(Nozzle Type) : 취출구 형상이 노즐 형태로 되어 있어 취출공기를 멀리 보낼 수 있음

   ㉯ 펑커 루버(Punkah Louver) : 취출공기를 멀리 보낼 수 있게 취출구 단면적의 크기 조절이 가능함, 또한 국소냉방(Spot Cooling)에도 유용하게 적용 가능

노즐형(Nozzle Type)   펑커 루버(Punkah Louver)

⑤ 격자(날개)형 : 베인형의 격자형태

   ㉮ 그릴(Grille) : 풍량 조절용 셔터(Shutter)가 없음

      ㉮ H형 : 수평 루버형

      ㉯ V형 : 수직 루버형

      ㉰ H-V형 : 수평 및 수직 루버형

   ㉯ 레지스터(Register) : 풍량 조절용 셔터(Shutter) 있음

      ㉮ H-S형 : 수평 루버 + 셔터(Shutter)

      ㉯ V-S형 : 수직 루버 + 셔터(Shutter)

㉰ H-V-S형 ; 수평 및 수직 루버+셔터(Shutter)

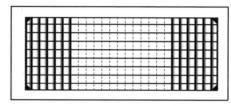

H-V형 그릴(Grille)

⑥ VAV시스템용 디퓨저

　㈎ 주로 VAV(유닛)시스템의 말단부 취출구에서 높은 유인비를 얻을 목적으로 채용되는 디퓨저이다.

　㈏ 형상 면에서는 아네모스탯(Anemostat)과 유사하지만, 콘의 형태가 길고 낮게 형성되어 유인비가 커질 수 있게 특별히 제작된다.

　㈐ 취출구의 풍량이 많이 변하여도 유인비가 큰 일정한 패턴의 취출풍량을 얻을 수 있다.

⑦ VAV디퓨저

　㈎ 보통 VAV유닛시스템은 급기덕트상에 하나의 유닛마다 여러 개(보통 3~7개)의 취출구를 연결하여 사용하며, 실내 측에 별도로 설치된 실내온도센서의 신호를 받아 풍량을 제어하는 시스템이지만, VAV디퓨저는 디퓨저에 일체화된 온도센서에 의해 각각의 디퓨저마다 별도의 풍량이 제어될 수 있다.

　㈏ VAV디퓨저는 개별 작은 공간마다의 간편형 변풍량제어가 용이하다.

　㈐ VAV유닛시스템 대비 장비 가격, 시공비 등이 절감되며, 간단형 VAV시스템이라고 할 수 있다.

　㈑ 사용 공간 상부에서 직접 급기풍량이 변하므로 이상소음 발생에 특별히 주의하여야 한다.

⑧ 가변선회형 디퓨저

　㈎ 개념

　　㉮ 기류의 토출방향을 조절할 수 있는 가변형 취출구는 취출특성에 따라 축류형과 선회류형이 있고, 도달거리에 따라 일반형과 고소형이 있다.

　　㉯ 축류형은 유인비와 확산반경이 작아서, 도달점에서 실내온도와 취출온도의 편차가 약 3~4℃ 정도로 심해지는 관계로 불쾌감을 유발한다고 하여 많이 사용되지 않는다.

　㈏ 일반형 가변선회 취출구

　　㉮ 천장고가 약 4~12m 높이에 사용되는 취출구

　　㉯ 경사진 블레이드를 통과한 기류는 강력한 선회류(Swirl)를 발생시키고, 기류확

산이 매우 신속하게 이루어진다.

   ㉰ 유인비가 높아 2차 실내기의 유동을 촉진하여 정체공간을 해소한다.

   ㉱ 실온에 가까운 공기가 재실자에 유입되는 특징이 있다.

  (다) 고소형 가변선회 취출구

   ㉮ 천장고가 약 10~25m 높이에 사용되는 취출구

   ㉯ 일반적인 특성은 '일반형 가변선회 취출구'와 동일하나, 난방 시 확산각이 일반형에 비해 감소되는 차이가 있다.

(3) 흡입구(吸入口)

① 실내공기를 조화(Air Conditioning)할 목적으로 공기조화기 쪽으로 보내기 위해 흡입하는 개구부를 흡입구라고 한다.

② 덕트에 사용되는 대부분의 취출구들은 흡입구로도 사용 가능하다(단, 취출구를 흡입구로 사용하기 위해서는 보통 불필요한 풍향 및 풍량 조절장치를 떼어 내고 흡입구로 적용한다).

③ 기타 흡입구 전용으로 사용할 수 있는 장치들은 다음과 같다.

  (가) SLIT형 : 긴 홈 모양으로 철판 등을 펀칭하여 만듦

  (나) Punching Metal형 : 금속판에 작은 홈들을 펀칭하여 만듦

  (다) 화장실 배기용 : 화장실의 배기 전용으로 제작

  (라) Mush Room형 : 바닥 취출을 위한 형태(버섯 모양)

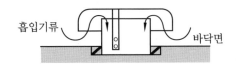

| 가변선회 취출구 | Mush Room형 흡입구 |

6-19   덕트 최적 기류특성

(1) 덕트 설계 시 에너지 절약을 위한 고려 사항

① 가능한 저속덕트 사용

② VAV형식으로 에너지 절감

③ 덕트 배치 시 굴곡부 최소화

④ 덕트 내 압력손실 최소화

⑤ 취출구 배치 및 형식의 최적화 : 냉/난방 모두 고려

(2) 토출기류의 특성과 풍속

① 토출구 퍼짐각 : 약 $18 \sim 20°$

② $Q_1 V_1 + Q_2 V_2 = (Q_1 + Q_2) V_m$

여기서, Q_1, Q_2 : 취출, 유인풍량

　　　　 V_1, V_2 : 취출, 유인풍속

　　　　 V_m : 혼합공기의 풍속

③ 토출기류 4역 : 임의의 x 지점에서의 기류의 중심속도를 V_x 라고 하고, 디퓨저 초기 분출 시의 속도를 V_0 라고 하면 다음과 같다.

　㈎ 1역 ($V_x = V_0$) : 보통 취출구 직경의 $2 \sim 6$배까지를 1역으로 본다.

　㈏ 2역 ($V_x \propto \dfrac{1}{\sqrt{x}}$) → 천이영역(유인작용) : Aspect Ratio가 큰 디퓨저일수록 이 구간이 길다.

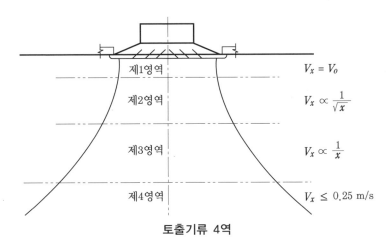

토출기류 4역

　㈐ 3역 ($V_x \propto \dfrac{1}{x}$) → 한계영역(유인작용) : 주위 공기와 가장 활발하게 혼합되는 영역으로, 일반적으로 가장 긴 영역이다.

　㈑ 4역 ($V_x \leq 0.25\,\text{m/s}$) → 확산영역 : 취출기류속도 급격히 감소, 유인작용이 없다.

④ 확산반경(최대 확산반경, 최소 확산반경)

　㈎ 최대 확산반경 : 천장취출구에서 기류가 취출되는 경우 드리프트가 일어나지 않는 상태로 하향 취출했을 때 거주 영역에서 평균 풍속이 $0.1 \sim 0.125\,\text{m/s}$로 되는 최대 단면적의 반경을 최대 확산반경이라고 한다.

　㈏ 최소 확산반경 : 천장취출구에서 기류가 취출되는 경우 드리프트가 일어나지 않

는 상태로 하향 취출했을 때 거주 영역에서 평균 풍속이 0.125~0.25m/s로 되는 최대 단면적의 반경을 최소 확산반경이라고 한다.

㈐ 확산반경 설계요령

㉮ 최소 확산반경 내에 보나 벽 등의 장애물이 있거나, 인접한 취출구의 최소 확산 반경이 겹치면 드리프트(Drift ; 편류현상) 현상이 발생한다.

㉯ 따라서, 취출구의 배치는 최소 확산반경이 겹치지 않도록 하고, 거주 영역에 최 대 확산반경이 미치지 않는 영역이 없도록 천장을 장방형으로 적절히 나누어 배 치한다.

㉰ 이때 보통 분할된 천장의 장변은 단면의 1.5배 이하로 하고, 또 거주영역에서는 취출 높이의 3배 이하로 한다.

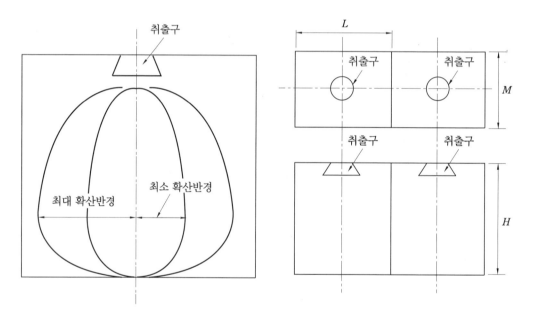

M : 천장 단변, L : 천장 장변, H : 취출구의 높이

1. 장변(L) ≤ 1.5×M일 것
2. 장변(L) ≤ 3×H일 것

6-20 VAV 공조시스템

(1) 개요

① 실내로 공급되는 풍량의 공급방식에는 CAV(정풍량 방식)와 VAV(변풍량 방식)가 있다.

② CAV(정풍량 방식)는 실내로 공급되는 송풍량이 일정하므로 급기의 온도와 습도를 조절하여 공조할 실(室)의 상태를 제어한다. 반면에 VAV(변풍량 방식)는 송풍량 자

체를 조절하여 공조할 실(室)의 상태(온도 및 습도)를 제어한다.

③ 흔히 바이패스형, 교축형(Throttling Type), 유인형 등으로 대별되며, 바이패스 타입은 3방밸브에, 교축형은 2방밸브에 비유되기도 한다.

④ VAV는 정풍량특성이 좋고, 공기량을 부하변동에 따라 통과시키므로 온도 조절, 정압 조정이 가능하고 제어성이 양호하다.

(2) 교축형 VAV(Throttle Type)

① 특징

㉮ 가장 널리 보편화된 형태(By-pass Type, 유인형 등의 다른 방식보다는 교축형이 일반적이다)로서 댐퍼 Actuator를 조절하여 실내 부하조건에 일치하는 풍량을 제어하는 방식이다.

㉯ 동력 절감이 확실하고, 소음/정압 손실이 높으며, 저부하 운전 시 환기량 부족이 우려될 수 있다.

㉰ 동작은 실내의 변동부하 추정동작인 Step제어(전기식), 덕트 내 정압변동 감지동작으로 구분되며 댐퍼식, 벤투리식 등이 있다.

② 구분

㉮ 압력 종속형(Pressure Dependent Type) : 실내온도에 따른 교축작용으로 풍량 제어를 하며, 덕트 내 압력변동을 흡수할 수는 없음

㉯ 압력 독립형(Pressure Independent Type) : 실내온도에 따른 교축(1차 구동), 덕트 내 압력변동을 스프링, 벨로우즈 등이 흡수함(2차 구동, 정풍량특성)

㉮ 스프링내장형 : 스프링에 의해 압력변동을 흡수

㉯ 벨로우즈형(Bellows Type) : 공기의 온도에 따라 수축/팽창하여 공기량을 조절하는 방법

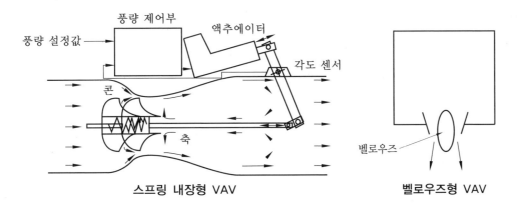

스프링 내장형 VAV   벨로우즈형 VAV

③ 유닛 제어 순서 : 풍량 인입 → 온도센서 → PI조작기 → 모터 → 댐퍼 또는 벤투리 조정 → 변풍량 송풍

(3) 바이패스형 VAV(Bypass Type)

① 특징

㉮ 실내 부하 조건이 요구하는 필요한 풍량만 실내로 급기하고 나머지 풍량은 천장 내로 바이패스하여 리턴으로 순환시키는 방법이다. 따라서 엄밀한 의미에서는 V.A.V.라 할 수 없다.

㉯ 저부하 운전 시 동력 절감이 안 되나, 정압 손실이 거의 없고, 저부하 운전 시 환기량 부족 문제도 없다.

② 그림

바이패스형 VAV

(4) 유인형 VAV(Induction Type)

① 특징

㉮ 실내 부하가 감소하여 1차공기의 풍량이 실내 설정온도점 이하부터는 천장 내의 2차공기를 유인하여 실내로 급기하는 방식이다.

㉯ 덕트 치수가 작아지고, 환기량이 거의 일정하며, 덕트 길이의 한계가 있다.

② 그림

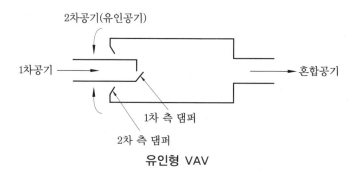

유인형 VAV

(5) 댐퍼형 VAV

① 버터 플라이형 댐퍼를 주로 사용한다.

② 댐퍼 하단부 '압력 Drop'에 의한 소음에 주의한다.

③ Pressure Independent Type으로 사용 시에는 '속도 감지기'를 내장하여 댐퍼를 조작하게 한다(압력 변동 흡수).

(6) 팬부착형 VAV(Fan Powered V.A.V. Type)

① 주로 교축형 V.A.V.에 Fan 및 Heater가 내장되어 있는 형태이다.

② V.A.V.는 냉방 및 환기 전용으로 작동되고 실내 부하가 감소하여 1차공기의 풍량이 설계치의 최소 풍량일 때 실내 온도가 계속(Dead Band 이하로) 내려가면 Fan이 동작되고 Reheat Coil의 밸브가 열려 천장 내의 2차공기를 가열하여 실내로 급기(난방)하는 방식이다.

(7) 교축형과 바이패스형 VAV에서의 습공기선도상 표현

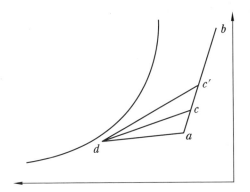

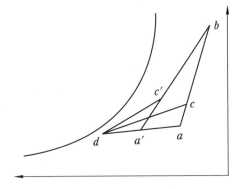

a : 실내공기

b : 외기(외기도입량 일정의 경우)

c : 공조기 입구상태(부하 100 %)

c' : 공조기 입구상태(부분부하)

d : 공조기 출구상태

a' : 실내공기

b : 외기(외기도입량 일정의 경우)

c : 공조기 입구상태(부하 100 %)

c' : 공조기 입구상태(부분부하)

d : 공조기 출구상태

칼럼 🔍 정풍량 특성

1. 풍량을 가변할 수 있는 VAV 혹은 CAV 유닛에서 풍속센서 등을 설치하여 정압의 일정한도 내에서는 풍량을 동일하게 자동으로 조절해 주는 특성을 말한다.

2. 혹은 풍속센서 대신 기계식 장치(스프링, 벨로우즈 등)를 이용하여 덕트 내 정압변동을 흡수하여 정풍량을 유지시키는 방법도 있다.

3. 다음 그림에서 정압이 일정한도 ($a \sim b$) 내에서 변할 때 풍량은 같다.

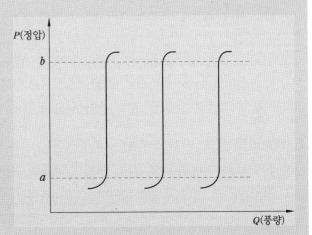

6-21 실링리턴(Ceiling Plenum Return) 공조방식

(1) 개요

① 공기조화에서 'Ceiling Plenum Return 방식'을 그냥 '실링 덕트방식'이라고 하는데, 일반적으로 그 기능과 목적에 대해 잘못 오해하는 경우가 많다.

② 즉 그 공사의 간단함과 편리성 때문에 오히려 대부분의 경우에는 공사비를 줄이고 부실공사로 생각하는 경향이 있다.

③ 그러나 실링리턴(Ceiling Plenum Return) 공조방식의 목적은 완전히 다르다. 그것은 에너지 절약에 주안점을 둔다는 것이 가장 크다.

(2) 실링리턴(Ceiling Plenum Return) 공조방식의 원리

① 리턴 덕트를 연결하지 않고 리턴 측에는 공 디퓨저로 천장을 공조한다.

② 설치 방법은 공급 덕트만 있고, 리턴 덕트는 없이 리턴공기를 입상 덕트로 이동할 수 있는 구조이다.

③ 우선 천장에 있는 형광등의 조명 열량을 제거하기 위한 것으로, 노출형은 아니고 매입형 조명에 대하여 실링 위로 열을 유도하여, 조명열을 실내 부하로 처리하지 않고 개선하여 조명열을 절감하는 것이다. 결국 조명열은 천장 위로 해서 입상 리턴 덕트로 들어간다.

④ 또 공조기의 리턴덕트가 없어 기외정압이 적게 걸리므로, 송풍모터 소비전력을 줄일 수 있어 경제적이다.

(3) 실링리턴 공조 방식의 장점

① 조명부하가 실내로 전파되지 않으므로 냉방부하 절감이 가능하다.

② 덕트 내 기외정압이 적게 걸리므로 저정압 모터를 채용하여 소음을 대폭적으로 줄일 수 있다.

③ 덕트용 함석 등 재료비 및 설치 인건비를 감소할 수 있다.

④ 덕트설비를 절반 수준으로 줄일 수 있으므로 충고를 낮출 수 있다.

⑤ 송풍량 감소로 팬용량 감소 등이 있으며 당연히 에너지도 감소할 수 있다.

(4) 실링리턴 공조 방식의 적용 시 주의점

① 조명으로 인한 냉방부하 절감 : 매입형 조명이 50% 이상 천장 내에 매립되어야 한다.

② 리턴덕트와 같이 천장에도 오물 등이 없게 청결해야 한다(공조기에서 재순환).

(5) 실링리턴 공조에 대한 검토

① 취기가 발생하는 부분 및 최상층 등 외기에 면해 있는 부분의 적용 제외

② 취기가 발생하는 부분은 천장 내에서 별도 구획
③ 천장재·단열재·마감재의 발진이 최소가 될 수 있도록 재료 선택(건축과 협의)
④ 간벽에 의해 환기가 편중되지 않도록 덕트(트랜스 덕트) 배치
⑤ 천장 내 충분한 공기통로가 확보될 수 있도록 보 밑 등에 Space 확보(200mm 이상)
⑥ 충분한 환기구(흡입구)의 확보(급기의 1.5배, 통과풍속은 1m/s 이하가 바람직)
⑦ 외주부의 Cold Draft가 방지되도록 디퓨저 배치
⑧ 평면에서 덕트(duct)가 길지 않도록 계획(평면상 50m 이하)

(6) 응용

① 실링리턴 공조방식과 유사한 시스템으로 천장 다공판 취출 시스템(Ceiling Plenum Chamber System, CPCS)을 이용하여 실내의 공기 교란을 최소로 유지하면서 급기할 수 있는 시스템도 있다.
② 항온항습시스템, 클린룸 등과 같이 하루 24시간 일 년 내내 운전해야 하는 특성상 운전비용 절감, 특히 에너지비용을 특별히 고려해야 하는 경우 효과가 크다(소비전력이 적은 모터의 채용).

6-22 펌프의 Cavitation(공동현상)

(1) 개요

① 펌프의 이론적 흡입양정은 10.332m, 관마찰 등을 고려한 실질적인 양정은 6~7m 정도이다.
② 캐비테이션은 펌프의 흡입양정이 6~7m 초과 시, 물이 비교적 고온 시, 해발고도가 높을 시 잘 발생한다.
③ 펌프는 액체를 빨아올리는 데 대기의 압력을 이용하여 펌프 내에서 진공을 만들고 (저압부를 만듦), 빨아올린 액체를 높은 곳에 밀어 올리는 기계이다.
④ 만일 펌프 내부 어느 곳에든지 그 액체가 기화되는 압력까지 압력이 저하되는 부분이 발생되면 그 액체는 기화되어 기포를 발생하고 액체 속에 공동(기체의 거품)이 생기게 되는데, 이를 캐비테이션이라 하며 임펠러(Impeller) 입구의 가장 가까운 날개 표면에서 압력은 크게 떨어지는 부분에 잘 발생한다.
⑤ 이 공동현상은 압력의 강하로 물속에 포함된 공기나 다른 기체가 물에서부터 유리되어 생기는 것으로, 이것이 소음, 진동, 부식의 원인이 되어 재료에 치명적인 손상을 입힌다.

(2) 캐비테이션 발생 메커니즘(Mechanism)

① 1단계 : 흡입 측이 양정 과다, 수온 상승 등 여러 요인으로 인하여 압력강하가 심할 경우 증발 및 기포 발생
② 2단계 : 이 기포는 결국 펌프의 출구 쪽으로 넘어감
③ 3단계 : 출구 측에서 압력의 급상승으로 기포가 갑자기 사라짐
④ 4단계 : 이 순간 급격한 진동, 소음, 관부식 등 발생

(3) 캐비테이션의 발생 조건(원인)

① 흡입양정이 클 경우
② 액체의 온도가 높을 경우 혹은 압력이 포화증기압 이하로 된 경우
③ 날개차의 원주속도가 클 경우(임펠러가 고속)
④ 날개차의 모양이 적당하지 않을 경우
⑤ 휘발성 유체인 경우
⑥ 대기압이 낮은 경우(해발이 높은 고지역)
⑦ 소용량 흡입펌프 사용 시 발생 용이(양흡입형으로 변경 필요)

(4) 캐비테이션 방지법

① 흡수 실양정을 될 수 있는 한 작게 한다.
② 흡수관의 손실수두를 작게 한다(즉, 흡수관의 관경을 펌프 구경보다 큰 것을 사용하며, 관 내면의 액체에 대한 마찰저항이 보다 작은 파이프를 사용하는 것이 좋다).
③ 흡수관 배관은 가능한 간단히 한다. 휨을 적게 하고 엘보(Elbow) 대신에 밴드(Bend)를 사용하며, 밸브로서는 슬루스 밸브(Sluice Valve)를 사용한다.
④ 스트레이너(Strainer)는 통수면적으로 크게 한다.
⑤ 계획 이상의 토출량을 내지 않도록 한다. 양수량을 감소하며, 규정 이상으로 회전수를 높이지 않도록 주의하여야 한다.
⑥ 양정에 필요 이상의 여유를 계산하지 않는다.
⑦ 흡입배관 측 유속은 가능한 한 1m/s 이하로 하며, 흡입수위를 정(+)압 상태로 하되 불가피한 경우 직선 단독거리를 유지하여 펌프유효흡입수두보다 1.3배 이상 유지한다(즉, $NPSHav \geq 1.3 \times NPSHre$가 되도록 한다).
⑧ 펌프의 설치 위치를 가능한 한 낮게 하고, 흡입손실수두를 최소로 하기 위하여 흡입관을 가능한 한 짧게 하고, 관 내 유속을 작게 하여 $NPSHav$를 충분히 크게 한다.
⑨ 횡축 또는 사축인 펌프에서 회전차입구의 직경이 큰 경우에는 캐비테이션의 발생 위치와 $NPSH$ 계산 위치상의 기준면과의 차이를 보정하여야 하므로 $NPSHav$에서 흡입배관 직경의 1/2을 공제한 값으로 계산한다.
⑩ 흡입수조의 형상과 치수는 흐름에 과도한 편류 또는 와류가 생기지 않도록 계획하여

야 한다.

⑪ 편흡입 펌프로 $NPSHre$가 만족되지 않는 경우에는 양흡입 펌프로 하는 경우도 있다.

⑫ 대용량펌프 또는 흡상이 불가능한 펌프는 흡수 면보다 펌프를 낮게 설치하거나 압축 펌프로 선택하여 회전차의 위치를 낮게 하고, Booster펌프를 이용하여 흡입조건을 개선한다.

⑬ 펌프의 흡입 측 밸브에서는 절대로 유량조절을 해서는 안 된다.

⑭ 펌프의 전양정에 과대한 여유를 주면 사용 상태에서는 시방양정보다 낮은 과대 토출 량의 범위에서 운전되게 되어 캐비테이션 성능이 나쁜 점에서 운전되게 되므로, 전양 정의 결정에 있어서는 실제에 적합하도록 계획한다.

⑮ 계획토출량보다 현저하게 벗어나는 범위에서의 운전은 피해야 한다. 양정 변화가 큰 경우에는 저양정 영역에서의 $NPSHre$가 크게 되므로 캐비테이션에 주의하여야 한다.

⑯ 외적 조건으로 보아 도저히 캐비테이션을 피할 수 없을 때에는 임펠러의 재질을 캐 비테이션 괴식에 대하여 강한 재질(합금강 등)을 택한다.

⑰ 이미 캐비테이션이 생긴 펌프에 대해서는 소량의 공기를 흡입 측에 넣어서 소음과 진동을 적게 할 수도 있다.

(5) 캐비테이션 방지를 위한 펌프의 설치 및 배관상의 주의

① 펌프는 기초 볼트를 사용하여 기초 콘크리트 위에 설치 고정한다.

② 펌프와 모터의 축 중심을 일직선상에 정확하게 일치시키고 볼트로 죈다.

③ 펌프의 설치 위치를 되도록 낮춰 흡입양정을 낮게 한다.

④ 흡입양정은 짧게 하고, 굴곡배관을 되도록 피한다.

⑤ 흡입관의 횡관은 펌프 쪽으로 상향구배로 배관하고, 횡관의 관경을 변경할 시에는 편심 이음쇠를 사용하여 관 내에 공기가 유입되지 않도록 한다.

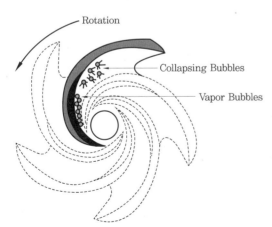

캐비테이션의 발생

캐비테이션으로 파손된 임펠러

⑥ 풋밸브(Foot Valve) 등 모든 관의 이음은 수밀, 기밀을 유지할 수 있도록 시공한다.

⑦ 흡입구는 수위면에서부터 관경의 2배 이상 물속으로 들어가게 한다.

⑧ 토출 쪽 횡관은 상향구배로 배관하며, 공기가 낄 우려가 있는 곳은 에어밸브를 설치한다(공기 정체 방지).

⑨ 펌프 및 원동기의 회전방향에 주의한다(역회전 방지).

⑩ 양정이 높을 경우에는 펌프 토출구와 게이트 밸브와의 사이에 역지밸브를 장착한다.

6-23 펌프의 특성곡선과 비속도

(1) 개요

① 펌프의 특성곡선이란 배출량을 가로축으로 하고, 양정 및 축마력과 효율을 세로축으로 하여 그린 곡선으로서, 펌프의 특성을 한눈에 알아볼 수 있도록 한 것이다.

② 펌프는 최고 효율에서 작동할 때 가장 경제적이고, 펌프의 수명을 길게 할 수 있다.

(2) 펌프의 특성곡선

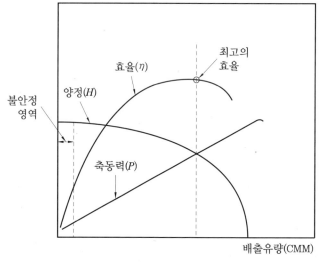

※ 운전범위

1. 토출량 다(多)
   → 전양정 감소

2. 토출량 소(少)
   → 전양정 증가

3. 토출량 0(zero)
   → 유효일 0
   (열로 낭비, 과열 현상 발생)

4. 최고효율점(설계점)
   → 운전이 합리적임

(3) 토출량 대(大)와 토출량 소(小)일 경우의 영향과 대책

① 토출량 대(大) → 전양정 감소

㈎ 영향 : 배관 내 유량 증가, 과부하 초래, 축동력 증가, 원동기의 과열 초래, 전원 측으로부터 과도한 전류(혹은 전압)가 인입됨

㈏ 대책 : 유량의 적절한 제어(감소시킴), 배관상 유량제어 밸브를 설치하고 적절히

조절함(유량을 줄임), 인버터의 경우 회전수 제어(회전수 증가), 허용 전압 및 전류에 대한 제어, 펌프의 재선정(비교회전수가 큰 펌프로 선정)

② 토출량 소(小) → 전양정 증가

㈎ 영향 : 배관 내 유량 감소, 축동력 감소, 원동기의 과열 초래, 서징 등의 불안정 영역 돌입 가능, 전원 측으로부터 허용치 이하의 전류(혹은 전압)가 인입됨

㈏ 대책 : 유량의 적절한 제어(증가시킴), 배관상 유량제어 밸브를 설치하고 적절히 조절함(유량을 늘림), 인버터의 경우 회전수 제어(회전수 증가), 허용 전압 및 전류에 대한 제어, 펌프의 재선정(비교회전수가 적은 펌프로 선정)

(4) 펌프의 비속도(Specific Speed) : 송풍기에서도 동일 개념

① 펌프의 특성에 대한 연구나 설계를 할 때에는 펌프의 형식, 구조, 성능(전양정, 배출량 및 회전속도)을 일정한 표준으로 고쳐서 비교 검토해야 한다. 보통 그 표준으로는 비속도(비교회전수)가 사용된다.

② 회전차의 형태에 따라 펌프의 크기에 무관하게 일정한 특성을 가진다(상사법칙 적용 가능).

③ 비속도라 함은 한 펌프와 기하학적으로 상사인 다른 하나의 펌프가 전양정 $H=1\text{m}$, 배출량 $Q=1\text{m}^3/\text{min}$으로 운전될 때의 회전속도(N_s)를 말하며 다음 식으로 나타낸다.

④ 관계식(비교회전수 ; N_s)

$$N_s = N\frac{Q^{1/2}}{H^{3/4}}$$

여기서, Q : 수량(CMM)
H : 양정(m)

⑤ 상기 식에서 배출량 Q는 양쪽 흡입일 때에는 $\frac{Q}{2}$로 하고, 전양정 H는 다단 펌프일 때에는 1단에 대한 양정을 적용한다. 따라서 비속도 N_s는 펌프의 크기와는 관계가 없으며, 날개차의 모양에 따라 변하는 값이다.

⑥ 기타의 특징

㈎ 펌프가 대유량 및 저양정이면 비속도는 크고, 소유량 및 고양정이면 비속도는 작아진다.

㈏ 터빈 펌프<볼류트 펌프<사류 펌프<축류 펌프 순으로 비교회전수는 증가하지만 양정은 감소된다.

㈐ 비교회전도가 작은 펌프(터빈 펌프)는 양수량이 변해도 양정의 변화가 작다.

㈑ 최고 양정의 증가 비율은 비교회전도가 증가함에 따라 크게 된다.

㈒ 비교회전도가 작은 펌프는 유량변화가 큰 용도에 적합하다.

㈓ 비교회전도가 큰 펌프는 양정변화가 큰 용도에 적합하다.

⑷ 비교회전도가 지나치게 크거나 작게 되면 효율 변화의 비율이 크다(효율이 급격하게 나빠질 수 있다).

6-24 배관저항과 균형(Balancing Method)

(1) 개요
① 건물이 점차 고층화, 대형화되면서 그 기계설비에 적용되는 펌프 등의 유량 불균형이 심해질 수 있다.
② 따라서 관경의 조정, 오리피스의 사용, 밸런싱 밸브(Balancing Valve)의 설치 등을 통하여 유량을 제어할 필요가 있다.
③ 배관저항의 균형(Balance)이 올바르게 되면 유체의 온도가 균일해지고 에너지 소비가 최소화되면서 관리 비용이 절감된다.
④ Balance기구의 적정 설계, 정확한 시공, 시운전 시 TAB의 실시를 통하여 열적 평형이라는 목적 달성이 필요하다.

(2) 배관저항 Balance 방법
① Reverse Return(역환수 방식)
② 관경 조정에 의한 방법
③ Balancing 밸브에 의한 방법
④ Booster Pump에 의한 방법
⑤ 오리피스에 의한 방법(Balancing Valve)

(3) 밸런싱밸브(Balancing Valve)
① 정유량식 밸런싱밸브(Limiting Flow Valve)
⑺ 배관 내의 유체가 두 방향으로 분리되어 흐르거나 또는 주관에서 여러 개로 나뉘어질 경우 각각의 분리된 부분에 흘러야 할 일정한 유량이 흐를 수 있도록 유량을 조정하는 작업을 수행한다.
⑷ 오리피스의 단면적이 자동적으로 변경되어 유량을 조절하는 방법이다.
⑸ 압력이 높을 시 압력 판에 그 압력이 가해져 통과단면적을 축소시키고, 압력이 낮을 시 통과단면적을 확대시켜 일정 유량을 공급한다.
⑹ 기타 스프링의 탄성력과 복원력을 이용(차압이 커지면 압력판에 의해 오리피스의 통과면적이 축소되고 차압이 낮아지면 스프링의 복원력에 의해 통과면적이 커짐)하는 방법도 있다.

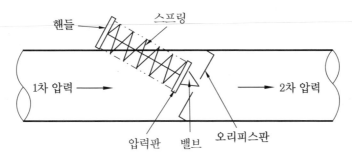

정유량식 밸런싱밸브 사례

② 가변유량식 밸런싱밸브

  ㉮ 수동식 : 유량을 측정하는 장치를 별도로 장착하여 현재의 유량이 설정된 유량과 차이가 있을 경우 밸브를 열거나 닫히게 수동으로 조절한 후, 더 이상 변경되지 않도록 봉인까지 할 수 있게 되어 있다(보통 밸브 개도 표시 눈금이 있음).

  ㉯ 자동식 : 배관 내 유량 감시 센서를 장착하여 PID제어 등의 자동 프로그래밍 기법을 이용하여 현재 유량과 목표 유량을 비교하여 자동으로 밸브를 열거나 닫아서 항상 일정한 유량이 흐를 수 있게 한다.

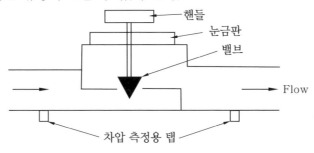

가변유량식 밸런싱밸브(수동식) 사례

6-25 소음(dB)의 개념과 표현

(1) 개요

① Bel : 알렉산더 그레엄 벨의 이름에서 유래한 것으로, 전기적, 음향적 혹은 다른 전력비의 상용로그 값

② dB : Bel의 값이 너무 작아 사용편의상 10배 한 것

③ 원래 dB은 전화회선에서 송신 측과 수신 측 사이의 전력손실을 표시하기 위해 고안된 것이다.

④ 사람의 청각이나 시각은 물리량(빛과 소리의 세기)이 어떤 규정레벨의 2배가 되면 약 3dB(10 log2) 증가, 10배가 되면 10dB(10 log 10) 증가, 100배가 되면 20dB(10

$\log 10^2$)이 증가한 것으로 나타난다.

⑤ 위에서 알 수 있는 것은 입력되는 물리량이 10배일 때 10dB 증가하지만, 100배가 되면 20dB로 단지 2배가 증가할 뿐이라는 것이다. 이것은 입력되는 물리량이 기하학적으로 늘어날 때, 사람이 느끼는 감각은 대수적으로 늘어난다는 것을 의미하는 것이다. 따라서 대수의 값은 인간에게 있어, 소리의 세기를 표현하는 데 대단히 편리한 값으로 사용되고 있다.

(2) SIL(Sound Intensity Level)

$$SIL = 10 \log \frac{I}{I_o}$$

여기서, I : Sound Intensity (W/m^2)

I_o : Reference Sound Intensity (10^{-12} W/m^2)

(귀의 감각으로 1,000 Hz 부근의 최소가청치)

(3) SPL(Sound Pressure Level)

$$SPL = 20 \log \frac{P}{P_o}$$

여기서, P : Sound Pressure (Pa)

P_o : Reference Sound Pressure (2×10^{-5} Pa)

(귀의 감각으로 1,000 Hz 부근의 최소가청치)

$\rightarrow I \propto P^2$ (압력의 제곱이 강도 및 에너지에 비례)

(4) PWL(Power Level)

$$PWL = 10 \log \frac{W}{W_o}$$

여기서, W : Sound Power (W)

W_o : Reference Sound Power (10^{-12} W)

(귀의 감각으로 1,000 Hz 부근의 최소가청치)

6-26 음의 성질(흡음과 차음)과 방음

(1) 흡음

① 흡음이란 실내 표면에서 소리에너지가 반사하는 것을 감소시키는 것을 말한다(흡음재는 흡음률이 클 것).

$$흡음률 = 1 - \frac{음의\ 반사에너지}{음의\ 입사에너지} = \frac{음의\ 흡수에너지 + 음의\ 투과에너지}{음의\ 입사에너지}$$

② 반사율과 투과율

$$반사율 = \frac{음의\ 반사에너지}{음의\ 입사에너지}$$

$$투과율 = \frac{음의\ 투과에너지}{음의\ 입사에너지}$$

③ 흡음재의 종류 및 특성

(가) 다공질형 흡음재 : 구멍이 많은 흡음재로서 흡음이 관계되는 주요인자들은 밀도, 두께, 기공률, 구조계수 및 흐름저항 등으로서 벽과의 마찰 또는 점성저항 및 작은 섬유들의 진동에 의하여 소리에너지의 일부가 기계적 에너지인 열로 소비됨으로써 소음도가 감쇠된다.

(나) 판(막)진동형 흡음재

㉮ 판진동하기가 쉬운 얇은 것일수록 흡음률이 크게 되고, 흡음률의 최대치는 200〜300Hz 내외에서 일어나며, 재료의 중량이 크거나, 배후 공기층이 클수록 저음역이 좋아지고, 배후 공기층에 다공질형 흡음재를 조합하면 흡음률이 커지게 되며, 판진동에 영향이 없는 한 표면을 칠하는 것은 무방하다.

㉯ 밀착 시공하는 것보다는 진동하기 쉽게 못, 철물 등으로 고정하는 것이 흡음에 유리하다.

(다) 공명형 흡음재

㉮ 구멍 뚫린 공명기에 소리가 입사될 때, 공명주파수 부근에서 구멍 부분의 공기가 심하게 진동하여 마찰열로 소리에너지가 감쇠되는 현상을 이용한 것이다.

㉯ 단일 공동 공명기, 목재 슬리트 공명기, 천공판 공명기 등이 이에 속한다.

④ 흡음성능의 표시 : 실내에서의 흡음률(α) 값에 따라 통상 다음과 같은 용어를 사용하기도 한다.

(가) $\alpha = 0.01$: 반사가 많음(Very Live Room)

(나) $\alpha = 0.1$: 적절한 반사(Medium Live Room)

(다) $\alpha = 0.5$: 흡음이 많음(Dead Room)

(라) $\alpha = 0.99$: 무향공간(Virtually Anechoic)

(마) 일반적으로 흡음률이 0.3 이상이면 흡음재료로 본다.

⑤ 흡음재 선정 요령

(가) 요구되는 흡음요구량을 이론적으로 판단한다.

(나) 현장 설치 요건을 점검 : 내화성, 내구성, 강도, 밀도, 색상

(다) 경제성을 비교 검토한다.

(라) 법적 기준치를 검토한다.

⑥ 흡음성능 표시

(가) 소음감쇠 계수(NRC : Noise Reduction Coefficient)

$$\text{NRC} = \frac{1}{4} \times (\alpha 250 + \alpha 500 + \alpha 1000 + \alpha 2000)$$

여기서, $\alpha 250 + \alpha 500 + \alpha 1000 + \alpha 2000$: 250~2000Hz 대역에서의 흡음률의 합

(나) 소음감쇠량

　㉮ $10 \log \left(\dfrac{A_2}{A_1} \right)$

　　여기서, A_1 : 대책 전 흡음력

　　　　　　A_2 : 대책 후 흡음력

　㉯ $10 \log \left(\dfrac{R_2}{R_1} \right)$

　　여기서, R_1 : 대책 전 잔향시간

　　　　　　R_2 : 대책 후 잔향시간

(2) 차음

① 흡음률이 적을 것
② 중량이 무겁고(콘크리트, 벽돌, 돌 등) 통기성이 적을 것
③ 외벽, 이중벽 쌓기 등이 효과적인 차음 방법임
④ 반사율이 높고, 투과율은 낮고 균일할 것(→ 틈새, 크랙 등으로 인한 투과율의 불균일은 차음성능에 치명적임)

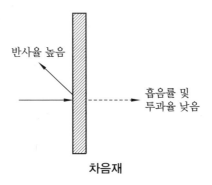

차음재

(3) 방음 대책(건축물 및 덕트시스템)

　방음 대책으로는 흡음과 차음이 있는데, 흡음은 소리에너지가 반사하는 것을 감소시키는 방법(주로 다공성·판진동형·공명형 흡음재료 사용)이고, 차음은 흡음률이 적어 음을 차단시켜 주는 방법(주로 통기성이 적고, 중량이 무거운 재료 사용)이다.

　① 공조기를 설치할 때는 음향 절연저항이 큰 재료를 이용

② 재료는 밀실하고 무거운 것을 사용할 것
③ 공조기실, 송풍기실, 기계실 등에는 원칙적으로 차음벽 혹은 이중벽체 시공을 고려할 것
④ 공기 누출이 없도록 할 것
⑤ 안벽은 바름벽(모르타르, 회반죽, 흙칠 바름 등)으로 할 것
⑥ 벽체는 가급적 흡음률이 적은 재료를 사용할 것
⑦ 주 소음원 쪽에 건물의 배면이 향하도록 함
⑧ 수목을 식재하고 건축물 간에 각도를 주는 배치 형태를 유지
⑨ 덕트에는 소음엘보, 소음상자, 내장 소음재 등을 사용
⑩ 주 덕트는 거실 천장 내에 설치해서는 안 됨(부득이한 경우 철판 두께를 한 치수 높이고, 보온재 위에 모르타르를 발라 중량을 크게 하면 차음 효과를 크게 할 수 있다)
⑪ 공조기 출구에는 플리넘 체임버(급기 체임버)를 설치
⑫ 덕트가 바닥이나 벽체를 관통할 때는 슬리브와의 간격을 충전재 등으로 완전히 절연시킴

6-27 건물 공조용 소음기(Sound Absorber)

(1) 개요
① 소음기란 덕트 내 유체(공기)의 흐름에 의해 유발되는 소음을 방지하기 위한 흡음장치이다.
② 덕트 내에 특정 모양의 체임버를 만들거나 유체의 방향을 조절하여 유속을 부분적으로 둔화시키는 것이 특징이다.

(2) 소음기의 종류
① Splitter형 혹은 Cell형 : 덕트 내부의 접촉 단면적을 크게 하여 흡음
② 공명형(머플러형 ; Muffler Type) : 소음기 내부 Pipe에 다수의 구멍을 형성해 놓음, 특정 주파수에 대한 방음이 필요한 경우에 효과적인 방법임(특히 저주파 영역의 소음 감쇠에 효과 좋음)
③ 공동형(소음상자) : 소음기 내부에 공동 형성, 내부에 흡음재를 부착하여 음의 흡수 및 확산작용을 이용하여 소음을 감쇠
④ 흡음체임버 : 송풍기 출구 측 혹은 분기점에 주로 설치하며, 입·출구 덕트끼리의 방향이 서로 어긋나게 형성되어 있음

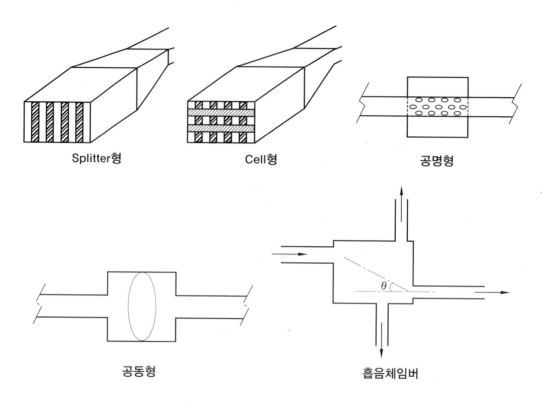

| Splitter형 | Cell형 | 공명형 |

| 공동형 | 흡음체임버 |

⑤ Lined Duct(흡음 덕트)

㉮ 덕트를 통과하는 소음을 줄이기 위하여 흡음재를 설치한 덕트이다.

㉯ 흡음 덕트의 성능은 덕트의 단면적, 흡음재의 흡음률 및 두께, 설치면적 등에 의해 결정되나, 유속이 빠를 때는 유속의 영향도 받는다.

㉰ 전 주파수대역에서 흡음성능을 나타내나 흡음재의 흡음률은 저주파보다 고주파에서 높으므로 고주파음에 대하여 특히 효과적이다.

㉱ 공명형 소음기에 비하여 유동저항이 적고 광대역 주파수 특성을 나타내는 특성이 있다.

㉲ 덕트의 단면적을 변화시키면서 흡음재를 부착하면 반사효과와 공명에 의한 흡음률의 상승으로 인하여 소음성능을 크게 높일 수 있다.

㉳ 통과 유속이 높을 경우에는 흡음재를 지탱하기 위한 천공판 등에 의한 표면처리가 필요하며, 이로 인한 흡음률의 변화 및 기류에 의한 자생소음과 소음특성의 변화에 관해서 고려하여야 한다.

㉴ 또한 주파수가 높은 음은 벽면의 영향을 받지 않고 통과하는 'Beam효과'가 있기 때문에 방사단, 출구에서 음원이 보이지 않도록 하는 것이 바람직하다.

㉵ 흡음성능은 음파가 접선 방향으로 지날 때보다 수직으로 입사할 때가 훨씬 높아진다.

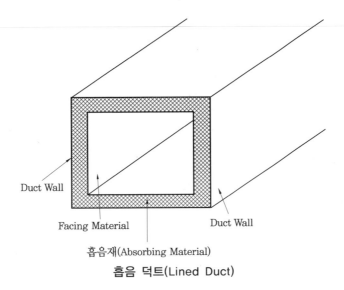

Duct Wall

Facing Material

Duct Wall

흡음재(Absorbing Material)

흡음 덕트(Lined Duct)

6-28 공조시스템의 소음 및 진동의 전달

(1) 공조시스템 내 소음 및 진동의 전달 경로는 공기 전달(Air-borne Noise), 고체 전달 (Structure-borne Noise), 덕트 전달(Duct-borne Noise), 공진 등을 대표적으로 들수 있다.

(2) 공기 전달(Air-borne Noise)
① 벽체를 투과하여 전달되는 소음을 말한다.
② 공기를 통해 직접 전파되는 소음으로 이중벽, 이중문, 차음재, 흡음재 등으로 저감 가능하다.

(3) 고체 전달(Structure-borne Noise)
① 고체 구조물을 타고 전파되는 소음을 말한다.
② 장비 연결배관, 건축 구조물, 기타 진동원과의 연결 구조물을 타고 전달되는 소음으로 뜬바닥 구조, 방진재 등으로 저감 가능하다.

(4) 덕트 전달(Duct-borne Noise)
① 기계실의 기기, 덕트설비 등으로부터 덕트 내 Air Flow를 타고 실내로 취출되는 소음을 말한다.
② 덕트 관로상에 소음기, 소음 체임버 등을 설치하여 덕트 내 전달 소음 감소가 가능하다.

(5) 공진

① 진동계가 그 고유진동수와 같은 진동수 혹은 배수의 진동수를 가진 외력(外力)을 주기적으로 받아 진폭이 뚜렷하게 증가하는 현상이다.

② 기계실의 기기, 송풍기, 펌프 등의 진원에 의해 공진 발생으로 증폭된 소음 및 진동이 실내로 전파될 수 있다.

(6) 소음 및 진동 방지 대책

① 건축계획 시 고려 사항 : 기계실 이격, 기계실의 방진, 흡음 및 차음, 저속덕트 채용, 덕트의 정압 관리, 취출구의 풍속관리 등

② 설비계획 시 고려 사항 : 저소음형 기기 선정 및 소음기 설치, Pad/방진가대 설치, 플렉시블이음, 수격작용 및 스팀해머 현상 방지, 증기트랩 설치, 신축이음, 송풍기의 Surging 현상 방지 등

칼럼 **건축물의 주요 공조 소음 발생원과 전달 경로**

1. 일반 소음 발생원
   ① 옥탑층 : 냉각탑, 송풍기 등의 소음 및 진동
   ② 사무실 : PAC, 취출구, 흡입구 등의 소음
   ③ 샤프트 : PS소음, 덕트, 배관 등의 투과소음
   ④ 기계실
      ㉠ 공조기, 송풍기, 냉동기, 펌프, 구조체 등의 진동
      ㉡ 기계실 투과 소음
2. 소음 전달 경로
   ① 바닥 구조체를 통한 실내 전달 : Floating 구조(Jack up 방진) 필요
   ② 벽 구조체를 통한 실내로의 전달 : 중량벽 구조, 흡음재 설치 필요
   ③ 흡입구, 배기구를 통한 실내외 전달 : 단면적 크게, 흡음 체임버 설치 필요
   ④ 건축물 틈새 전달 : 밀실 코킹 실시 필요
   ⑤ 덕트를 통한 전달 : 덕트 흡음재, 에어 체임버, 소음기, 소음엘보 등 설치

6-29 소음의 합성법

(1) 대표합성소음 방식

① 개별 음원을 합성하여 다수의 음원을 대표하는 합성소음을 만드는 방식이다.

② 전체 기계의 합성소음

$$SPL_0 = 10\log(10^{L_1/10} + 10^{L_2/10} + 10^{L_3/10} + 10^{L_4/10} \cdots)$$

여기서, SPL_0 : 합성소음,

L_1, L_2, L_3, L_{14} : 개별음원의 소음

(2) 거리감쇠 적용 방식

① 수음점에서의 합성소음을 계산하기 위해 거리감쇠를 적용하는 수식이다.

② 수음점에서의 합성소음

$$SPL = SPL_0 - 20\log(r/r_0)$$

여기서, SPL : 알고 싶은 수음점에서의 합성소음

SPL_0 : 이미 알고 있는 어떤 수음점의 합성소음

r : 음원(SPL_0)~알고 싶은 수음 간 거리(m)

r_0 : 음원(SPL_0)~이미 알고 있는 수음 간 거리(m)

칼럼 🔍 **소음합성 계산 사례**

동일한 장소에 디퓨저 4개를 설치(각 디퓨저의 소음은 40 dB)하여 소음을 측정할 경우 '합성 소음 레벨'을 계산한다.

※ '대표 합성소음 방식'에 의거 다음과 같이 계산할 수 있다.

※ 합성 소음레벨(L) $= 10\log(10^{40/10} + 10^{40/10} + 10^{40/10} + 10^{40/10})$
$= 46\text{dB}$

6-30 건축기계설비의 소음(NC, NRN)

(1) 개요

건물과 설비의 대형화로 열원기기, 반송장치 등 장비용량이 커져 소음 발생이 높으며, 건축대책도 함께 요구된다.

(2) 소음(NC, NRN) 발생원

① 열원장치 : 보일러, 냉동기, 냉각탑 등

② 열원 수송장치 : 펌프, 수배관, 증기배관 등

③ 공기 반송장치 : 송풍기, 덕트, 흡입·취출구 등

④ 말단 유닛 : 공조기, FCU, 방열기 등

(3) 방음 대책

① 열원장치

㈎ 보일러 : 저소음형 버너 및 송풍기 채택, 소음기 설치 등

㈏ 냉동기, 냉각탑 : Pad 및 방진가대 설치, 대온도차 냉동기 적용 등

② 열원수송장치

㈎ 펌프 : 콘크리트가대, 플렉서블, 방진행거, Cavitation 방지 등

(나) 수배관 : 적정유속, Air 처리, 신축이음, 앙카, 수격방지기 등

(다) 증기배관 : 스팀해머 방지, 주관 30m마다 증기트랩 설치 등

③ 공기반송장치 및 말단 유닛

(가) 송풍기 : 방진고무, 스프링, 사운드 트랩, 흡음 체임버, 차음, 저소음 송풍기, 서징 방지 등

(나) 덕트 : 차음 엘보, 와류 방지, 흡음 체임버, 방진행거, 소음기 등

(다) 흡입구/취출구 : 흡음 취출구, VAV기구 등

④ 건축 대책

(가) 기계실 : 기계실 이격, 기계실 내벽의 중량벽 구조, 흡음재(Glass Wool + 석고보드) 설치

(나) 거실 인접 시 이중벽 구조, 바닥 Floating Slab 구조 처리 등

⑤ 전기적 대책

(가) 회전수 제어, 용량가변 제어, 저소음형 모터 채용

(나) 전동기기류에 전기적 과부하가 걸리지 않게 전압 및 전류의 안정화

6-31 고층아파트 배수설비에 의해 발생되는 소음(NC, NRN)

(1) 개요

① 아파트 건물의 배수설비 주요 소음원으로는 화장실 소음(샤워기, 세면기, 양변기 등), 배수소음 등을 들 수 있다.

② 소음전달 경로(틈새)를 밀실코킹 처리, 화장실 천장을 흡음재질 시공, 양변기구조의 자체 소음 감소 방안 등을 고려해야 한다.

③ 배수 초기음은 주로 저주파음, 후기 발생 소음은 주로 고주파 영역(낙수소음 등)이다.

(2) 고층아파트 배수소음의 원인 및 대책

① 양변기(로우탱크 급수소음, 배수관 소음) : 슬리브 코킹, 흡음재, 입상 연결부 Sextia시공 등

② 세면기(단관통기로 배수 시 사이펀작용, 봉수유입 소음 등) : 각개통기, P트랩과 입상관 이격 등

③ 수격현상 방지 : 유속 감소, 수격방지기 설치 등

④ 배관상의 흐름

(가) 이중엘보 적용

(나) 굴곡부 줄여 충격파 감소

㈐ 배수배관을 스핀 이중관 혹은 스핀 삼중관으로 설치

㈑ 배관 외부에 흡음재 시공(동시에 결로 방지도 가능)

㈒ 차음효과가 있는 배관재료 : 주철관 적용 등

6-32 급배수설비의 소음(NC, NRN) 측정

(1) 급수전에서 발생하는 소음에 관하여 구미에서는 실험실 측정 방법인 "ISO 3822/1"을 제정하여 판매되는 급수전 등에 발생소음의 등급기준까지 제시하여 사용하고 있다.

(2) 일본에서는 1983년 "ISO 3822/1"을 참조하여 급수기구 발생소음의 실험실 측정 방법인 "JIS A 1424"를 제정하여 각 급수기구 제품의 소음 비교 및 현장설치 시 급·배수설비 소음의 예측에 활용하고 있다.

(3) 한편, 건축물의 현장에서의 급·배수설비 소음 측정 방법으로는 일본건축학회에서 제안하고 있는 "건축물의 현장에서 실내소음의 측정 방법", '한국산업표준(KS)' 등을 들수 있다.

(4) 급배수음 측정 방법(KS기준)

① 측정대상실의 선정 : 급배수설비 소음의 측정은 각종 수전, 수세식 변기 등의 사용에 의해 발생하는 인접실의 소음이 가장 크게 되는 층(수압이 가장 큰 층인 경우가 많다)에서 음원실을 선정하고, 소음이 문제시되는 인접실(자기 세대 포함)을 수음실로 하여 실시한다.

② 급수음에 대해서는 KS F 2870(공동주택 욕실 급수음의 현장 측정 방법)을 기준으로 하고, 배수음에 대해서는 KS F 2871(공동주택 욕실 배수음의 현장 측정 방법)을 기준으로 한다.

③ 측정 조건(급수음)

㈎ 측정하는 실의 상태는 통상의 사용 가능한 상태에서 측정하는 것을 원칙으로 한다.

㈏ 각종 수전의 사용 시 발생하는 소음의 측정은 핸들을 완전히 개방하여 측정하는 것으로 한다.

㈐ 수세식 변기의 급수음은 물탱크의 물을 완전히 배수한 상태에서 다시 급수전을 최대로 개방한 후부터 물탱크에 물이 찰 때까지 측정한다.

㈑ 욕조 급수음은 욕조 내의 배수구를 막은 후 급수전을 최대로 개방한 상태로부터 물이 욕조의 최대 높이에 도달할 때까지 측정, 샤워기 측정 시에도 동일하나 샤워

기 높이는 거치대의 최고 높이로 한다.

㈐ 세면대 급수음은 배수구를 막은 후 급수전을 최대 개방상태로 하여 물이 급수전 최대 높이에 도달할 때까지 측정한다.

(4) 측정 조건(배수음)

① 측정하는 실의 상태는 통상의 사용 가능한 상태에서 측정하는 것을 원칙으로 한다.

② 수세식 변기의 배수음은 물탱크의 물을 가득 채운 후, 완전히 배수될 때까지 측정한다.

③ 욕조 배수음은 욕조 내의 배수구를 막은 후 욕조의 물의 최대 높이에 도달하게 하여, 배수구 마개를 개방하여 배수가 완전히 이루어질 때까지 측정한다.

④ 세면대 배수음은 배수구를 막은 후 물이 세면대 최대 높이에 도달하게 하고 배수구 마개를 개방하여 배수가 완전히 이루어질 때까지 측정한다.

(5) 측정 방법

① 침실 : 측정점은 수음실 내 벽면 등으로부터 0.5m 이상 떨어지고, 마이크로폰 사이는 0.7m 이상 떨어지고, 3~5점을 고르게 분포시켜 선정한다. 마이크로폰의 높이는 1.2~1.5m 범위로 한다.

② 거실 및 기타 공간 : 욕실 문으로부터 거실이나 복도 등 기타 공간 쪽으로 1m 이격된 지점에서, 출입문의 중앙지점을 포함하여 총 2개 지점 이상에서 실시, 마이크로폰의 높이는 1.2~1.5m 범위로 한다.

③ 욕실 : 중앙점에서 측정, 마이크로폰의 높이는 1.2~1.5m 범위로 한다.

(6) 측정량

① A가중 음압레벨 혹은 등가 A가중 음압레벨 측정 : A가중 음압의 제곱을 기준 음압의 제곱으로 나눈 값의 상용로그의 10배로 표현한다. 즉, 다음과 같은 식으로 계산된다.

$$LP_A = 10\log(P_A/P_0)^2$$

여기서, LP_A : A가중 음압레벨(dB)

P_A : 대상으로 하는 음의 순시 A가중 음압(Pa)

P_0 : 기준 음압(20μPa)

㈏ 등가 A가중 음압레벨은 시간에 따라 변동하는 음의 A가중 음압레벨을 평균한 값이다(급수음은 대부분 정상소음에 가까우므로 A가중 음압레벨로 측정한다).

㈐ 옥타브밴드 음압레벨 또는 옥타브밴드 등가 음압레벨(발생 소음에 대해 주파수 분석이 필요하거나, NC곡선 등을 이용해야 할 경우) 측정의 중심주파수를 63, 125, 250, 500, 1000, 2000, 4000Hz의 7개 대역으로 하여 측정한다.

㈑ 최대소음레벨 : 소음계의 A특성을 이용하여 대상음이 지속되고 있는 동안의 최대 음압레벨을 측정한다.

㈐ 배경소음의 영향에 대한 보정 : 배경소음이 3dB 이상일 경우에는 반드시 다음 식
으로 보정한다.

$$L_B = 10 \log{(10^{La/10} - 10^{Lb/10})}$$

여기서, L_B : 보정된 소음레벨(dB)

L_a : 배경소음의 영향을 포함한 소음레벨(dB)

L_b : 배경 소음레벨(dB)

(7) 표시 방법

① A가중 음압레벨 또는 등가 A가중 음압레벨의 표시

$$L = 10 \log{\{1/n \times (10^{L_1/10} + 10^{L_2/10} + 10^{L_3/10} + 10^{L_4/10} \cdots)\}}$$

여기서, L : 대표 음압레벨

L_1, L_2, L_3, L_4 : 개별 측정점의 음압레벨

② 옥타브밴드 음압레벨 표시 : 상기와 같은 방법으로 주파수 대역별 측정하여 그림으
로 나타낸다.

③ 측정값은 소수점 이하 1자리까지 구하여 표시한다.

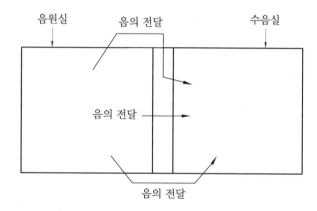

6-33 배관의 진동에 대한 원인과 방진 대책

(1) 개요

① 배관의 진동은 크게 수력적인 원인과 기계적인 원인으로 대별될 수 있다.

② 이들 원인들은 설계와 제작 시점에서 대책이 세워지며, 펌프 등 원동기가 설계 운전
점 부근에서 운전 시에는 발생빈도가 낮지만, 설계 운전점에서 멀어질수록 진동 발생
의 가능성이 높아진다.

(2) 수력적인 원인

항 목	원 인	대 책
캐비테이션	• $NPSHav$(유효흡입양정)의 과소 • 회전속도 과대 • 펌프흡입구 편류 • 과대 토출량에서의 사용 • 흡입스트레이너의 막힘	• 유효압력을 크게 함 • 계획단계에서 좌측의 원인을 해소 • 유량을 조절/제어 • 관로상 막힌 찌꺼기를 제거
서징	• 토출량이 극히 적은 경우 • 펌프의 양정곡선이 우상향의 기울기를 가질 때 • 배관 중에 공기조, 혹은 공기가 모이는 곳이 있을 때 • 토출량 조정변이 공기조 뒤에 있을 때	• 펌프 성능을 개량(계획단계) • 배관 내 공기가 모이는 곳을 없앰 • 펌프 직후의 밸브로 토출량 조절 • 유량을 변경하여 서징 영역을 피함
수충격	• 과도현상의 일종으로 밸브의 급폐쇄 등의 경우 발생 • 펌프의 기동/정지 및 정전 등에 의한 동력 차단 시 등	• 계획단계에서 미리 검토하여 해결 • 기동/정지의 Sequence 제어

(3) 기계적인 원인

항 목	원 인	대 책
회전체의 불평형	• 회전체의 평형 불량 • 로타의 열적 굽힘 발생 • 이물질 부착 • 회전체의 마모 및 부식 • 과대 토출량에서의 사용 • 회전체의 변형이나 파손 • 각부의 헐거움	• 회전체의 평형 수정(Balancing) • 고온 유체를 사용하는 기기는 회전체 별도로 설계 • 마모 및 부식의 수리 • 이물질 제거 및 부착 방지 • 조임 및 부품 교환
센터링 불량	• 센터링 혹은 면센터링 불량 • 열적 Alignment의 변화 • 원동기 기초 침하	• 센터링 수정 • 열센터링에 대해서도 수정
커플링의 불량	• 커플링의 정도 불량 • 체결볼트의 조임 불량 • 기어 커플링의 기어와의 접촉 불량	• 커플링 교환 • 볼트 및 고무 슬리브 교체 • 기어의 이빨 접촉 수정
회전축의 위험속도(공진)	• 위험속도로 운전 • 축의 회전수와 구조체의 고유진동수가 일치하거나 배속의 진동수	• 계획설계 시 미리 검토 • 상용운전 속도는 위험속도로부터 25% 정도 낮게 하는 것이 바람직함

Oil Whip 혹은 Oil Wheel	미끄럼베어링을 사용하는 고속회전 기계에서 많이 발생하며, 축수의 유막에 의한 자력운동	• 계획설계 시 미리 검토 • 축수의 중앙에 홈을 파서 축수의 면압을 증가
기초의 불량	• 설치 레벨 불량 • 기초볼트 체결 불량 • 기초의 강성 부족	• 라이너를 이용하여 바로잡음 • 기초를 보강하거나, 체결을 강하게 함

6-34 전산유체역학(CFD) 응용

(1) 개요

① 전산유체역학(CFD : Computational Fluid Dynamics)은 말 그대로 다양한 유체역학 문제(대표적으로 유동장 해석)들을 전산(컴퓨터)을 이용해서 접근하는 방법이다.

② 프로그래밍의 문제를 해결하기 위한 여러 상용 프로그램들이 이미 나와 있고, 또한 상용화되어 있다.

③ 해석기법 : 유한차분법, 유한요소법, 경계적분법 등이 주로 사용된다.

(2) CFD의 정의

편미분방정식의 형태로 표시할 수 있는 유체의 유동현상을 컴퓨터가 이해할 수 있도록 대수방정식으로 변환하여 컴퓨터를 사용하여 근사해를 구하고, 그 결과를 분석하는 분야이다.

(3) CFD의 시뮬레이션 방법

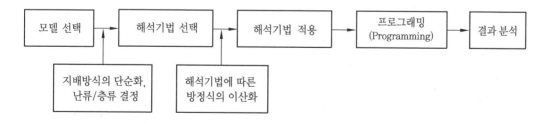

(4) CFD의 특징

① 보통 유체 분야는 열(熱) 분야와 함께 다루어진다. 그래서 열유체라는 표현을 많이 사용한다.

② 이러한 열유동 분야의 가장 대표적인 Tool로써 Flunet라는 범용해석 Tool이 있다.

③ 적용 범위는 광범위하지만, 대표적인 예로 Fluent 같은 경우는 항공우주, 자동차,

엔진, 인체 Blood 유동 등에 사용되고 있다.

④ 자연계에 존재하는 모든 현상은 전산 프로그래밍화만 가능하다면 해석할 수가 있다.

⑤ CFD의 적용 분야

   (개) 층류 및 난류의 유동해석

   (내) 열전도방정식

   (대) 대류 유동해석

   (래) 대류 열전달 해석

   (매) 사출성형의 수지흐름 해석

   (배) PCB 열분석

   (새) 엔진의 열분석

   (애) 자동차 및 우주항공 분야

   (재) 의학 분야(인체 Blood유동 등)

(5) CFD의 단점

① 이러한 해석 Tool 역시 사람의 인위적인 가정하에 프로그래밍 된 것이기 때문에 자연현상을 그대로 표현하기에는 한계가 있다고 할 수 있다.

② 그래서 실질적으로는 많은 실험 자료와 함께 비교 활용된다.

③ CFD에 지나치게 의존하여 업무 혹은 연구가 진행되면, 실제의 현상과 괴리되어 문제를 야기할 수도 있다(이론과 실험의 접목이 가장 좋은 방법이다).

용어의 정리(6장)

(1) 종횡비

① 종횡비(Aspect Ratio)란 사각덕트에서 가로 및 세로의 비율('가로 : 세로'로 표기함)을 말한다.

② 그림에서 종횡비 $= a : b$

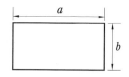

③ 표준 종횡비(Aspect Ratio) = 4 : 1 이하

④ 종횡비의 한계치 = '8 : 1 이하'일 것

⑤ 덕트의 에스펙트비가 커지면 공사비와 운전비가 증가하므로, 적정 에스펙트비를 적용해야 한다.

⑥ 원형덕트의 크기와 각형덕트의 크기의 변환관계

$$D = 1.3 \times \left[\frac{(a \times b)^5}{(a+b)^2} \right]^{\frac{1}{8}}$$

여기서, D : 원형덕트의 직경
a : 사각덕트의 장변의 길이
b : 사각덕트의 단변의 길이

(2) 유인비

① 공기조화에서 1차 공기량과 유인된 2차 공기량의 크기를 표현하는 용어이다.

② 계산식

$$유인비 = \frac{1차 \ 공기량 + 2차 \ 공기량}{1차 \ 공기량}$$

(3) 실링 리턴방식

① 실링 리턴방식(Ceiling Plenum Return)은 공조기의 리턴덕트가 거의 없어 기외정압이 적게 걸리므로, 송풍모터 소비전력을 줄이고, 조명부하가 실내에 적용되지 않으므로 공조부하를 절감할 수 있어 경제적으로 운용할 수 있는 방식의 일환이다.

② 실내에 정압이 적게 걸리므로 소음도 저감 가능하다. 단, 천장 내 분진, 오물 등이 있으면 실내를 오염시킬 수 있으므로 주의를 요하는 방식이다.

(4) 서징(Surging) 현상

① 서징(Surging) 현상은 송풍기 및 펌프에 공히 발생할 수 있는 자려운동이며 기계의 파손 등의 주요 원인이 될 수 있다.

② 송풍기 서징은 기계를 최소 유량 이하의 저유량 영역에서 사용 시 운전상태가 불안정해져서(소음/진동 수반) 주로 발생하는 현상이다.

③ 펌프에서의 서징은 펌프의 1차 측에 공기가 침투하거나, 비등 발생 시 주로 나타난다 (Cavitation 동반 가능).

(5) 공동현상(Cavitation)

① 공동현상(Cavitation)은 펌프의 흡입 측에 양정 과다, 수온 상승 등의 요인이 발생하여 압력이 강하고 기포가 발생하게 되고, 이 기포는 결국 펌프의 출구 쪽으로 넘어간 후, 출구 측의 압력 급상승으로 인하여 기포가 갑자기 사라지면서 순간 급격한 진동, 소음 등을 발생시키는 현상을 말한다.

② 서징(Surging) 현상처럼 기계의 파손이나 망실을 가져올 수 있는 주요 원인이 되기도 한다.

(6) 직독식 정유량밸브

① 정유량밸브에 유량계를 설치하여 현장에서 눈으로 직접 유량을 읽은 다음, 적절히 필요한 유량으로 맞출 수 있는 형태의 정유량밸브이다.

② 현장에서 유량의 확인 및 직접 눈으로 확인할 수 있다는 점에서 다루기가 편하고, 정확도 또한 우수한 편이다.

(7) 펌프의 효율

① 펌프의 효율은 '펌프의 전효율'이라고 할 수 있으며, 이는 체적효율(Volumetric Efficiency), 기계효율(Mechanical Efficiency), 수력효율(Hydraulic Efficiency)을 모두 곱한 값이다. 즉, 펌프의 전효율(Total Efficiency) = 체적효율 × 기계효율 × 수력효율

② 펌프의 효율은 펌프의 수동력(Hydraulic Horse Power ; 펌프에 의해 액체에 실제로 공급되는 동력)을 축동력(Shaft Horse Power ; 원동기에 의해 펌프를 운전하는 데 필요한 동력)으로 나누어 계산할 수 있다.

(8) Sound Reduction Index(음의 감소지수)

① Sound Reduction Index의 정의

㉮ 임의의 계를 통과하면서 감소하는 음향에너지의 척도이다.

㉯ 음압 pi인 음파가 어떠한 계에 입사하여 음압 pt로 투과되었을 때, 음의 감소지수 R은 다음의 식과 같이 정의된다.

$$음의\ 감소지소(R) = 10\log\left(\frac{P_i}{P_t}\right)^2$$

② 적용상 주의 사항

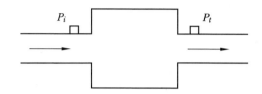

    ㈎ 소음기의 성능지수로서 음의 감소지수를 사용할 수 있다.

    ㈏ 계에 종속적이므로 일반적인 성능평가 방법으로는 부적절하다.

(9) 잔향시간(RT, Reverberation Time)

① 정의

    ㈎ 음원에서 음을 끊었을 때 음이 바로 그치지 않고 서서히 감소하는 현상

    ㈏ 음향레벨이 정상레벨에서 −60dB 되는 지점까지의 시간

② 계산공식

    잔향시간 $RT = 0.16\,V/A$ (초)

        여기서, V : 실의 용적(m^3) A : 실내 표면의 총 흡음력$[= \Sigma(\alpha \times s)]$

               α : 표면 마감재의 흡음률 s : 표면 마감재의 면적

③ 적용상 주의 사항

    ㈎ 흡음재의 설치 위치가 바뀌어도 RT는 동일함

    ㈏ 무향실 : 높은 흡수면에 음파가 대부분 흡수되어 잔향이 없는 실

    ㈐ 잔향실 : 경질 반사 표면에 음파가 대부분 고르게 반사되어 실 전체에 음이 분포하는 확산장

(10) NC곡선(Noise Criterion Curve)

① 공기조화를 하는 실내의 소음도를 평가하는 양으로서 1957년 Beranek이 제안한 이래 미국을 위시한 세계 각국에서 널리 사용되고 있다.

② 실내 소음의 평가 곡선군으로, 소음을 옥타브로 분석하여 어떤 장소에서도 그 곡선을 상회하지 않는 최저 수치의 곡선을 선택하여 NC값으로 하면 방의 용도에 따라 추천치와 비교할 수 있다.

③ 평가 방법 : 평가 방법은 옥타브 대역별 소음 레벨을 측정하여 NC곡선과 만나는 최대 NC값이 그 실내의 NC값이 된다.

④ 응용

    ㈎ 주파수별 소음 대책량이 구해지기 때문에 폭넓게 이용되고 있다.

㈏ 회화방해(청력허용도) 기준의 실내의 소음평가에 사용, 즉 SIL을 확대한 곡선이다.

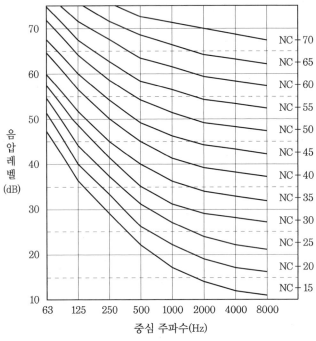

NC곡선(Noise Criterion Curve)

⑤ NC값(추천치)

실 명	NC값
음악실, 녹음실	20~25
주택, 극장	25~35
아파트, 호텔객실	30~40
병원, 병실	30~40
교실, 도서관, 회의실	30~40
데파트, 레스토랑	35~45

(11) NRN(소음평가지수 ; Noise Rating Number) 혹은 NR

① 실내소음 평가의 하나의 척도로서 NC곡선과 같은 방법으로 NR(Noise Rating) 곡
   선에서 NR값을 구한 후 소음의 원인, 특성 및 조건에 따른 보정을 하여 얻는 값을
   말한다.

② 소음을 청력장애, 회화장애, 시끄러움의 3개의 관점에서 평가하는 것이다.

③ 옥타브밴드로 분석한 음압레벨을 NR-Chart에 표기하여 가장 높은 NR곡선에 접하는 것을 판독한 NR값에 보정치를 가감한 것이다.

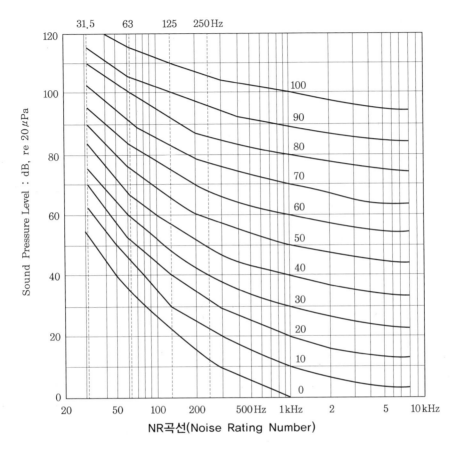

NR곡선(Noise Rating Number)

④ NR 보정치

소음 구분		NR 보정값 ; dB(A)
피크음	충격성(해머음 등)	+5
스펙트럼 성질	순음성분(개 짖는 소리 등)	
문제가 되는 소음 레벨의 지속시간(%)	56~100	0
	18~56	-5
	6~18	-10
	1.8~6	-15
	0.6~1.8	-20
	0.2~0.6	-25
	0.2 이하	-30

(12) SIL(대화간섭레벨 ; Speech Interference Level)

① 소음에 의해 대화가 방해되는 정도를 표기하기 위하여 사용한다.

② 대화를 나누는 데 있어서 주변 소음의 영향을 고려할 필요가 있으며, SIL은 이러한 평가를 위한 것이다.

③ 평가 방법

　(가) 우선 대화간섭레벨($PSIL$: Preferred Speech Interference Level)로써 판단한다.

　(나) 공식

$$우선\ 대화간섭레벨(PSIL) = \frac{(LP500 + LP1000 + LP2000)}{3}\ (dB)$$

　(다) 상기 공식에서 $(LP500 + LP1000 + LP2000)$은 각각 500Hz, 1000Hz, 2000Hz의 중심 주파수를 갖는 옥타브 대역에서의 음압레벨을 의미한다.

④ 해당 주파수 대역의 주변 소음(Background Noise)이 클수록 $PSIL$값이 커지므로 대화에 많은 간섭을 받게 된다.

(13) PNL(감각소음레벨 ; Perceived Noise Level)

① 감각소음레벨(Perceived Noise Level)이라고도 부른다.

② 소음의 시끄러운 정도를 나타내는 하나의 방법으로 다음의 과정으로 계산한다(단위는 dB을 PNdB로 표기).

③ 소음을 0.5초 이내의 간격으로 1/1 또는 1/3 옥타브 대역 분석을 하여 각 대역별 음압레벨을 구한다.

④ 옥타브 대역 분석 데이터를 감각 소음 곡선(Perceived Noisiness Contours)을 이용하여 노이(Noy)값으로 바꾼다.

⑤ 다음 식에 의해 총 노이값을 구한다.

$N_t = 0.3\sum N_i + 0.7N_{max}$ (1/1 옥타브)

$N_t = 0.15\sum N_i + 0.85N_{max}$ (1/3 옥타브)

　　여기서, N_i = 각 대역별 노이값

　　　　　N_{max} = 각 대역별 노이값 중 최댓값

⑥ 다음 식에 의해 PNL을 구한다.

$PNL = 33.33\log N_t + 40$ (PNdB)

⑦ 보통은 그래프를 이용하여 계산한다.

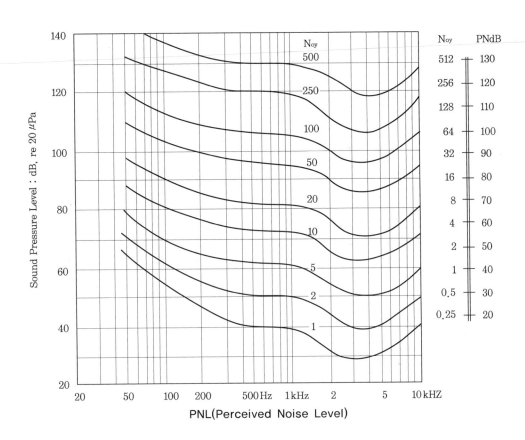

(14) 교통소음지수

① 약어로 TNI(Traffic Noise Index)라고 부른다.

② 영국의 BRS(Building Research Station)에서 제안된 자동차 교통소음 평가치로, 도로교통소음에 대한 ISO의 제안이기도 하다(채택됨).

③ 측정 방법

도로교통소음을 1시간마다 100초씩 24시간 측정하고, 소음레벨 dB(A)의 L_{10}, L_{90}을 구하고 각각의 24시간의 평균치를 구한다.

④ 계산

$$TNI = 4(L_{10} - L_{90}) + L_{90} - 30$$

여기서, L_{10} : 측정시간 중에서 적산하여 10%의 시간이 이 값을 넘는 레벨

L_{90} : 측정시간 중에서 적산하여 90%가 이 값을 넘는 레벨

⑤ 평가

㉮ 상기 계산식의 $4(L_{10} - L_{90})$항 : 소음변동의 크기에 대한 효과

㉯ L_{90} : 배경소음

㉰ -30 : 밸런싱 계수

㉱ TNI 값이 74 이상 : 주민의 50% 이상이 불만을 토로

(15) 흡음엘보

① 흡음재를 덕트 등 공기 유로 내부의 굴곡부에 부착하여 유체와의 접촉에 의해 흡음효과(吸音效果)를 내게 하는 덕트 재료이다(소음 저감 및 난류 억제).

② 흡음재의 비산 및 박리에 주의해야 한다.

③ 비교적 넓은 주파수 범위에서 효과가 있다.

④ 내장 두께는 보통 덕트 폭의 10% 이상이 되도록 하며, 일반적으로 저음역대보다는 중, 고음역대에서 감음도가 좋다.

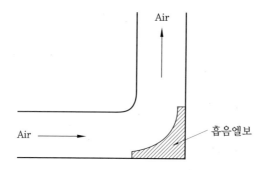

Chapter

7

건축설비와 수요관리

7-1 친환경 대체냉매 개발

(1) 세계 각국 협의 과정

① 몬트리올 의정서 : 1987년 몬트리올에서 개최된 오존층 파괴를 막기 위한 CFC계 및 HCFC계의 냉매 사용 금지 관련 협의

   (개) CFC계 냉매 금지 : 1996년

   (내) HCFC계 냉매 금지 : 2030년(개도국은 2040년)

   (대) HCFC계 냉매 금지 관련 EU의 실제 움직임 : 2010년 Phase Out → 실제로는 (Action Plan) 2000년대 초부터 금지하기 시작했음

② 교토 기후변화협약(The Kyoto Protocol)

   (개) 1995년 3월 독일 베를린에서 개최된 기후변화협약 제1차 당사국총회에서 협약의 구체적 이행을 위한 방안으로 2000년 이후의 온실가스 감축목표에 관한 의정서 논의 시작(온실가스 감축 관련해서 처음으로 논의되던 1992~1995년 당시 한국은 개도국으로 분류되어 1차 감축대상국에서 제외됨)

   (내) 1997년 12월 일본 교토에서 개최된 지구온난화 물질 감축 관련 3차총회(지구온난화를 인류의 생존을 위협하는 중요한 문제로 인식) → 2005년 2월 16일부터 발효

   (대) 대상가스는 이산화탄소(CO_2), 메탄(CH_4), 아산화질소(N_2O), 불화탄소(PFC), 수소화불화탄소(HFC), 불화유황(SF_6) 등이다.

   (래) 선진국가들에게 구속력 있는 온실가스 배출의 감축목표 및 대상(Quantified Emission Limitation & Reduction Objects : QELROs)를 설정하고, 5년 단위의 공약 기간을 정해 2008~2012년까지 38개국 선진국 전체의 배출량을 1990년 대비 평균 5.2%까지 감축할 것을 규정함(1차 의무 감축 대상국)

(2) 현재 개선된 친환경 냉매 동향

① 낮은 증기압의 냉매(HCFC123, HFC134A)

   (개) 원심식 칠러 등 : CFC11 → HCFC123 (듀퐁사 등)

   (내) 왕복동식 칠러, 냉장고, 자동차 등 : CFC12 → HFC134A (듀퐁사 등)

㈐ 특징 : 순수냉매라서 기존 냉매와 Cycle 온도 및 압력이 유사하여 비교적 간편하게 대체 가능함

② 높은 증기압의 냉매

  ㈎ 가정용, 일반 냉동용(R404A, R407C, R410A, R410B)

    ㉮ HCFC22 → R404A, R407C, R410A, R410B로 대체

    ㉯ 비공비 혼합냉매(비등점이 다른 냉매끼리의 혼합)

      ⓐ R404A : HFC-125/134A/143A가 44/4/52 wt%로 혼합

      ⓑ R407C : HFC-32/125/134A가 23/25/52 wt%로 혼합

      ⓒ R410A : HFC-32/125가 50/50 wt% 혼합(유사 공비 혼합냉매)

      ⓓ R410B : HFC-32/125가 45/55 wt% 혼합(유사 공비 혼합냉매)

    ㉰ 기존 냉매 대비 성적계수(COP), GWP 등이 다소 문제

    ㉱ 압력이 다소 높음(압력 ; R407C/404A는 HCFC22 대비 약 7~10% 상승되며, R410A는 HCFC22 대비 약 60% 상승됨)

    ㉲ 서비스성이 다소 나쁨 (누설 시에는 주로 끓는점이 높은 HFC-32가 빠져 혼합비가 변해 버리기 때문에 냉매 계통을 재진공 후 재차징을 해야 하는 경우가 많음)

  ㈏ 일반 냉동용(R507A)

    ㉮ CFC502(R115/R22가 51.2/48.8 wt%로 혼합됨) → R507A로 대체

    ㉯ R507A는 유사공비 혼합냉매(엄격히는 비공비 혼합냉매)로 HFC-125와 HFC-143A가 50/50 wt%로 혼합됨

    ㉰ 저온, 중온, 상업용 냉장/냉동 시스템 등에 사용

    ㉱ R22의 특성 개선(토출온도 감소, 능력 개선 등)

(3) 차세대 냉매

다음은 차세대에 각광받을 냉매이며, 일부는 지금 이미 상용화가 이루어져 있다.

① CO_2 : 체적용량 크고, 열교환기용 튜브로는 내압성이 높은 세관을 많이 사용, NO-Drop in이 어려움(냉매 대체가 용이하지 않음)

② 부탄(LPG), 이소부탄, C3H8(R290 ; 프로판) : 냉장고, 냉방기 등의 분야에서 많이 적용되고 있음

③ 하이드로 카본(HC$_S$) : Discharge Temperature 다소 하락, Drop-in 용이, 일부 특정 조건에서는 가연성 가짐(다중 안전장치 구비 필수)

④ Low-GWP냉매 : GWP(지구온난화지수)가 상대적으로 매우 낮은 냉매(보통 유럽의 자동차 규제 기준처럼 GWP가 150 이하인 냉매를 Low-GWP 냉매로 보는 경향이 있음)를 말하며, R-1234yf, R-1234ze, R-1233zd, R-1236mzz, AC5 등을 말한다.

⑤ 기타의 천연 자연냉매 : H_2O, NH_3, Air 등

냉매의 명명법

1. 할로겐화 탄화수소 냉매
   ① R□□□로 'R + 100단위 숫자' 형식으로 표기하며,
   　　㉠ 백의 자리 : (탄소−1)
   　　㉡ 십의 자리 : (수소 + 1)
   　　㉢ 일단위 : (불소)로 표기한다.
   ② 염소(Cl)원자의 수는 표기에서 생략한다.
   ③ 냉매의 명명법 사례
   　　$CHClF_2$ → R22
   　　CCl_3F → R11
   　　CCl_2F_2 → R12
   　　$C_2H_2F_4$ → R134
   　　CH_2FCF_3 → R134A (상기 R134보다 극성이 크며 원자배열이 다른 이성질체임)

```
        F   F                        H   F
        |   |                        |   |
   H  − C − C − H              H  −  C − C − F
        |   |                        |   |
        F   F                        F   F

        R134                        R134A
```

   ④ 분자식 산출 방법
   　　㉠ 상기 '냉매의 명명법 사례'를 반대로 생각하면 분자식이 산출된다.
   　　　　즉, R□□□에서
   　　　　　　백의 자리 + 1 = C의 수
   　　　　　　십의 자리 − 1 = H의 수
   　　　　　　일의 자리 　 = F의 수
   　　㉡ 단, 여기에서 Cl의 수는 아래와 같이 산출한다.
   　　　　• 메탄계(CH_4에서 H 대신 Cl이나 F로 치환한 것)일 경우
   　　　　　　Cl의 수 = 4 − (H의 수 + F의 수)
   　　　　• 에탄계(C_2H_6에서 H 대신 Cl이나 F로 치환한 것)일 경우
   　　　　　　Cl의 수 = 6 − (H의 수 + F의 수)

2. 혼합냉매, 유기화합물 및 무기화합물
   ① 비공비혼합냉매(非共沸混合冷媒)
   　　R400 계열로 명명 : 조성비에 따라 오른쪽에 A, B, C 등을 붙임(R407C, R410A)
   ② 공비혼합냉매(共沸混合冷媒)
   　　R500부터 개발된 순서대로 일련번호를 붙임(R500, R501, R502)
   ③ 유기화합물(有機化合物)
   　　㉠ R600 계열로 개발된 순서대로 명명
   　　㉡ 부탄계(R60X), 산소화합물(R61X), 유황화합물(R62X), 질소화합물(R63X)
   ④ 무기화합물(無機化合物)
   　　㉠ R700 계열로 명명
   　　㉡ 뒤 두 자리는 분자량(NH_4 = R717, 물 = R718, 공기 = R729, CO_2 = R744)

3. 기타 명명법

① 불포화탄화수소냉매 : R1(C-1)(H+1)(F)

할로겐화 탄화수소 명명법에 1,000을 더해서 나타냄(R1270, R1120, R-1234yf)

② 환식 유기화합물 냉매 : RC(C-1)(H+1)(F)

할로겐화 탄화수소 명명법에 "C"(Cycle)를 붙인다. (RC317) 유기물

③ 할론 냉매 : halon(C : 탄소)(F : 불소)(Cl : 염소)(Br : 브롬)(I : 요오드)

R12=halon1220, R13B1=halon1301, R114B2=halon2402

7-2 상변화물질(PCM)의 이용

(1) PCM의 정의

① PCM은 Phase Change Materials의 약자이며 상변화물질을 말한다.

② PCM은 잠열을 이용하므로, 일반적으로 열교환 장치의 고효율 운전이 가능하고, 비교적 콤팩트한 장치 설계가 가능하다.

(2) PCM 이용 사례

① 태양열 상변화형 온수급탕기

㉮ 상변화물질을 열전달 매체로 하고 열교환기를 사용하여 온수를 가열하는 방식이다.

㉯ 상변화물질은 배관 내에서 부식, 스케일 등을 일으키지 않는 물질이어야 한다.

㉰ 원리 : 집열기가 태양열에 의해 가열되어 액체상태의 상변화물질은 증기상태로 변환되고 이것은 비중 차에 의해 상승하며 집열기 상부에 설치된 축열탱크 내의 열교환기를 통과하면서 상변화물질의 잠열로 물을 데우는 열교환이 일어나며, 이 증기 상태의 상변화물질은 응축되기 시작하고 응축된 상변화물질은 중력에 의해 집열기 하부로 다시 돌아가 순환을 계속한다.

② Cold Chain System

㉮ 저온의 얼음, 드라이아이스, 기한제 등을 이용하여 식품의 유통 전 단계의 신선도를 유지하는 시스템

㉯ 냉동차량, 쇼케이스, 소포장용 냉동 Box 등에 적용

7-3 열교환기의 파울링계수

(1) 열교환기 Fouling 현상

① 열교환기가 먼지, 유체 용해성분, 오일, 물때, 녹 등으로 인하여 오염되는 현상을 파울링(Fouling)이라고 한다.

② 열교환기는 이러한 오염으로 인하여 그 전열성능이 점차 방해를 받게 되는데, 설계 초기에 미리 이 값을 고려해 놓으면, 어느 정도 열교환 성능 향상과 고효율 운전이 가능해진다.

(2) 파울링 계수(Fouling Factor, 오염계수)

① 냉동기 등에서 열교환기의 오염으로 인한 냉동능력(냉동톤)의 하강치를 고려하기 위한 계수이다.

② 실제 냉동기 설계 시 이 Fouling 계수만큼 여유를 갖게 선정한다.

(3) 파울링 계수(오염도계수)의 계산

① 운전 전후의 전열계수의 변화를 이용한 계산

$$\gamma = \frac{1}{\alpha_2} - \frac{1}{\alpha_1}$$

여기서, γ : 오염도계수 $(\text{m}^2 \cdot \text{K/W})$
$\quad\quad\quad \alpha_2$: 일정 시간 운전 후의 전열계수 $(\text{W/m}^2 \cdot \text{K})$
$\quad\quad\quad \alpha_1$: 운전 초기의 설계 전열계수 $(\text{W/m}^2 \cdot \text{K})$

② 부착물의 두께와 열전도율을 이용한 계산

$$\gamma(오염도계수) = \frac{d_1}{\lambda_1} + \frac{d_2}{\lambda_2}$$

여기서, d_1 : 공정 측 오염물질 두께 (m)
$\quad\quad\quad d_2$: 냉각수 측 오염물질 두께 (m)
$\quad\quad\quad \lambda_1$: 공정 측 오염물질의 열전도율 $(\text{W/m} \cdot \text{K})$
$\quad\quad\quad \lambda_2$: 냉각수 측 오염물질의 열전도율 $(\text{W/m} \cdot \text{K})$

7-4 전열교환기(HRV, ERV)

(1) 정의

① 전열교환기는 HRV[Heat Recovery(Reclaim) Ventilator] 혹은 ERV[Energy Recovery (Reclaim) Ventilator]라고도 불린다.

② 전열교환기는 배기되는 공기와 도입 외기 사이에 열교환을 통하여 배기가 지닌 열량을 회수하거나 도입 외기가 지닌 열량을 제거하여 도입 외기부하를 줄이는 장치로서 일종의 '공기 대 공기 열교환기'이다.

(2) 특징

① 공기 대 공기 열교환기의 일종이며, 외기 Peak부하 감소로 열원기기 용량 감소, 설비비 상쇄와 운전비 절약의 장점이 있다.

② 배기가 지닌 열과 습기를 회수하여 급기 측으로 옮겨 주는 원리이다.

③ 전열교환기는 에너지 절감을 기하고자 하는 일반 건물, 고급 빌라, 고층 아파트 등 다양한 건물에 적용되고 있다.

④ 열회수 환기방식의 종류로는 현열교환기와 전열교환기가 있으며, 전열교환기는 고정식과 회전식이 있다.

⑤ 배기가 가지고 있는 약 70% 이상의 에너지 회수가 가능하여 운전비 절감에 크게 기여한다.

(3) 종류

① 회전식 전열교환기

　㈎ 흡착제(제올라이트, 실리카겔 등)을 침착시킨 로타(허니콤상 로터)의 저속회전에 의해 현열 및 잠열 교환이 이루어짐

　㈏ 흡습제(염화리튬 침투판) 사용

　㈐ 구동 방식에 따라 벨트구동과 체인구동 방식이 있음

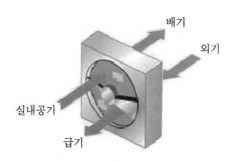

회전식 전열교환기

② 고정식 전열교환기

    ㈎ 펄프 재질 등의 특수가공지로 만들어진 필터에서 대향류 혹은 직교류 형태로 현열 교환 및 물질교환이 이루어짐

    ㈏ 잠열효율이 떨어져 주로 소용량으로 사용함

    ㈐ 박판 소재의 흡습제로 염화리튬을 사용하는 경우도 있음

    ㈑ 교대 배열 방법으로 열교환 효율을 높임

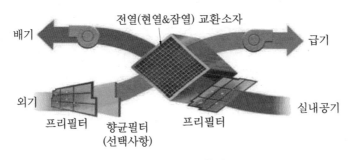

고정식 전열교환기

③ 계통도 : 전열교환기의 위치에 따라 공조기 내장형 혹은 외장형의 두 가지 형태가 있다(계통도는 동일).

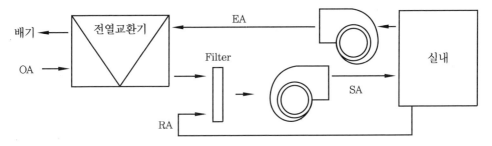

전열교환기 공조계통도(공조기 내장형 혹은 외장형)

(4) 전열교환기 효율

① 겨울철(난방)

$$\eta h = \frac{\triangle ho}{\triangle he} = \frac{(ho_2 - ho_1)}{(he_1 - ho_1)}$$

② 여름철(냉방)

$$\eta c = \frac{\triangle ho}{\triangle he} = \frac{(ho_1 - ho_2)}{(ho_1 - he_1)}$$

(5) 겨울철 사용 시 개요도

(실내)배기 $he_1 \leftarrow he_2$ (실외) : 열전달

(실외)외기 $ho_1 \leftarrow ho_2$ (실내) : Heating(열 취득)

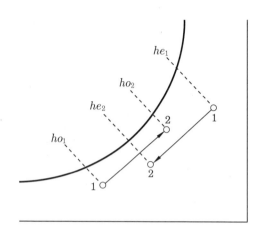

(6) 여름철 사용 시 개요도

(실외)외기 $ho_1 \leftarrow ho_2$ (실내) : Cooling(열 손실)

(실내)배기 $he_1 \leftarrow he_2$ (실외) : 열전달

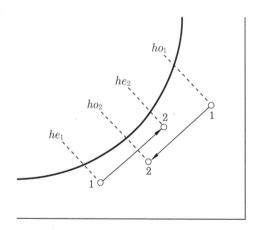

(7) 전열교환기 설치 시 유의 사항

① 전열교환기와 급기, 배기 Fan과의 운전은 Inter-lock하여 Motor 정지 중에는 통풍시키지 않도록 한다.

② 외기 및 환기에는 Filter를 설치한다.

③ Gallery로부터 침입한 빗방울이 Motor까지 비산하지 않도록 하며 외기 흡입구에는 큰 먼지나 빗방울의 유입을 방지하기 위하여 유입속도를 2m/sec 이하로 한다.

④ Motor 점검을 위하여 전열교환기 전후에 점검구를 설치한다.

⑤ Rotor면의 풍속 조절은 가능한 한 작게 되도록 한다.

⑥ 급기, 배기의 바람의 흐름은 대향류(Counter Flow)가 되도록 한다.

⑦ 중간기용으로 By-pass Duct를 설치한 경우 급기, 배기 Duct를 모두 시공한다.

⑧ Casing은 가급적 수직으로 설치한다. 수평으로 설치 시에는 하중이 걸리지 않도록 하고 하부 받침대는 하중분포가 일정하게 분산되도록 한다.

⑨ Bearing 받침대에는 최대 휨이 1mm 이하가 되도록 보강대를 설치해야 한다.

⑩ 전동기의 주위 온도 : 전동기에는 과열 방지장치가 내장되어 있어 주로 40℃ 이하(공기온도)에서 운전되게 제작되나 전열교환기의 급기나 배기 어느 한쪽이 40℃ 이상이 될 경우, 차가운 쪽에 전동기를 위치시키며 열기가 침입하지 않도록 한다.

⑪ 급기, 배기 온도가 모두 40℃ 이상인 특수한 경우에는 별도의 전동기 냉각용 송풍기를 설치하든가, 아니면 전동기를 전열기 Casing 외부에 설치하도록 한다.

⑫ 전열교환기의 동결 방지 : 한랭지에서는 전열교환기가 결빙될 수 있으므로 예열히터 등을 사용해야 하는데, 이때 예열히터의 부착 위치는 외기가 전열교환기로 들어가는 입구에 주로 설치한다.

(8) 전열교환기의 중간기 운전 방법

① 봄, 가을에 외기 냉방 시 전열교환기를 운전하면, 실온보다 낮은 외기가 전열교환기에서 실내 배기와 열교환함으로써 데워진 후 실내에 급기되게 된다(따라서 제대로 된 냉방을 할 수 없다).

② 이 문제를 해결하기 위하여 전열교환기를 운전정지하거나, Bypass Duct를 설치하여 열교환을 하지 못하게 한다.

③ 이때 회전형 전열교환기에서는 장시간 운전 정지 시 통풍으로 인하여 모터의 회전부에 먼지가 막힐 수 있으므로 타이머로 간헐운전(ON/OFF 제어)을 해 주는 것이 좋다.

7-5 에어커튼(Air Curtain)

(1) 발달 배경

① 경제와 문화가 발달하면서 현대인의 생활의 대부분을 실내에서 보내기 때문에 조금이라도 더 쾌적한 실내환경을 요구하게 되고, 따라서 계절에 관계없이 최적의 환경을 유지하기 위하여 엄청난 에너지 비용을 부담하게 되었다.

② 산업발전에 따른 대기오염으로부터 자신의 생활환경을 보호하고, 에너지 절감도 동시에 이루기 위한 방법 중의 하나가 '에어커튼'이다.

(2) 에어커튼의 사용 목적

① 문이 열려 있어도 보이지 않는 공기막을 형성하여 실내공기가 바깥으로 빠져나가는 것을 막아 필요 이상 낭비되는 에너지 비용을 절감할 수 있다.

② 바깥의 오염된 공기가 안으로 들어오는 것을 막음으로써 쾌적한 실내환경을 유지할 수 있다.

(3) 에어커튼의 원리

① 개방되어 있거나 사람의 출입이 빈번한 출입구의 상단에 장치하여 안과 밖을 통과하는 공기의 속도보다 더 강한 풍속의 공기를 쏘아 출입구에 보이지 않는 막을 형성한다.

② 문이 열려 있어도 문이 닫혀 있는 것처럼 실내외의 공기가 서로 유통하지 못하도록 하는 것이 에어커튼의 본질적인 기능이다.

(4) 에어커튼의 효과

① 실내기온(온기/냉기)의 유출 방지로 에너지 비용 절약 : 외부 공기가 들어오지 못하기 때문에 문이 열릴 때마다 추위, 더위를 느꼈던 불쾌감이 해결되고 지속적인 온도 유지로 에너지 효율이 높아짐으로써 과다한 에너지 낭비를 막을 수 있다.

② 오염된 외부공기를 막아 실내 청결 유지 : 공기를 통해 들어오는 먼지, 공기, 연기, 냄새 등의 오염물질을 원천적으로 막아 줌으로써 위생적인 실내공간을 만들 수 있으며, 나아가서는 장비나 기계의 고장 발생률을 낮출 수 있다.

③ 신선도 유지와 업무효율 향상 : 냉동실 또는 냉장창고의 경우 급격한 온도 상승을 막아 저장제품의 신선도를 유지하고, 번번이 문을 개폐할 필요가 없으므로 사람과 장비 등의 출입이 자유로워 문을 개폐하는 데 걸리는 시간을 절약할 수 있다.

(5) 에어커튼의 적용

① 사람의 출입이 잦으면서도 쾌적한 환경을 유지해야 하는 곳 : 은행, 우체국, 대합실, 상가, 백화점, 공항

② 외부의 오염과 철저히 격리되어야 하는 곳 : 병원, 식당, 식품의약품 관련 공장

③ 온도 손실 또는 오염이 제품에 크게 영향을 끼치는 곳 : 냉동냉장창고, 기타 저장창고

④ 오염물을 처리하는 산업 현장 : 위생처리장(쓰레기 소각장, 분뇨처리장), 각종 공장

(6) 에어커튼의 에어 방출 두께 계산 시 주의 사항

① 에어 방출 두께는 높이가 높으면 두께(폭)가 커져야 한다.

② 실내온도가 낮으면 두께(폭)가 커져야 한다.

③ 고체는 열전도율이 큰 반면, 기체는 열전도율이 작다는 것을 고려한다.

---

④ 에어커튼은 주위의 공기를 유인 혼합하여 주로 대류에 의한 열전달이 지배적으로 이루어진다.

⑤ 실내외 온도 차에 의한 열전도는 상대적으로 시간이 많이 걸린다.

(7) 에어커튼의 종류

① 흡출형

㈎ 에어커튼 장치에 분출구만 있고, 흡입구는 따로 없다.

㈏ 분출 풍속 : 옥외에 설치하는 경우에는 10~15m/s, 옥내에 설치 시에는 5~10 m/s 정도가 적당하다.

② 분출·흡입형

㈎ 분출구와 흡입구가 모두 설치되어 있는 형태이다.

㈏ 상기 흡출형 대비 보다 확실한 성능을 발휘할 수 있다.

㈐ 분출 풍속 설계 : 상기 흡출형과 동일 수준으로 설계한다.

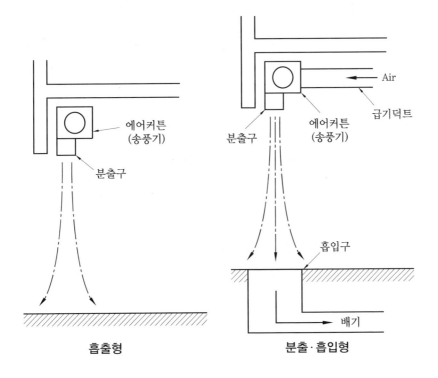

흡출형　　　　　　분출·흡입형

7-6 이중 응축기(Double Bundle Condenser) 기술

(1) 이중 응축기의 하기 운전방식

냉방 시 버려지는 응축기의 폐열량을 동시에 회수하여 재열, 난방 등의 열원으로 사용하고, 남는 응축열량은 냉각탑을 통해 대기에 버린다(→ 이중 응축기의 가장 기본적인 기능이다).

(2) 이중 응축기의 중간기 운전방식

① 난방부하 발생 개시
② 냉방 시 혹은 난방 시 냉각탑으로 버려지는 열량을 축열조에 회수 후 재활용 가능
③ 통상 여름철 및 겨울철보다 압축비가 낮아 열원의 운전동력은 감소됨

(3) 이중 응축기의 동기 운전방식

① 주간에 난방운전 시 남은 45℃ 정도의 온수를 야간 난방운전에 사용 가능
② 공조기를 통해 난방(온수) 사용 시 냉각탑으로 버려지는 냉열량을 저장 후 냉방 필요처에 사용 가능
③ 저렴한 심야전력으로 심야 온축열 후 주간에 난방용 혹은 급탕용으로 사용 가능

(4) 이중 응축기의 장치 구성(一 例)

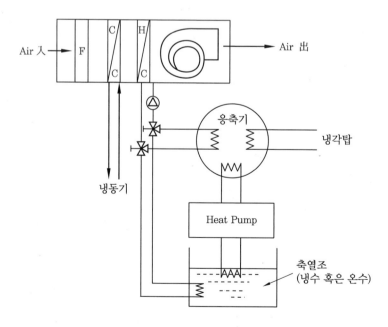

7-7 고효율 히트펌프 시스템

(1) 개요
① 히트펌프(Heat Pump)란 저열원에서 고열원으로 열을 전달할 수 있게 고안된 장치를 말한다.
② 히트펌프는 원래 높은 성적계수(COP)로 에너지를 효율적으로 이용하는 방법의 일환으로 연구되어 왔다.
③ 히트펌프는 하계 냉방 시에는 보통의 냉동기와 같지만, 동계 난방 시에는 냉동사이클을 이용하여 응축기에서 버리는 열을 난방용으로 사용하고 양 열원을 겸하므로 보일러실이나 굴뚝 등 공간 절약이 가능하다.
④ 열원의 종류는 공기(대기), 물, 태양열, 지열 등 다양하며(사용의 편의상 공기와 물이 주로 사용됨), 온도가 높고 시간적 변화가 적은 열원일수록 좋다.
⑤ 시스템의 종류(열원/열매) : 공기 대 공기 방식, 공기 대 물 방식, 물 대 공기 방식, 물 대 물 방식, 태양열 대 물 방식, 지열 대 물 방식, 이중 응축기 방식 등

(2) 장·단점
① 장점
  ㈎ 대부분의 사용 영역에서 성적계수(COP)가 높다.
  ㈏ 한 대로 냉·난방을 동시에 할 수 있다.
  ㈐ 보통의 냉동기보다 압축비를 높여 고온의 물이나 공기도 얻을 수 있고, 연소가 없으므로 대기오염이나 오염물질 배출이 거의 없다.
  ㈑ 저온 발열의 '재생 이용'에 효과적이다(폐열 회수).
  ㈒ 난방 시의 열량 및 열효율을 냉방 시보다 높일 수 있는 가능성이 있다.
    ㉮ 성능 측면 : 응축열량＝증발열량＋압축기 소요동력
    ㉯ $COPh = 1 + COPc$
  ㈓ 신재생에너지와 연계가 용이하다(자연에너지를 승온 및 냉각).
② 단점(열원 온도가 낮을 경우)
  ㈎ 성적계수(COP)가 외부 기후조건(TAC위험률 초과 온습도 시, 눈, 비, 바람 등)에 따라 매우 유동적일 수 있다.
  ㈏ 난방 운전 시 주기적인 제상운전이 필요 : 난방의 간헐적 중단, 평균 용량 저하, 과잉 액체처리 등이 문제
  ㈐ 냉·난방을 겸할 수 있으나, 외기 저온 난방 시에는 높은 압축비(압력비)를 필요로 하므로 열효율이 많이 떨어진다.
  ㈑ 비교적 부품이 많고, 제어가 복잡하다(냉매회로 절환, 혹은 공기/수 회로 절환).

(마) 보일러와 달리 많은 열을 동시에 얻기 어렵다.

(바) 따라서, 히트펌프는 난방 시 보조열원으로 많이 응용된다.

(사) 단, 보일러, 지열 등의 기후조건에 변치 않는 고정열원을 확보한다면 상기 단점은 극복할 수 있다.

(3) 히트펌프의 분류 및 각 특징(特徵)

방식	열원 측	가열 (냉각 측)	변환 방식	특징
ASHP	공기	공기	냉매회로 변환 방식	• 장치구조 간단 • 중소형 히트펌프에 많이 사용
			공기회로 변환 방식	• 덕트구조 복잡하여 Space 커짐 • 거의 사용 적음
	공기	물	냉매회로 변환 방식	• 구조 간단(축열조 이용) • 고효율 운전 가능하여 많이 사용됨
			수(水)회로 변환 방식	• 수회로구조 복잡 • 브라인 교체 등 관리 복잡 • 현재 거의 사용 적음
WSHP	물	공기	냉매회로 변환 방식	• 장치구조 간단 • 중소형 히트펌프에 많이 사용
			수(水)회로 변환 방식	• 수회로구조 복잡 • 현재 거의 사용 적음
	물	물	냉매회로 변환 방식	• 대형에 적합 • 냉온수 모두 이용하는 열 회수 시스템 가능
			수(水)회로 변환 방식	• 수회로구조 복잡 • 브라인 교체 등 관리 복잡
			변환 없는 방식	• 일명 Double Bundle Condenser • 냉/온수 동시간 이용 가능(실내기 2대 설치 등)
SSHP	태양열(물)	공기 혹은 물	냉매회로 변환 방식	• 태양열 이용한 열원 확보 • 냉/난방 공히 안정된 열원(냉각탑과 연계 운전)
GSHP	지열(물)	공기 혹은 물	냉매회로/수회로 변환 방식	• 지열, 강물, 해수 등의 열을 회수하여 히트펌프의 열원으로 사용함 • 냉/난방 공히 비교적 안정된 열원
폐수열원 히트펌프	폐수(물)	공기 혹은 물	냉매회로/수회로 변환 방식	폐수열을 회수하여 히트펌프의 열원으로 재사용하는 방식

EHP	물 혹은 공기	공기	냉매회로 변환 방식	• 수랭식 혹은 공랭식 열교환 • 실내기 측은 멀티 실내기 형태 혹은 공조기(AHU) 연결 가능함
GHP	공기	공기	냉매회로 변환 방식	• 보통 공랭식 열교환 • 실내기 측은 멀티 실내기 형태 혹은 공조기(AHU) 연결 가능함
HR	물 혹은 공기	공기	냉매회로 변환 방식	• 수랭식 혹은 공랭식 열교환 • 실내기 측은 주로 멀티형태로 다중 연결됨 • 동시운전멀티 : 한 대의 실외기로 냉·난방을 동시에 행할 수 있음
흡수식 히트펌프	물 혹은 공기	물	수회로 변환 방식	증기구동방식, 가스구동방식, 온수구동방식 등이 있음

※ 용어
- ASHP(Air Source Heat Pump) : 실외공기를 열원으로 하는 히트펌프
- WSHP(Water Source Heat Pump) : 물을 열원으로 하는 히트펌프
- SSHP(Solar Source Heat Pump) : 태양열을 열원으로 하는 히트펌프
- GSHP(Ground Source Heat Pump) : 땅속의 지열을 열원으로 하는 히트펌프
- EHP(Electric Heat Pump) : 전체 운전 동력을 전기에만 의존하는 히트펌프
- GHP(Gas driven Heat Pump) : 가스엔진을 사용하여 냉매압축기를 구동함
- HR(Heat Recovery) : 한 대의 실외기로 냉방, 난방을 동시에 구현 가능

(4) 열원방식별 특징

① ASHP

㈎ 공기-공기 방식 : 간단한 패키지형 공조기, 에어컨 종류 등에 많이 적용

㈏ 공기-물 방식 : 공랭식 칠러방식, 실내 측은 공조기 혹은 FCU방식이 대표적

② WSHP

㈎ 물-공기 방식 : 수랭식(냉각탑 사용), 실내 측은 직팽식 공조기, 패키지형 공조기 등을 많이 적용

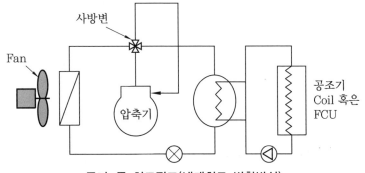

공기-물 히트펌프(냉매회로 변환방식)

(나) 물-물 방식 : 수랭식(냉각탑 사용), 실내 측은 공조기 혹은 FCU방식이 대표적임

7-8 공기-공기 히트펌프(Air to Air Heat Pump)

(1) 개요

① 공기-공기 히트펌프(Air to Air Heat Pump)는 대기를 열원으로 하며 냉매 코일에 의해서 직접 대기로부터 흡열(혹은 방열)하여 송출해서 공기를 가열(혹은 냉각)하는 방식이다.

② 중소형 히트펌프(팩케이지형 공조기, Window Cooler형 공조기 등)에 적합한 방식이다(비교적 장치구조 간단). 단, 요즘은 시스템 혹은 장치의 대형화 작업이 많이 이루어지고 있다.

③ 여름철의 냉방과 겨울철 난방의 균형상, 전열기 등의 보조 열원이 필요할 경우가 많다.

④ 냉매회로 변환 방식과 공기회로 변환 방식이 있으나, 주로 냉매회로 변환 방식이 많이 사용된다.

(2) 작동 방식

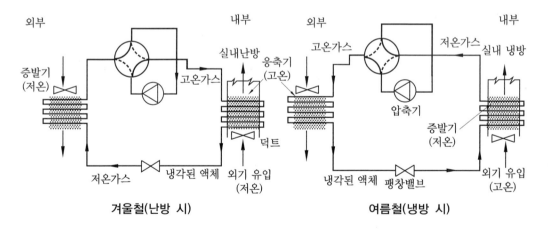

겨울철(난방 시)   여름철(냉방 시)

① 겨울철(난방 시)

(가) 압축기에서 나오는 고온 고압의 가스는 실내 측으로 흘러들어가 난방을 실시한다.

(나) 실내 응축기에서 난방을 실시한 후 팽창변을 거쳐 증발기로 흡입되어 대기의 열을 흡수한다.

(다) 증발기에서 나온 냉매는 사방변을 거쳐 다시 압축기로 흡입된다.

② 여름철(냉방 시)

    ㈎ 압축기에서 나오는 고온 고압의 가스는 실외 측 응축기로 흘러들어가 방열을 실시한다.

    ㈏ 실외 응축기에서 방열을 실시한 후 팽창변을 거쳐 실내 측 증발기로 흡입되어 냉방을 실시한다.

    ㈐ 실내 측 증발기에서 나온 냉매는 사방변을 거쳐 다시 압축기로 흡입된다.

(3) 성적계수(*COP*)의 계산

① 냉방 시의 성적계수 $COP_c = \dfrac{증발능력}{소요동력} = \dfrac{(h_1 - h_4)}{(h_2 - h_1)}$

② 난방 시의 성적계수 $COP_h = \dfrac{응축능력}{소요동력} = \dfrac{(h_2 - h_3)}{(h_2 - h_1)}$

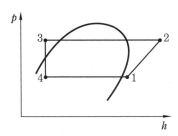

p−*h*선도 (냉·난방 시 동일)

7-9   공기-물 히트펌프(Air to Water Heat Pump)

(1) 개요

① 공기-물 히트펌프(Air to Water Heat Pump)는 공기열원 히트펌프의 일종이다. 공기열원이라는 말은 실외 측의 열교환기에서 냉방 시에는 열을 방출하고, 난방 시에는 열을 흡수하기 위한 열원이 공기라는 뜻이다.

② 공기-물 히트펌프(Air to Water Heat Pump)는 사용처(부하 측)의 유체(열전달매체)가 물이다. 사용처가 물이라는 의미는 2차냉매로 물이나 브라인 등의 액체를 이용한다는 뜻으로 볼 수 있다.

(2) 적용 사례(개방식 수축열조를 이용한 공기-물 히트펌프)

① 난방 시 운전 방법

    ㈎ 압축기에서 나오는 고온 고압의 냉매가스는 열교환기를 통하여 간접적으로 개방형 수축열조 내부의 물을 데운다(약 45~55℃ 수준).

(내) 이때 밸브 a 및 b가 닫히고, c 및 d가 열리게 하여 수축열조 하부의 비교적 찬 물을 열교환기 측으로 운반하여 데운 후 수축열조 상부로 다시 공급하여 준다.

(대) 이후 냉매는 팽창변 및 공랭식 응축기를 거쳐 압축기로 다시 복귀된다.

(래) 한편 수축열조에서 데워진 물은 공급펌프에 의해 부하 측으로 운반되어 공조기, FCU, 바닥코일 등의 열교환기를 가열시켜 난방을 행하거나 급탕에 이용한다.

(매) 이때 밸브 e 및 f는 닫히고, g 및 h는 열리게 하여 수축열조 상부의 비교적 뜨거운 물을 부하 측으로 공급해 준 후, 환수되는 물은 축열조 하부로 다시 넣어 준다(이 때 수축열조 내부의 물의 성층화를 위하여 특수한 형태의 디퓨저장치를 통하여 물을 공급 및 환수시키는 것이 유리하다).

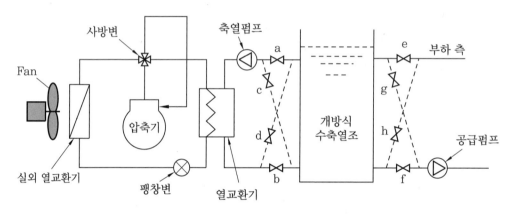

② 냉방 시 운전 방법

(가) 압축기에서 나오는 고온 고압의 냉매가스는 실외 측 공랭식 응축기로 흘러들어가 방열을 실시한다.

(내) 실외 공랭식 응축기에서 방열을 실시한 후 팽창밸브를 거친 후 열교환기를 통하여 간접적으로 개방형 수축열조 내부의 물을 냉각시킨다(약 5~7℃ 수준).

(대) 개방형 수축열조의 냉각된 물은 공급펌프에 의해 부하 측으로 운반되어 공조기, FCU 등의 열교환기를 냉각시켜 냉방을 행한다.

(래) 이때 밸브 a~h는 '난방 시 운전 방법'과는 반대로 열리거나 닫힌다(즉, a, b, e, f는 열리고, c, d, g, h는 닫힌다).

(매) 이후 열교환기에서 나온 냉매는 사방변을 거쳐 다시 압축기로 흡입된다(재순환).

③ 본 시스템(개방식 수축열조를 이용한 공기-물 히트펌프)의 장·단점

(가) 장점 : 저렴한 심야전력 이용 가능, 냉방·난방·급탕 동시 이용 가능, 전력의 수요 관리 가능, 열원의 안정성

(내) 단점 : 개방식 축열조 내의 오염/부식/스케일 생성 우려, 장치의 복잡성 등

7-10 수열원 천장형 히트펌프 방식

(1) 개요

① 각 층 천장에 여러 대의 소형 히트펌프를 설치하여 실내공기를 열교환기 측과 열교환시켜서 냉방 및 난방을 행하는 시스템이다.

② 유닛 내에 응축기, 증발기, 팽창변, 압축기, 사방변 등의 전체 냉동부속품이 일체화된 방식이다.

③ 압축기, 열교환기 등의 무게 때문에 보통 소형으로 제작하여 실내부하량에 따라 필요한 개소에 병렬로 여러 대 설치한다.

(2) 장치의 특장점(냉동기/보일러를 이용하는 중앙공조 대비)

① 고효율 : 일부 보일러를 사용하는 경우도 있으나, 보일러를 생략하는 히트펌프 시스템의 형태로 구축할 경우 상당한 고효율 실현 가능(보통 냉·난방 공히 COP 3.0 이상 구현 가능함)

② 개별제어 용이 : 필요한 유닛만을 개별로 편리하게 조작 가능하여 냉·난방 운전 가능 (유닛의 대수제어 용이)

③ 기계실 불필요 : 천장 안 매입형으로 설치 가능

④ 냉수라인 불필요 : 냉동기와 달리 FCU로 연결되는 냉수라인이 불필요하여 설비비 절약 가능(일종의 냉매 직팽식의 형태이므로 FCU도 불필요)

(3) 장치의 단점

① 압축기, 팬모터 등의 진동원이 천장에 매달리게 되므로 주기적으로 소음진동이 거주역으로 전파되기 쉽다.

② 겨울철 외기온도가 많이 저하될 시 난방능력이 급속하게 하락할 수 있는 가능성이 있다.

③ 난방 시 냉각수의 동결을 방지하기 위해 에틸렌글리콜 등의 부동액을 사용하여야 한다.

④ 설치시공 난이 : 유닛의 하중 때문에 천장 내 설치시공 및 사후 서비스에 어려움이 있다.

⑤ 냉각수의 불균형 우려 : 냉각수의 층별 불균일 발생 시 각 층별 성능 차이가 심해질 수 있다(정유량밸브, 가변유량밸브 등의 활용으로 해결 가능).

(4) 장치의 응용

① 중앙공조에 대별되는 천장 분산형 공조기 형태로 사용이 가능하다.

② 공사 범위가 비교적 적고 간단하여, 신축건물뿐만 아니라 건물의 리모델링 시에도 편리하게 설치/사용이 가능하다.

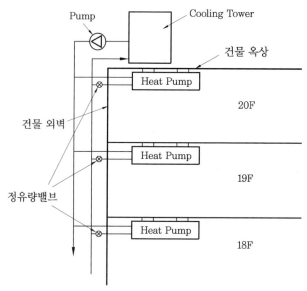

수열원 천장형 히트펌프 설치 사례

칼럼 **칠드빔 시스템(Chilled Beam System)**

1. 형광등기구에 기계설비, 전기설비, 소방설비 등을 종합적으로 모듈화 형태로 공장에서 조립하여 현장에서 조립식으로 단위시공할 수 있게 제작된 시스템이다.
2. 심지어는 소방 스프링클러의 배관 및 헤드, 화재감지기, 스피커, 디퓨저 등도 같이 모듈화되는 경우가 많다.
3. 형광등기구의 열은 냉방부하가 되지 않게 리턴덕트로 바로 회수할 수 있고, 재열 등에 활용 가능하다.
4. 칠드빔의 아랫부분의 케이스는 냉·난방 시 구조체축열이 되어 복사냉·난방의 효과도 이룰 수 있다.

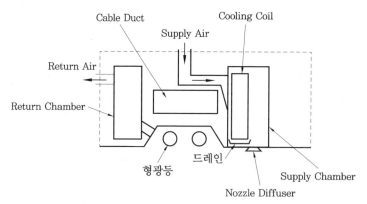

칠드빔 시스템(Chilled Beam System)

7-11   가스구동 히트펌프(GHP)

(1) 개요

① 하절기에 사용이 적은 액화가스를 이용하여 전력 피크부하를 줄일 수 있고, 동절기에는 엔진의 배열을 이용하여 난방성능을 향상시킬 수 있다.

② 압축기를 가스엔진으로 구동하고 난방 시 엔진 배열을 이용하는 부분을 제외하면 일반 전동기로 구동하는 히트펌프(EHP) 시스템과 유사하다.

(2) GHP 특징

① EHP 대비 전기료가 약 10% 이하에 불과하다.

② 한랭지형, 교단 선진화형 등 기존의 히트펌프가 대처하기 힘든 영역을 커버할 수 있다(엔진의 배열을 이용하여 저온 한랭지 난방 필요 시 증발력을 보상해 줄 수 있는 시스템이다).

③ 겨울철 난방 운전 시 액-가스열교환기(엔진의 폐열 이용)를 이용하여 제상 Cycle로 거의 진입하지 않아 난방운전율 및 운전효율을 높여 준다.

④ 단, 냉방 시에는 활용도가 낮으며, 그냥 배열처리하는 경우도 있으나, 온수/급탕 제조용으로 활용하는 경우도 있다.

⑤ EHP의 제상법으로는 대부분 역Cycle 운전법(냉난방 절환밸브를 가동하여 냉매의 흐름을 반대로 바꾸어 Ice를 제거하는 방법)이 사용되나, GHP는 엔진의 폐열을 사용하므로 대개의 경우 제상 사이클로의 진입이 적다(그러나 시판되는 대부분의 모델은 EHP 형태의 '역Cycle 제상법'을 적용함).

(3) 주요 부품의 특징

① 가스엔진

(가) 4행정 수랭식 엔진이 주로 사용되며 40% 이상의 고효율, 4만시간 이상의 긴 수명이 요구된다.

(나) 용량제어가 용이하여 부분부하 효율이 우수해야 한다(회전수제어, 공연비 조절).

(다) 폐열(마찰열과 배기가스)을 이용하기가 용이해야 한다.

② 압축기

(가) 주로 개방형 스크롤압축기를 많이 사용한다.

(나) 엔진과 구동벨트 혹은 직결방식으로 연결한다.

③ 배기가스 열교환기(GCX : Exhaust Gas-coolnat Heat Exchanger)

(가) 가스엔진에서 발생하는 배기가스 열을 회수하여 유용하게 이용

(나) 배기 다기관과 소음기 역할 동시 수행

㈐ 내부식성도 우수해야 됨

㈑ 배열 회수 효율은 엔진 효율이 높을수록 좋아지므로 GHP 시스템의 성능 향상을 위해서는 엔진효율 개선 필요

㈒ 배열 회수 약 70% 정도

㈓ 압력강하는 약 230mmAq

④ 운전 및 제어시스템

㈎ 회전수 조절

㈏ 공연비 조절

㈐ 엔진 냉각수 및 엔진룸의 온도 조절

㈑ 엔진의 On/Off 횟수를 최소로 유지

(4) 그림

아래는 실외기 1대에 실내기 4대를 연결한 멀티형GHP의 일례이다.

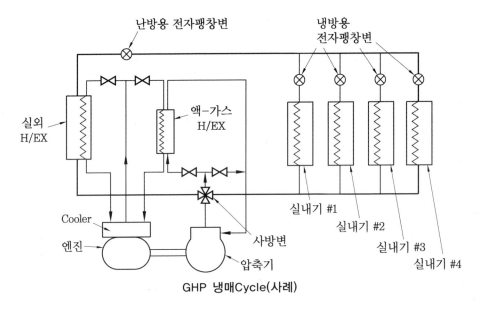

GHP 냉매Cycle(사례)

(5) 작동 원리

① GHP의 작동 원리는 일반 'EHP(시스템멀티 에어컨)'와 거의 동일하다.

② 단지 압축기 구동의 동력으로 전기에너지를 이용하지 않고 가스(주로 도시가스 사용)를 이용한다는 점이 차이점이다.

③ 추가적인 차이점

㈎ 엔진의 배열을 상기 그림의 화살표 방향으로 보내 한편으로는 실외열교환기의 증발력을 보상해 준다(저온 난방능력 개선).

㈏ 엔진의 배열을 상기 그림의 액–가스 열교환기 방향으로 보내 한편으로는 저압을 보상시켜 제상Cycle로 거의 진입하지 않게 하여 난방 운전율 및 운전효율을 높여 준다.

④ GHP의 폐열 회수 방법

　㈎ 냉매 직접 가열형

　　㋐ 배기가스 열교환기 및 엔진냉각수로 난방 시 실외 증발기 자체 혹은 증발기에서 나온 냉매를 가열함으로써 증발열을 보상시켜 난방능력을 향상시킨다.

　　㋑ 냉방 시에는 엔진냉각수로 압축기 토출가스를 냉각 가능하다.

　㈏ 공기 예열 이용형

　　㋐ 배기가스 열교환기 및 엔진냉각수를 이용하여 난방 시 실외 증발기 입구 측 공기를 예열 가능하다.

　　㋑ 냉방 기간에는 방열 혹은 급탕, 난방으로 사용 가능하다.

　㈐ 폐열 직접 이용형

　　㋐ 배가가스열이나 엔진냉각수의 열을 직접 다른 목적으로 사용 가능하다.

　　㋑ 급탕이나 바닥난방 등에 폐열을 활용 가능하다.

(6) 단점

① 일반 '시스템멀티 에어컨' 대비 초기투자비가 증가된다(기기 가격 높음).

② 엔진오일, 필터, 점화플러그 등의 소모품에 대한 교체/관리가 번거롭다.

③ 도시가스 미도입 지역 등은 사용이 어렵다(가스 공급이 어려움).

④ 동일 마력의 EHP 대비 실외기의 Size 혹은 설치면적이 커진다.

⑤ 배기가스의 방출로 주변을 오염 및 부식시킬 수 있다.

개별공조를 위해 빌딩 옥상에 GHP를 설치·운전하는 모습

7-12 VVVF(인버터) 기술

(1) 전력 변환 방법

VVVF(인버터)는 Variable Voltage Variable Frequency의 약자로서 Inverter or VFD 라고도 하며, 상용전원의 전압과 주파수를 가변시켜 Motor에 공급함으로써 Motor의 회전속도를 자유롭게 제어하는 Motor 가변속제어장치이다.

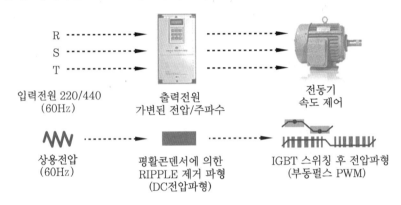

(2) 효율절감 계산 사례

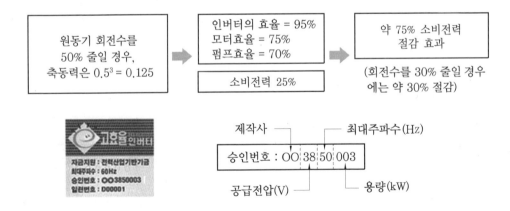

(3) 인버터 회전수제어 원리

① VVVF에 의한 회전수제어 : 동기회전수 $N = 120F/P$

　　　여기서, 회전수(N ; rpm), 주파수(F ; Hz), 전동기극수(P)

② 회전수 변화에 따른 유량, 양정, 동력 변화

　(가) $Q' = (N'/N) \cdot Q$　　　(나) $H' = (N'/N)^2 \cdot H$　　　(다) $P' = (N'/N)^3 P$

　　　여기서, 변화 전후의 회전수(N, N' ; rpm), 유량(Q, Q' ; lpm)
　　　　　　 양정(H, H' ; m), 동력(P, P' ; kw, HP)

※ 풍량제어 방식별 소요동력

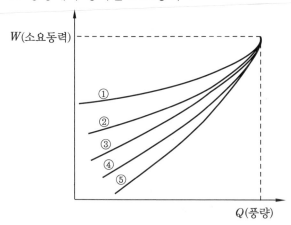

① 토출댐퍼 제어, 스크롤댐퍼 제어
② 흡입댐퍼 제어
③ 흡입베인 제어
④ 가변피치 제어
⑤ 회전수 제어

칼럼 🔍 **펌프의 회전수 계산문제**

펌프의 회전수가 1000 rpm일 때, 토출량은 1.5 m³/min, 소요동력이 12 kW이다. 회전수를 가변하여 펌프의 토출량을 1.2 m³/min으로 감소시키면 동력은 얼마인가?

〈풀이〉 감소된 동력 $= 12 \times \left(\dfrac{1.2}{1.5}\right)^3 = 6.14 \, \text{kW}$

(4) 펌프의 동력 계산 방법

① 수동력(Hydraulic Horse Power) : 펌프에 의해 액체에 실제로 공급되는 동력

$$L_w = \frac{\gamma \cdot Q \cdot H}{102}$$

② 축동력(Shaft Horse Power) : 원동기에 의해 펌프를 운전하는 데 필요한 동력

$$L = \frac{\gamma \cdot Q \cdot H}{102 \cdot \eta_p}$$

③ 펌프의 출력 $= \dfrac{\gamma \cdot Q \cdot H \cdot k}{102 \cdot \eta_p}$

여기서, γ : 비중량(kgf/m³), Q : 수량(m³/sec), H : 양정(m), η_P : 펌프의 효율(전효율),
k : 전달계수(약 1.1~1.15)

※ 펌프의 효율(전효율) : 수동력/축동력 = 약 70~90%

㉮ 체적효율(Volumetric Efficiency ; η_v)

$$\eta_v = \frac{Q}{Q_r} = \frac{Q}{Q + Q_1} \fallingdotseq 0.9 \sim 0.95$$

여기서, Q : 펌프 송출유량, Q_r : 회전차속을 지나는 유량, Q_1 : 누설유량

㉯ 기계효율(Mechanical Efficiency ; η_m)

$$\eta_m = \frac{L - \triangle L}{L} \fallingdotseq 0.9 \sim 0.97$$

여기서, L : 축동력, $\triangle L$: 마찰 손실동력

㉰ 수력효율(Hydraulic Efficiency ; η_h)

$$\eta_h = \frac{H}{Hth} \fallingdotseq 0.9 \sim 0.96$$

여기서, H : 펌프의 실제양정(펌프의 깃수 유한, 불균일 흐름 등으로 인해 이론양정보다 적음),
   Hth : 펌프의 이론양정

㉱ 펌프의 전효율(Total Efficiency ; η_P)

$$\eta_P = \eta_v \times \eta_m \times \eta_h = 체적효율 \times 기계효율 \times 수력효율$$

(5) 펌프의 소비전력(소비입력) 계산 방법

펌프의 소비전력을 구하기 위해서, 상기 (4)번의 '③ 펌프의 출력' 계산식에 전동기효율 (η_M)을 추가하여 펌프의 소비전력 $= \dfrac{\gamma \cdot Q \cdot H \cdot k}{102 \cdot \eta_P \cdot \eta_M}$ 로 표현할 수 있다.

7-13 축열 시스템에 의한 수요관리

(1) 축열시스템은 다음과 같이 에너지 수급의 시간적 불균형, 에너지원의 간헐성, 미활용 에너지원의 저밀도 현상 등의 문제를 해결하기 위하여 현열축열, 잠열축열, 화학축열 등의 방법을 통하여 냉열(冷熱) 혹은 온열(溫熱)을 저장해 두었다가 필요 시간대에 사용하는 방식이다.

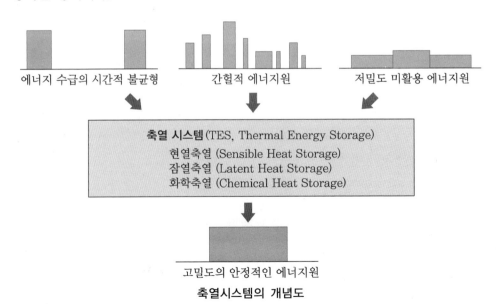

축열시스템의 개념도

(2) 축열 시스템의 효과

① 에너지의 수요관리가 용이하다.

② 열에너지의 부하 평준화가 가능하다.

③ 열원기기의 성능 및 효율 향상이 가능하다.

④ 신재생에너지와의 연계가 용이하다.

(3) 고체 축열 시스템

① 물의 이용 가능 온도범위가 아닌 경우

② 별도의 열전달 매체가 필요

알루미나(고체 축열용)

③ 알루미나의 이용

Medium	ρ[kg/m^3]	C_p[J/kg·K]	$\rho C_p \times 10^{-6}$ [J/m^3·K]	k[W/m·K]	α(klpc) 10^6[m^2/s]
Aluminum Oxide	3,900	840	3.276	6.3	1.923

(4) 화학 축열 시스템

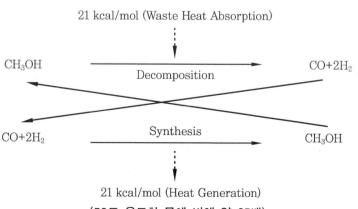

(50도 온도차 물에 비해 약 25배)

(5) 수축열 시스템 운용

① 수축열 시스템 개요

㈎ 운전 형태

㉮ 야간(23:00~익일 09:00) : 냉수/온수를 생산 및 저장

㉯ 주간(09:00~23:00) : 냉수/온수를 사용하여 냉방, 난방, 급탕을 행함

㈏ 핵심 기술

㉮ 온도성층화(Thermal Stratification)

㉯ 최적운전 제어기술(Optimum System Operation)

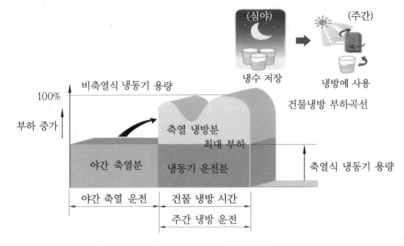

수축열의 냉방 운용방법

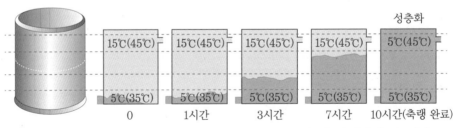

※ 주 : ( ) 안의 온도는 난방

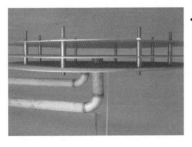

• 새로 유입되는 물이 주위의 물과 섞이는 동안 물의 온도 차에 의한 부력과 유입되는 물의 속도에 의한 관성력이 동일하도록 디퓨저의 직경과 간격을 설계

▶ 원통형 디퓨저

축랭의 원리

Ⓓ 온도성층화 : 물의 온도에 따른 밀도 차이를 이용하여 앞의 그림처럼 수축열조 상부와 하부의 온도차(약 10℃ 내외)를 크게 발생시키는 기술(디퓨저 설계 프로그램 개발기술이 핵심 기술임)

② 수축열 냉·난방 시스템의 장점

㈎ 빙축열과 더불어 야간 심야 전력 사용이 용이하다.

㈏ 시스템이 비교적 간단하고 제어 및 조작이 용이하다.

㈐ 기존 히트펌프에 수축열조만 추가하면 냉·난방 능력이 증가되어 건물 증축 시에도 유리하다.

㈑ 수축열조를 비상시에는 소방용수로 사용 가능하여 전체 건축비용 절감이 가능하다.

㈒ 열원기기 용량을 축소 가능하고, 심야 전력 사용에 따른 전기 요금이 절감된다.

㈓ 냉방뿐만 아니라 겨울철 난방 및 급탕으로도 사용 가능하다.

㈔ 빙축열과 달리 신재생에너지, 자연에너지 등과의 연결이 용이하다. 즉, 축열조를 태양열, 지열 혹은 폐수열 히트펌프 등과 같이 연동하여 사용 가능하다.

㈕ 한전의 금융지원 및 세제 혜택이 가능하여 설비투자비 및 설계비가 감소한다.

③ 수축열 냉·난방 시스템의 단점

㈎ 잠열을 이용하지 못하고 현열에만 의존하므로 축열조의 크기가 커진다.

㈏ 축열조 및 단열 보냉공사로 인해 많은 비용이 소요된다.

㈐ 축열조 내에 저온의 매체가 저장됨에 따른 열 손실이 발생한다.

㈑ 수질관리가 필요(경우에 따라서는 주기적 수처리 필요)하다.

(6) 빙축열 시스템 운용

① 야간의 값싼 심야 전력을 이용하여 전기에너지를 얼음 형태의 열에너지로 저장하였다가 주간에 냉방용으로 사용하는 방식이다.

② 전력부하 불균형 해소와 더불어 값싸게 쾌적한 환경을 얻을 수 있는 방식이다.

③ 빙축열 시스템의 특징

㈎ 공조용 빙축열 시스템은 얼음의 형태를 냉열에너지로 저장하였다가 필요 시 공조에 사용하는 시스템으로서, 냉열원기기와 공조기기를 이원화하여 운전함에 따라 열의 생산과 소비를 임의로 조절할 수 있으므로 에너지를 효율적으로 이용할 수 있다.

㈏ 공조용 빙축열 시스템을 심야 전력과 연계하여 사용하면 기존의 공조방식과 비교하여 냉열원기기의 고효율 운전, 설비용량의 축소(최대 70%), 열 회수에 의한 에너지 절약 등을 얻을 수 있다.

㈐ 기존의 공조방식은 냉수를 만들어 즉시 부하 측에 공급하여 냉방을 실시하고, 빙축열 공조방식은 심야 시간대에 일부하의 전량 또는 일부를 얼음으로 만들어 빙축

열조에 저장하였다가 필요 시 부하 측에 공급하여 냉방을 하는 공조방식이다.

   (라) 도입 배경 : 요즘 우리나라에서도 심각한 문제로 제기되고 있는 냉·난방전력에 의한 최대 피크전력에 대한 관리의 필요성이 있기 때문이다.

④ 빙축열 시스템의 장점

  (가) 경제적 측면

    ㉮ 열원 기기의 운전시간이 연장되므로 기기 용량 및 부속 설비의 대폭 축소

    ㉯ 심야 전력 사용에 따른 냉방용 전력비용(기본요금, 사용요금) 대폭 절감

    ㉰ 한전의 금융지원 및 세제 혜택에 따른 설비투자비 및 설계비 감소

  (나) 기술적 측면

    ㉮ 전부하 연속 운전에 의한 효율 개선 가능

    ㉯ 축열 능력의 상승 : 1톤의 0℃ 물에서 얼음으로 변할 경우 80Mcal의 응고열이 발생하므로 12C, 1톤의 물이 얼음으로 상변화할 때는 92Mcal(80Mcal + 12Mcal)의 이용 열량이 생기는 셈이며, 이것은 같은 경우의 수축열 생성 과정에 비해 약 18배의 열량비가 된다.

    ㉰ 열원 기기의 고장 시 축열분 운전으로 신속성이 향상된다.

    ㉱ 부하변동이 심하거나 공조계통 시간대가 다양한 곳에도 안정된 열 공급이 가능하다.

    ㉲ 증설 또는 변경에 따른 미래부하 변화가 정응성이 높다.

    ㉳ 시스템 자동제어반 채용으로 무인운전, 예측부하운전, 동일 장치에 의한 냉난방 이용으로 운전 보수관리가 용이하며, 자동제어 장치를 채용할 시에는 특히 야간의 자동제어 및 예측 축열이 효과적으로 행하여질 수 있다.

    ㉴ 저온급기 방식 도입에 의해 설비투자비 감소(미국, 일본의 경우 설치 적용 사례가 점차적으로 증가하는 추세임)를 가져올 수 있다.

    ㉵ 부하설비 축소 : 빙축열의 이용 온도가 0~15℃로 범위가 넓은 점을 활용하여 펌프용량 및 배관 크기가 축소되고, 이에 따른 반송동력 및 설비투자비가 절감됨

    ㉶ 다양한 건물 용도에 적용 : 다양한 운전 방식을 응용하여 사용 시간대나 부하변동이 상이한 거의 모든 형태의 건물에 효율적인 대응이 가능

    ㉷ 개축 용이 : 공조기, 냉온수 펌프, 냉온수 배관 등의 기존 2차 측 공조설비를 그대로 놔두고, 1차 측 열원설비를 개축 후 접속만 하면 되므로 설비 개선 시 매우 경제적이라 할 수 있음

⑤ 빙축열 시스템의 단점 및 문제점

  (가) 축열조 공간 확보가 필요하다.

  (나) 냉동기의 능력에 따른 효율(냉동효과, 냉동능력) 저하 : 제빙을 위해 저온화하는 과정에 따른 냉동기의 능력, 즉 효율이 저하된다.

(다) 축열조 및 단열 보냉공사로 인한 추가 비용이 소요된다.

(라) 축열조 내에 저온의 매체가 저장됨에 따른 열 손실이 발생된다.

(마) 수처리가 필요(브라인의 농도 관리)하다.

7-14 수축열 시스템 기술

(1) 수축열 시스템의 일반 구성도

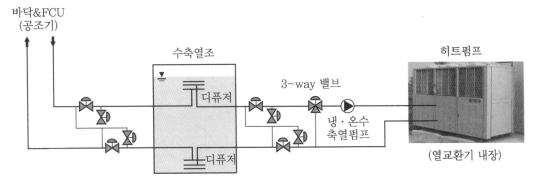

- 수축열조 : 야간에 부하(건물)로 공급할 냉수/온수를 저장하는 탱크
- 히트펌프 : 5~9℃의 냉수/40~45℃의 온수를 생산하는 열원기기
- 열교환기 : 히트펌프의 응축열/증발열을 배출/회수하기 위한 장치
- 펌프&자동밸브 : 히트펌프 등의 열원기기와 수축열조 입·출구의 순환유체 제어장비

(2) 3way Valve(삼방밸브) 적용 기술

① 유체의 흐름 방향에 따라 다음과 같이 혼합형(Mixing Type)과 분류형(Diverting Type)으로 나누어진다.

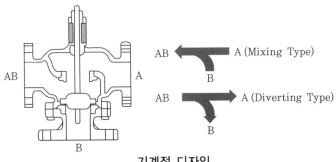

기계적 디자인

② 유량 다이어그램

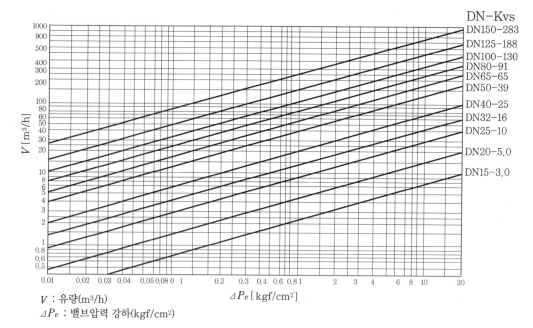

V : 유량(m³/h)

ΔP_v : 밸브압력 강하(kgf/cm²)

밸브의 선정표(사례)

③ 축열조 및 디퓨저 설치공사

축열조 설치공사

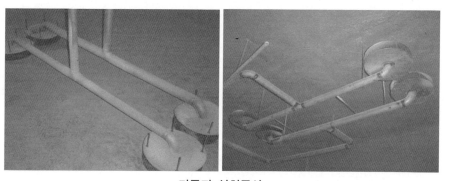

디퓨저 설치공사

(3) 수축열 디퓨저(Diffuser) 설계 사례

다음과 같이 전문프로그램을 이용하여 입력변수들을 입력하고, 디퓨저의 크기, 세부 치수와 수량 등을 계산한다.

① Data 입력

항 목	Data	기준치	비 고
축열 히트펌프 필요 유량	511.0	LPM	
축열 히트펌프 수량	5.0	대	
입구 유체밀도(p_i)	999.97	5℃ 기준	
축열조 내부 유체밀도(p_a)	999	16℃ 기준	
디퓨저 높이(H)	0.09	m	
디퓨저 직경(D)	1.8	m	
디퓨저 개수(일측)	2	개	
축열조 가로(L_1)	25	m	
축열조 세로(L_2)	10.1	m	
축열조 높이(L_3)	4.4	m	

② Data 출력

항 목	Data	기준치	비 고
히트펌프 필요 유량	2555.0	LPM	
디퓨저 Ratio(D/H)	20.0	−	
입수 표면적($S = \pi D H$)	0.50868	m^2	
디퓨저 유량	0.0194	m^3/s	
디퓨저 1개당 유량(Q)	0.0097	m^3/s	
속도(U)	0.02	m/s	
축열조 유효용량	1111	m^3	
축열조 상당 직경	17.9	m	
입구 유체의 점성계수(μ)	0.001519	5℃ 기준	
입구 유체의 동점성계수(ν)	0.00000152	5℃ 기준	

③ Data 분석

항 목	Data	기준치	비 고
Inlet Densimetric Froude Number(Fr)−최소화 교란	0.65	0.3~1	정상
레이놀즈 수(Re)	1127	300~2,400	정상

Ri(Richardson Number)	2.37	1~11.1	정상
탱크반경 대 디퓨저 플레이트 반경 비율(R_D/R_W)	0.20	0.2~0.4 (참고치)	-
디퓨저 플레이트 반경과 높이의 비율(R_D/R_W)	10.0	5~10 (참고치)	-

④ 디퓨저 설계 결과

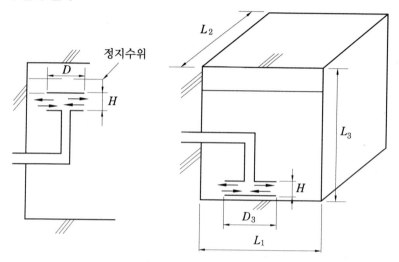

설계 결과 요약

항 목	설계 결과	단 위	비 고
디퓨저 직경(D)	1800	mm	개당
디퓨저 높이(H)	90	mm	개당
디퓨저 수량	4		총 수량 (상부+하부)
축열조 가로($L1$)	25000	mm	내부 치수
축열조 세로($L2$)	10100	mm	내부 치수
축열조 유효높이($L3$)	4400	mm	내부 치수
축열조 유효용량	1111	m^3	상부 디퓨저의 상단 공간 제외

(4) 수축열 냉·난방 시스템 제어기술

① 수축열 냉·난방(水蓄熱 冷暖房) 시스템은 수축열 방식으로 물을 냉열 혹은 온열의 형태로 축열 후 공조기나 FCU 등에 공급하여 냉방 혹은 난방을 행하는 방식이다.

② 수축열 방식은 '냉온수 겸용' 혹은 '냉수 전용'으로도 사용될 수 있다.

③ 수축열 냉·난방 시스템의 원리

  (가) 축랭과정 : 다음 그림의 '축랭과정'과 같이 축열조 상부의 15℃의 물과 축열조 하부의 5℃의 물을 상단 배관의 삼방변에서 적정한 비율로 혼합하여 10℃ 수준으로 만들어 히트펌프로 보내 주면, 히트펌프에서는 이 10℃의 물을 5℃까지 냉각하여 축열조의 하부로 넣어 준다. 이때 삼방변은 환수온도에 따른 개도율 제어를 적절히 행하여 히프펌프 출구온도가 항상 5℃로 자동제어해 준다.

  (나) 방랭과정 : 다음 그림의 '방랭과정'과 같이 부하 측 인버터 펌프가 운전되면 축열조 하부의 5℃의 물을 흡입하여 냉방을 위해 부하 측으로 공급해 준다. 이때 인버터 펌프는 자동제어를 행하는데 부하 측에서 사용 후 물의 온도가 항상 15℃ 정도가 되도록 인버터 펌프의 회전수제어를 행하여 축열조 상부로 넣어 준다.

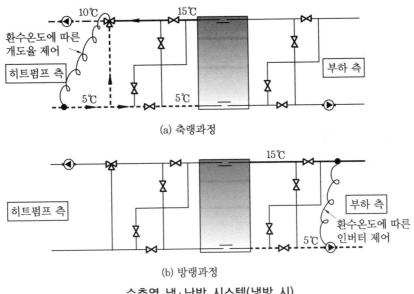

(a) 축랭과정

(b) 방랭과정

수축열 냉·난방 시스템(냉방 시)

  (다) 축열과정 : 다음 그림의 난방 시 '축열과정'과 같이 축열조 하부의 40℃의 물과 축열조 상부의 50℃의 물을 상단 배관의 삼방변에서 적정한 비율로 혼합하여 45℃ 수준으로 만들어 히트펌프로 보내 주면, 히트펌프에서는 이 45℃의 물을 50℃까지 가열하여 축열조의 상부로 넣어 준다. 이때 삼방변은 환수온도에 따른 개도율 제어를 적절히 행하여 히트펌프 출구온도가 항상 50℃로 자동제어해 준다.

  (라) 방열과정 : 다음 그림의 '방열과정'과 같이 부하 측 인버터 펌프가 운전되면 축열조 상부의 50℃의 물을 흡입하여 난방을 위해 부하 측으로 공급해 준다. 이때 인버터 펌프는 자동제어를 행하는데 부하 측에서 사용 후 물의 온도가 항상 40℃ 정도가 되도록 인버터 펌프의 회전수제어를 행하여 축열조 하부로 넣어 준다.

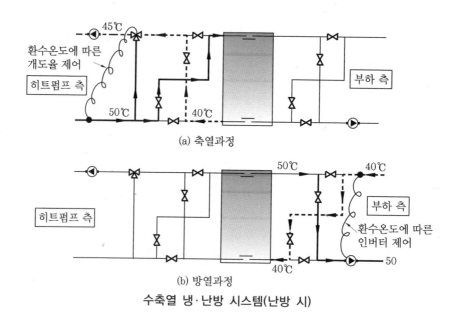

(a) 축열과정

(b) 방열과정

수축열 냉·난방 시스템(난방 시)

7-15 빙축열 시스템 기술

(1) 빙축열 시스템의 계통도

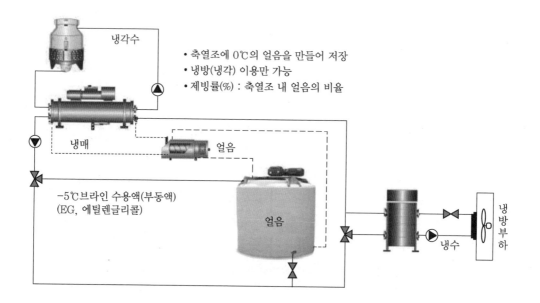

• 축열조에 0℃의 얼음을 만들어 저장
• 냉방(냉각) 이용만 가능
• 제빙률(%) : 축열조 내 얼음의 비율

(2) 관외착빙형(Ice On Coil Type) 빙축열 시스템

① 개념 : 축열조 내 Coil을 설치하고 물을 채운 후, Coil 내부로 냉매 또는 브라인 수용액을 순환시키면서 Coil 외벽에 얼음을 형성하는 제빙 방법

② 특징

(가) 장치구성이 간단하고 유지 관리가 용이

(나) 축열조 내 배관 설치의 어려움

(다) 두꺼운 얼음층 형성으로 제빙 및 해빙효율이 낮음

(3) 캡슐형(Capsule Type) 빙축열 시스템

① 개념

(가) 구형 또는 판형의 용기(캡슐) 내에 물과 조핵제를 넣고 밀봉한 후 축열조 내에 적층

(나) 브라인 수용액이 순환하면서 용기 내 물을 제빙 또는 해빙

② 특징

(가) 캡슐을 제외하고는 장치구성 및 시공이 간단

(나) 축열조 방수에 유의 필요

(다) 두꺼운 얼음층 형성으로 제빙 및 해빙효율 저하

(라) 브라인의 균일한 흐름이 필요

(4) 아이스 슬러리형(Ice Slurry Type) 빙축열 시스템

① 개념 : 물이나 저농도(브라인, 에탄올) 수용액을 별도의 제
빙기 또는 증발기로 통과시킴으로써, 미세한 얼음입자를 제
빙하고 이를 축열조에 저장

② 특징

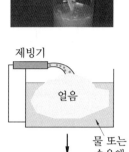

㉮ 미세한 얼음입자 제빙으로 제빙효율 및 해빙효율 우수

㉯ 물과 섞인 얼음입자(Ice Slurry)는 유동성이 있어 직접
수송이 가능

㉰ 별도의 제빙기가 필요

㉱ 이에 따른 안정성, 신뢰성, 경제성 고려가 필요

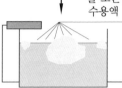

(5) 소형 빙축열 시스템

① 냉방은 실외기 및 축랭조로 행하고, 난방은 보일러로 행한다.

② 실외기로부터 냉매에 의해 축랭조를 얼리는 것이 가장 큰 특징이다.

③ 보통 냉방기, 난방기 모두 통합 중앙제어와 개별제어가 가능하도록 설치한다.

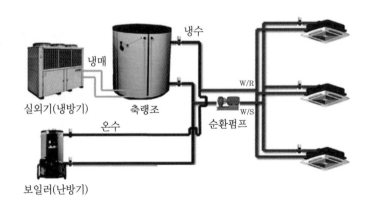

소형 빙축열 시스템(사례)

7-16 축랭 지원금제도

(1) 축랭식 냉방설비 지원금

고객이 한전에서 인정하는 축랭설비를 설치하여 새로이 심야 전력을 공급받거나 축랭설비를 증설하는 경우, 당해 고객에게는 지원금을 지급한다. 단, 다음 조건에 해당하는 경우에는 지원대상에서 제외된다.

① 지급제외대상

㈎ 고객의 전기사용특성상 주간 및 저녁시간대 냉방부하량(RTh)이 일일 총 냉방부하량의 60% 미만이거나 토요일 또는 일요일에만 냉방하는 경우에는 특별부담금을 지급하지 아니한다.

㈏ 주로 야간업소에 해당되며, 평일 냉방부하가 일요일 냉방부하보다 적은 종교시설의 경우 일요일 냉방열량 기준의 50%만 지급한다.

② 지급방법 : 고객이 지정하는 고객 명의의 예금계좌에 무통장 입금을 원칙으로 하며, 이 경우 송금수수료는 고객이 부담한다.

③ 지급수준

감소전력(※)	처음 200kW	201~400kW	400kW 초과	상한액(호당)
kW당 지급단가	48만 원	42만 원	35만 원	제한 없음

㈜ 1998년 8월 1일 이후의 신증설 신청분에 한함

㈎ 감소전력은 다음과 같이 계산한다.

㈏ 한전과 고객과의 수급계약에서 약정한 축랭조의 용량, 냉방시간 등을 감안하여 다음과 같이 감소전력을 산정하고 1kW 미만은 소수점 이하 첫째 자리에서 반올림한다.

$$감소전력(kW) = \frac{축랭조\ 이용\ 가능열량(kcal)}{축열조\ 표준냉방시간(10h)\times 3,024(kcal/kWh)}$$

(2) 지원금 산정

① 심야 전력 신청 취소 후 1년 이내 재신청하는 경우 : 특별부담금 종전의 전기사용신청이 유효한 것으로 간주하여 최초신청 시점의 단가를 적용하며 1년 경과 후에는 재신청 시점의 단가를 적용한다.

② 증설고객의 지원금 : 동일 구내에서 축랭설비가 설치된 기존 건물에 추가 증설할 경우에는 증설 전과 증설 후의 축랭설비를 각각 신설하는 것으로 보고 산정한 지원금의 차액을 지급한다.

③ 해지 후 재사용 수용의 지원금 : 동일장소에서 전기사용계약을 해지 또는 축랭설비 용

량을 감소하였다가 동일용량으로 재사용하는 경우에는 지급하지 않는다.

④ 기존설비 철거 후 새로 설치하는 경우의 지원금 : 지원금 산정 건물 개보수, 축랭설비 고장 등의 사유로 기존축랭설비를 완전히 철거하고 새로 설치 시에는 신규 설치로 간주하여 산정 지급한다. 단 5년이 경과되기 전에 교체하는 경우에는 기존축랭설비 용량분에 대해서는 지원금을 지급하지 않는다.

⑤ 축랭설비를 다른 장소로 이설하는 경우의 지원금 : 이미 지원금을 지급받았던 축랭설비 를 다른 장소로 이설하여 재사용하는 경우에는 지원금을 지급하지 않는다.

⑥ 축랭설비 설계장려금 제도

㈎ 축랭설비 보급 확대를 위해 축랭설비를 설계에 반영한 설계사무소에 설계장려금 을 지급한다.

㈏ 산정기준 : 축랭설비 설치 고객에게 지급한 지원금의 5% 상당금 지원. 단, 제품형 축랭설비에 대해서는 설계장려금을 지급하지 않는다.

7-17 저냉수·저온공조 방식(저온 급기 방식)

(1) 저냉수·저온공조 방식(저온 급기 방식)의 의의

① 빙축열 시스템에서 공조기나 FCU로 7℃ 정도의 냉수를 공급하는 대신 0℃에 가까 운 낮은 온도의 냉수를 그대로 이용하면 빙축열의 부가가치(에너지 효율)를 높이는 데 결정적인 역할을 할 수 있다.

② 저냉수·저온공조 방식(저온 급기 방식)을 도입함으로써 냉방 시의 반송동력(펌프, 공조용 송풍기 등의 동력)을 약 40% 이상 줄일 수 있다.

③ 이는 빙축열 시스템의 경제성 및 에너지 절약의 가장 중요한 목표라고도 할 수 있다.

(2) 저냉수·저온공조 방식의 원리

① 빙축열의 저온냉수(0~4℃)를 사용하여, 일반공조 시의 15~16℃의 송풍취출온도 보다 4~5℃ 낮은 온도(10~12℃)의 공기 공급으로 송풍량의 45~50% 절약하여 반 송동력을 절감하는 방식이다.

② 공조기 코일 입·출구 공기의 온도 차를 일반 공조 시스템의 경우는 약 $\Delta t = 10℃$ 정도로 설계하나 저온공조는 약 $\Delta t = 15~20℃$ 정도로 설계하여 운전하는 공조시스 템이다.

③ 저온 냉풍 공조방식은 공조기 용량, 덕트 축소, 배관경 축소 등으로 초기비용 절감과 공기 및 수 반송동력 절약에 의한 운전비용 절감, Cold Draft 방지를 위한 유인비 큰 취출구, 결로 방지 취출구, 최소 환기량 확보 등을 고려해야 한다.

(3) 개략도

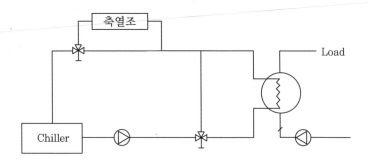

(4) 저온공조의 특징

① 열량 $q = GCdt$ 에서 dt 를 크게 취하여 송풍량을 줄임(취출온도차 기존 약 10℃를 15℃ 수준으로 증가시킴) 여기서, G 는 질량유량(kg/s), C 는 유체의 비열(kJ/kg·k)이다.

② 층고 축소, 설비비 절감, 낮은 습구 온도로 인한 쾌적감 증가, 동력비 절감

③ 실내온도조건 : 약 26℃, 35~40%

④ 주의 사항 : 기밀 유지, 단열 강화, 천장리턴 고려

⑤ 취출구 선정 주의 : 유인비가 큰 취출구 선정 필요

(5) 기대 효과

① 빙축열 시스템의 에너지 소비량의 감소

② 실내공기의 질과 쾌적성의 향상

③ 습도제어가 용이

④ 덕트, 배관 사이즈의 축소

⑤ 송풍기, 펌프, 공조기 사이즈의 축소

⑥ 전기 수전설비 용량 축소

⑦ 초기 투자비용 절감에 유리

⑧ 건물 층고의 감소

⑨ 쾌적한 근무환경 조성에 의한 생산성 향상

⑩ 기존 건물의 개보수에 적용하면, 낮은 비용으로 냉방능력의 증감이 용이

(6) 저온급기 방식의 취출구 : 혼합이 잘 되는 구조 선택

① 복류형(다중 취출형) : 팬형, WAY형, 아네모스탯 등

② SLOT형 : 유인비를 크게 하는 구조

③ 분사형 : JET 기류

(7) 주의 사항

① 저온급기로 실내 기류분포 불균형 주의

② Cold Draft, Cold Shock 발생하지 않게 설치 시 유의
③ 배관단열, 결로 등에 취약 가능성이 있으므로 단열재 선정에 주의.

7-18 외기 냉수냉방(Free Cooling, Free Water Cooling)

(1) 개요

① 중간기의 냉방수단으로 기존에는 외기 냉방을 주로 사용하였으나, 심각한 대기오염, 소음, 필터의 빠른 훼손 등으로 '외기 냉수냉방'이 등장하였다.
② 자연 기후조건을 최대한 이용하여 냉방할 수 있는 방식으로서 외기를 직접 실내로 송풍하는 외기 냉방 시스템에 비하여 항온항습을 요하는 공동 대상건물(전산센터 등)이나 습도에 민감한 OA기기 사용 사무소 등에 채택하여 에너지를 절약할 수 있는 방식이다.

(2) 외기 냉수냉방의 원리

① 냉각탑에 냉동장치(응축기)와 열교환기를 3방변 등을 이용하여 병렬로 구성하여 교번동작이 가능하게 한다.
② 주로 제습부하가 있을 시에는 냉동기 가동, 제습부하가 없을 시에는 냉각탑과 열교환기가 직접 열교환하게 한다(외기 냉수냉방).

(3) 외기 냉수냉방의 종류

① 개방식 냉수냉방 : 개방식 냉각탑을 사용함
　(개) 열교환기를 설치하지 않은 경우(냉각수 직접순환 방식)
　　㉮ 1차 측 냉각수 : C/T → 펌프 → 공조기, FCU(LOAD) → C/T로 순환
　　㉯ 2차 측 냉수 : 1차 측 냉각수에 통합

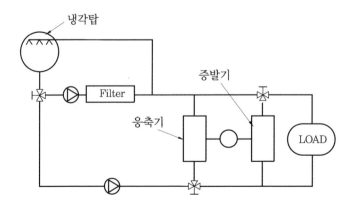

(나) 열교환기를 설치한 경우(냉수 열교환기 방식)

⑦ 1차 측 냉각수 : C/T → 펌프 → 열교환기 → C/T로 순환

④ 2차 측 냉수 : 열교환기 → 공조기, FCU(LOAD) → 펌프 → 열교환기 순서로 순환

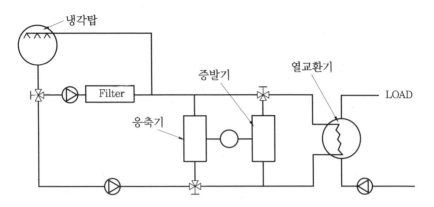

② 밀폐식 냉수냉방 : 밀폐식 냉각탑을 사용함

(가) 상기 개방식과 같은 수회로 계통이다(열교환기 방식 혹은 냉각수 직접순환 방식)

(나) 장점 : 냉각수 및 냉수가 외기에 노출되지 않아 부식이 없고 수처리장치 불요

(다) 단점 : 냉각탑이 커지고, 효율저하 우려, 투자비 상승 등

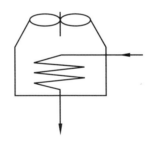

(4) '외기 냉방 ↔ 외기 냉수냉방' 방식의 비교

① 외기 직접 도입 ↔ 전열(현열＋잠열) 교환 실시

② 댐퍼로 유량 조절 ↔ 밸브로 유량 조절

③ OA(외기)의 질에 영향받음 ↔ OA(외기)의 질에 무관

④ 주로 16℃ 이하의 외기 사용 ↔ 주로 10℃ 이하의 냉수 사용

⑤ 외기덕트의 100% 외기량 기준으로 설계 ↔ 최소 외기량 기준으로 설계

⑥ 시설유지비 적음 ↔ 시설유지비 많이 소요

(5) 기술의 동향

① 수배관 내 오염 방지를 위해 가급적 밀폐식 혹은 간접식(열교환기 방식)을 사용하는
   것이 좋다.
② 외기냉수냉방 시스템 도입은 초기설치비가 다소 상승하지만, 중간기 냉방 등에 사용
   할 수 있어 충분한 경제성이 있다.

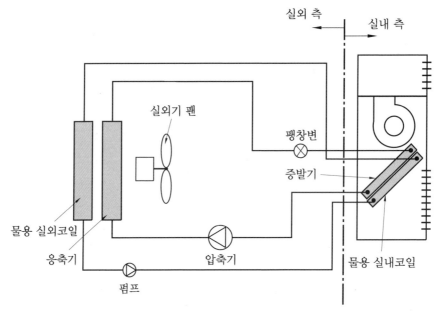

공랭식 외기 냉수냉방 적용 사례

③ 현재 냉각탑을 전혀 사용하지 않고, 콘덴싱유닛이나 에어컨 실외기를 활용하고 그
   내부에 이중열교환기를 장착하여 하나의 실외기팬으로 물과 냉매를 동시에 냉각하는
   '공랭식 외기냉수냉방'도 일부 개발 및 적용되고 있다. (그림 참조)

7-19 콘덴싱 보일러(Condensing Boiler)

(1) 개요

① 콘덴싱 보일러는 배기가스 중에 포함된 수증기의 응축잠열을 회수하여 열효율을 높
   인 보일러이다.
② 이 시스템은 에너지 절약 차원에서 온열원기기 중에서 가장 주목을 받고 있는 보일
   러 시스템 중 하나이다.

(2) 콘덴싱 보일러의 원리

① 연료용 가스는 연소 시 배기가스가 발생하는데 배기가스 중에는 이산화탄소(CO_2), 일산화탄소(CO) 및 수증기(H_2O) 등이 생성된다.

② 메탄(CH_4)이 주성분인 도시가스(LNG)가 완전연소되면 다음과 같이 반응한다.

$$CH_4 + 2O_2 \rightarrow CO_2 + 2H_2O$$

③ 이렇게 생성된 수증기(H_2O)는 보일러 열교환기나 배기통의 찬 부분과 닿아 응축, 즉 물이 되는데 이때 열을 방출하게 된다. 이 열을 응축열(또는 응축잠열)이라고 하며 열량은 539kcal/kg이다. 따라서 콘덴싱 보일러는 일반 보일러와는 다르게 이 응축잠열을 효과적으로 회수 및 활용하는 구조의 보일러라고 볼 수 있다.

④ 콘덴싱은 물리학적으로 기체가 액체로 응축되는 과정을 의미한다. 가스가 연소하는 과정에서 발생하는 수증기는 저온의 물체나 공기에 접할 때, 물로 변하는 과정에서 열에너지를 발생하게 된다.

⑤ '콘덴싱'은 배기가스의 뜨거운 기체가 차가운 물을 데운 뒤 액체로 응축되기 때문에 붙여진 이름이다.

⑥ 일반형 보일러의 배기통은 실외 쪽으로 하향 경사지게 설치해 혹시 발생할지 모르는 응축수를 밖으로 떨어지도록 보일러를 설치해야 한다. 반면 콘덴싱 보일러는 응축수가 많이 발생하므로 배기통을 보일러 쪽으로 하향 경사지게 설치해 응축수가 보일러 배출구로 배수되도록 설계된다. 응축수를 회수하기 때문에 배기통 끝부분이 2~3° 상향으로 설치되는 것이다.

⑦ 따라서, 보통 저위 발열량 기준 100% 이상, 고위 발열량 기준 90% 이상의 열효율이 구현될 수 있다.

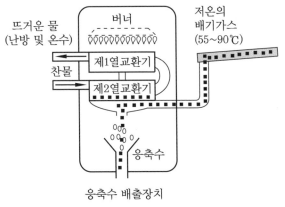

콘덴싱 보일러(Condensing Boiler) 원리도

7-20 | 보일러의 에너지 절약 방안

(1) 설계 측면
① 고효율 기기 선정(부분부하 효율도 고려)
② 대수 분할 운전 : 큰 보일러 한 대를 설치하는 것보다 여러 대의 보일러로 분할 운전
  하여 저부하 시의 에너지 소모를 줄인다.
③ 부분부하 운전의 비율이 매우 많을 경우 인버터 제어 도입하여 연간 에너지 효율
  (SEER) 향상이 가능하다.

(2) 사용 측면
① 과열을 방지하기 위해 정기적으로 보일러의 세관 실시
② 블로 다운(Blow Down), 정기적 수질관리 및 보전관리
③ 보일러의 증기온도 조절
④ 최적 기동/정지 제어 등 활용

(3) 배열 회수 측면
① 보일러에서 배출되는 배기의 열을 회수하여 여러 용도로 재활용하는 방법이 있으며,
  이때 연소가스로 인한 금속의 부식 등을 주의해야 한다.
② 배열을 절탄기(Economizer)에 이용하거나, 절탄기를 통과한 연소가스의 남은 열을
  이용하여 연소공기를 예열하는 방법 등이 있다.

(4) 기타
① 드레인(Drain)과 블로 다운(Blow Down) 밸브를 불필요하게 열지 말 것
② 불량한 증기 트랩(Steam Trap)을 적기 정비하여, 증기 배출을 방지할 것
③ 보조 증기를 낭비하지 말 것
④ 증기와 물의 누설을 방지할 것
⑤ 연소공기와 연소가스의 누설을 방지할 것
⑥ 적정 공기비를 유지할 것
⑦ 스팀 어큐뮬레이터를 활용할 것

7-21 급탕설비의 에너지 절감 대책

(1) 급탕 공급온도 조정

급탕이 공급되는 온도의 지나친 과열을 피하고, 다소 낮은 편의 온도(40~50℃)로 공급하는 것이 에너지 절감에 유리하다.

(2) 전자식 감응 절수기구 이용

세면기, 샤워기, 소변기 등에 전자식 감응 장치를 설치하여 절수를 유도할 수 있다.

(3) 철저한 보온

급탕이 공급되는 파이프 라인상 보온이 부실하면, 많은 열량이 손실될 수 있으므로, 철저한 보온을 실시하여 열 손실을 최대한 줄인다.

(4) 태양열, 지열 혹은 심야 전력

급탕열원으로 태양열, 지열이나 심야 전기를 적극 활용하는 것이 고유가 시대를 살아가는 요즘 적극적인 에너지 절감 방안이 된다.

(5) 절수 오리피스 사용

수전과 배관 중간에 설치하여 항상 일정한 유량을 흐르게 하는 일종의 정유량 장치이다(특수한 형태의 작은 구멍을 낸 판상 형태).

(6) 폐열 회수형 급탕

한번 쓰고 난 후, 아직도 더운 열기가 남아 있는 열을 재차 활용하여 급탕에 이용 가능(공장폐수, 열병합 폐수 등)하다.

(7) 중수도 설비 및 빗물의 사용

한 차례 사용한 시수를 적절한 정수 과정을 거친 후 재사용하거나, 빗물을 탱크에 저장후 직·간접적으로 재활용한다.

(8) 지하수 및 하천수 이용

지하수나 하천수를 취수하기 용이한 지역에서는 이를 취수하여 정수 처리 후 직·간접적으로 재활용 가능하다.

(9) 기타 열원설비 제어 및 관리

① 대수제어 실시
② 수질관리(부식방지제, 슬라임 조정제 등)

③ 블로 다운을 자주 실시

④ 가급적 저위 발열량이 큰 열원(연료)의 사용

> **칼럼 고위 발열량과 저위 발열량의 차이**
>
> 1. 통상 고위 발열량은 수증기의 잠열을 포함한 것이고, 저위 발열량은 수증기의 잠열을 포함하지 않는 것으로 정의된다.
> 2. 천연가스의 경우 완전연소할 경우 최종반응물은 이산화탄소와 물이 생성되며, 연소 시 발생되는 열량은 모두 실제적인 열량으로 변환되어야 하나 부산물로 발생되는 물까지 증발시켜야 하는데 이때 필요한 것이 증발잠열이다.
> 3. 이때 증발잠열의 포함 여부에 따라 고위와 저위 발열량으로 구분된다.
> 4. 저위 발열량은 실제적인 열량으로서 진발열량(Net Calorific Value)이라고도 한다.
> 5. 천연가스의 열량은 통상 고위 발열량으로 표시한다.

7-22 감압밸브(Pressure Reducing Valve) 사용 방법

(1) 개요

① 감압밸브는 증기를 고압으로 사용처의 근처까지 인입하여 2차 측의 공급 압력을 필요에 따라 적당히 감압시켜 사용할 경우에 쓰인다.

② 공급되는 유량이 지나친 경우 감압하여 사용할 필요가 있거나, 초고층 등의 경우 하부층의 압력을 줄여 액해머 등을 방지해 줄 수 있다.

(2) 감압밸브의 요구 성능

① 1차 측의 압력변동이 있어도 2차 측 압력의 변동이 적을 것

② 감압밸브가 닫혀 있을 때 2차 측에 누설이 없을 것

③ 2차 측의 증기소비량의 변화에 대한 응답속도가 빠르고, 압력변동이 적을 것

(3) 감압밸브의 종류

보통 다음의 3가지 형식을 이용하여 2차 측 압력이 크면 밸브가 닫히고, 2차 측 압력이 작아지면 다시 밸브가 열리어 연속적으로 일정한 감압비를 유지할 수 있다.

① 파일럿 다이어프램식 : 감압범위 큼, 정밀제어 가능

② 파일럿 피스톤식 : 감압범위 작음, 비정밀

③ 직동식 : 스프링제어, 감압범위 큼, 중간정밀도 제어

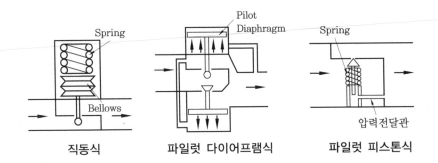

직동식   파일럿 다이어프램식   파일럿 피스톤식

(4) 설치 방법

① 사용처 근접위치에 설치

② 화살표 방향 설치

③ 감압변전에 스트레이너 설치

④ 기수분리기 또는 스팀트랩에 의한 응축수 제거 기능

⑤ 편심 리듀서 설치

⑥ 전후 관경 선정에 주의

⑦ 1, 2차 압력계 사이에는 바이패스관 설치

⑧ 감압밸브와 안전밸브 간격은 3m 이상

(5) 설치 개요도

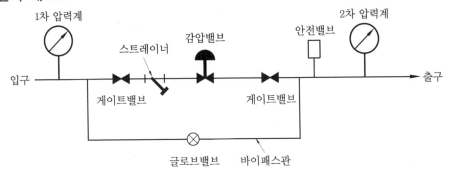

(6) 유량 특성도

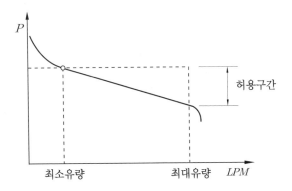

(8) 감압변 설치 위치별 장점
① 열원(보일러 등) 근처 설치 시 : 관경, 설비규모 등이 감소되어 초기설치비 절감 가능
② 사용처(방열기 등) 근처 설치 시 : 제어성 우수, 열 손실 줄어듦, 트랩작용이 원활

7-23 증기보일러의 과열의 목적 및 이점

(1) 목적
증기보일러에서 과열기 등을 이용하여 과열시키는 목적은
① 수분을 완전히 증발시키고 액화가 잘 되지 않게 하여 스팀해머 방지가 가능하고,
② 엔탈피를 증가시켜 열효율을 증대시키기 위함이다.

(2) 이점
① 증기트랩의 용량을 축소 가능하다.
② 열원에서 멀어질수록 공급스팀의 건도가 떨어지게 되어 스팀해머가 발생되는 현상을 방지한다(스팀해머 방지).
③ 부식이 방지되어 관의 수명을 연장시킨다.
④ 액화가 방지되어 마찰손실이 줄어든다.
⑤ 동일 난방부하를 기준하여 유량이 감소되어 관경이 축소된다.
⑥ 마찰손실 등이 줄어들어 열효율이 증대된다.
⑦ 단열공사 불량, 배관시공 부적합 시에도 스팀해머 현상, 심각한 고장 등의 위험도가 줄어든다.
⑧ 방열기를 Compact화하여 설계 가능하다.
⑨ 시스템의 안정도, 신뢰도, 수명이 증가한다.
⑩ 실(室)의 난방불만에 대한 클레임이 줄어든다.

7-24 증기 어큐뮬레이터(축열기 ; Steam Accumulator) 사용 방법

(1) 증기 어큐뮬레이터의 정의
① 주로 증기 보일러에서 남는 스팀량을 저장해 두었다가, 필요 시 재사용하기 위한 저장탱크를 말한다.
② 어떤 큰 원통형 용기의 수중에 남은 증기를 불어넣어서 熱水(열수)의 꼴로 열을 저장하여 증기가 여분으로 필요할 때 밸브를 열고 이것에서 꺼내서 사용하는 방식이다.

(2) 증기 어큐뮬레이터의 사용 방법

① 변압식 증기 어큐뮬레이터

㈎ 물속에 포화수 상태로 응축액화해 두었다가(저장) 필요 시 사용한다.

㈏ 사용 필요 시에는 감압하여 증기를 발생시켜 사용한다.

㈐ 보일러 출구 증기계통에 배치한다.

② 정압식 증기 어큐뮬레이터

㈎ 현열증기로 급수를 가열 및 저장해 두었다가 필요 시 보일러에 공급하여 증기 발생량이 많아지게 한다.

㈏ 보일러의 급수온도를 높여 주면 증기 발생량이 증가한다.

㈐ 보일러 입구의 급수계통에 배치한다.

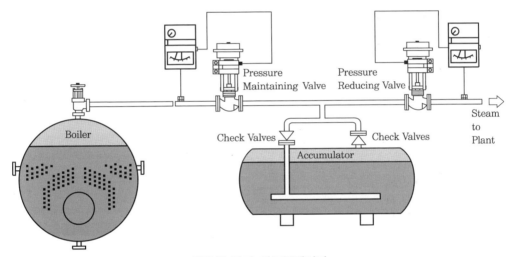

변압식 증기 어큐뮬레이터

7-25 수격현상(Water Hammering)

(1) 개요

① 수배관 내에서 유속과 압력이 급격히 변화하는 현상을 워터해머라 하고, 밸브 급폐쇄, 펌프 급정지, 체크밸브 급폐 시 유속의 14배 이상의 충격파가 발생되어 관 파손, 주변에 소음 및 진동을 발생시킬 수 있다.

② 플러시(Flush) 밸브나 원터치(One Touch) 수전류의 경우 기구 주위 Air Chamber 혹은 수격 방지기를 설치하여 수격현상을 방지하는 것이 좋고, 펌프의 경우에는 스모렌스키 체크밸브나 수격 방지기(벨로우즈형, 에어백형 등)를 설치하여 수격현상을 방지하는 것이 필요하다.

(2) 배관 내 수격현상이 일어나는 원인

① 유속의 급정지 시에 충격압에 의해 발생

 ㈎ 밸브의 급개폐

 ㈏ 펌프의 급정지

 ㈐ 수전의 급개폐

 ㈑ 체크밸브의 급속한 역류 차단

② 관경이 적을 때

③ 수압 과대, 유속이 클 때

④ 밸브의 급조작 시(급속한 유량제어 시)

⑤ 플러시 밸브, 콕 사용 시

⑥ 20m 이상 고양정에서

⑦ 감압밸브 미사용 시

 칼럼 **수격작용에 의한 충격압력(Pr ; 상승압력) 계산 방법**

$Pr = \gamma \cdot a \cdot V$

 상승압력(Pr : Pascal)

 유체의 밀도(γ : 물 1,000kg/m³)

 압력파 전파속도(a : 물 1,200~1,500m/s 평균)

 유속(V : m/s) : 관내 유속은 1~2m/s로 제한

---

(3) 수격현상 방지책

① 밸브류의 급폐쇄, 급시동, 급정지 등을 방지한다.

② 관 지름을 크게 하여 유속을 저하시킨다.

③ 플라이 휠(Flywheel)을 부착하여 유속의 급변 방지 : 관성(Flywheel) 이용

④ 펌프 토출구에 바이패스 밸브(도피밸브 등)를 달아 적절히 조절한다.

⑤ 기구류 가까이에 공기실(에어체임버 ; Water Hammer Cusion, Surge Tank)을 설치한다.

⑥ 체크밸브 사용하여 역류 방지 : 역류 시 수격작용을 완화하는 스모렌스키 체크밸브를 설치

⑦ 급수배관의 횡주관에 굴곡부가 많이 생기지 않도록 가능한 직선배관으로 한다.

⑧ '수격방지기(벨로우즈형, 에어백형 등)'를 설치하여 수격현상을 방지한다.

⑨ 수격방지기의 설치 위치

 ㈎ 펌프에 설치 시에는 토출관 상단에 설치한다.

 ㈏ 스프링클러에 설치 시에는 배관 관말부에 설치한다.

　　㉓ 위생기구에 설치 시에는 말단 기구 앞에 설치한다.

　⑩ 전자밸브보다는 서서히 개폐되는 전동밸브를 설치한다.

　⑪ 펌프 송출 측을 수평배관을 통해 입상한다(상향공급 방식).

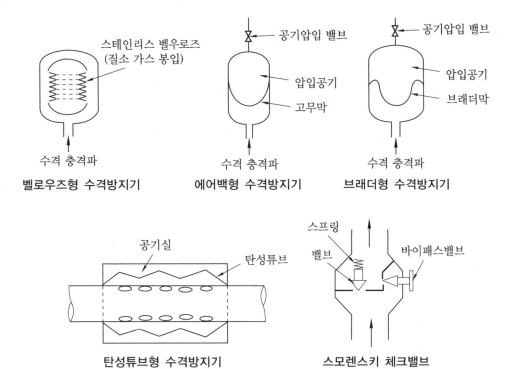

벨로우즈형 수격방지기　　에어백형 수격방지기　　브래더형 수격방지기

탄성튜브형 수격방지기　　　스모렌스키 체크밸브

7-26　변압기(Transformer)의 효율

(1) 변압기의 정의

　변압기는 1차 측에서 유입한 교류전력을 받아 전자유도작용에 의해서 전압 및 전류를 변성하여 2차 측에 공급하는 기기이다.

(2) 변압기의 손실

　하나의 권선에 정격 주파수의 정격전압을 가하고 다른 권선을 모두 개로했을 때의 손실을 무부하손이라고 하며, 대부분은 철심 중의 히스테리시스손과 와전류손이다. 또한 변압기에 부하전류를 흐르게 함으로써 발생하는 손실을 부하손이라고 하며 권선 중의 저항손 및 와전류손, 구조물/외함 등에 발생하는 표류부하손 등으로 구성된다.

　　① 무부하손(철손 ; pi) : 주로 히스테리시스손, 와전류손에 의함

　　② 부하손(동손 ; pc) : 주로 저항손, 와전류손, 표류부하손에 의함

③ 변압기 손실 계산

변압기 손실 = 무부하손(철손) + 부하손(동손)

(3) 변압기의 효율 계산

① 규약효율 : 직접 측정하기 곤란한 경우 입력을 단순히 출력과 손실의 합으로 나타내는 효율

$$변압기\ 효율 = \frac{출력}{출력 + pi + pc} \times 100(\%)$$

② 부하율이 m일 경우의 효율 : 부하율(m)과 변압기의 전손실($pi + m^2 \cdot pc$)을 고려한 효율(P : 피상전력, $\cos\theta$: 역률)

$$변압기\ 효율 = \frac{m \cdot P \cdot \cos\theta}{m \cdot P \cdot \cos\theta + pi + m^2 \cdot pc} \times 100(\%)$$

③ 변압기의 최대효율 : '$pi = pc$'일 경우의 효율

$$변압기의\ 최대효율 = \frac{m \cdot P \cdot \cos\theta}{m \cdot P \cdot \cos\theta + 2pi} \times 100(\%)$$

(4) 변압기 이용률 : 변압기 용량에 대한 평균부하의 비를 말한다.

$$변압기\ 이용률 = \frac{평균부하(kW)}{변압기\ 용량(kVA) \times \cos\theta} \times 100(\%)$$

※ 변압기의 분류

분류의 종류	상세 내용
상수	단상 변압기, 삼상 변압기, 단/삼상 변압기 등
내부 구조	내철형 변압기, 외철형 변압기
권선 수	2권선 변압기, 3권선 변압기, 단권 변압기 등
절연의 종류	A종 절연 변압기, B종 절연 변압기, H종 절연 변압기 등
냉각 매체	유입 변압기, 수랭식 변압기, 가스 절연 변압기 등
냉각 방식	유입 자랭식 변압기, 송유 풍랭식 변압기, 송유 수랭식 변압기 등
탭 절환 방식	부하 시 탭 절환 변압기, 무전압 탭 절환 변압기
절연유 열화 방지 방식	콘서베이터 취부 변압기, 질소 봉입 변압기 등

7-27 전력부하 지표

(1) 변압기가 최대효율을 나타내는 부하율(%)

$$m = \sqrt{\frac{p_i}{p_c}} \times 100\%$$

여기서, p_i : 철손

p_c : 동손

(2) 전력 사용 지표

① 부하율 $= \dfrac{\text{평균 수용 전력}}{\text{최대 수용 전력}} \times 100\%$

② 수용률 $= \dfrac{\text{최대 수용 전력}}{\text{설비 용량}} \times 100\%$

③ 부등률 $= \dfrac{\text{부하 각각의 최대 수용 전력의 합}}{\text{합성 최대 수용 전력}}$

④ 설비 이용률 $= \dfrac{\text{평균 발전 또는 수전 전력}}{\text{발전소 또는 변전소의 설비 용량}} \times 100\%$

⑤ 전일 효율 $= \dfrac{\text{1일 중의 공급 전력량}}{\text{1일 중의 공급 전력량}+\text{1일 중의 손실 전력량}} \times 100\%$

※ 상기에서 '부등률'은 항상 1 이상이다.

7-28 태양광 등의 분산형 전원 연계기술

(1) 저압 배전선로의 연계

500kW 미만의 경우에는 저압 배전선로와 연계할 수 있다.

(2) 특고압 배전선로의 연계

500kW 이상인 경우에는 초고압 배전선로와 연계해야 한다.

(3) 분산형 전원 배전계통 연계 기술 기준

① 전기 방식 : 연계하고자 하는 계통의 전기 방식과 동일하여야 한다.

② 공급전압 안전성 유지 : 연계 지점의 계통전압을 조정해서는 안 된다.

③ 계통접지 : 계통에 연결되어 있는 설비의 정격을 초과하면 안 된다.

④ 동기화 : 연계지점의 계통전압이 4% 이상 변동하지 않도록 계통에 연계한다.

⑤ 상시 전압변동률과 순시 전압변동률

　(가) 저압일반선로에서 분산형 전원의 상시 전압변동률은 3%를 초과하지 않아야 한다.

　(나) 저압 계통의 경우, 계통병입 시 돌입전류를 필요로 하는 발전원에 대해서 계통 병입에 의한 순시 전압변동률이 6%를 초과하지 않아야 한다.

　(다) 특고압 계통의 경우, 분산형 전원의 연계로 인한 순시 전압변동률은 발전원의 계통 투입, 탈락 및 출력변동 빈도에 따라 다음 표에서 정하는 허용기준을 초과하지 않아야 한다.

변동 빈도	순시 전압변동률
1시간에 2회 초과 10회 이하	3%
1일 4회 초과, 1시간에 2회 이하	4%
1일에 4회 이하	5%

칼럼 　**분산형 전원의 전기품질 관리항목**

1. 분산형 전원의 전기품질 관리항목 : 직류 유입제한, 역률(90% 이상), 플리커, 고조파
2. 분산형 전원을 한전계통에 연계 시 생산된 전력의 전부 또는 일부가 한전계통으로 송전되는 병렬 형태를 '역송병렬'이라고 부른다.

발전용량 혹은 분산형 전원 정격용량 합계(kW)	주파수 차 $(\triangle f,\ Hz)$	전압 차 $(\triangle V,\ \%)$	위상각 차 $(\triangle \Phi,\ °)$
1~500 이하	0.3	10	20
500 초과~1,500 미만	0.2	5	15
1,500 초과~20,000 미만	0.1	3	10

⑥ 가압되어 있지 않은 계통에서의 연계를 금지한다.

⑦ 측정감시 : 분산형 전원 발전설비의 용량 250kVA 이상이면, 연계 지점의 연결 상태, 유효전력, 무효전력과 전압을 측정하고 감시할 수 있어야 한다.

⑧ 분리장치 : 분산형 전원 발전설비와 계통연계 지점 사이에 설치한다.

⑨ 계통연계 시스템의 건전성

　(가) 전자장 장해로부터의 보호

　(나) 서지 보호기능

⑩ 계통 이상 시 분산형 전원 발전설비 분리

　(가) 계통 고장, 또는 작업 시 역충전 방지

　(나) 전력계통 재폐로 협조

㈐ 전압 : 계통에서 비정상 전압상태가 발생할 경우 분산형 전원 발전설비를 전력계통에서 분리

전압범위(기준전압에 대한 비율)	고장 제거시간
$V < 50\%$	0.16초
$50 \leq V < 120\%$	2.0초
$V \geq 120\%$	0.16초

㈑ 계통 재병입 : 계통 이상발생 복구 후 전력계통의 전압과 주파수가 정상상태로 5분간 유지되지 않으면 분산형 전원 발전설비를 계통에 연결하지 않는다.

⑪ 전력품질

㈎ 직류전류 계통유입 한계 : 최대전류의 0.5% 이상의 직류전류를 유입하여서는 안 된다.

㈏ 역률

㉮ 분산형 전원의 역률은 90% 이상으로 유지함을 원칙으로 한다. 다만, 역송병렬로 연계하는 경우로서 연계계통의 전압 상승 및 강하를 방지하기 위하여 기술적으로 필요하다고 평가되는 경우에는 연계계통의 전압을 적절하게 유지할 수 있도록 분산형 전원 역률의 하한값과 상한값을 사용자 측과 협의하여야 정할 수 있다.

㉯ 분산형 전원의 역률은 계통 측에서 볼 때 진상역률(분산형 전원 측에서 볼 때 지상역률)이 되지 않도록 함을 원칙으로 한다.

㈐ 플리커(Flicker) : 분산형 전원은 빈번한 기동·탈락 또는 출력변동 등에 의하여 한전계통에 연결된 다른 전기사용자에게 시각적인 자극을 줄 만한 플리커나 설비의 오동작을 초래하는 전압요동을 발생시켜서는 안 된다.

㈑ 고조파 전류는 10분 평균한 40차까지의 종합 전류 왜형률이 5%를 초과하지 않도록 각 차수별로 3% 이하로 제어해야 한다.

㈒ 고조파 전류의 비율

고조파 차수	$h < 11$	$11 \leq h < 17$	$17 \leq h < 23$	$23 \leq h < 35$	$35 \leq h$	TDD
비율	4.0	2.0	1.5	0.6	0.3	5.0

㈓ 짝수 고조파는 각 구간별로 홀수 고조파의 25% 이하로 한다.

⑫ 단독운전 방지(Anti-Islanding) : 연계계통의 고장으로 단독운전상 분산형 전원 발전설비는 이러한 단독운전 상태를 빨리 검출하여 전력계통으로부터 분산형 전원 발전설비를 분리시켜야 한다(최대한 0.5초 이내).

⑬ 보호협조의 원칙 : 분산형 전원의 이상 또는 고장 시 이로 인한 영향이 연계된 한전계통으로 파급되지 않도록 분산형 전원을 해당 계통과 신속히 분리하기 위한 보호협조

를 실시하여야 한다.

⑭ 태양광발전 계통 : 태양전지 어레이, 접속반, 인버터, 원격모니터링, 변압기, 배전반
등로 구성된다.

7-29 대기전력저감대상제품(「에너지이용 합리화법 시행규칙」)

(1) 산업통상자원부장관은 외부의 전원과 연결만 되어 있고, 주기능을 수행하지 아니하
거나 외부로부터 켜짐 신호를 기다리는 상태에서 소비되는 전력(대기전력)의 저감(低
減)이 필요하다고 인정되는 에너지사용기자재로서 산업통상자원부령으로 정하는 제품
(대기전력저감대상제품)에 대하여 다음 각호의 사항을 정하여 고시하여야 한다.

1. 대기전력저감대상제품의 각 제품별 적용범위
2. 대기전력저감기준
3. 대기전력의 측정방법
4. 대기전력 저감성이 우수한 대기전력저감대상제품(대기전력저감우수제품)의 표시
5. 그 밖에 대기전력저감대상제품의 관리에 필요한 사항으로서 산업통상자원부령으로
   정하는 사항

(2) 대기전력저감대상제품의 각 제품별 적용범위

대기전력저감대상제품	
1. 컴퓨터	11. 라디오카세트
2. 모니터	12. 도어폰
3. 프린터	13. 유무선전화기
4. 복합기	14. 비데
5. 전자레인지	15. 모뎀
6. 팩시밀리	16. 홈 게이트웨이
7. 복사기	17. 자동절전제어장치
8. 스캐너	18. 손건조기
9. 오디오	19. 서버
10. DVD플레이어	20. 디지털컨버터
21. 그 밖에 산업통상자원부장관이 대기전력의 저감이 필요하다고 인정하여 고시하는 제품	

7-30 고효율에너지인증대상기자재 및 적용범위(「고효율에너지기자재 보급촉진에 관한 규정」)

(1) 산업통상자원부장관은 에너지이용의 효율성이 높아 보급을 촉진할 필요가 있는 에너지사용기자재 또는 에너지관련기자재로서 산업통상자원부령으로 정하는 기자재(고효율에너지인증대상기자재)에 대하여 다음 각호의 사항을 정하여 고시하여야 한다.

1. 고효율에너지인증대상기자재의 각 기자재별 적용범위
2. 고효율에너지인증대상기자재의 인증 기준·방법 및 절차
3. 고효율에너지인증대상기자재의 성능 측정방법
4. 에너지이용의 효율성이 우수한 고효율에너지인증대상기자재(이하 "고효율에너지기자재"라 한다)의 인증 표시
5. 그 밖에 고효율에너지인증대상기자재의 관리에 필요한 사항으로서 산업통상자원부령으로 정하는 사항

(2) 고효율에너지인증대상기자재 리스트

1. 조도자동조절 조명기구
2. 열회수형 환기장치
3. 산업·건물용 가스보일러
4. 펌프
5. 원심식·스크류 냉동기
6. 무정전전원장치
7. 메탈할라이드 램프용 안정기
8. 나트륨 램프용 안정기
9. 인버터
10. 난방용 자동 온도조절기
11. LED 교통신호등
12. 복합기능형 수배전시스템
13. 직화흡수식 냉온수기
14. 단상 유도전동기
15. 환풍기
16. 원심식 송풍기
17. 수중폭기기
18. 메탈할라이드 램프
19. 고휘도 방전(HID) 램프용 고조도 반사갓
20. 기름연소 온수보일러
21. 산업·건물용 기름보일러
22. 축열식버너
23. 터보블로어
24. LED 유도등
25. 항온항습기
26. LED 모듈 전원 공급용 컨버터
27. 고기밀성단열문
28. 가스히트펌프
29. 전력저장장치(ESS)
30. 최대수요전력 제어장치
31. 문자간판용 LED모듈
32. 냉방용 창유리필름
33. 가스진공 온수보일러
34. 중온수 흡수식 냉동기
35. 전기자동차 충전장치
36. 등기구
37. LED램프

(3) 고효율에너지기자재의 인증표시 및 표시방법

	남색
	빨강
	주황
고효율기자재	검정

① 고효율에너지기자재에 표시를 할 때에는 인증표시, 인증번호, 모델명을 고효율에너지기자재 제품에 부착하여야 하며, 그 외 표기사항은 제품, 포장박스 등 잘 보이는 위치에 명확한 방법으로 표시하여야 한다.
② 표시 시기는 고효율에너지기자재의 인증유효기간 이내이어야 한다.

7-31　자동제어(自動制御) 기술

(1) 개요
① 자동제어는 제어하고자 하는 곳의 제어인자(광량, 온도, 습도, 풍속 등)를 자동으로 센싱 및 조절하는 동작을 말하며 검출부, 조절부, 조작부 등으로 구성된다.
② ICT기술 및 전자기술의 발달과 소프트웨어의 발달로 자동제어에 컴퓨터와 인터넷이의 협조가 증가하고 있다.

(2) 제어 방식(조절 방식)
① 시퀀스(Sequence) 제어
　㈎ 미리 정해진 순서에 따라 제어의 각 단계를 차례로 진행해 가는 제어
　㈏ 초기에는 릴레이 등을 사용한 유접점 시퀀스 제어를 주로 사용하였으나, 반도체 기술의 발전에 힘입어 논리소자를 사용하는 무접점 시퀀스 제어도 현재 많이 이용되고 있다.
　㈐ 사용 예(조작스위치와 접점)
　　㉮ a접점 : ON 조작을 하면 닫히고, OFF 조작을 하면 열리는 접점으로 메이크 (Make) 접점 또는 NO(Normal Open) 접점이라고도 한다.
　　㉯ b접점 : ON 조작을 하면 열리고, OFF 조작을 하면 닫히는 접점으로 브레이크 (Break) 접점 또는 NC(Normal Close) 접점이라고도 한다.
　　㉰ c접점 : a접점과 b접점을 공유하고 있으며 ON 조작을 하면 a접점이 닫히고(b접

점은 열리고) OFF 조작을 하면 a접점이 열리는(b접점은 닫히는) 접점으로 절환 (Change-over)접점 또는 트랜스퍼(Transfer)접점이라고도 한다.

② 피드백(Feed Back) 제어

　(가) 피드백 제어는 어떤 시스템의 출력신호의 일부가 입력으로 다시 들어가서 시스템 의 동적인 행동을 변화시키는 과정이다.

　(나) 출력을 감소시키는 경향이 있는 Negative Feedback, 증가시키는 Positive Feedback이 있다.

　(다) 양되먹임(Positive Feedback)

　　㉮ 입력신호에 출력신호가 첨가될 때 이것을 양되먹임(Positive Feedback)이라 하 며, 출력신호를 증가시키는 역할을 한다.

　　㉯ 운동장에 설치된 확성기는 마이크에 입력되는 음성 신호를 증폭기에서 크게 증 폭하여 스피커로 내보낸다. 가끔 삐이익- 하고 듣기 싫은 소리를 내는 경우가 있는데, 이것이 바로 양의 피드백의 예이다. 이것은 스피커에서 나온 소리가 다 시 마이크로 들어가서 증폭기를 통해 더욱 크게 증폭되어 스피커로 출력되는 양 의 피드백 회로가 형성될 때 생기는 소리이다.

　　㉰ 양의 피드백은 양의 비선형성으로 나타난다. 즉, 반응이 급격히 빨라지는 것이 다. 생체에는 격한 운동을 하거나, 잠을 잘 때 항상성, 즉 Homeostasis를 유지 하기 위해 다양한 피드백이 짜여 있다. 자율신경계가 그 대표적인 예이다. 그러 나 그중에는 쇼크 증상과 같이 좋지 않은 효과를 유발하는 양의 피드백도 존재한다.

　　㉱ 전기회로에 있어서의 발진기도 그 한 예가 된다.

　(라) 음되먹임(Negative Feedback)

　　㉮ 입력신호를 약화시키는 것을 음되먹임(Negative Feedback)이라 하며, 그 양에 따라 안정된 장치를 만들 때 쓰인다.

　　㉯ 음의 피드백(음되먹임 피드백)은 일정 출력을 유지하는 제어장치에 이용된다.

　　㉰ 음의 피드백은 출력이 전체 시스템을 억제하는 방향으로 작용한다.

　(마) 여기서 중요한 것은 되먹임에 의해서 수정할 수 있는 능력을 계(系) 자체가 가지 고 있어야 한다는 것이다. 수정신호가 나와도 수정할 수 있는 능력이 없으면 계는 동작하지 않게 된다.

③ 피드포워드(Feed Forward) 제어

　(가) Feedforward Control이란 공정(Process)의 외란(Disturbance)을 측정하여 그것 이 앞으로의 공정에 어떤 영향을 가져올 것인가의 예측을 통해 제어의 출력을 계산 하는 제어기법을 말한다.

　(나) 피드포워드 제어를 통하여 응답성이 향상되어 보다 더 고속의 공정이 가능해진다. 즉, 외란요소를 미리 감안하여 출력을 발하기 때문에 Feedback만으로 안정화되는 시간이 길어지는 것을 단축할 수 있다.

㈐ 반드시 Feedback Loop와 결합되어 있어야 하고, System의 모델이 정확히 계산 가능해야 한다.

㈑ 제어변수와 조작변수 간에 공진현상이 나타나지 않도록 Feedforward가 되어야 하며 Feedback이 연결되어 있기 때문에 조작기 출력속도보다 교란이 빠르게 변화되면 조작기가 따라갈 수 없기 때문에 시스템이 안정화될 수 없다.

㈒ Feedforward의 동작속도를 지나치게 빠르게 하면, 출력값이 불안정하거나 시스템에 따라서는 공진현상이 올 수도 있으므로 주의가 필요하다.

㈓ Feedforward 제어는 제어기 스스로 시스템의 특성을 자동학습하도록 하여 조절하도록 하는 Self-tuned Parameter Adjustment 기능이 없으므로 시스템을 정확히 해석하기가 어려운 경우에는 사용하지 않는 것이 좋다.

㈔ 사례 : 예를 들어 흘러들어오는 물을 스팀으로 데워서 내보내는 탱크에서 단순히 데워진 물의 온도를 맞추기 위해 스팀밸브를 제어하는 Feedback Control Loop에서 갑자기 유입되는 물의 유량이 늘거나 유입되는 물의 온도가 낮아질 때 설정온도에 도달할 때까지 안정화시간이 늦어지게 되는데 물의 유량이나 물의 온도 혹은 이들의 곱을 또 다른 입력변수로 해서 Feed Forward 제어계를 구성하면 제어상태가 좋아지게 된다.

④ 피드백 피드포워드 제어 : 상기 '피드백 제어 + 피드포워드 제어'를 지칭함

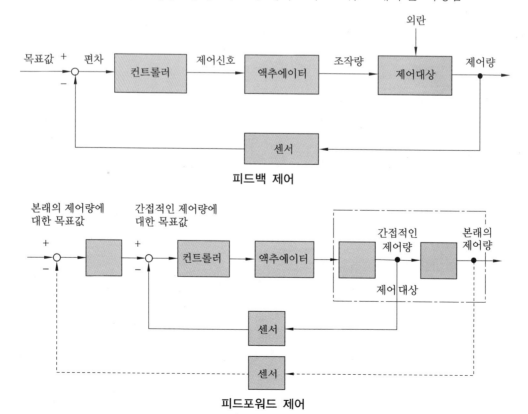

피드백 제어

피드포워드 제어

(3) 신호 전달

① 자력식 : 검출부에서 얻은 힘을 바로 정정 동작에 사용(TEV팽창변, 바이메탈식 트랩 등)

② 타력식

㉮ 전기식 : 전기신호 이용(기계식 온도조절기, 기체봉입식 온도조절기 등)

㉯ 유압식 : 유압 사용, Oil에 의해 Control부 오염 가능(유압기계류 등)

㉰ 전자식 : 전자 증폭기구 사용(Pulse DDC제어, 마이컴 제어 등)

㉱ 공기식 : 공기압 사용(공압기계류 등)

㉲ 전자 공기식 : 검출부는 전자식, 조절부는 공기식(생산 공정설비 등)

(4) 제어 동작

① 불연속동작 : On-Off제어, Solenoid 밸브 방식 등

② 연속동작

㉮ PID제어 : 비례제어(Proprotional) + 적분제어(Integral) + 미분제어(Differential)

㉯ PI제어 : 비례제어(Proprotional) + 적분제어(Integral) → 정밀하게 목표값에 접근(오차값을 모아 적분)

㉰ PD제어 : 비례제어(Proprotional) + 미분제어(Differential) → 응답속도를 빨리('전회편차-당회편차'를 관리)

> **칼럼 P제어와 단순 ON/OFF제어**
>
> 1. P제어 : 목표값 근처에서 정지하므로, 미세하게 목표값에 다가갈 수 없다 → Offset(잔류편차) 발생 가능성 큼
> 2. 단순 ON/OFF제어 : 0% 혹은 100%로 작동하므로 목표값에서 SINE커브로 헌팅(왕래)할 수 있다.

㉱ PID제어의 함수식 표시

$$조작량 = \underbrace{Kp \times 편차}_{(비례항)} + \underbrace{Ki \times 편차의\ 누적값}_{(적분항)} + \underbrace{Kd \times 현재\ 편차와\ 전회\ 편차와의\ 차}_{(미분항)}$$

여기서, 편차 : 목표값-현재값

(5) 디지털화 구분

① Analog제어

㉮ 제어기능 : Hardware적 제어

㉯ 감시 : 상시 감시

㉰ 제어 : 연속적 제어

② DDC(Digital Direct Control)

 ㈎ 자동제어방식은 Analog → DDC, DGP(Data Gathering Panel) 등으로 발전되고 있음(고도화, 고기능화)

 ㈏ 제어기능 : Software

 ㈐ 감시 : 선택 감시

 ㈑ 제어 : 불연속(속도로 불연속성을 극복)

 ㈒ 검출기 : 계측과 제어용 공용

 ㈓ 보수 : 주로 제작사에서 실시

 ㈔ 고장 시 : 동일 조절기 연결 제어로 작동 불가

③ 핵심적 차이점 : Analog방식은 개별식, DDC방식은 분산형(Distributed)

(6) '정치제어'와 '추치제어'

① 목표치가 시간에 관계없이 일정한 것을 정치제어, 시간에 따라 변하는 것 추치제어라고 한다.

② 추치제어에서 목표치의 시간 변화를 알고 있는 것을 공정제어(Process Control), 모르는 것을 추정제어(Cascade Control)라 한다.

③ 공기조화제어는 대부분 Process Control(공정제어)를 많이 활용한다.

(7) VAV 방식 자동제어 계통도

외기 → T(온도검출기) → 환기RA혼합

 → 냉각코일(출구공기온도검출기, 전동밸브)

 → 가열코일(송풍공기온도검출기, 전동밸브)

 → 가습기(전동밸브, 습도조절기)

 → 송풍기(출구 온습도검출기) → VAV유닛

 → 실내(실내온도검출기, 온도조절기, 실내습도검출기, 실내 습도조절기)

 → 실내온도 및 습도 제어

(8) 에너지 절약을 위한 자동제어법

① 절전 Cycle제어(Duty Cycle Control) : 자동 ON/OFF 개념의 제어

② 전력 수요제어(Demand Control) : 현재의 전력량과 장래의 예측 전력량을 비교 후 계약 전력량 초과가 예상될 때, 운전 중인 장비 중 가장 중요성이 적은 장비부터 Off함

③ 최적 기동/정지제어 : 쾌적범위 대역에 도달 소요시간을 미리 계산하여 계산된 시간에 기동/정지하게 하는 방법

④ Time Schedule제어 : 미리 Time Scheduling 하여 제어하는 방식

⑤ 분산 전력 수요제어 : DDC 간 자유로운 통신을 통한 전체 시스템 통합제어(상기 4개

항목 등을 연동한 다소 복잡한 제어)

⑥ HR : 중간기 혹은 연간 폐열 회수를 이용하여 에너지를 절약하는 방식

⑦ VAV : 가변 풍량 방식으로 부하를 조절하는 방식

⑧ 대수제어 : 펌프, 송풍기, 냉각탑 등에서 사용대수를 조절하여 부하를 조절하는 방식

⑨ 인버터제어 : 전동기 운전방식에 인버터 제어방식을 도입하여 회전수제어를 통한 최대의 소비전력 절감을 추구하는 방식

7-32 백넷(BACnet)제어(Building Automation and Control Network)

(1) 개요

① IOT(사물인터넷)를 지향하는 지능형 빌딩 및 건축물에 대한 관심이 집중되면서, 빌딩 자동화를 위한 네트워크통신망이 주목되고 있다. 기존 건설사들의 사설 네트워크망을 통해 구축되던 지능형빌딩시스템에서의 네트워크 통신망으로 국제 표준의 BACnet을 많이 적용하고 있다.

② 건축물 초기 건축 시 빌딩 자동제어시스템이 어떤 한 종류로 결정되면, 호환성의 문제 때문에 그 빌딩의 자동제어시스템 전체를 바꾸기 전에는 처음에 선정한 시스템을 그대로 적용할 수밖에 없었다.

③ 이러한 호환성 문제를 해결하기 위한 목적으로 1995년 미국의 표준협회인 ANSI와 냉동공조 자문기관인 ASHRAE에서 BACnet을 만들게 되었고, 개방성과 호환성의 장점을 살려 그 기술의 발전을 거듭해 오고 있다.

(2) BACnet의 정의

① BACnet은 Building Automation and Control network의 약자로서 빌딩 관리자와 시스템 사용자, 그리고 제조업체들로 구성된 단체에서 인정하는 비독점 표준 프로토콜이다.

② HVAC를 포함하여, 조명제어, 화재 감지, 출입 통제 등의 다양한 빌딩자동화 응용분야에서 사용되고 있다.

③ BACnet은 ANSI/ASHRAE 표준 135-1995를 말하는 것으로 국제 표준의 통신 프로토콜이다.

(3) BACnet의 특징

① 빌딩자동화 시스템 공급업체들 간의 상호 호환성 문제를 해결 가능하다.

② 객체 지향 : 객체(Object)를 이용해 상호 자료를 교환함으로써 서로 다른 공급업체에서 만든 제품 상호 간에 원활한 통신이 가능하게 된다.

③ 그리고 이렇게 정의된 객체에 접근하여 동작하는 응용 서비스(Service) 중 일반적으로 사용되는 것들을 표준화하고 있다.

④ 여러 종류의 LAN Technology 사용, 표준화된 여러 객체의 정의, 객체를 통한 자료의 표현과 공유, 그리고 표준화된 응용 서비스 등이 BACnet의 주요 특징이다.

⑤ 작은 규모의 빌딩에서부터 수천 개 이상의 장비들이 설치되는 대형 복합빌딩 및 이러한 빌딩의 집합으로 이루어지는 빌딩군에 이르기까지 다양한 규모의 빌딩에 적용될 수 있는 통신망 기술이다.

⑥ 기타 다양한 LAN들의 연동 기능, IP를 통한 인터넷과의 연동 기능 등의 특징도 있다.

(4) BACnet의 장점

① 빌딩의 자동제어를 위하여 특별히 고안된 통신망 프로토콜이다.

② 현재의 기술에만 의존하지 않으며, 미래의 새로운 기술을 수용하기 좋은 방식으로 개발되었다.

③ 소형에서 중대형의 다양한 빌딩 규모에 적용될 수 있다.

④ 객체(Object) 모델을 확장함으로써 새로운 기능을 쉽게 도입할 수 있다.

⑤ 누구든지 로열티 없이 BACnet 기술을 사용할 수 있다(기술의 사용이 무료).

(5) 기술평가

① BACnet이 미국, 유럽(ISO) 및 한국 표준(KS X 6909)으로 이미 선정되었으며, 이제는 공급업체들의 시스템이 BACnet 프로토콜을 제대로 사용하였는지를 테스트할 수 있는 기관이 필요하게 되었다.

② 이러한 테스트를 위한 기관이 미국의 BMA(BACnet Manufacturers Association), BTL(BACnet Testing Laboratory) 등이다.

③ BACnet은 국내 지능형빌딩 네트워크 시장에서 Lonworks, KNX와 더불어 3대 국제 개방형 표준 네트워크라고 할 수 있다.

④ 특히 중동지역을 중심으로 하는 대규모 지능형빌딩을 건설하고 있는 국내의 대형 건설사들은 앞다투어 BACnet통신망 등을 채택하고 있다.

⑤ BACnet은 유비쿼터스 IOT, BEMS 등의 개념이 적극 도입되면서 단순하게 기존의 공조, 전력, 출입통제, 소방, 주차설비 등에서의 개별적인 자동화를 넘어서 전체 시스템 차원에서의 유기적이고 효율적인 정보의 통합과 제어의 효율성을 추구하는 방향으로 발전하고 있다.

7-33 ICT(정보통신기술) 발달에 따른 응용기술

(1) 쾌적공조
① DDC 등을 활용하여 실(室)의 PMV값을 자동으로 연산하여 공조기, FCU 등을 제어하는 방법
② 실내 부하변동에 따른 VAV유닛의 풍량제어 시 압축기, 송풍기 등의 용량제어와 연동시켜 에너지를 절감하는 방법

(2) 자동화 제어
① 공조, 위생, 소방, 전력 등을 '스케줄 관리 프로그램'을 통하여 자동으로 시간대별 제어하는 방법
② 현재의 설비의 상태 등을 자동인식을 통하여 감지하고 제어하는 방법

(3) 원격제어
① 집중관리(BAS) → IBS에 통합화 → Bacnet, Lonworks 등을 통해 인터넷 제어 가능
② 핸드폰으로 가전제품을 원거리에서 제어할 수 있게 하는 방법

(4) 에너지 절감제어
① Duty Control : 설정온도에 도달하면 자동으로 ON/OFF 하는 제어
② Demand Control(전력량 수요제어) : 계약전력량의 범위 내에서 우선순위별 제어하는 방법

(5) 공간의 유효활용 제어
① 소형 공조기의 분산 설치(개별운전) → 제어 측면에서는 중앙컴퓨터에서 집중관리 시스템으로 제어
② 열원기기, 말단 방열기, 펌프 등이 서로 멀리 떨어져 있어도 원격통신 등을 통하여 신속히 정보 교환 → 유기적 제어 가능

(6) 자동화 공조프로그램
① 공조설계 시 부하계산을 자동연산 프로그램을 통하여 쉽게 산출하고, 열원기기, 콘덴싱 유닛, 공조기 등의 장비를 컴퓨터가 자동으로 선정해 준다.
② 컴퓨터 프로그램을 이용한 환경분석, LCA 분석 등을 통해 '환경부하' 최소화가 가능하다.

(7) BAS(Building Automation System, 건물자동화시스템)
주로 DDC(Digital Direct Control)제어의 적용으로 빌딩 내 설비 등에 대한 자동화, 분산화 및 에너지 절감 프로그램을 적용한다.

(8) BMS(Building Management System, 건물관리시스템)

기존의 컴퓨터를 이용한 건물 제어방식에 MMS(Maintanance Management System, 보수유지관리 프로그램) 기능을 추가함을 의미한다.

(9) FMS(Facility Management System, 통합건물 시설관리시스템)

빌딩관리에 필요한 데이터를 온라인으로 접속하고 MMS를 흡수하여 Total Building Managemant System을 구축하여 독자적으로 운영하는 시스템을 의미한다.

(10) 기타

① 빌딩군 관리 시스템(Building Group Control & Management System) : 다수의 빌딩군을 서로 묶어 통합 제어하는 방식(통신프로토콜 간의 호환성 유지 필요)

② 수명주기 관리 시스템(LCM : Life Cycle Management) : 컴퓨터를 통한 설비의 수명 관리 시스템

③ 스마트그리드 제어 : 스마트그리드(Smart Grid) 제어는 전기, 연료 등의 에너지의 생산, 운반, 소비 과정에 정보통신기술을 접목하여 공급자와 소비자가 서로 상호작용함으로써 효율성을 높인 '지능형 전력망시스템'이다.

스마트그리드 제어 개념도

출처 : http://politicstory.tistory.com/1118

7-34 공실 제어 방법

(1) 예열(Warming Up)
① 겨울철 업무 개시 전 미리 실내온도를 승온한다.
② 축열부하를 줄임으로써 열원설비의 용량을 축소시킬 수 있다.
③ VAV 방식은 수동 조정 후 시행한다.

(2) 예냉(Cool Down, Pre-cooling)
① 여름철 업무 개시 전 미리 냉방을 하여 실내온도를 감온한다(하절기 최대부하를 줄임).
② 축열부하를 줄임으로써 열원설비의 용량을 축소시킬 수 있다.
③ VAV 방식은 수동 조정 후 시행한다.
④ 외기냉방과 야간기동 등의 방법을 병행 가능하다.

(3) Night Purge(Night Cooling)
① 여름철 야간에 외기냉방으로 냉방을 실시한다(축열 제거).
② 주로 100% 외기도입 방식이다(리턴에어 불필요).

(4) 야간기동(Night Set Back Control)
① 난방 시(겨울철) 아침에 축열부하를 줄이기 위해 일정 한계치 온도(경제적 온도 설정 = 약 15℃)를 Setting하여 연속운전하여 주간 부하를 경감한다.
② 외기냉방이 아님(외기도입이 불필요) : 대개 100% 실내공기 순환 방법
③ 기타의 목적
  ㉮ 결로를 방지하여 콘크리트의 부식 및 변질을 방지한다.
  ㉯ 건축물의 균열 등을 방지하고, 수명을 연장시킨다.
  ㉰ 설비용량(초기 투자비)을 줄일 수 있다.
  ㉱ 관엽식물을 동사하지 않게 할 수 있다.

(5) 최적 기동제어
불필요한 예열, 예랭 줄이기 위해(예열/예랭 생략하고) 최적 Start(기동)를 실시한다.

7-35 LCC 경제성평가(Life Cycle Cost)

(1) 개요

LCC(Life Cycle Cost, 생애주기 비용 등)는 계획, 설계, 시공, 유지 관리, 폐각처분 등의 총비용을 말하는 것으로 경제성 검토 지표로 사용해 총비용을 최소화할 수 있는 수단이다.

(2) LCC구성

① 초기투자비(Initial Cost) : 제품가, 운반, 설치, 시운전
② 유지비(Running Cost) : 운전 보수관리비
   유지비＝운전비＋보수관리비＋보험료
③ 폐각비 : 철거 및 잔존가격

(3) 회수기간(回收期間) : 초기투자비의 회수 위한 경과년

$$회수기간＝\frac{초기투자비}{연간\ 절약액}$$

(4) LCC인자 : 사용연수, 이자율, 물가상승률 및 에너지비 상승률 등

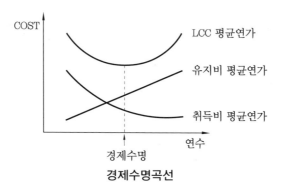

경제수명곡선

(5) Life Cycle Cost ＝ $C + F_r \cdot R + F_m \cdot M$

여기서, C : 초기투자비
R : 운전비(보험료 포함)
M : 폐각비
F_r, F_m : 종합 현재가격 환산계수

7-36 설비의 내구연한(내용연수)

(1) 개요
① 각종 설비(장비)에 대해 내구연한을 논할 때는 주로 물리적 내구연한을 위주로 말하고 있으며, 이는 설비의 유지보수와 밀접한 관계를 가지고 있다.
② 내구연한은 일반적으로 물리적 내구연한, 사회적 내구연한, 경제적 내구연한, 법적 내구연한 등의 네 가지로 크게 나누어진다.

(2) 실비 내구연한의 분류
① 물리적 내구연한
  ㈎ 마모, 부식, 파손에 의한 사용불능의 고장빈도가 자주 발생하여 기능장애가 허용한도를 넘는 상태의 시기를 물리적 내구연한이라 한다.
  ㈏ 물리적 내구연한은 설비의 사용수명이라고도 할 수 있으며 일반적으로는 15~20년을 잡고 있다(단, 15~20년이란 사용수명도 유지관리에 따라 실제로는 크게 달라질 수 있는 값이다).
② 사회적 내구연한
  ㈎ 사회적 동향을 반영한 내구연수를 말하는 것으로, 이는 진부화, 구형화, 신기종 등의 새로운 방식과의 비교로 상대적 가치 저하에 의한 내구연수이다.
  ㈏ 법규 및 규정 변경에 의한 갱신의무, 형식 취소 등에 의한 갱신 등도 포함된다.
③ 경제적 내구연한 : 수리 수선을 하면서 사용하는 것이 신형 제품 사용에 비하여 경제적으로 더 비용이 많이 소요되는 시점을 말한다.
④ 법적 내구연한 : 고정자산의 감가상각비를 산출하기 위하여 정해진 세법상의 내구연한을 말한다.

칼럼 **건축물 내용연수(내구연한)**

1. **기능적 내용연수** : 기술혁신에 의한 새로운 설비, 기기의 도입이나 생활양식의 변화 등으로 그 건물이 변화에 대응할 수 없게 된 경우(가족 수, 구성의 변화, 자녀의 성장과 가족의 노령화에 의한 변화, 가전제품 도입에 의한 전기 용량 부족, 부엌 및 욕실 설비 개선 필요의 경우)
2. **구조적 내용연수** : 노후화가 진척되어 주택의 주요 부재가 물리적으로 수명을 다하고 기술적으로 더 이상 수리가 불가능하여 지진이나 태풍 등의 자연재해에 견디는 힘이 한계에 이른 경우(설비 측면에서의 물리적 내구연한에 해당)
3. **자연적 내용연수** : 자연재해에 의해 건물의 수명이 다한 경우

7-37 VE기술(Value Engineering)

(1) 배경

① 전통적으로 VE는 제품의 생산과정이 정형화되지 않은 건설조달 분야에서 먼저 활발히 시행되어 왔다.

② 이는 현장 상황에 따라 생산비의 가변성이 큰 건설 산업의 특징상, 건설 과정에 창의력을 발휘하여 새로운 대안을 마련할 때 비용절감의 가능성이 크기 때문이다.

③ 현재 VE기법은 건설 현장, 건물관리 분야, 제품 제조업 분야 등 다양하게 적용 가능한 원가·운전유지비 절감 혁신기법으로 사용된다.

(2) 개념

① 최소의 생애주기비용(Life Cycle Cost)으로 필요한 기능을 달성하기 위해 시스템의 기능분석 및 기능설계에 쏟는 조직적인 노력을 의미한다.

② 좁은 의미에서의 VE는 소정의 품질을 확보하면서, 최소의 비용으로 필요한 기능을 확보하는 것을 목적으로 하는 체계적인 노력을 지칭하는 의미로 사용된다.

(3) 계산식

$$VE = \frac{F}{C}$$

여기서, F : 발주자 요구기능(Function)
C : 소요 비용(Cost)

(4) VE 추진 원칙

① 고정관념의 제거
② 사용자 중심의 사고
③ 기능 중심의 사고
④ 조직적인 노력

(5) VE의 응용

① 제품이나 서비스의 향상과 코스트의 인하를 실현하려는 경영관리 수단으로 사용되어 VA(가치분석) 혹은 PE(구매공학)로 불리기도 한다.

② VE의 사상을 기업의 간접 부분에 적용하여 간접업무의 효율화를 도모하기도 한다. 이 경우 VE를 OVA(Overhead Value Analysis)라고 부른다.

③ VE에서 LCC는 원안과 대안을 경제적 측면에서 비교할 수 있는 중요한 Tool이다.

(6) VE의 종류

① 전문가 토론회(Charette)

㈎ 발주자가 프로젝트의 개요를 소개하면서 VE팀, 설계팀과 발주처 관계자들이 함께모여서 하는 토론회이다.

㈏ 이 토론회는 가치공학자(Value Engineer)의 주관하에 주로 발주자의 가치를 설계팀이 이해하고 이를 설계에 잘 반영할 수 있도록 하는 것을 주목적으로 한다.

㈐ 이 토론회의 주안점은 발주자의 의도가 프로젝트를 구성하는 주요 요소의 기능과 공간적인 배치에 잘 반영되어있는가를 검토하는 것이다.

㈑ 이 과정은 아래의 40시간 VE 수행절차 가운데 기능분석 단계에 상응하는 과업으로서 프로젝트의 목적을 명확히 하고 주어진 활동의 주요 기능들이 무엇인가를 이해하는 것이 중요 과제이다.

㈒ 보통 VE팀이 발주자의 요구 사항을 정확히 파악하도록 하기 위하여 발주자는 사업개요서(Brief)를 작성하여 회의 참석자에게 발표한다.

② 40시간 VE

㈎ 기본설계(Sketch Design)가 완료된 시점에 전문가로 구성된 제2의 설계팀(VE팀)이 설계내용을 검토하기 위한 회의로서 가장 널리 사용되는 VE 유형으로서 한국의 설계VE의 원형으로 볼 수 있는 형태이다.

㈏ 40시간 VE는 가치공학자의 주관하에 이루어진다.

㈐ VE 수행자를 선정하기 위한 입찰단계에서 발주처는 원설계팀에게 VE 입찰 사실을사전에 통보하여 원설계팀이 VE 수행에 필요한 지원작업을 사전에 준비할 수 있도록한다.

㈑ 원설계팀은 본격적으로 VE가 수행되기 1주일 이전까지 건축설계, 구조, 기계, 전기부문설계가 포함된 기본설계안을 완료하여 VE팀 조정자(VETC : VE Team Coordinator)에게 제출하여야 한다.

㈒ 이와 같은 조치는 원설계팀과 VE팀 간의 원활한 협조가 이루어질 수 있도록 하고, 설계변경에 따른 원설계팀의 추가 작업 등을 위한 계획을 세울 수 있도록 하기 위한 것이다.

③ VE 감사(VE Audit)

㈎ VE 감사란 프로젝트에 자금을 투자할 의향이 있는 모회사(母會社)가 프로젝트에 대한 자회사(子會社)에 대한 투자 여부를 결정하거나 중앙정부가 지방정부의 재원지원요구의 타당성을 평가하기 위해 VE 전문가에게 의뢰하여 수행하는 평가이다.

㈏ VE팀은 모회사나 중앙정부를 대신하여 투자의 수익성 및 지방정부에 대한 재정지원의 타당성을 평가한다.

㈐ VE 전문가는 자회사나 지방정부를 방문하여 프로젝트가 의도한 주요 기능이 제대

로 충족될 수 있는지를 평가한다.

    ㈋ 때로는 VE 전문가 대신 자회사나 지방정부의 직원이 그 임무를 수행하기도 한다.

    ㈌ 대개 1~2일에 걸쳐 전반적인 과업을 개략적으로 검토하므로 신속하고 비용도 적게 소요된다.

  ④ 시공 VE(The Contractor's VE Change Proposal : VECP)

    ㈎ 시공 VE는 시공자가 시공 과정에서 건설비를 절감할 수 있는 대안을 마련하여 설계안의 변경을 제안하는 형태의 VE이다.

    ㈏ 시공 VE는 현장 지식을 활용하여 공사 단계에서 비용절감을 유도할 수 있다는 장점이 있다.

    ㈐ 미국정부의 공공 프로젝트 계약조건에는 시공자가 비용절감을 위한 아이디어를 제출할 것을 권장하는 조항을 포함하고 있는 경우가 많다.

  ⑤ 기타 VE 유형

    ㈎ 오리엔테이션 모임(Orientation Meeting) : 사업개요서(Brief) 또는 개략설계안(Brief Schematic)이 완성되었을 때 전문가 토론회(Charette)와 유사하게 행해지는 모임으로서 VE의 한 종류로 분류할 수 있다. 오리엔테이션 모임은 발주처 대표와 설계팀, 그리고 제3의 평가자가 만나 프로젝트의 쟁점 사항을 서로 이해하고, 관련 정보를 주고받는다.

    ㈏ 약식검토(Shortened Study) : 프로젝트의 규모가 작아서 40시간 VE 비용을 들이는 것이 효과적이지 않을 경우 인원과 기간을 단축하여 시행하는 VE이다.

    ㈐ 동시검토(Concurrent Study) : 동시검토는 VE 전문가가 VE팀 조정자로서 팀을 이끌되, 원설계팀 구성원들이 VE팀원으로 참여하여 VE를 수행하는 작업이다. 이 유형은 원설계팀과 VE팀 간의 갈등을 최소화하는 등 40시간VE의 문제점에 대한 비판을 완화시킬 수 있는 장점이 있다.

(7) VE의 가치

  ① VE에서 중요시하는 것은 경제적 가치인데, 이를 구체적으로 살펴보면 다음과 같은 4가지의 개념으로 나눌 수 있다.

    ㈎ 희소가치(Scarcity Value) : 보석이나 골동품과 같이 그 물건이 귀하다는 점에서 생긴 가치 개념이다.

    ㈏ 교환가치(Exchange Value) : 그 물품을 다른 것과 교환할 수 있도록 하는 특성이나 품질에 따른 가치 개념이다.

    ㈐ 원가가치(Cost Value) : 그 물품의 생산을 위해서 투입한 원가에 대한 가치 개념으로서 일반적으로 금액으로 표현한다.

    ㈑ 사용가치(Use Value) : 그 물품이 지니고 있는 효용, 작용, 특성, 서비스 등에 따른 가치 개념으로서 흔히 품질이나 기능으로 표시된다. 이것은 그 제품 내지 서비

스를 사용하는 고객이 주관적으로 느끼는 만족성, 즉 효용으로 평가하기 때문에 주관적 가치라고도 한다.

② 제품이나 서비스에 대한 종합적인 참된 가치를 평가하기 위해서는 이와 같은 4가지 개념을 모두 포함해서 평가해야 하겠지만, VE에서는 주로 원가가치와 사용가치에 중점을 두고 평가한다. 특히 추구되는 가치개념은 '사용가치'이다.

③ 여기에서 사용가치를 마일즈는 실용가치(Practical Use Value)와 귀중가치(Esteem Value)로 구분하였다.

    ㈎ 실용가치 : 한마디로 기본 기능의 가치를 말하는 것이다. 예를 들면 라이터의 기능은 '불의 제공'에 있으며, 혁대의 기능은 '바지가 흘러내리지 않도록 하는 것'에 있다. 또한 자동차의 기능은 '운반 대상물을 목적지까지 운반하는 것'이라고 할 수 있다.

    ㈏ 귀중가치 : 매력가치라고도 하는 귀중가치는 제품 내지 서비스의 특성, 특징 및 매력에 따른 가치개념인데, 제품의 외형과 디자인을 아름답게 하여 심리적 유용성을 높이고 경쟁적 이점을 갖게 하는 요소를 말한다.

용어의 정리(7장)

(1) 전열교환기(HRV, ERV)

① 전열교환기는 HRV[Heat Recovery(Reclaim) Ventilator] 혹은 ERV[Energy Recovery(Reclaim) Ventilator]라고도 불린다.

② 전열교환기는 배기되는 공기와 도입 외기 사이에 열교환을 통하여 배기가 지닌 열량을 회수하거나 도입 외기가 지닌 열량을 제거하여 도입 외기부하를 줄이는 장치로서 일종의 '공기 대 공기 열교환기'이다.

(2) 에어커튼

① 문이 열려 있어도 보이지 않는 공기막을 형성하여 실내공기가 바깥으로 빠져나가는 것을 막아 필요 이상으로 낭비되는 에너지 비용을 절감할 수 있는 장치이다.

② 바깥의 오염된 공기가 안으로 들어오는 것을 막음으로써 쾌적한 실내환경을 유지할 수 있다.

(3) 압축비(압력비)

① 냉동장치, 히트펌프 등의 냉매압축기에서 압축비(압력비)는 '토출 측 고압 ÷ 흡입 측 저압'으로 계산된다.

② 계산 시 게이지 압력 기준이 아니라, 반드시 절대압력으로 계산하여 표기한다.

(4) 기준냉동Cycle

① 냉동기는 설치 장소, 운전 조건 등에 따라 증발온도, 응축온도, 소요동력 등이 모두 다르기 때문에 냉동기의 성능 비교 시 일정한 조건을 정할 필요가 있다. 이때 사용될 수 있는 기준이 '기준냉동Cycle'이다(응축온도＝30℃, 증발온도＝-15℃, 과냉각도＝5℃).

② 고온형이든 (초)저온형이든 획일적이므로 실제의 운전값과는 차이가 많이 발생할 수 있다.

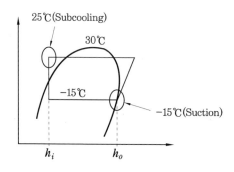

(5) 냉동톤(RT ; Ton of Refrigeration)

① 국제 냉동톤(JRT, RT, CGS 냉동톤, CGSRT) = 3,320kcal/h ≒ 3.86kW

(가) 0℃의 순수한 물 1Ton(1,000kg)을 1일(24시간) 만에 0℃의 얼음으로 만드는 데 제거해야 하는 열량

(나) 얼음의 융해열이 79.68kcal/kg이므로, 1국제 냉동톤(JRT, RT) = 79.68kcal/kg × 1000kg/24h = 3,320kcal/h ≒ 3.86kW

② USRT(미국 냉동톤, 영국 냉동톤) = 3,024kcal/h ≒ 3.52kW

(가) 32℉의 순수한 물 1Ton(2,000Ib)을 1일(24시간) 만에 32℉의 얼음으로 만드는 데 제거해야 하는 열량

(나) 얼음의 융해열이 144Btu/Ib이므로,

1USRT = 144 Btu/lb × 2000lb/24h = 12,000 Btu/h = 3,024kcal/h ≒ 3.52kW

(6) 제빙톤

25℃의 물 1Ton(1,000kg)을 1일(24시간) 만에 −9℃의 얼음으로 만들 때 제거(외부손실 20% 감안)해야 할 열량(1제빙톤 = 1.65RT ≒ 6.39kW)

(7) 법정냉동능력

① 기준 냉동Cycle(표준 냉동사이클)에서의 능력을 말한다.

② 법정냉동능력의 계산법

(가) 물리적 계산법

$$R = \frac{\text{피스톤 압출량}(V) \times \text{냉동효과}}{\text{비체적}(-15℃\text{의 건조포화증기}) \times 3,320} \times \text{체적효율}$$

여기서, 체적효율은 압축기 1개 기통 체적
- 5,000cm³ 이하 → 0.75
- 5,000cm³ 초과 → 0.8을 각각 적용한다.

(나) 고압가스 안전관리법에서의 계산법

$$R = \frac{V}{C}$$

여기서, R : 법정냉동능력(법정냉동톤, RT)

V : 피스톤 압출(토출)량(m³/h)

C : 기체상수(「고압가스 안전관리법」에 냉매 종류별로 정해져 있음)

→ 일반적으로 1개의 기통체적 5,000cm³ 이하의 실린더에서는 기체상수값이 (R-22 : 8.5, R407C : 9.8, R410A : 5.7, NH₃ : 8.4 등)이다.

(8) 열교환기의 파울링계수

① 열교환기의 파울링계수(오염계수)란 열교환기가 스케일, 먼지, 오일, 물때, 녹 등으로 인하여 오염되어 가는 정도를 말한다.

② 냉동시스템의 열교환장치 등을 설계 시 미리 그 열교환기의 파울링계수를 반드시 고려하여야 냉동시스템의 경년 변화로 인한 성능 감소 문제를 대비할 수 있는 것이다.

(9) PCM

① 상변화물질(PCM : Phase Change Materials)은 일반 물질(열매체) 대비 물질의 잠열(Latent Heat)을 이용할 수 있다는 것이 큰 장점이다.

② 상변화물질을 이용한 열 전달 방식은 보통 적은 무게에도 열용량이 크고 고효율 운전이 가능한 방식이 된다.

(10) 기한제(Freezing Mixture)

① 서로 다른 두 종류의 물질을 혼합하여 한 종류만을 사용할 때 보다 더 낮은 온도를 얻을 수 있는 물질을 말한다.

② 기한제의 종류 : 눈+소금 : -21°C(2 : 1), 눈+희염산 : -32°C(8 : 5), 눈+$CaCl_2$: -40°C(4 : 5), 눈+$CaCO_3$: -45°C(3 : 4) 등

(11) 증기압축식 냉동

① '증발 → 압축 → 응축 → 팽창 → 증발' 순서로 연속적으로 Cycle을 구성하여 냉매증기를 압축하는 냉동 방식이다.

② 냉매로는 프레온계 냉매, 암모니아(NH_3), 이산화탄소 등이 많이 사용된다.

(12) 2중효용 흡수식 냉동기

① '단효용 흡수식 냉동기' 대비 재생기가 1개 더 있어(고온재생기, 저온재생기) 응축기에서 버려지는 열을 재활용하는 방식이다.

② 응축기에서 버려지는 열을 한 차례 더 재활용하여 저온 재생기의 가열에 사용함으로써 훨씬 효율적으로 사용할 수 있는 방식이다.

(13) 증기분사식 냉동

① 보일러에 의해 생산된 고압의 수증기가 노즐을 통해 고속으로 분사될 때 증발기 내에 흡인력이 생겨서 증발기를 저압으로 유지하는 방식의 냉동 방식이다.

② 고압 스팀이 다량 소모되며, 일부 선박용 냉동 등에서 한정적으로 사용된다.

(14) 공기 압축식 냉동

① 항공기 냉방에 주로 사용되며, 줄-톰슨(Joule-Thomson)효과를 이용하여 단열팽창과 동시에 온도 강하(냉방)가 이루어질 수 있게 고안된 냉동기이다.

② 모터에 의해 압축기가 운전(공기압축)되면 냉각기에서는 고온 고압이 되어 열을 방출하며, 이때 반대편이 단열팽창되어 냉동부하 측 열교환기를 저압으로 유지해 주는 방

식이다.

(15) 흡착식 냉동

① 다공식 흡착제(활성탄, 실리카겔, 제올라이트 등)의 가열 시에 냉매가 토출되고, 냉각 시에 냉매가 흡입되는 원리를 이용하는 냉동 방식이다.

② 프레온가스, 냉매압축기 등을 사용하지 않으므로 최근 프레온계 냉매의 환경문제 등으로 인하여 새로이 연구 개발이 활발해지고 있는 추세이다.

(16) 진공식 냉동

① 밀폐된 용기 내를 진공펌프를 이용하여 고진공으로 만들고, 고진공 상태에서 수분을 증발시켜 냉각시키는 원리이다.

② 대용량의 진공펌프를 사용해야 하므로 다소 비경제적일 수 있다.

(17) 전자식 냉동(Electronic Refrigeration ; 열전기식 냉동법)

① 펠티에(Peltier)효과를 이용하여 종류가 다른 이종금속 간 접합 시 전류의 흐름에 따라 흡열부 및 방열부 생김을 이용하는 방식이다.

② 고온접합부에서는 방열하고, 저온접합부에서는 흡열하여 Cycle을 이룬다.

③ 전류의 방향을 반대로 바꾸어 흡열부 및 방열부를 서로 교체 가능하므로 역Cycle 운전도 가능하다.

(18) 물 에어컨

① 보통 제습(습기제거)장치를 바퀴 모양으로 만들어서 실외에서 열이나 따뜻한 공기를 공급해 바퀴의 반쪽을 말리는 동안 다른 반쪽은 습한 공기를 건조시키도록 한 방식 등을 주로 사용한다.

② 습기제거장치를 말리는 데 사용된 열이나 외부공기는 다시 실외로 배출되는데, 온도가 높은 폐열을 사용하면 효율을 더 증가시킬 수 있다.

(19) 스크루 냉동기

① 스크루 냉동기는 스크루 압축기(정밀가공된 나사 모양의 스크루를 회전시켜 가며 압축하는 대표적인 회전식 용적형 압축기)를 장착하여 냉동을 행하는 냉동기라고 정의할 수 있다.

② 주로 중·대용량 및 고압축비용의 압축기로 사용되며 사이클 행정은 흡입/압축/토출이 동시에 연속적으로 이루어지는 방식이다.

(20) 원심식 냉동기(터보 냉동기)

① 원심식 압축기를 장착한 대용량의 냉수 생산용 냉동기이며, 미국에서는 주로

'Centrifugal Chiller'라고 부른다.

② 대용량형으로 주로 사용되며, 고압축비가 필요한 경우에는 부적당할 수 있다.

③ 원심식 고유의 부분부하 특성 및 냉동효율이 매우 우수한 냉동기이므로, 건물공조 부문에서 에너지 절약형 냉동장치로 각광을 받고 있다.

스크루 냉동기

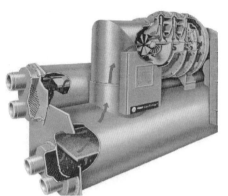

원심식 냉동기(터보 냉동기)

(21) IPF(Ice Packing Factor ; 제빙효율, 빙충진율, 얼음 충전율)

① 다음과 같은 계산식으로 정의된다.

$$IPF = \frac{빙중량}{수중량} \times 100(\%)$$

혹은

$$IPF = \frac{빙체적}{축랭재\ 충전체적} \times 100(\%)$$

② IPF가 크면 동일 공급 열매체 기준 '축열열량'이 크다.

(22) 축열효율

① 다음과 같은 계산식으로 정의된다.

$$축열효율 = \frac{방열량}{축열량} \times 100(\%)$$

② 축열된 열량 중에서 얼마나 손실 없이 방열을 이루어질 수 있는가를 판단하는 개념이다(변환손실이 얼마나 적은지를 가늠하는 척도이다).

(23) 축열률

① 1일 냉방부하량에 대한 축열조에 축열된 열매체의 냉방부하 담당비율을 말한다.

② 축열률에 따라 축열 시스템을 '전부하 축열방식'과 '부분부하 축열방식'으로 나눌 수 있다.

③ 계산방식 : '축열률'이라 함은 통계적으로 최대냉방부하를 갖는 날을 기준으로 기타 시간에 필요한 냉방열량 중에서 이용이 가능한 냉열량이 차지하는 비율을 말하며, 다음과 같은 백분율(%)로 표시한다.

$$축열률 = \frac{이용 가능한 냉열량}{심야시간 이외의 시간에 필요한 냉방열량} \times 100\%$$

여기서, "이용이 가능한 냉열량"이라 함은 축열조에 저장된 냉열량 중에서 열 손실 등을 차감하고 실제로 냉방에 이용할 수 있는 열량을 말한다.

(24) 빙축열(축랭설비)

① 냉동기를 이용하여 심야시간(23 : 00~09 : 00) 대에 축열조에 얼음을 얼려 주간 시간 대에 축열조의 얼음을 이용하여 냉방하는 설비를 말한다.

② 빙축열 시스템은 물을 냉각하면 온도가 내려가 0℃가 되며 더 냉각하면 얼음으로 상변환될 때 얼음 1kg에 대해서 응고열 79.68kcal를 저장하며, 반대로 얼음이 물로 변할 때는 융해열 79.68kcal/kg가 방출되는 원리를 이용하는 시스템이다(즉 용이하게 많은 열량을 저장 후 재사용 가능).

③ 「건축물의 설비기준 등에 관한 규칙」에 의거 중앙집중 냉방설비를 설치할 때에는 해당 건축물에 소요되는 주간 최대냉방부하의 60% 이상을 수용할 수 있는 용량의 축랭식 또는 가스를 이용한 중앙집중냉방방식으로 설치하여야 한다.

(25) 축열조

① 냉동기에서 생성된 냉열 혹은 온열을 얼음 혹은 물(냉수, 온수)의 형태로 저장하는 탱크를 말한다.

② 축열조는 축랭(축열) 및 방랭(방열) 운전을 반복적으로 수행하는 데 적합한 재질의 축랭재를 사용해야 하며, 내부 청소가 용이하고 부식이 안 되는 재질을 사용하거나 방청 및 방식 처리를 하여야 한다.

③ 축열조의 용량은 전부하축열방식 또는 축열률이 40% 이상인 부분축열방식으로 설치할 수 있다.

④ 축열조는 보온을 철저히 하여 열 손실과 결로를 방지해야 하며, 맨홀 등 점검을 위한 부분은 해체와 조립이 용이하도록 하여야 한다.

(26) 심야시간

① 심야시간은 한국전력공사에서 전기요금을 차등으로 부과하기 위해 정해 놓은 시간이다.

② 통상 매일 '23시~09시'를 의미하며, 야간 축랭 혹은 축열을 진행하는 시간대이다.

(27) 히트파이프

① 히트파이프는 다공성 Wick의 모세관력을 구동력으로 하여 냉각, 폐열 회수 등 열교환이 가능하게 하는 장치이다.

② 히트파이프는 길이가 길면 열교환 성능이 많이 하락되고, 열교환을 현열교환에만 의존하므로 열용량이 작은 단점도 있다.

(28) 콤팩트 열교환기

① 콤팩트(Compact) 열교환기는 동일 냉동능력 기준 공기의 흐름 길이를 절반 정도로 줄인 열교환기를 말한다.

② 열교환기를 통과하는 유체의 저항력을 감소시켜 시스템의 효율을 증가시키기 위해 개발된 열교환기이다.

③ 먼지, 기름 등의 장애 가능성이 있으며, 이슬맺힘이나 착상에 의한 유동 손실 증대로 풍량손실 가능성도 있다.

(29) 보텍스 튜브(Vortex Tube)

① 보텍스 튜브(Vortex Tube)는 공기압축기를 이용한 히트펌프로 주로 산업 현장(공작기계 냉각, 고온작업자 냉방 등)에 사용된다.

② 압축공기가 제너레이터(Generator ; 고정형 와류 발생 장치)에 들어가 Vortex(와류)가 발생하여 Tube의 외측 공기가 압축 및 가열되고, 내측은 저압으로 단열팽창(냉각)되는 원리를 이용한다.

(30) 히트사이펀(Heat Syphon)

① 구동력으로는 중력을 이용하는 열교환 장치이다. (※ 주의 : 히트파이프의 구동력은 모세관력임)

② 보통 열매체로서는 물 혹은 PCM(Phase Change Materials)을 사용하며, 펌프류는 사용하지 않는다.

③ 자연력(중력)을 이용하므로 소용량은 효율 측면에서 곤란하다.

(31) 보일러의 마력 및 톤

① 보일러 마력 : 1시간에 100℃의 물 15.65kg을 전부 증기로 발생시키는 증발능력을 말한다.

1보일러 마력＝보일러 1마력의 상당증발량×증발잠열
$$= 15.65 \text{kg/h} \times 539 \text{kcal/kg} \fallingdotseq 8,435 \text{kcal/h} \fallingdotseq 9.8 \text{kW}$$

② 보일러 톤 : 1시간에 100℃의 물 1,000L를 완전히 증발시킬 수 있는 능력
$$= 539,000 \text{kcal/h} \fallingdotseq 64 \text{B} \cdot \text{H} \cdot \text{P}$$

(32) 기준증발량

① 실제 증발량 : 단위시간에 발생하는 증기량

② 상당증발량(환산증발량, 기준증발량 ; Equivalent Evaporator)

㈎ 실제 증발량이 흡수한 전열량을 가지고 100℃의 온수에서 같은 온도의 증기로 할 수 있는 증발량

㈏ 증기보일러의 상대적인 용량을 나타내기 위하여 보일러의 출력, 즉 유효가열 능력을 100℃의 물을 100℃ 수증기의 증발량으로 환산한 것

③ 기준증발량 계산식

기준증발량 $Ge = \dfrac{q}{539.1} = \dfrac{Ga(h_2 - h_1)}{539.1}$

여기서, Ge : 기준증발량(kg/h)
Ga : 실제의(Actual) 증발량(kg/h)
h_2 : 발생증기 엔탈피(kcal/kg)
h_1 : 급수 엔탈피(kcal/kg)

(33) 보일러 용량(출력)

① 정격출력

Q = 난방부하(q_1) + 급탕부하(q_2) + 배관부하(q_3) + 예열부하(q_4)

㈎ 난방부하(q_1) = $\alpha \cdot A$

α : 면적당 열손실계수(kcal/m^{2}h)

A : 난방면적(m^2)

㈏ 급탕부하(q_2) = $G \cdot C \cdot \triangle T$

G : 물의 유량(kg/h)

C : 물의 비열(kcal/kg℃)

$\triangle T$: 출구온도 – 입구온도(℃)

㈐ 배관부하(q_3) = $(q_1 + q_2) \cdot x$

x : 상수(약 0.15~0.25, 보통 0.2)

㈑ 예열부하(q_4) = $(q_1 + q_2 + q_3) \cdot y$

y : 상수(약 0.25)

② 상용출력 = 난방부하(q_1) + 급탕부하(q_2) + 배관부하(q_3)

③ 정미출력 = 난방부하(q_1) + 급탕부하(q_2)

(34) 프라이밍(Priming : 비수작용)

① 보일러가 과부하로 사용될 때, 압력저하 시, 수위가 너무 높을 때, 물에 불순물이 많이 포함되어 있거나, 드럼 내부에 설치된 부품에 기계적인 결함이 있으면 보일러수가

매우 심하게 비등하여 수면으로부터 증기가 수분(물방울)을 동반하면서 끊임없이 비산하고 기실에 충만하여 수위가 불안정하게 되는 현상을 말한다.

② 수처리제가 관벽에 고형물 형태로 부착되어 스케일을 형성하고 전열불량 등을 초래한다.

③ 기수분리기(차폐판식, 사이클론식) 등을 설치하여 방지해 주는 것이 좋다.

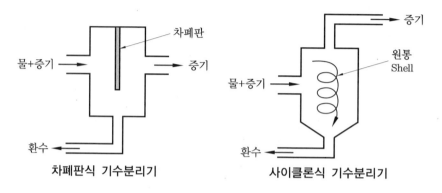

차폐판식 기수분리기   사이클론식 기수분리기

(35) 포밍(Foaming : 거품작용)

① 보일러수에 불순물, 유지분 등이 많이 섞인 경우, 또는 알칼리성분이 과한 경우에 비등과 더불어 수면 부근에 거품층이 형성되어 수위가 불안정하게 되는 현상이다.

② 포밍의 발생 정도는 보일러 관수의 성질과 상태에 의존하는데, 원인물질은 주로 나트륨(Na), 칼륨(K), 마그네슘(Mg) 등이다.

(36) 캐리 오버 현상(Carry Over : 기수 공발 현상)

① 증기가 수분을 동반하면서 증발하는 현상이다. 캐리 오버 현상은 프라이밍이나 포밍 발생 시 필연적으로 동반 발생된다.

② 이때 증기뿐만 아니라, 보일러의 관수 중에 용해 또는 현탁되어 있는 고형물까지 동반하여 같이 증기 사용처로 넘어갈 수 있다.

③ 이 경우 증기 사용 시스템에 고형물이 부착되면 전열효율이 떨어지며, 증기관에 물이 고여 과열기에서 증기과열이 불충분하게 된다.

(37) 블로 다운(Blow Down)

① 보일러에 유입된 고형물에 의한 보일러수의 농축과 슬러지의 퇴적을 방지하기 위해 보일러수의 일부를 교체해 주는 방식을 말한다.

② 만약 보일러수에서 특정 물질의 농도가 상승하면 캐리 오버에 의한 과열기 및 터빈 등의 장해사고가 일어나기 쉽고 슬러지와 함께 내부의 부식, 스케일 생성의 원인도 될 수 있다.

(38) 리버스리턴 방식(Reverse Return)

① 리버스리턴 방식(역환수 방식)은 수배관상 각 분지관의 유량 차이를 줄이기 위하여 분지관 루프마다의 순환배관 길이의 합이 같도록 환수관을 역회전시켜 배관하는 방식이다.

② 유량의 균등분배 혹은 열교환량의 균일화 등을 목적으로 주로 설치된다.

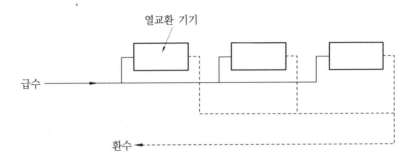

(39) 배관의 신축이음

① 배관의 온도에 따른 자유팽창량을 흡수하여 안전사고를 방지하기 위해 배관 도중에 설치하는 배관의 이음 방법이다.

② 배관상 많이 사용하는 신축이음의 종류로는 스위블 조인트, 슬리브형, 루프형, 벨로우즈형, 볼 조인트형, 콜드 스프링 등이 있다.

(40) 사일런서(Silencer)

① 증기급탕 등에서 증기와 물의 혼합 시 발생하는 소음을 방지하는 장치이다.

② S형 사일런서는 증기를 직접 수중에 분출 시 말단부 확산에 의해 소음을 경감하는 방식이며, F형 사일런서는 증기의 수중 분출 시 탕속 물의 일부를 함께 회전시키면서 혼합함으로써 소음을 경감하는 방식이다.

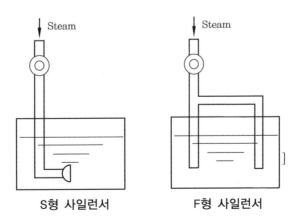

S형 사일런서   F형 사일런서

(41) 냉각레그(Cooling leg, 냉각테)

① 증기배관상 트랩전으로부터 약 1.5m 이상 비보온화하는 방식이다.
② 증기보일러의 말단에 증기트랩의 동작온도 차를 확보하기 위하여 '트랩전'으로부터 약 1.5m 정도를 보온하지 않는다.

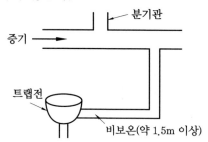

(42) 리프트 피팅 이음(Lift Fitting, Lift Joint)

① 진공환수식 증기보일러에서 방열기가 환수주관보다 아래에 있는 경우 응축수를 원활히 회수하기 위해 'Lift Fitting'을 설치한다.
② 수직관은 주관보다 한 치수 작은 관을 사용하여 유속 증가시킨다.

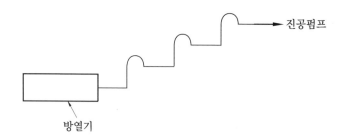

(43) 하트포드 접속법(Hartfort Connection)

① 미국의 하트포드 보험사에서 처음 제창한 방식이다.
② 환수파이프나 급수파이프를 균형파이프에 의해 증기파이프에 연결하되, 균형파이프에의 접속점은 보일러의 안전저수면보다 높게 한다.

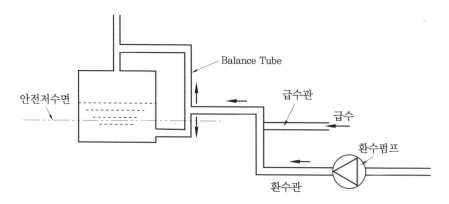

③ 증기보일러에서 빈불때기(역류 등) 방지 기능으로서, 증기보일러 운전 시 역류나 환
수관 누수 시 물이 고갈된 상태로 가열되어 과열 및 화재로 이어질 수 있는 상황을 미연
에 방지해 준다.

(44) 대기전력저감대상제품

외부의 전원과 연결만 되어 있고, 주기능을 수행하지 아니하거나 외부로부터 켜짐 신호
를 기다리는 상태에서 소비되는 전력(대기전력)의 저감(低減)이 필요하다고 인정되는 에
너지사용기자재로서 산업통상자원부령으로 정하는 제품을 말한다.

(45) Zero Energy Band(With Load Reset)

① 정의 : 건물의 최소 에너지 운전을 위하여 냉방 및 난방을 동시에 혼합적으로 행하지
않고, 설정온도에 도달 시 Reset(냉·난방 열원 혹은 말단유닛 정지) 하는 방식의 건물
공조 방법이다.

② 특징

㈎ 주로 외기냉방과 연계하여 운전한다.

㈏ 건물의 에너지 절약 방법의 한 종류이다(재열 등으로 인한 에너지 낭비를 최소로
줄임).

③ 그림

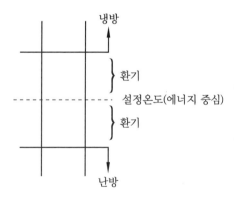

(46) 대수분할 운전

① 각종 설비, 기기 등을 여러 대 설치하여 부하상태에 따라 운전대수를 조절하여(부하
가 클 경우에는 운전대수를 늘리고, 적을 때는 운전대수를 줄임) 전체 시스템의 용량
을 조절하는 방법이다.

② 보일러, 냉동기, 냉각탑 등의 장비를 현장에 설치 시 큰 장비 한 대를 설치하는 것보
다 작은 장비 몇 대를 설치하여, 부하에 따라 운전대수를 증감함으로써 에너지 절약
측면에서 최적운전을 할 수 있는 시스템이다.

(47) 전부하 운전특성과 부분부하 운전특성

① 전부하 운전특성

㉮ 전부하는 부분부하의 상대 개념으로 어떤 시스템이 가지고 있는 최대 운전상태 (Full Loading)로 운전할 때의 특성을 말한다.

㉯ 장비가 Full Loading 시 나타나는 여러 가지 특성(성능, 소비전력, 운전전류 등)을 말한다.

② 부분부하 운전특성

㉮ 부분부하는 전부하의 반대되는 개념으로서 시스템이 발휘할 수 있는 최대의 운전 상태에 못 미치는 상태(Partial Loading)로 운전할 때의 특성이다.

㉯ 기기가 최대용량에 미달되는 상태에서 운전을 실시할 때(최소용량 포함) 나타나는 여러 가지 특성(성능, 소비전력, 운전전류 등)을 말한다.

(48) 군집제어

① 일정한 빌딩(Building)의 군(群)을 하나의 집단으로 묶어 BMS시스템으로 통합제어 하는 방식이다.

② BACnet, LonWorks 등의 통합제어 Protocol을 이용하여 건물 내/외 전체 시스템(공조, 방범, 방재, 자동화 설비 등)을 동시에 관리할 수 있는 시스템이다.

(49) Cross Talking

① 공조 분야에서의 'Cross Talking'이란 인접 실(室) 간 공조용 덕트를 통해 서로 말소리가 전달되어 프라이버시를 침해당하거나, 시끄러운 소음이 전파되는 현상을 말한다.

② 호텔의 객실 등 정숙을 요하는 공간에서는 입상덕트를 설치하거나 덕트 계통분리 등을 통하여 옆방과 덕트가 바로 연결되지 않게 하는 것이 좋다.

③ 이는 덕트를 통한 객실 간의 소음 전파를 줄이고, Privacy를 확보하기 위함이다.

(50) 빌딩병(SBS : Sick Building Syndrome)

① 낮은 환기량, 높은 오염물질 발생으로 성(省)에너지화된 건물 내 거주자들이 현기증, 구역질, 두통, 평행감각 상실, 통증, 건조, 호흡계통 제 증상 등이 발생되는 것으로, 기밀성이 높은 건물 혹은 환기량이 부족한 건물에서 통상 거주자의 20~30% 이상 증상 시 빌딩병을 시사한다.

② 유럽, 일본 등에서 빌딩병 발생이 적게 보고되고 있는 이유는 일찍이 「빌딩 관리법」에 의해 환기량을 잘 보장하고 있기 때문이라고 평가된다.

(51) Connection Energy System

① 열병합발전에서 생산된 열을 고온 수요처로부터 저온 수요처 순으로 차례로 열을 사용하는 시스템을 말한다. 즉, 주로 고온의 열은 전기의 생산에 사용하고, 중온의 열은

흡수식 냉동기, 냉온수기 등을 운전하고, 저온의 열은 열교환기를 거쳐 난방 및 급탕 등에 사용할 수 있다.

② 'Connection Energy System'은 열을 효율적으로 사용할 수 있어 에너지 절감이 가능한 시스템이다.

(52) 개별 분산 펌프 시스템

① 냉온수 반송시스템에서 중앙 기계실의 대형 펌프에 의해 온수 및 냉수를 공급하는 대신, 소형펌프를 분산하여 각 필요 지점에 설치 후 통합제어하는 방식을 '개별 분산 펌프 시스템'이라고 하며, 이는 배관 저항에 의한 반송 에너지의 손실을 삭감하는 데 많은 도움이 된다.

② 통상 각 사용처별로 분산하여 배치된 인버터로 펌프의 출력을 제어하여 부하변동에 신속히 대응하여 반송에너지를 절감한다.

③ 펌프의 운전방식으로는 '펌프의 대수제어' 혹은 '인버터의 용량제어'를 많이 사용한다.

(53) '유인유닛'에서 Nonchange-over과 Change-over

① Nonchange-over : 유인유닛 공조방식에서 기밀구조의 건물, 전산실, 음식점, 상가, 초고층빌딩 등 겨울철에도 냉방부하량이 있고 연중 냉방부하가 큰 건물에서는 2차수(水)를 항상 냉수로 보내고, 1차공기를 냉풍 혹은 온풍으로 바꾸어 가며 4계절 공조를 하는 경우가 많다. 즉, 부분부하 조절은 1차공기로 주로 행한다.

② Change-over : 우리나라의 주거공간, 일반 사무실과 같이 여름에는 냉방부하가, 겨울철에는 난방부하가 집중적으로 걸리는 경우에는 1차공기는 항상 냉풍으로 취출하고, 2차수(水)를 냉수 혹은 온수로 바꾸어 가며 공조를 하는 경우가 많다.

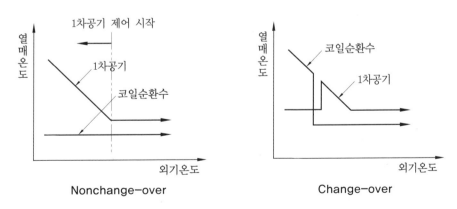

Nonchange-over Change-over

(54) 유인유닛의 'A/T비'

① 유인유닛의 1차공기량과 유인유닛에 의해 공조되는 공간의 외벽을 통해 전열되는 1℃당의 전열부하의 비를 말한다.

② 'A/T비'가 비슷한 그룹을 모아 하나의 존으로 형성 가능하다.

③ 1차공기는 실내온도가 설정온도에 도달했을때 재열 스케줄(Reheating Schedule)에 따라 가열이 시작된다.

(55) 공기운송계수(ATF : Air Transport Factor)

① 실내에서 발생하는 열량(냉·난방 부하) 중 현열부하를 송풍기(送風機)의 소비전력으로 나눈 수치를 의미하며, 기계설비의 반송시스템에서 반송기기 및 제어의 최적화의 주요한 지표로 사용되기도 한다.

② 계산식

$$공기운송계수(ATF) = \frac{현열부하}{송풍기의\ 소비전력}$$

③ ATF가 클수록 실내부하를 일정하게 하면 송풍기 전력을 적게 할 수 있다.

④ 미국에서는 4~6 이상을 권장하고 있다.

⑤ 열에너지 운송 시 반송동력 절감을 위한 기준값으로 유효하게 사용 가능한 계수이다.

⑥ ATF(공기운송계수)를 크게 하는 방법 : 건물 내 과잉 환기량 혹은 불필요한 환기량 억제, 고효율 반송기기 채용, 대온도차 냉·난방 시스템 적용, 자동제어(설정 환기량/온·습도/이산화탄소 등에 따른 ON/OFF제어 혹은 비례제어)의 개선 및 최적화, 인버터 제어, 국소배기, 자연환기 혹은 하이브리드 환기방법 채택 등

참고문헌(Reference)

- 강성화 외. 전기공학개론. 동화기술교역.
- 국토교통부. 스마트시티, 국내외 확산을 위한 기틀 마련. 2017.
- 그린플랫폼(http://www.greenplatform.re.kr)
- 김교두. 표준공기조화. 금탑.
- 김동진 외. 공업열역학. 문운당.
- 김두현 외. 전기안전공학. 동화기술.
- 뉴스뷰(http://newsview.co.kr)
- 대한건축학회. 건축환경계획. 기문당.
- 대한설비공학회. 설비저널 제46권 8월호. 2017.
- 동아닷컴(http://news.donga.com)
- 문진영 외. 마라케쉬 당사국총회(COP22)의 기후재원 논의와 시사점. KIEP.
- 박한영 외. 펌프핸드북. 동명사.
- 산업통상자원부/한국에너지공단 신재생에너지센터. 신재생에너지 백서. 2016.
- 신정수. 공조냉동기계기술사 건축기계설비기술사 용어풀이대백과. 일진사.
- 신정수. 공조냉동기계기술사 건축기계설비기술사 핵심600제. 일진사.
- 아이디어 팩토리(http://if-blog.tistory.com)
- 위용호 역. 공기조화 핸드북. 세진사.
- 이재근 외. 신재생에너지 시스템설계. 홍릉과학출판사.
- 이한백. 열역학. 형설출판사.
- 일본화학공학회. 신재생에너지공학. 북스힐.
- 전자신문(http://www.etnews.com)
- 정광섭 외. 건축공기조화설비. 성안당.
- 정창원 외. 건축환경계획. 서우.
- 지본홍 외. 덕트의 설계. 한미.
- 코센(http://www.epnc.co.kr)
- 한국경제(http://news.hankyung.com)
- 한국에너지공단 상상에너지공작소(http://blog.energy.or.kr)
- A.D.ALTHOUSE 외. 냉동공학. 원화.
- Addison Wesley 저. Thermodynamics. 교보문고.
- Aldo V. da Rosa. Fundamentals of Renewable Energy Processes. Elsevier.
- BRITISH. Cooling Tower Practice.
- Colin D. Simpson. Principles of DC/AC Circuits. 피어슨.

- Cooling Tower Fundamentals, MARLEY
- CTI Bulletin RFM−116 Recirculation
- CTI Technical Paper TP 85−18
- Ehrilich, Robert. Renewable Energy. Taylor & Francis.
- Goodstal, Gary. Electrical Theory for Renewable Energy. Cengage Learning.
- Gordon J. Van Wylen. Fundamentals of Classical Thermodynamics.
- http://2feetafrica.com/companies−benefit−fourth−industrial−revolution−countries/
- http://ee.kaist.ac.kr
- http://www.123rf.com
- http://www.aquariumlife.com
- http://www.G20−insights.org
- Industrial Revolution : Technological Drivers, Impacts and Coping Methods, Chin. Geogra. Sci., Vol.27, No.4, pp.626−637. 2017.
- John Haberman. Fluid Thermodynamics.
- Sayigh, Ali. Comprehensive Renewable Energy. Elsevier.
- The Fourth Industrial Revolution and the Triple Helix, 2017 Triple Helix International Conference Theme Paper

찾아보기

신정수

· 홍인기술사사무소 대표
· 전주비전대학교 겸임교수
· (주)제이앤지 에너지기술연구소장
· 건축기계설비기술사
· 공조냉동기계기술사
· 건축물에너지평가사
· 용인시 품질검수 자문위원
· 한국에너지기술평가원 평가위원
· 한국산업기술평가관리원 평가위원
· 한국기술사회 정회원
· 저서 : 『신재생에너지시스템공학』
　　　 『친환경저탄소에너지시스템』
　　　 『공조냉동기계/건축기계설비기술사 핵심 700제』
　　　 『공조냉동기계/건축기계설비기술사용어해설』
　　　 『신재생에너지발전설비 기사·산업기사 필기/실기』
　　　 『건축물에너지평가사 필기 총정리』 외

미세먼지 저감과 미래 에너지시스템

2018년 7월 20일 인쇄
2018년 7월 25일 발행

저　자 : 신정수
펴낸이 : 이정일

펴낸곳 : 도서출판 **일진사**
　　　　www.iljinsa.com
(우) 04317 서울시 용산구 효창원로 64길 6
전화 : 704-1616 / 팩스 : 715-3536
등록 : 제1979-000009호 (1979.4.2)

값 24,000 원

ISBN : 978-89-429-1558-3